KB134891

7급 · 9급 농업직공무원 / 농촌지도사 / 농업연구사

시험
대비

이야기로 풀어보는

식용작물학

이론서

저자 김영세

동영상 제공업체 〈커넥츠 기술단기〉
홈페이지 gong.conects.com

엔플북스

머리말

  기존에 출간된 해설서에 기출문제에 대한 이론은 다 설명되어 있었지만, 출제되지 않은 부분에 대한 이론은 없었기에, 전체적 관점에서의 내용 구성이 완벽하게 종합적이고 체계적이지는 못했다. 따라서 기존의 기출문제 해설서와 상호보완적 관계를 이룰 수 있는 이론서의 필요성이 제기되어 본 책을 출간하게 되었다.

  이 책은 우리나라 농대에서 교재로 가장 많이 사용되고 있는 H사 책을 기본으로 하여 집필하였는데, 이유는 그 책의 내용이 훌륭하고, 특히 농업직 공무원 시험이 주로 그 책을 참고하여 출제되고 있기 때문이다. "H사 책을 기본으로 하여 집필하였다."라는 말에는 그대로 베끼겠다는 의도는 전혀 없고, 본인의 저서 '이야기로 풀어보는 재배학'에서 그랬듯이, 우리가 공부하여야 하는 거의 모든 농업적 현상에 대한 과학적(때로는 毗科學的) 이유를 제시하고 있는 흔하지 않은 책이다.

  이유를 제시한 의도는 암기과목으로 평가/인정되는 식용작물학을 수학이나 재배학과 같은 이해 과목으로 바꾸려는 것이었다. 즉, 이해를 통하여 수험생을 피곤하게 만드는 단순암기를 불필요하게 만드는 것이 본 이론서의 가장 중요한 목표였고, 그 달성을 위하여 혼신의 노력을 다하였다.

  한편 내용의 순서는 H사 책을 최대한 따랐는데, 많은 학생들이 그 책을 가지고 공부했거나, 하고 있기 때문에 본서를 공부하다 필요 시 그 책을 쉽게 찾아보게 하기 위함이다.

  공부해 보시라. 재미가 있어 몰입할 것이다. 무심히 보던 또는 외우려고만 했던 식물의 모든 생명현상이 과학적으로 이해되는데 어찌 재미있지 않을 수 있겠는가? 쉬운 언어로 많은 설명을 하였으며, 이해에 도움이 될 그림도 많이 사용하였기에 독자분들이 몰입될 것임을 의심치 않는다.

  이 책의 또 다른 특징은 각 이론 밑에 해당되는 기출문제를 다 제시하고 있다는 것인데, 이를 통하여 여러분은 어떤 이론이 얼마만큼이나 중요한지를 감각적으로 알 수 있고, 그 이론이 시험에서 어떻게 문제화되는지도 알 수 있게 될 것이다.

  이 책은 공무원시험에 최적화된 책으로 독자분들의 전투에서 아주 강력한 무기가 될 것인바, 잘 사용하여 최단 시간 내에 완승하시길 바란다.

2022년 1월

저자 **김 영 세**

Contents

Contents

PART

01

벼재배(水稻作)

CHAPTER
01

서 론

1 갈 곳이 없는 애들

　머리말에서 밝힌 바와 같이 이론 밑에는 그에 해당하는 기출문제가 제시되어 있는데, 갈 곳을 정할 수 없는 기출문제가 몇 개 있다. 빼버릴까 하다가 한 문제라도 빼지 않는다는 원칙을 지키려 여기에 그들을 모았다.

- 작물의 생장 평가에는 작물생장률(CGR : crop growth rate), 상대생장률(RGR : relative growth rate), 순동화율(NAR : net assimilation rate), 엽면적비율(LAR : leaf area ratio) 등 다양한 지표가 사용된다. 다음 중 이들 생장 지표 간의 관계를 바르게 나타낸 것은 RGR＝LAR×NAR이다. [12]
- 유전자형이 AaBbCc와 AabbCc인 양친을 교잡하였을 때 자손의 표현형이 aBC로 나타날 확률은 3/32이다. [13], 이 숫자는 이야기로 풀어보는 식용작물학(기출문제) 책의 쪽수를 말함
- 부유물질이 논에 유입되어 침전되면 어린 식물은 생리적인 피해를 받고, 토양은 표면이 고착되어 투수성이 나빠진다. [144]
- 생물화학적 산소요구량(BOD, biochemical oxygen demand)은 수중의 오탁 유기물을 무기성 산화물과 가스체로 안정화하는 과정에 필요한 총산소량을 ppm 단위로 표시한 것이다. [144]
- 합성세제의 주성분인 ABS는 1ppm 이상의 농도에서도 식물에 해롭게 작용하여 뿌리의 생육이 나빠진다. [144]

2 벼 재배의 다원적 기능

① 홍수 조절　　　　② 지하수 저장
③ 토양유실 방지　　④ 대기정화
⑤ 수질정화　　　　⑥ 대기냉각

- 벼농사의 공익적 기능 [11] : 장마철 홍수조절, 지하수 저장 및 수질정화, 토양유실 방지와 토양보전
- 온실기체인 메탄 발생 저감은 벼농사의 공익적 기능이 아니다. [11]

벼의 기원 및 전파

2.1 벼의 명칭

벼는 거칠다는 의미의 조곡(粗 거칠 조, 穀 곡식 곡) 또는 정조(正 바를 정, 租 세금 조)의 의미로 쓰이고 도정한 쌀은 정곡(精 찧을 정, 穀 곡식 곡)이라 부른다.

2.2 벼의 식물학적 위치

1 벼의 분류체계

벼는 식물학적으로 종자식물문 → 피자식물아문 → 단자엽식물강 → 영화목 → 화본과 → 벼아과 → 벼속 → 종의 분류체계를 가진다.

2 벼의 종수와 염색체수

벼 속에는 24종이 있는데, 재배종은 아시아종(oryza sativa L.)과 아프리카종(oryza glaberrima L.)의 두 종뿐이고 나머지는 야생종이다. oryza sativa의 야생종은 oryza rufipogon이고, oryza glaberrima의 야생종은 Oryza breviligulata이다. 세계에서 재배하는 벼는 대부분 아시아종이고, 아프리카종은 서아프리카 지역에서 밭벼로 조금 재배되고 있으며, 아시아 재배 벼에는 메벼와 찰벼가 있으나, 아프리카 재배 벼에는 찰벼가 없다.

벼의 염색체수는 2n=24이다. 즉 n=12를 1쌍 갖는 2배체 식물이며, 자가수정작물이다. 벼에는 11종의 게놈이 있는데, oryza sativa, oryza rufipogon, oryza nivara의 게놈은 AA이고, oryza alta의 게놈은 CCDD이다. 게놈은 1만여 개의 염기를 갖는다.

3 재배 벼와 야생 벼의 차이

야생 벼	재배 벼
1. 종자의 탈립성이 강하다.	1. 종자의 탈립성이 약하다.
2. 종자의 휴면성이 강하다.	2. 종자의 휴면성이 약하다.
3. 종자의 수명이 길다.	3. 종자의 수명이 짧다.
4. 꽃가루 수가 많다.	4. 꽃가루 수가 적다.
5. 종자의 크기가 작다.	5. 종자의 크기가 크다.
6. 각종 재해에 대한 저항력이 강하다.	6. 각종 재해에 대한 저항력이 약하다.

재배 벼는 야생 벼보다 타식비율이 낮으며, 종자의 크기가 크고, 탈립성이 약하며, 휴면은 없거나 약하다. 또한 재배 벼는 내비성이 강하고 감광성이나 감온성은 둔감한 편이고, 저온에 견디는 힘이 약하다.

- 벼는 식물학적으로 종자식물문 > 피자식물아문 > 단자엽식물강 > 영화목 > 화본과 > 벼아과 > 벼속 > 종으로 분류된다. [23]
- 벼는 식물학적으로 피자식물아문 - 볏과에 속한다. [14], **이 숫자는 이야기로 풀어보는 식용작물학(기출문제) 책의 쪽수를 말함**
- 벼속 식물은 24종이 있고 그 중에서 재배종은 2종이다. [15]
- oryza 속의 20여개 종 중에서 재배종은 o. sativa와 o. glaberrima 뿐이다. [19]
- 벼의 재배종은 oryza sativa와 oryza glaberrima이다. [14]
- oryza sativa는 아시아를 중심으로 재배되고 있는 재배종으로 야생종은 oryza rufipogon이다. [15]
- oryza glaberrima는 서아프리카의 일부에서 재배되고 있는 재배종으로 야생종은 Oryza breviligulata 이다. [15]
- 아시아 재배 벼에는 메벼와 찰벼가 있으나, 아프리카 재배 벼에는 찰벼가 없다. [19]
- 벼의 염색체수(2n)는 24개이며, 자가수정작물이다. [14]
- 벼의 염색체수는 2n=24로 n=12의 2배체 식물이고, 게놈은 AA로 약 1만여 개의 염기로 구성되어 있다. [23]
- 벼에는 11종의 게놈에 24종이 있는데, 이들 중 oryza sativa, oryza rufipogon, oryza nivara의 게놈은 AA이고, oryza alta의 게놈은 CCDD이다. [15]
- 야생식물에서 재배식물로 순화하는 과정 중에 일어나는 변화 [24] : 종자의 탈락성 감소. 수량 증대에 관여하는 기관의 대형화. 휴면성 약화. 볏과작물에서 저장전분의 찰성 증가
- 재배 벼는 주로 자가수정을 하며 꽃가루수가 적다. [22]
- 재배 벼는 종자의 탈립이 잘 안 되고 휴면성이 약하다. [22]
- 재배 벼는 종자의 크기가 크고 수당 영화수가 많다. [22]
- 재배 벼는 내비성이 강하고 종자의 수명이 짧다. [22]

- 야생 벼는 재배 벼에 비해 일반적으로 타식 비율이 높고 탈립성이 강하며, 휴면성이 높고 내비성이 약하다. [23]
- 야생 벼는 재배 벼보다 휴면성이 강하고, 종자수명이 길다. [14]
- 종자 크기는 야생 벼가 작고, 재배 벼는 크다. [25]
- 내비성은 야생 벼가 약하고, 재배 벼는 강하다. [25]
- 종자의 수는 야생 벼가 적고, 재배 벼는 많다. [25]
- 종자 모양은 재배 벼가 크고 집약형이며, 야생 벼는 작고 산형이다. [25]
- 야생 벼는 휴면성이 강하여 수발아 발생 빈도가 낮다. [24]
- 야생 벼와 비교할 때 재배 벼에서 나타나는 특성 [516] : 내비성이 강하다. 탈립성이 작다. 암술머리가 작다. 휴면성이 약하다.

4 생태종과 생태형

하나의 종 내에서 특성이 다른 개체군을 아종(또는 변종)이라 하는데, 이들은 특정 환경에 의해서 생긴 것으로 생태종이라 부른다. 아시아벼(사티바)의 생태종은 인디카, 열대 자포니카, 온대 자포니카로 구분된다. 즉, 인디카, 열대 자포니카, 온대 자포니카 벼는 서로 다른 생태종인데, 생태종 사이에는 교잡친화성이 낮아 유전자 교환이 어렵기 때문에 결국 생리적, 형태적 차이도 생기게 된다. 예를 들어 생리적 차이는 '인디카는 내냉성이 약하지만 온대 자포니카는 강하다.'라든가 '인디카 품종이 자포니카 품종에 비해 탈립성이 강하다.' 등이 있고, 형태적 차이는 '인디카는 종자의 까락이 없으나 열대 자포니카는 있는 것과 없는 것이 모두 존재한다.'라든가 '온대 자포니카 쌀의 형태는 둥글고 짧고, 인디카는 가늘고 길다.' 등을 들 수 있다. 생태종 내에서도 재배유형이 다른 것은 생태형(ecotype)으로 구분한다. 인디카를 재배하는 인도, 파키스탄 등에서는 1년에 2~3 작의 벼농사가 이루어지는데, 이에 따라 겨울벼, 여름벼, 가을벼 등의 생태형이 분화하였다. 보리와 밀에서는 춘파형과 추파형이 생태형이다. 생태형끼리는 생태종과는 달리 교잡친화성이 높아 유전자교환이 잘 일어난다.

- oryza sativa의 생태종은 인디카, 열대 자포니카, 온대 자포니카로 구분된다. [15]
- 아시아벼의 생태종은 인디카, 온대 자포니카, 열대 자포니카로 분류된다. [19]
- 인디카는 종자의 까락이 없으나 열대 자포니카는 있는 것과 없는 것이 모두 존재한다. [16]
- 인디카는 내냉성이 약하지만 온대 자포니카는 강하다. [16]
- 온대 자포니카는 아밀로오스 함량이 17~20%이고, 열대 자포니카는 25% 정도이다. [16]
- 인디카는 종자의 낱알 모양이 가늘고 긴 반면, 온대 자포니카는 짧고 둥근 편이다. [16]

- 키는 인디카가 온대 자포니카보다 크다. [17]
- 온대 자포니카 쌀의 형태는 둥글고 짧고, 인디카는 가늘고 길다. [17]
- 밥의 끈기는 온대 자포니카 > 열대 자포니카 > 인디카 순이다. [17]
- 분얼의 발생 정도는 인디카 > 온대 자포니카 > 열대 자포니카 순이다. [17]
- 인디카는 온대 자포니카보다 종자 탈립이 잘된다. [18]
- 인디카 품종이 자포니카 품종에 비해 탈립성이 강하다. [20]
- 온대 자포니카는 인디카보다 키가 작고 분얼이 적다. [18]
- 인디카는 온대 자포니카보다 내건성이 강하다. [18]
- 인디카는 온대 자포니카보다 저온발아성이 약하다. [18]
- 종자의 까락은 인디카와 온대 자포니카에는 없으나 열대 자포니카에는 있는 것과 없는 것이 모두 존재한다. [19]
- 인디카형 벼는 온대 자포니카형 벼에 비하여 휴면성이 강한 것이 많다. [24]
- 우리나라에서 재배하던 통일형 품종은 일반 온대 자포니카 품종보다 휴면이 다소 강하다. [146]
- 온대 자포니카형 벼와 비교할 때 인디카형 벼의 특성 [21] : 탈립성이 높고, 초장이 길며, 쌀알이 길고 가늘다. 또한 저온발아성이 약하다.

CHAPTER 03 벼의 형태와 구조

3.1 벼의 종실

1 외부형태

　벼의 종실이란 조곡을 말하는 것으로 식물학적으로는 소수(小穗, 이삭 수)에 해당하며, 화본과 식물에서는 영과(穎果 이삭 영, 果 열매 과)라고도 한다. 종실은 현미가 왕겨에 싸여 있는 형태로 왕겨는 내영과 외영으로 구분되며, 외영의 끝에는 까락이 붙어 있다. 소수의 소수축은 소지경에 붙어 있으며 소지경은 줄기에 이어진다. 내영과 외영 밑에 1쌍의 호영(護 보호할 호, 穎)이 있고 그 아래에 부호영(副 도움 부, 護穎)이 있다.

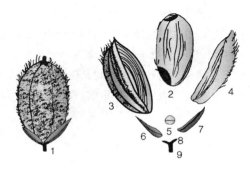

1. 벼 측면　2. 현미　3.외영　4. 내영　5. 소수축
6. 호영(상부)　7. 호영(하부)　8. 부호영　9. 소지경
[벼 종실의 외부형태 요소별 해부도]

2 내부 구조

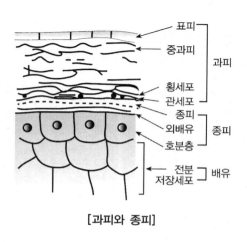

[과피와 종피]

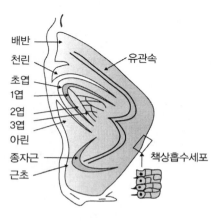

[배의 구조(×35)]

벼 종실의 최외곽층은 과피인데, 과피는 영(내영과 외영으로 구성되고 이를 왕겨라 함)에 싸여 있어 벼의 열매를 영과라고도 한다. 과피 바로 아래(안쪽)에는 종피가 있는데, 과피는 왕겨에 해당하고, 종피는 현미의 껍질에 해당한다. 현미는 종피, 배유 및 배의 세 부분으로 구성되어 있다. 종실의 내부 구조를 보면 종피 아래에 1층의 외배유가 있고, 그 아래에 1~4층의 호분층이 있다. 그리고 그 아래가 배유인데, 배유에는 전분세포가 들어차 있다. 현미를 도정하면 멥쌀은 전분세포가 충만하여 투명하게 보이나, 찹쌀은 전분 구조 내에 수분이 빠져나간 미세공극이 있어 빛이 난반사되므로 유백색이고 반투명하게 보인다. 그 이유는 전분의 차이에서 생기는데, 멥쌀의 전분은 아밀로오스와 아밀로오스 펙틴(80%)으로 되어 있으나, 찹쌀의 전분은 아밀로오스 펙틴이 대부분이기 때문이다. 어린 식물체로 자랄 배는 유아, 유근, 배축 및 배반으로 되어 있는데, 유아에는 생장점과 제1본엽~제3본엽의 원기체와 본엽을 감싸 보호할 초엽이 분화되어 있으며, 유근에는 종(종자)근과 근초가 분화되어 있다. 배반은 벼과 식물 종자의 한 기관으로 배와 배젖 사이에 위치한다. 배반은 배젖을 가진 벼과 식물에만 존재하고, 배젖이 없는 다른 종자식물에는 없다. 배반은 변화된 잎으로 중배축의 첫 번째 마디에 붙어 있으며, 자엽초는 그 다음 마디에 붙어 있다. 배반은 배유의 영양물질을 소화할 수 있는 다양한 효소들을 갖고 있어 종자가 발아하는 동안 이들을 배유로 분비하여 저장된 영양분을 가수분해함으로써 이동성이 있게 하며, 배유로부터 양분을 흡수하여 배에 공급하는 역할을 한다.

- 벼 왕겨는 내영과 외영으로 구분되며, 외영의 끝에는 까락이 붙어 있다. [26]
- 벼 종실의 최외곽층은 과피이고 그 안쪽에 종피가 있다. [27]
- 과피는 왕겨에 해당하고, 종피는 현미의 껍질에 해당한다. [26]
- 현미는 배, 배유 및 종피의 세 부분으로 구성되어 있다. [26]
- 멥쌀과 찹쌀의 구분 기준이 되는 이화학적 특성은 아밀로오스 함량이다. [219]
- 찹쌀의 전분은 아밀로오스 펙틴이 대부분이다. [218]
- 유근에는 종(종자)근과 근초가 분화되어 있다. [26]

3.2 뿌리

1 외부형태

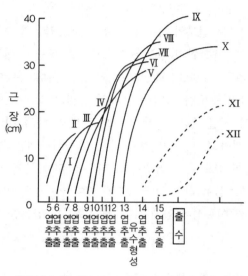

[주간에 있어서의 절위별 뿌리의 신장 길이]

[벼의 뿌리 형태]

벼의 뿌리에는 종근, 중배축근 및 관근이 있다.

1) 종(자)근

초엽이 나오면서 종근이 발생하는데, 발아 시 종자에서 근초를 뚫고 나와 가장 먼저 신장하는 1개의 뿌리가 종근으로 최고 15cm까지 자란다. 발아 후 2~3일에 3~5cm 자라면서 기부에서는 1차, 2차 분지근이 발생하고 신장이 끝날 무렵에는 최고 15cm까지 자란다. 종자근은 발아 후부터 양분과 수분을 흡수하는 역할을 하며, 관근이 발생한 후에도 7엽기까지 기능을 유지한다.

2) 중배축근

정상적인 파종 조건에서는 발생하지 않는 일종의 부정근(不定根)으로, 이것은 초엽절과 종자근 기부 사이의 축이 신장하여 형성되는 근이다. 중배축근에는 가느다란 뿌리가 아래로부터 위로 순차적으로 발생하는데, 수도 일정하지 않고 옆으로 뻗는 특성을 보인다. 밭못자리나 건답직파에서 종자를 너무 깊이 파종하면 중배축근이 발생한다. 즉, 파종심도가 깊으면 중배축이 신장하고 여기에 중배축근이 발생한다.

3) 관근

관근은 종근보다 위쪽에서 발생하는데, 관근은 벼의 줄기에서 나와 근계(根 뿌리 근, 系 이을 계)를 이루는 부정근이다. 관근은 초엽절 이상의 마디에서 나오며, 마디 부분에 있는 근대(根帶 띠 대)에서 줄기의 둘레를 따라 발근하는데, 각 마디에서 5~25개가 나온다. 줄기의 마디에서 발생하는 뿌리를 제1차근이라 하고, 1차근에서 발생한 뿌리는 제2차근, 2차근에서 나온 것은 제3차근이라 한다. 제일 먼저 나오는 뿌리는 초엽절근으로 하위에 3개, 상위에 2개로 모두 5개이다. 벼 줄기의 주간절위(主稈 줄기 간, 節 마디 절, 位 자리 위)별 관근수는 제1절부터 상위절로 갈수록 많아져 제11절에서 가장 많다. 따라서 주간절위별 관근수는 제5절보다 제8절에서 많다. 그러나 11절보다 상위절에서는 관근수가 다시 감소한다. 그래서 총 근수는 주간에서만 220여개가 되고, 분얼경까지 합하면 1포기당 700개 전후가 된다. 뿌리의 굵기도 상위절의 것일수록 굵으나 역시 11절에서 가장 굵고, 그보다 상위에서는 다시 가늘어진다. 또한 요소로 본 상위근과 하위근에서는, 하위근이 수도 많고 굵으며 발근도 빠르다. 주간의 절위별 관근의 신장은 상위절의 뿌리일수록 길게 신장하되, 유수분화기 때 출현하는 뿌리가 가장 왕성하게 신장하고 분지근의 발달도 현저하다. 그러나 지엽추출기 이후에 나오는 뿌리는 점차 신장이 둔화되면서 분지근이 발생하여 지표면 가까이에 그물을 친 것 같이 망상(網 그물 망, 狀 형상 상)으로 분포한다.

2 내부 구조

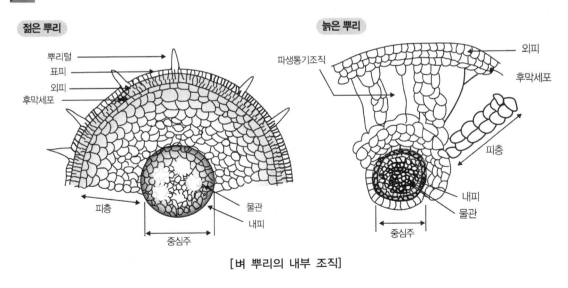

[벼 뿌리의 내부 조직]

어린 벼 뿌리에는 뿌리털이 발달하고 피층은 유조직으로 차 있으나, 차차 뿌리털은 퇴화하고 외피세포는 목질화한다. 목질화된 외피조직은 후막세포와 함께 뿌리를 보호한다. 피층은 거의 파괴되어 통기강(파생통기조직)이 형성되는데, 이들 통기강은 잎과 줄기에 있는 통기강들과 연결되어 지상부의 공기가 지하로 이동하는 통로가 된다. 따라서 벼는 담수 상태에서도 잘 적응한다.

- 초엽이 나오면서 종근이 발생한다. **[44]**
- 종근은 발아 시 종자의 근초를 뚫고 나와 신장하는 뿌리로 최고 15cm까지 자란다. **[34]**
- 종자근은 발아 후부터 양분과 수분을 흡수하는 역할을 하며 관근이 발생한 후에도 7엽기까지 기능을 유지한다. **[48]**
- 중배축근은 종자가 깊이 파종되었을 때 신장한다. **[28]**
- 파종심도가 깊으면 중배축이 신장하고 여기에 중배축근이 발생한다. **[27]**
- 밭못자리나 건답직파에서 종자를 너무 깊이 파종하면 중배축근이 발생한다. **[48]**
- 관근은 종근보다 위쪽에서 발생한다. **[28]**
- 조생종에서 주간 절위별 관근수는 제5절보다 제8절에서 많다. **[28]**
- 관근은 유수분화기 때 출현한 뿌리가 가장 왕성하게 신장한다. **[28]**
- 벼가 생장함에 따라 뿌리의 피층 파괴가 왕성해져 파생통기조직이 형성됨으로써 담수 상태에서도 잘 적응한다. **[27]**

3.3 잎

1 외부형태

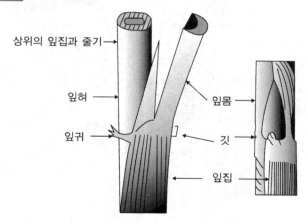

[벼의 잎몸과 잎집 경계 부위]

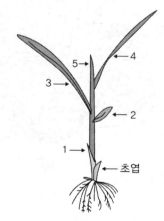

[벼의 엽수(엽령)계산법]
(예 : 4.2령의 묘)

성숙한 벼의 잎은 잎집(葉 잎 엽, 鞘 칼집 초)과 잎몸(葉身)으로 구성되어 있다. 잎집은 절간(節 마디 절, 間 사이 간), 잎, 유수(幼 어릴 유, 穗 이삭 수) 등을 싸서 보호하는 역할과 줄기를 감싸서 도복을 방지하는 역할을 한다. 잎몸은 주로 광합성 및 증산작용을 하는 기관으로, 잎몸의 길이는 최상위에서 3번째 아래 잎이 가장 길고, 그로부터 상위 또는 하위로 갈수록 짧아진다. 잎집과 잎몸의 경계부위는 흰 띠 모양으로 되어 있는데, 이를 깃이라 부른다. 깃 부위에는 흰색의 혓바닥 모양의 박막조직인 잎혀(葉 잎 엽, 舌 혀 설)가 있고, 그 양옆에는 1쌍의 잎귀(葉耳 귀 이)가 있는데, 품종에 따라 이들이 없는 것도 있다. 잎혀는 벼와 잡초인 피를 구분하는 일반적인 지표로 사용되는 기관으로, 물이 줄기 속으로 들어가는 것을 막고, 엽초와 줄기 사이의 공기 습도를 조절하는 역할을 한다. 한편 잎귀는 잎몸이 줄기에서 분리되지 않도록 한다.

볍씨의 발아 시 가장 먼저 나오는 잎을 초엽(鞘 칼집 초, 葉)이라 한다. 초엽의 모양은 관상(管 피리 관, 狀 형상 상)으로 정상적으로 광합성을 하는 잎은 아니고, 어린 줄기에 있는 본엽을 보호하는 역할을 한다. 따라서 1cm 정도만 자라며 끝은 갈라져 있다. 초엽이 약 1cm 자라면 1엽이 나오기 시작하는데, 제1본엽은 원통형으로, 잎몸의 발달이 불완전한 침엽(針 바늘 침, 葉)이고, 제2본엽은 잎몸이 짧고 갸름한 스푼 모양이며, 제3본엽 이후에 나오는 잎은 모두 완전한 잎의 모양이다. 가장 나중에 나오는 최상위의 잎은 지엽(止 멈출 지, 葉)이라 하는데, 지엽의 잎몸 속에는 이삭이 배어 있다. 즉, 지엽은 최상위의 잎으로 출수 전 이삭을 감싸고 있다. 벼의 엽수는 일반적으로 조생종은 14~15매, 만생종은 18~20매 정도이다.

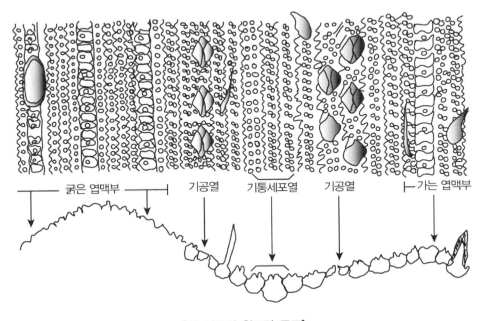

[벼 잎몸의 윗표면 구조]

잎몸의 표면구조는 앞의 그림과 같다. 즉, 잎몸의 표피에는 중앙에 중륵이 있고, 그 양쪽으로 엽맥이 평행맥으로 형성되어 있으며, 엽맥을 따라 나란하게 기공과 기동세포가 배치되어 있다. 기공은 잎몸의 상, 하 표피뿐만 아니라 녹색의 잎집, 이삭축, 지경 등의 표피에도 발달되어 있는데, 기공의 수는 상위엽일수록 많고, 온대 자포니카 벼보다 인디카 벼에 많다. 기동세포는 주위의 세포보다 모양이 다소 길며 기공열과 기공열 사이에 2~3열 나란히 분포하는데, 수분 부족 시 수축하여 잎을 돌돌 말리게 함으로써 증산을 줄인다. 기공과 비슷하게 생겼으나 모양이 좀 큰 수공은 중륵에 위치하는데, 수공은 저녁 무렵 잎 끝에 이슬방울이 맺히는 일액현상을 일으킨다.

2 내부 구조

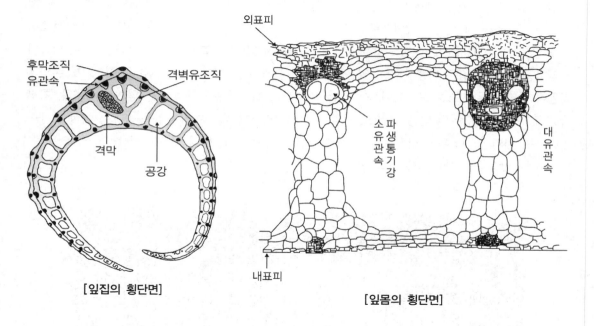

[잎집의 횡단면]

[잎몸의 횡단면]

위 그림에서 잎집의 내부 구조는 중앙부가 두껍고 양끝이 얇으며, 잎집 속에는 큰 공강인 파생통기강이 유관속 1개당 1개로 형성되어 있다. 통기강은 기공에서부터 줄기 그리고 뿌리까지 연결되어 있으므로, 담수한 논에서 자라는 벼에서는 기공을 통해서 들어온 산소가 통기강 및 통기조직을 거쳐 뿌리로 공급된다. 잎몸의 내부 구조를 보면 굵은 엽맥에는 굵은 대유관속이 있고, 가는 엽맥에는 가는 소유관속이 있는데, 대유관속과 대유관속 사이에는 2~4개의 소유관속이 배열되어 있다. 그리고 잎몸에서 유관속과 유관속 사이에는 엽육세포가 3~5층 치밀하게 배열되어 있다.

- 성숙한 벼의 잎은 잎집과 잎몸으로 구성되어 있고, 잎집과 잎몸의 흰 띠 모양 경계부를 깃이라고 부른다. [34]
- 성숙한 벼의 잎은 잎집과 잎몸으로 구성되어 있고, 일반적으로 잎혀와 잎귀가 있다. [27]
- 잎집은 줄기를 감싸고 도복을 방지하는 역할을 한다. [31]
- 잎몸은 주로 광합성 및 증산작용을 하는 기관이다. [31]
- 벼와 잡초인 피를 구분하는 일반적인 지표로 사용되는 기관 [30] : 잎혀
- 엽설에 대한 다음 설명 중 옳은 것 [29] : 물이 줄기 속으로 들어가는 것을 막는다. 엽초와 줄기 사이의 공기 습도를 조절한다.
- 잎혀는 잎집과 줄기 사이의 공기습도를 조절하는 역할을 한다. 또는 잎귀는 잎몸이 줄기에서 분리되지 않도록 한다. [31]
- 출아한 볍씨에서 초엽이 약 1cm 자라면 1엽이 나오기 시작한다. [44]
- 초엽 이후 발생한 1엽은 원통형이고 잎몸의 발달이 불완전한 침엽의 형태이다. [44]
- 지엽은 최상위의 잎으로 출수 전 이삭을 감싸고 있다. [31]
- 엽신의 기공밀도는 상위엽일수록 많고, 한 잎에서는 선단으로 갈수록 많다. [48]
- 잎집 속에는 파생통기강이 유관속 1개당 1개로 형성되어 있다. [35]
- 담수한 논에서 자라는 벼에서는 기공을 통해서 들어온 산소가 통기강 및 통기조직을 거쳐 뿌리로 공급된다. [32]
- 잎몸에서 유관속과 유관속 사이에는 엽육세포가 3~5층으로 치밀하게 배열되어 있다. [35]

3.4 줄기

1 외부형태

벼의 줄기는 다른 화본과 식물과 같이 줄기(莖 줄기 경)라고도 하지만, 속이 비어 있기 때문에 특별히 간(稈 짚 간)이라고도 한다. 간은 십 수개의 마디(節 마디 절)와 마디 사이(節間)로 구성되어 있다. 절간은 원통형이며 잎몸으로 둘러싸여 있고 표면에는 세로로 골이 나 있다.

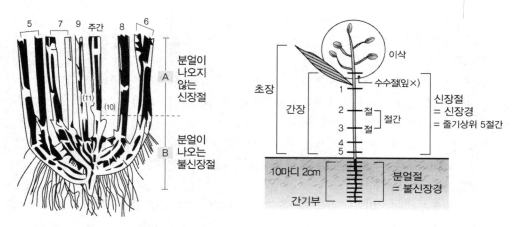

[주간에서 분얼이 출현하는 모습]

국내 벼는 조생종이 14~15개, 만생종이 18~20개의 마디를 갖는다. 벼 줄기의 아랫부분 10~12개 마디는 절간이 신장하지 않고 2cm 정도의 짧은 길이에 촘촘히 모여 있는데 이 부위를 간기부(稈基部) 또는 불신장경(不伸長莖)이라 한다. 한편 생식생장기가 되면 줄기의 상위 5~6개 절간은 길게 신장하는데, 이를 신장경 또는 신장절이라 한다. 신장절의 최상위 절간(여기에는 잎이 없음)은 이삭과 경계를 이루므로 특별히 수수절(穗 이삭 수, 首 머리 수, 節 마디 절, 이삭의 머리가 되는 마디)이라고 한다. 수수절에서 지엽절까지의 절간은 수수절간(穗首節間)이라 하며 30cm 정도로 절간 중에서 가장 길다. 신장경은 위에서 아래로 내려갈수록 절간의 길이가 짧아져 상위 제5절간은 그 길이가 1~2cm에 불과하다. 따라서 줄기의 전장(稈長, 기부에서 수수절까지의 길이)은 신장경부의 길이, 특히 상위 5개의 지상부 절간의 길이에 의해 결정된다.

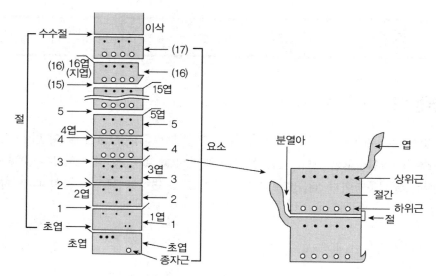

[벼의 줄기부분 요소의 개념을 나타낸 모식도]

해부학적으로 줄기의 구성을 보면 위의 그림처럼 줄기는 절간을 중심으로 한 단위(unit)가 포개어져 이루어진 것으로 보인다. 즉, 하나의 절간은 상단에 하나의 잎을 가지며, 하단에는 하나의 분얼아를 갖고, 절간의 상단과 하단에는 각각의 뿌리대(상위근과 하위근)를 형성해서 뿌리가 나온다. 이 단위를 줄기의 요소라고 부르고 줄기는 요소가 포개져 있는 것으로 생각하고 있다. 이 경우 절이란 요소와 요소와의 경계를 가리키는 실체가 없는 개념적인 것이 되고 만다. 줄기의 각 마디(節)에서의 원칙은 하나의 잎과 하나의 분얼과 하나의 뿌리군이 발생하는 것이다.

그런데, 예외 없는 원칙이 어디에 있는가? 이제 예외를 찾아보자. 전체적으로 볼 때 줄기의 마디 수는 잎의 수보다 2~3개 많다. 그렇다면 잎이 나오지 않는 예외의 마디가 2~3개 있다는 것이다. 그 중의 하나가 수수절간에서는 잎이 나오지 않는다는 것이다. 잎 대신에 이삭이 나온다. 또한 이식시 땅속에 깊이 묻힌 마디에서도 잎이 나오지 않으므로 총 2~3개의 예외가 생긴다.

참고로 수수절간에는 잎이 없으므로 지엽이 발생한 절간은 수수절간 아래의 절간이다. 즉, 출수한 벼가 17개의 절간으로 이루어져 있을 때, 지엽이 발생한 절간은 하위로부터 16번째의 절간이다.

2 내부 구조

오른쪽 그림을 보면 중앙에 수강이라고 하는 커다란 둥근 공간이 있으며, 최외측은 규질화한 표피, 그 밑에는 후막조직으로 되어 있고 그 속에 일정 간격으로 소유관속이 줄지어 있다. 즉, 줄기의 마디 사이에는 수강이 있으며, 표피와 수강 사이에는 유관속과 통기강이 있다. 상위절간일수록 유관속이 표면으로 돌출하고 있고, 내부의 유조직 속에는 소유관속과 대응한 위치에 대유관속이 배열되어 있다. 유관속은 양, 수분을 수송하는 통로인데, 하위절에서는 많고 상위절로 갈수록 감소하여 수수절간

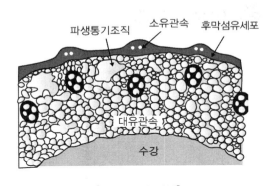

[벼 줄기의 내부]

(수수절 바로 밑 절간)에서의 대유관속의 수는 그 위의 이삭의 1차 지경의 수와 일치한다. 즉, 1차 지경의 수가 많아서 영화수가 많으려면 수수절의 직경이 굵은 품종이 유리하다는 뜻이 된다. 한편 대유관속 사이의 유조직에는 통기강도 발달되어 있는데, 통기강의 크기와 수는 품종에 따라 다르다. 즉, 수도가 밭벼보다 발달되어 있고, 줄기 내에서는 하위절간일수록 잘 발달되어 있다.

- 벼 줄기는 마디와 마디 사이(절간)로 이루어져 있다. [32]
- 벼의 마디수는 조생종이 14~15개, 만생종이 18~20개이지만, 신장하는 것은 이삭으로부터 아래쪽 5~6개 마디 사이이다. [32]
- 줄기의 윗부분 5~6개의 마디에는 신장절이 위치한다. [35]
- 벼 줄기의 아랫부분 10~12개 마디는 절간이 신장하지 않는 간기부이다. [34]
- 출수한 벼가 17개의 절간으로 이루어져 있을 때, 지엽이 발생한 절간은(33) : 하위로부터 16번째 절간
- 줄기의 마디수는 잎의 수보다 2~3개 많다. [47]
- 신장경은 위에서 아래로 내려갈수록 절간장이 짧아져 상위 제5절간은 길이가 1~2cm에 불과하다. [34]
- 줄기의 마디 사이에는 수강이 있으며, 표피와 수강 사이에는 유관속과 통기강이 있다. [32]

3.5 화기

1 이삭의 형태

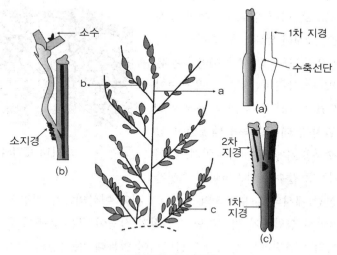

[이삭의 외부 형태]

벼의 이삭은 위 그림처럼 복총상 화서이며(귀리도), 수수절(穗首節)로부터 윗부분이다. 이삭은 중심에 수축이 있고, 수축에는 2~3cm 간격으로 8~10개의 마디가 있으며, 각 마디에서 2/5개도로

1차 지경이 나온다. 1차 지경에서도 기부에 2~4개의 마디가 있어서 2차 지경이 나온다. 1차 지경과 2차 지경의 마디에서는 소지경이 나오고 그 끝에 소수(小穗, 벼알)가 달린다. 소수의 수는 1차 지경에 4~6개, 2차 지경에 2~4개 정도 달린다.

이삭의 구조도 기본적으로는 줄기와 같다(줄기의 각 절에서는 1개의 잎과 1개의 분얼이 나옴). 따라서 이삭의 각 마디에도 1개의 잎과 1개의 분얼이 나와야 하는데 이삭이라는 특수 환경 때문에 잎은 포엽이라는 흔적으로 변했고, 분얼은 1차 지경으로 변했다고 보는 것이 이해에 도움이 된다.

소수, 즉 영화는 한 이삭에 200개 정도 달릴 잠재능력이 있으나 재배조건이나 환경에 영향을 받아 보통 80~100개가 달린다.

2 이삭의 내부 구조

벼 이삭의 내부 구조는 기본적으로 줄기와 같다. 이삭목의 중앙에 수강이 있고 그 주위에 대유관속이 10~12개 줄지어 있으며, 그 외부 주변에는 소유관속의 돌기가 줄지어 있다.

3 화기의 구조

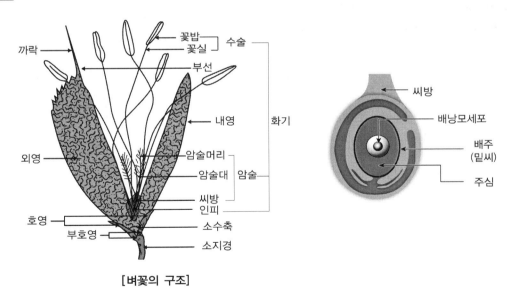

[**벼꽃의 구조**]

벼의 소수, 즉 영화(穎 이삭 영, 花)의 화기 구조는 위의 좌측 그림과 같다. 내영과 외영이 내부의 화기를 보호하며, 아래쪽에 호영과 부호영이 붙고, 이어서 소지경이 붙어 있다. 화기는 완전화로 수술 6개, 암술 1개로 되어 있다. 암술은 씨방, 암술대 및 암술머리로 구성되는데, 암술머리의 선단은 둘로 갈라진 무색의 깃털모양으로 꽃가루가 달라붙기 쉬운 구조를 하고 있다. 씨방은 1실배주이며, 주공은 밑을 향하고, 배주 표피(주피)가 노출된 주심이 있으며, 그 안쪽에서 배낭모세포가 발달하여 나중에 배낭이 된다.

내, 외영의 안쪽 밑 부분에 흰색의 육질이고 계란모양의 인피가 2매 있는데, 이것은 개화 시 물을 흡수하여 팽창함으로써 개영(開潁)의 기능을 수행한다. 인피는 발생학적으로 화피 또는 꽃잎에 해당한다.

수술의 꽃밥(葯 꽃밥 약)은 4개의 방으로 구성되어 있고, 그 안에 꽃가루(花粉 꽃가루 분)가 들어 있다. 꽃실(花絲)은 개화 후 급격히 신장하여 꽃밥을 비산시킨다. 꽃가루는 두꺼운 외벽으로 싸여 있고 구형이다.

- 이삭목 중앙에는 수강이 있고 그 주변에 대유관속이 10~12개 줄지어 있다. [35]
- 벼꽃의 수술은 6개, 암술은 1개로 되어 있다. [36]
- 벼꽃의 수술은 6개이고 암술은 1개이다. [361]
- 벼의 수축에는 약 10개의 마디가 있고, 꽃에는 1개의 암술과 6개의 수술이 있다. [529]
- 인피는 발생학적으로 꽃덮개 또는 꽃잎에 해당한다. [36]
- 벼의 화기 구성 요소 중 발생학적으로 꽃잎에 해당하는 것은 인피이다. [2021 국9]
- 수술의 꽃밥(anther)은 4개의 방으로 되어 있다. [36]
- 꽃가루는 두꺼운 외벽으로 싸여있고 구형을 이룬다. [36]

벼의 생장과 기능

CHAPTER 04

4.1 벼의 생육

4.1.1 발아와 휴면

1 발아 과정

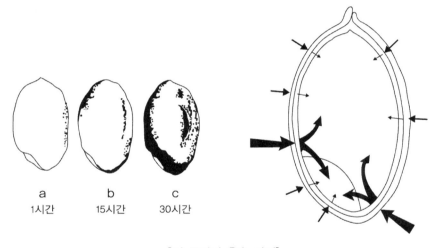

[벼 종자의 흡수 과정]

발아란 종자가 수분을 흡수하여 유아가 종피를 뚫고 출현하는 것을 말한다. 종자의 수분흡수는 내, 외영에서 서서히 이루어지면서 과피와 종피를 통과하는데, 과피와 종피를 통과하여 종자에 흡수된 물은 배반 흡수세포층을 통해 배조직으로 이동하고, 호분층을 따라 종자의 선단부로 이동한다. 흡수량과 속도는 위 그림에서 보는 바와 같이 배와 가까운 곳에서 왕성(화살표 굵기)하다. 이것은 배와 배유가 접한 곳에 줄지어 있는 책상흡수세포의 활동을 촉진시켜 배유의 분해를 빨리함에 그 목적이 있다. 발아 후 배유의 저장양분은 배에 가까운 부분부터 용해되어 배로 흡수되는데, 배유의 저장분립은 호분층에서 합성된 가수분해효소에 의해 분해되어 소립의 전분이 되고, 이는 다시 수용성인 포도당으로 분해되어 유관속을 통해 유아와 유근의 생장에 사용된다. 엽령지수가 3.8령 경 배유는 완전히 소모된다.

2 발아에 영향을 미치는 요인

(1) 종자의 조건

① 벼알이 이삭에 달린 위치와 발아력

[이삭 위치별 종자의 충실도와 발아율]

구분	이삭끝종자	이삭중간종자	이삭밑종자
1,000알 무게(g)	28.6	27.8	16.5
비중	1.87	1.16	1.15
발아율(%)	98.5	93.5	85.5

검은색: 이삭끝종자
흰 색: 이삭중간종자
사 선: 이삭밑종자
1,2,3,4,5: 개화의 순서
1: 강세화, 5: 약세화

[한 이삭에 있어 벼알의 착립 위치와 발아력]

이삭채로 보관한 종자를 발아시켜 보면 위 그림과 표처럼 발아가 균일하지 않고, 이삭의 상부는 하부에 비해 발아가 빠르고 발아율도 높다. 즉, 볍씨는 한 이삭에서 위쪽에 있는 것이 아래쪽의 것보다 충실하여 발아가 빠르고 발아율이 높다. 또한 하나의 지경 내에서도 최선단의 종자가 가장 빠른 발아를 보이며, 다음은 지경의 하위에 있는 종자이고, 선단에서 2번째의 것이 가장 느리고 발아율도 낮다. 즉, 발아력의 이삭 내 분포는 소위 강세화와 약세화의 분포와 일치하는데, 강세화 종자일수록 발아력이 강하다.

② 종자의 비중과 발아력

위의 표(이삭위치별 종자의 충실도와 발아율)에서 보듯이 이삭의 상위에 붙은 종자는 하위에 붙은 종자에 비해 비중이 크면서 발아력이 강하다. 즉, 같은 품종인 경우, 종실의 비중이 큰 것이 발아력이 강하기 때문에 염수선 시 1.13 이상의 비중을 가진 종자만 볍씨로 사용한다. 그런데 비중이 아주 낮은 상태, 즉 수분(受粉) 후 7일 정도만 되어도 발아 기간이 길고 발육이 불량하지만 발아 자체는 가능하다고 한다. 수분 후 14일이면 발아율도 높고 발아일수도 거의 정상에 가깝다.

③ 종자의 저장기간과 발아력

종자의 수명에 나쁜 영향을 미치는 중요 요인은 고온, 고수분, 고산소 농도이므로, 저온, 저수분, 저산소 농도로 보관하면 종자의 수명은 길어진다. 그러나 볍씨의 수분함량을 5% 이하로 과도하게 건조하는 것은 오히려 수명이 단축된다. 한편 볍씨는 저장 기간이 길어질수록 발아율은 저하하고, 자연상태에서는 2년이 지나면 발아력이 급격히 떨어진다. 다만 −5~−10℃의 저온에서 저장하면 10년이 지나도 발아력을 잃지 않는다.

(2) 온도

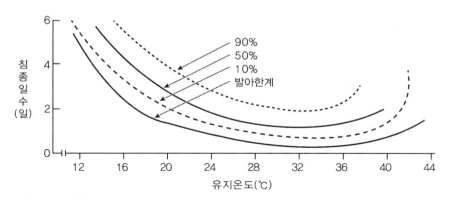

[각 유지온도에 대한 발아한계, 10, 50, 90% 발아율을 얻는데 필요한 침종기간 곡선(Living & Haasis)]

일반적으로 벼의 발아 최저온도는 8~10℃, 최적온도는 30~32℃이나, 발아 최저온도는 품종 간에 차이가 있다. 위 그림에서 보는 바와 같이 종자의 활력이 강한 볍씨는 32℃에서의 침종일수(발 아기간)가 아주 짧으나, 온도가 16℃로 낮으면 침종일수가 길어진다. 또한 휴면이 완전 타파되고 종자의 활력이 높으면 품종에 따른 발아력의 차이가 적으나, 휴면 타파가 충분하지 않거나 활력이 저하된 종자는 발아온도의 폭이 좁다.

(3) 수분

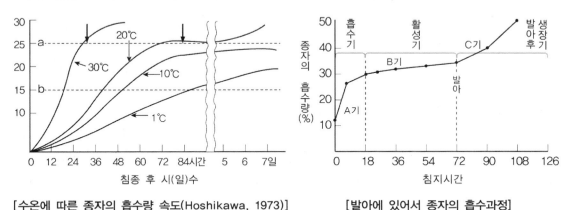

[수온에 따른 종자의 흡수량 속도(Hoshikawa, 1973)]　　　[발아에 있어서 종자의 흡수과정]

볍씨가 발아하려면 건물중(乾物重)의 30~35%의 수분을 흡수해야 한다. 종자가 수분을 흡수하여 발아하는 과정을 보면 위의 우측 그림과 같이 흡수기, 활성기, 발아 후 생장기로 구분된다. 1단계인 흡수기는 18시간 정도의 단기간이 걸리는 시기로, 온도와 거의 관계없이 아주 낮은 매트릭퍼텐셜에 의하여 급속히 물이 흡수되어 발아를 유도하는 생리적 활성유발시기이다. 배의 발아활동이 시작되는 함수량은 건물중의 15%에 달했을 때이다. 2단계인 활성기는 약 30%를 흡수한 때인데, 흡수가 거의 정체에 가깝게 완만히 진행되면서 이 시기의 끝 무렵에 유아, 유근이 나타난다. 이 시기를 발아기라 부른다. 발아 후에는 재차 흡수가 왕성하게 이루어지면서 발아 후 생장기로 들어간다.

그런데 종자의 흡수속도는 위의 좌측 그림처럼 온도가 높을수록 빠르다. 예를 들어 배가 발아를 시작하는 15%까지의 흡수 소요시간은 30℃에서 18시간, 20℃에서는 40시간이 소요되고, 1℃에서는 80시간이 지나도 발아에 필요한 흡수량에 이르지 못한다. 즉, 수분흡수 속도는 수온에 따라 다르다.

(4) 산소

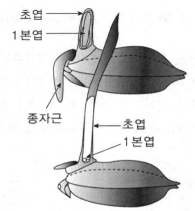

위 : 산소가 충분한 경우(1엽이 추출되고 종자근에 근모 발생)
아래 : 산소가 부족한 경우(초엽 속에 1엽이 신장하지 않고, 종자근도 자라지 않음)

[발아와 산소]

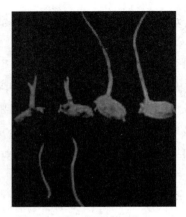

왼쪽 2개 : 산소가 풍부한 경우
오른쪽 2개 : 수심 10㎝ 정도로 산소가 부족한 경우

[종자발아와 산소와의 관계]

볍씨는 공기 중은 물론 수중에서도 발아할 수 있고, 낮은 농도의 산소 조건에서도 발아할 수 있다. 산소농도가 0.7%로 낮아도 100% 발아하며, 산소가 전혀 없는 조건에서도 무기호흡으로 80% 정도가 발아한다. 다만 이런 조건에서는 외견상의 발아는 되나, 이 발아는 정상이 아닌 이상발아로 잎이나 뿌리의 원기는 생장하지 못한다. 산소 부족에서는 카탈라아제, 아밀라아제 등의 효소활성이 극히 저하되기 때문이다. 산소가 충분한 조건에서는 유근(종자근)이 먼저 발생하고 초엽이 1cm 이하로 짧게 자라 정상이지만, 산소가 부족한 물속에서는 유근이 거의 자라지 못하고, 유아가 먼저 생장하여 초엽이 4~6cm로 길게 신장하는 이상발아현상을 나타낸다. 따라서 벼가 깊은 물속에서 발아(담수직파 등)하면 유근이 자라지 못하여 착근이 어려우므로 착근기에는 배수하여 착근을 도와야 한다. 즉, 담수직파일지라도 파종 직후 낙수하여 출아를 도운 뒤 7~10일 후 다시 담수한다. '8.3의 **4** 담수직파의 종류' 먼저 보고 가실까요? 다녀오세요. 지금 그 부분을 충실히 이해하면

나중에 그곳을 다시 공부할 때 자신의 큰 성장을 보게 됩니다. 감격하지요. 정말입니다. 한편 깊은 물속에서 발아할 때 유아의 선단이 수면 위로 올라오면 산소를 흡수할 수 있어 유근의 생성이 촉진된다.

(5) 광

벼는 발아에서 광무관계이므로 암흑에서도 발아하지만, 발아 후 광은 유아생장에 큰 영향을 끼친다. 백색광 하에서는 초엽은 상기 (4)의 그림처럼 약 1cm 신장하고 제1엽(본엽)이 일찍 추출하여 짧게 신장한다. 그러나 산소가 부족한 암조건에서는 중배축이 신장하여 정상적인 형태를 이루지 못하고, 초엽은 4~6cm로 길게 신장한다. 종자의 파종 깊이를 달리해서 발아생장을 본 것이 오른쪽의 그림이다. 파종 깊이 0.5cm로 산소가 풍부한 산광 하에서는 발아 후 생장이 정상적이지만, 그림의 가장 오른쪽의 상태인 5cm 깊이에서는 종자근의 신장이 현저히 저해되면서 중배축 뿌리가 발생하여 수평으로 뻗고, 초엽은 길게 도장하며, 본엽은 추출되지 못해 출아하지 못한다. 따라서 건답직파의 파종 깊이는 약 3cm가 한계이다.

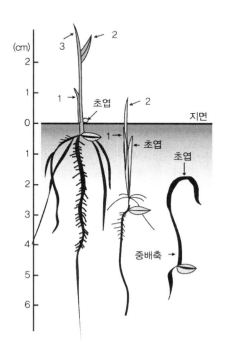

[파종 깊이에 따른 발아, 출아, 생장의 차이]

3 벼 종자의 휴면

벼의 종실은 수확 직후에는 왕겨에 존재하는 발아억제물질에 의해 발아가 저해되어 휴면한다. 따라서 왕겨를 제거하면 휴면이 타파되고 발아가 촉진되나, 품종에 따라 과피와 종피의 일부 또는 전부를 제거해야 발아가 촉진되기도 한다.

벼의 휴면성은 생태형 및 품종 간에 현저한 차이가 있다. 인디카형은 일반적으로 온대 자포니카보다 휴면성이 강하고(그래서 인디카 품종의 유전인자를 가진 통일벼는 일반 온대 자포니카보다 강함), 아프리카 재배 벼와 야생 벼는 휴면성이 아주 강하다. 그러나 우리나라에서 재배되는 일반 온대 자포니카는 휴면성이 매우 약하여, 수확기에 비를 많이 맞으면 간혹 수발아 현상이 나타나기도 한다.

볍씨의 휴면은 고온처리로 타파할 수 있어서 50℃의 온도에서 4~5일, 강한 것은 7~8일 처리하면 소거된다. 또한 0.1 N-HNO$_3$ (질산)에 침지한 다음 천일 건조하면 휴면성이 소거되는데, 휴면성이 강한 것은 질산 처리 후 3~7일 간 천일 건조한다.

- 종자에 흡수된 물은 배반 흡수세포층을 통해 배조직으로 이동하고, 호분층을 따라 종자의 선단부로 이동한다. [37]
- 볍씨는 한 이삭에서 위쪽에 있는 것이 아래쪽의 것보다 충실하여 발아가 빠르고 발아율이 높다. [42]
- 이삭의 상위에 있는 종자는 하위에 있는 종자보다 비중이 크고 발아가 빠르다. [39]
- 같은 품종인 경우, 종실의 비중이 큰 것이 발아력이 강하다. [39]
- 저장기간이 길어질수록 발아율은 저하하고 자연상태에서는 2년이 지나면 발아력이 급격히 떨어진다. [39]
- 일반적으로 발아 최저온도는 8~10℃, 최적온도는 30~32℃이다. [38]
- 벼의 발아온도는 품종에 따라 차이가 있지만, 일반적으로 최적온도는 30~32℃이다. [2021 국9]
- 발아 최저온도는 품종 간에 차이가 있다. [39]
- 볍씨는 종자 중량의 약 23(30~35)%의 수분을 흡수하면 발아가 가능하다. [40]
- 볍씨가 발아하려면 건물중의 30~35% 정도 수분을 흡수해야 한다. [146]
- 벼가 발아하려면 건물중의 23(30~35)%의 수분을 흡수해야 한다. [2021 국9]
- 종자의 수분함량은 흡수기 때 급격하게 증가한다. [38]
- 수분흡수 과정 중 생장기에는 수분함량이 급속히 증가한다. [39]
- 발아는 수분 흡수에 의해 시작되고 수분 흡수 속도는 수온에 따라 다르다. [39]
- 수분 흡수력은 품종 간에 차이가 있고, 흡수 속도는 수온에 따라 다르다. [40]
- 볍씨의 수분 흡수 과정에서 흡수기는 온도의 영향을 크게 받지 않는 시기이다. [2020 7급]
- 볍씨는 발아하는 데 필요한 산소의 양이 다른 작물에 비하여 작다. [40]
- 산소가 전혀 없는 조건에서의 발아율은 80% 정도이다. [41]
- 볍씨는 산소가 전혀 없는 조건에서도 발아율이 80% 정도이다. [42]
- 볍씨는 무산소 조건하에서도 발아를 할 수 있다. [38]
- 벼는 산소의 농도가 낮은 조건에서도 발아한다. [2021 국9]
- 산소가 부족하면 발아에 필요한 효소의 활성이 매우 낮다. [42]
- 산소가 충분하면 초엽이 1cm 이하로 짧게 자란다. [42]
- 산소가 부족할 경우, 유아가 유근보다 먼저 발생하여 생장한다. [39]
- 산소가 충분할 때에는 유근이 먼저 신장하고, 산소가 불충분하면 유아가 먼저 발생한다. [2020 7급]
- 산소가 부족한 물속에서는 종자근이 거의 자라지 못한다. [42]
- 산소가 부족한 조건에서는 초엽이 이상(異常) 신장하고 유근은 거의 자라지 않는다. [41]
- 산소가 부족한 조건에서는 초엽이 4~6cm로 길게 신장하고 씨뿌리는 거의 자라지 않는다. [42]
- 산소가 부족한 물속에서 발아할 때는 초엽이 길게 자란다. [512]
- 볍씨를 산소가 부족한 심수 조건에 파종했을 때 나타나는 현상[43] : 초엽이 길게 신장하고, 유근의 신장은 억제된다.
- 볍씨는 빛의 유무에 관계없이 발아한다. [42]
- 광은 발아에는 관계가 없지만 발아 직후부터는 유아 생장에 영향을 끼친다. [39]

- 광선은 볍씨의 발아에 직접적인 관계가 없지만 아생기관의 생장에 영향을 준다. [40]
- 산소가 부족한 암조건에서는 중배축이 신장하여 정상적인 형태를 이루지 못한다. [41]
- 산소가 부족한 암흑 조건에서는 중배축이 많이 신장한다. [42]
- 암흑 조건 하에서 발아하면 중배축이 도장한다. [38]
- 벼의 발아 시 암흑상태에서 중배축의 신장은 온대 자포니카형이 인디카형보다 대체로 짧다. [2021 국9]
- 약 5cm 깊이에 파종하였을 때에는 중배축뿌리가 발생하여 수평으로 뻗는다. [41]
- 볍씨는 발아할 때 반드시 광을 필요로 하지는 않으며, 건답직파의 파종 깊이의 한계는 5cm 정도이다. [2020 7급]
- 깊게 파종하면 초엽과 중배축이 모두 신장한다. [66]
- 수확 직후에는 왕겨에 발아억제물질이 존재한다. [24]
- 종실에 질산처리를 하면 휴면이 타파된다. [24]

4.1.2 모의 생장

1 발아와 출아

발아란 배가 부풀어 외영을 밀어내면서 백색의 유아가 추출되는 것을 말하며, 출아란 모의 선단이 토양 또는 수면으로부터 모습을 나타내는 것을 말한다.

2 출엽과 모의 성장

벼의 나이를 파종 또는 출아 후의 일수로 표시하는 경우가 있는데, 이는 특정 품종에 대한 특정 환경 조건에서는 편리할 수 있다. 그러나 온도나 수분 등의 환경이 다른 조건에서 잎의 생장 속도(출엽 속도 등)를 비교할 때는 일수는 이용할 수가 없는데, 이유는 생장 속도라는 것은 환경에 크게 영향을 받기 때문이다. 그래서 생장 속도를 비교할 때는 출엽된 엽수로 계산하는 엽령이란 개념을 사용한다. 즉, 엽령이란 주간의 출엽수에 의해 산출되는 벼의 생리적인 나이를 말한다. 예를 들어 다음 그림의 엽령은 4.2인데, 주간의 본엽이 4매 완전 전개하였으므로 4가 확보되었고, 새로 제 5엽이 1/5(0.2) 정도 자랐기 때문에 이들을 합하여 4.2가 된다. 벼의 이유기는 3.7 엽기 정도이다. 벼의 모(苗 모 묘)란 발아 후 모내기할 때까지

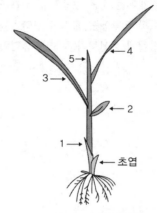

[벼의 엽수(엽령) 계산법]
(예 : 4.2령의 묘)

의 식물체를 말하는데, 발아한 모에는 한 개의 종근이 나오고, 이유기 무렵에는 5~6개의 관근이 출현한다. 모의 질소함량은 제4, 5 본엽기에 가장 높고, 그 후에는 감소하면서 C/N율이 높아져 모가 건강해진다. 모는 엽색이 황변하기 쉬운 시기가 3번, 즉 3황기(三黃期)가 있다. 첫째 시기는 초엽에서 제1본엽이 나오는 시기이고, 둘째 시기는 볍씨의 배유 소진기, 즉 종속영양에서 독립영양으로 바뀌는 제4본엽 출현기이며, 셋째 시기는 못자리 말기이다.

벼는 밀파, 만파, 양분 부족 시에도 여러 문제가 발생하지만 특히 광이 부족하면 도장하고 병충해에 대한 저항성이 약화되므로 육모관리에 주의해야 한다.

모의 생장 정도는 앞에서 언급한 묘령 이외에도 초장, 분얼경수(分蘖莖 줄기 경, 數), 건물중, 생체중, 주간출엽수(主稈 집 간, 出葉數) 등으로 표시한다.

4.1.3 잎의 생장과 기능

1 출엽주기

잎은 줄기의 생장점에서 차례로 원기가 분화, 발달해서 출엽하는데, 출엽은 온도가 높으면 빨라지고 낮으면 늦어진다. 적산온도를 지표로 할 때 유수분화기 전인 영양생장기에는 약 100℃가 소요되므로 평균온도 20~25℃에서 벼가 자란다고 볼 때 4~5일마다 1매씩 출엽한다. 즉, 영양생장기의 출엽주기는 4~5일이다. 한편 생식생장기에는 170℃의 적산온도를 필요로 하므로 1매의 출엽에 7~8일이 소요된다.

2 잎의 수명

잎의 활동기간(수명)은 엽위에 따라 크게 다른데, 상위엽일수록 길고 하위엽일수록 짧으며, 지엽은 수명이 가장 길다. 따라서 잎은 줄기의 하위로부터 순차적으로 죽으며, 유수분화기에서 출수기까지 약 30일 동안에는 대개 5매의 전개된 활동엽을 가지고 있어서 일생 중 가장 많은 엽을 가지는 시기이다. 한편 개개 잎의 무게는 잎의 신장과 동시에 급격히 증가하여 최대에 달했다가 그 후에는 점차 감소한다. 생장 후기에 감소되는 이유는 축적되었던 양분이 상위에서 새로 전개되는 잎으로 전류되기 때문이다.

3 군락엽의 생장

개체군에서 벼잎의 생장은 단위면적당 전체 잎의 무게나 엽면적을 기준으로 측정할 수 있다. 잎은 광합성에 필요한 일사광선을 받기 때문에 군락의 광합성과 생장해석을 연구하는데 엽면적 지수(leaf area index, LAI)가 널리 이용된다. 엽면적 지수는 다음과 같이 정의된다.

$$\text{엽면적 지수(LAI)} = \frac{\text{전체 엽신 면적의 합계}}{\text{잎을 채취한 포장의 면적}}$$

LAI는 생육이 진전됨에 따라 증가하여 출수 직전(수잉기)에 최대를 보이며, 출수 후에는 하위엽이 고사하여 점차 감소한다. 실제 재배에 있어 LAI에 영향을 주는 주된 요인은 대부분 재식거리와 질소 시용량으로, 이들은 포기당 줄기수, 줄기당 엽수, 엽의 크기에도 영향을 미친다.

4 잎의 기능

(1) 생리적 활동중심엽

벼는 언제나 생리적으로 다른 나이를 가진 잎들로 이루어져 있는데, 이는 잎들이 전체 벼 생장에 미치는 기여도가 다르다는 것을 의미한다. 광합성 활성이 높은 잎을 활동중심엽이라 한다. 따라서 어느 잎이나 일생 중 한 번은 활동중심엽의 역할을 하지만 새 잎이 상위에 전개되면 하위 잎은 고사하므로 활동중심엽은 생장이 진전됨에 따라 상위로 이동한다. 그런데 상위엽들에서의 광합성 활성은 상위 1, 2엽이 아니라 상위 3, 4엽이다. 즉, 광합성 활력이 높은 활동중심엽은 상위로부터 제3엽과 제4엽이다.

광합성 산물이 전류해 가는 방향은 그것을 필요로 하는 부위의 필요도와 생산한 곳과의 거리에 관계가 있다. 따라서 쌀알의 등숙은 주로 상위엽의 동화 산물에 의존하고, 뿌리의 활력은 하위엽에 의하여 유지된다.

(2) 잎집(葉 잎 엽, 鞘 칼집 초)의 기능

엽초의 광합성 능력은 미미하지만, 앞에서 설명한 바와 같이 잎집은 전 식물체를 기계적으로 지탱하여 도복을 방지하는 중요한 역할을 한다. 즉, 절간신장이 시작되기 전인 유수분화기까지는 2cm 정도인 줄기를 감싸 식물체를 지지하고, 절간신장이 완료된 출수기 후에는 줄기 좌절 중에 30~60%의 기여를 한다. 그리고 엽초는 출수 전 전분이나 당을 일시적으로 저장하는 장소로 이용된다. 일시적으로 저장된 탄수화물은 출수 후 종실로 이전하는데, 그 추정 기여율은 약 30% 정도이다.

(3) 각 잎몸(葉身)의 기능

엽위의 물리적 거리는 상기 (1)에서 설명한 것처럼 동화 산물의 이전과 깊은 관계를 갖는다. 그러나 이 같은 역할분담은 고정된 것은 아니고 상황에 따라 유동적이다.

- 엽령이란 주간의 출엽수에 의해 산출되는 벼의 생리적인 나이를 말한다. [44]
- 잎 1매의 출엽에 필요한 적산온도는 유수분화기 이전보다 이후에 높다. [47]
- 출엽주기는 영양생장기가 생식생장기보다 짧다. [47]
- 우리나라에서 유수분화기 전에는 잎이 약 4~5일에 1매씩 나온다. [45]
- 우리나라에서 출엽주기는 유수분화기 이전에는 약 4~5일이고, 그 후에는 약 7~8일이다. [37]
- 생육적온에서 자라는 벼의 영양생장기와 생식생장기의 출엽속도로 가장 적절한 것[45] : 4~5일, 7~8일
- 잎의 활동기간은 상위엽일수록 길고 하위엽일수록 짧다. [45]
- 벼 잎의 활동기간은 하위엽일수록 짧고, 상위엽일수록 길다. [146]
- 벼의 엽면적 지수(LAI)가 가장 큰 시기는 수잉기이다. [46]
- 벼의 엽면적에 크게 영향을 미치는 요인은 재식거리와 질소시용량이다. [508]
- 광합성 활력이 높은 활동중심엽은 상위로부터 제3엽과 제4엽이다. [45]
- 쌀알의 등숙은 주로 상위엽의 동화 산물에 의존하고, 뿌리의 활력은 하위엽에 의하여 유지된다. [37]
- 쌀알의 등숙은 주로 상위엽에 의존하고 뿌리의 생육은 하위엽에 의존한다. [45]
- 출수 후 상위엽의 생존수와 동화력의 대소는 쌀알의 등숙에 큰 영향을 미친다. [141]

4.1.4 줄기의 생장과 기능

1 분얼의 출현 및 생장

(1) 분얼의 출현

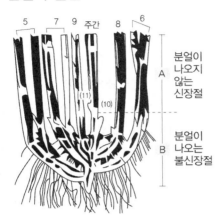

[주간에서 분얼이 출현하는 모습]

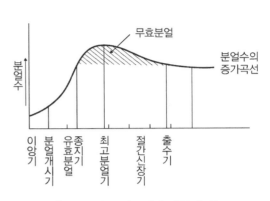

[분얼수의 증가곡선과 생육과정]

　분얼이란 주간이나 분얼경의 엽액(葉腋, 겨드랑이 액)에서 생기는 곁눈이 발달한 가지를 말한다. 분얼은 주로 영양생장기에 불신장절부(분얼절부)의 각 절에서 한 개씩 나오고, 신장절부에서는 휴면에 의해 나오지 않는다(앞의 좌측 그림 참조). 분얼은 주간(主稈)에서 10개 정도 나오는데, 이를 1차 분얼이라 하며, 1차 분얼의 불신장절부에서는 다시 2차 분얼이 나오고, 2차 분얼에서는 또 3차 분얼이 나와서 이론상으로는 1개의 모에서 40개 이상의 분얼경이 나온다. 그러나 실제로는 모가 밀파된 상태에서 길러지기 때문에 하위절의 분얼은 휴면(주간의 경우 초엽절과 제1엽절에서 비발생)하고, 또한 이앙에 의해서도 휴면하게 되어 1주당 유효 분얼은 20개 정도이고, 묘개체당의 분얼은 4~5개 정도이다.

　분얼은 생육 초기에 일찍 나온 것일수록 이삭이 달리므로 유효 분얼이라 하고, 생육 후기에 나온 것은 이삭이 달리지 못한 채 고사하므로 무효 분얼이라 하며, 유효 분얼과 무효 분얼의 합을 최고분얼수라 한다(앞의 우측 그림 참조). 이를 시기의 관점에서 보면 모내기 후 분얼수가 급증하는 시기를 분얼 성기라고 하며, 이 시기를 지나 분얼수가 가장 많은 시기를 최고 분얼기라 하는데, 보통기 재배 시 이앙 후 35~40일경에 최고 분얼기에 도달한다. 한편 최종 이삭수가 될 유효 분얼수를 최고분얼수로 나눈 값(유효 분얼수/최고분얼수)을 유효 경비율이라 하며, 이는 보통 60~80%가 된다.

(2) 분얼체계(분얼 출현의 규칙성)

분얼의 출현은 잎의 추출과 규칙적인 관계를 가지고 있어서 주간의 어느 잎이 추출할 때 그것보다 3잎 아래 잎의 엽액에서 분얼이 나온다. 즉 제 n엽과 n-3엽의 엽액에서 분얼이 동시적으로 추출하는데, 이것을 동신생장(同伸 펼 신 生長)이라고 한다. 이 규칙성은 주간에서 뿐만 아니라 2, 3차 분얼에도 적용된다.

(3) 분얼의 절위별 형태

분얼의 가장 기부절에는 전엽이라는 보통 잎과는 다른 엽신이 없는 짧은 잎이 나와 주간 쪽에 붙는데, 여기서는 분얼이 발생하지 않는다. 분얼은 주간의 경우 제2엽절 이후 불신장경 마디 부위에서 출현하여 분얼경으로 독립한다. 분얼은 착생하는 절위, 차위에 따라 생장형태가 다르다. 분얼의 출현은 당연히 하위의 것일수록 빠르지만, 출수가 빠른 것은 주간이 아니고 분얼경이며, 분얼경 중의 출수 순서는 상위절의 분얼경이 하위 분얼경보다 빠르다. 간장도 주간보다 긴 것도 있다. 그러나 수장, 수중, 간중 등은 주간보다 떨어지고, 상위 분얼일수록 떨어지며, 엽수도 고위분얼일수록 적다. 분얼도 유수발육기의 신장절간은 주간과 같기 때문에 상위 분얼일수록 불신장경부의 절수가 적으며, 결과적으로 발근수도 적다. 이상과 같은 이유에서 형태적으로 보아 주간에서는 하위절의 분얼일수록, 분얼의 차위로는 저차위의 분얼일수록 유효경이 될 수 있고, 큰 이삭이 착생할 수 있다.

(4) 분얼, 잎 및 뿌리의 동시생장

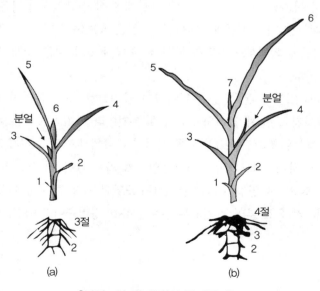

[분얼, 잎 및 뿌리의 동시생장]

위에서 출엽과 분얼의 출현에는 n-3의 규칙성이 있음을 밝혔는데, 분얼과 뿌리는 같은 시기에 같은 절에서 거의 동시에 발생한다. 예를 들어 제6엽이 추출할 때 n-3인 제3절에서 분얼과 뿌리가 동시에 나오고(위의 그림 a), 제7엽이 추출하면 제4절에서 분얼과 뿌리가 발생한다(그림 b).

(5) 분얼에 영향을 미치는 환경조건

① 온도

분얼 출현의 적온은 18~25℃의 범위에 있지만 일반적으로 적온의 조건에서 주, 야간의 온도차가 클수록 분얼은 증가하는데, 분얼에 적합한 주, 야간 온도 교차는 10~15℃ 정도이다. 따라서 분얼기가 비교적 저온기이고 주, 야간의 온도 교차가 큰 조기 재배 및 조식 재배가 보통기 재배보다 분얼수가 많아진다. 한편 분얼에 미치는 온도의 영향은 벼 뿌리 부위보다 간기부(稈基部) 온도의 영향이 더 크며, 기온보다 수온의 영향이 더 큰 경향이다.

② 광의 강도

광의 강도가 강하면 분얼수가 증가하는데, 특히 분얼 초기와 중기에 그 영향이 크다. 분얼 성기에 일조(일사량)가 부족하면서 온도가 상대적으로 높은 경우 초장은 도장하면서 분얼수는 현저히 감소한다.

③ 물

토양수분이 부족하면 개체당 분얼수는 감소한다. 또한 관개를 하는 경우 심수관개를 하면 온도가 낮아지고, 주, 야간 온도 교차가 적어지므로 분얼이 억제된다. 특히 벼가 어릴 때는 5cm의 수심도 분얼을 억제한다. 그러나 분얼 최성기에는 10cm 정도의 수심이 되어도 분얼을 크게 억제하지는 않는다.

④ 영양

분얼이 왕성하게 발생하려면 기본적으로 무기양분과 광합성 산물이 충분히 공급되어야 하는데, 활동엽의 질소함유율은 3.0~3.5% 정도 되어야 하고, 인산도 분얼 발생에 중요 인자이기 때문에 0.25% 이상되어야 한다. Chapter 4의 모의 생장에서 "모의 질소함량은 제4, 5 본엽기에 가장 높고, 그 후에는 감소하면서 C/N율이 높아져 모가 건강해진다."고 했는데, 질소함유율이 2.5% 이하이면 분얼의 발생은 정지한다. 탄수화물도 분얼의 생장에 필요하므로 차광, 일조 부족은 분얼 발생을 저하시키고, 심하면 분얼의 고사를 가져온다.

⑤ **이앙방법**

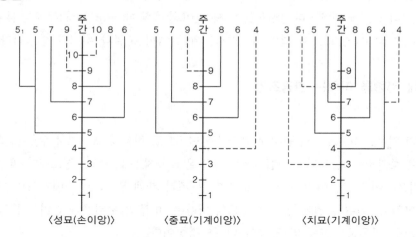

[이앙방법에 따른 분얼의 발생 차이]

앞에서 말한 바와 같이 벼는 제2절에서부터 분얼이 발생할 수 있다. 그러나 이앙재배의 경우 못자리에서 밀파상태로 생육되므로 하위절의 분얼눈이 휴면하여 이앙을 해도 분얼이 발생하지 않는다. 위의 그림에서 보듯이 손이앙재배 시 육묘일수 40일의 성묘를 이앙하면 활착 후 제5절부터 분얼이 나오며, 육묘일수 30일의 중묘는 제4절부터 나오기 시작하여 제5절에서 많이 나온다. 육묘일수 20일의 치묘는 제3절부터 나오기 시작하여 제4절에서 많이 나온다.

⑥ **이식 깊이**

모를 깊게 심을수록 온도가 낮고(적온은 18~25℃), 주, 야간 온도 교차가 작아서 착근이 늦어지고 분얼이 억제되며, 1차 분얼의 발생 절위가 높아져 유효경수가 적어진다.

⑦ **재식 밀도**

재식 밀도가 높을수록 경쟁이 심하므로 개체당 분얼수는 당연히 감소한다. 단위면적당 재식묘수 (栽 심을 재, 植 심을 식, 苗數)가 동일한 경우, 포기당 모수가 적고 재식주수(栽植株 그루 주, 數)가 많은 쪽이 하위절로부터 분얼이 출현하여 분얼수가 많아지므로, 1주당 모수를 1로 할 경우의 분얼수가 가장 많다. 밀파한 모를 깊이 심으면 하위 3~4절의 분얼눈이 휴면하여 분얼이 감소한다.

⑧ **직파재배**

이앙재배는 보통 5엽절에서 10엽절까지 분얼이 발생하는데 반해, 직파재배 시에는 파종 깊이, 양분의 유지상태 양호 등의 이유 때문에 통상 2엽절부터 12엽절까지 분얼이 발생하므로 직파재배가 이앙재배보다 분얼이 많아진다.

- 모내기 후 분얼수가 급증하는 시기를 분얼 성기라고 하며, 이 시기를 지나 분얼수가 가장 많은 시기를 최고 분얼기라 한다. [65]
- 보통기 재배 시 이앙 후 35~40일경에 최고 분얼기에 도달한다. [64]
- 주간의 제7엽이 나올 때, 주간 제4절에서 분얼이 동시에 나온다. [48]
- 벼의 분얼은 주간의 경우 제2엽절 이후 불신장경 마디 부위에서 출현한다. [49]
- 분얼은 주간의 경우 제2엽절 이후 불신장경 마디 부위에서 출현한다. [508]
- 일반적으로 적온에서 주·야간 온도 교차가 클수록 분얼이 증가한다. [49]
- 적온에서 주·야간의 온도 교차가 클수록 분얼이 증가한다. [50]
- 적온 범위에서는 일교차가 커야 분얼이 많아진다. [66]
- 일반적으로 분얼은 적온 내에서 주·야간의 온도 차이가 클수록 증가한다. [51]
- 생육적온에서 주·야간의 온도차를 크게 하면 분얼이 증가된다. [53]
- 조기 재배는 일반적으로 분얼기가 저온기이기 때문에 보통기 재배보다 분얼수가 많다. [52]
- 조기 재배는 분얼기에 저온으로 인해 보통기 재배보다 분얼수가 더 많아진다. [508]
- 조식 재배가 보통기 재배에 비하여 분얼수가 많다. [48]
- 분얼 출현에는 기온보다 수온의 영향이 더 큰 경향이며, 일반적으로 적온에서 일교차가 클수록 분얼수가 증가한다. [78]
- 광의 강도가 강하면 분얼수가 증가하는데 특히 분얼 초기와 중기에 그 영향이 크다. [50]
- 광의 강도가 강하면 분얼수가 증가하며 분얼 초·중기에 영향이 더 크다. [49]
- 광도가 높으면 분얼이 증가하는데, 특히 분얼 초기와 중기에 영향이 크다. [51]
- 재식 밀도가 높고, 토양수분이 부족하면 개체당 분얼수는 감소한다. [49]
- 토양수분이 부족하면 분얼이 억제되고, 심수관개(深水灌漑)를 해도 분얼이 억제된다. [51]
- 심수관개를 하면 주·야간 온도 교차가 작아져 분얼의 발생이 억제된다. [52]
- 분얼의 발생과 생장을 위해서는 무기양분과 광합성 산물이 충분히 공급되어야 한다. [49]
- 분얼이 왕성하게 발생하기 위해서는 활동엽의 질소함유율이 대략 3.0~3.5% 정도 되어야 한다. [48]
- 분얼이 왕성하기 위해서는 활동엽의 질소함유율이 3.0% 이상이고 인산 함량은 0.25% 이상이 되어야 한다. [50]
- 질소함유율이 2.5% 이하이면 분얼의 발생이 정지된다.
- 무효분얼기에 중간낙수를 하면 분얼을 억제시킬 수 있다. [53]
- 모를 깊게 심거나 재식 밀도가 높을수록 개체당 분얼수 증가가 억제된다. [50]
- 모를 깊게 심은 경우 1차 분얼의 발생절위가 높아져 유효경수가 적어진다. [52]
- 모를 깊이 심으면 발생절위가 높아져 분얼이 감소한다. [53]
- 재식 밀도가 낮을수록 개체당 분얼수는 증가한다. [48]
- 재식 밀도가 높을수록 개체당 분얼수는 감소한다. [51]
- 직파재배에서는 통상 2~12엽절까지, 이앙재배에서는 5~10엽절까지 분얼이 발생한다. [52]
- 벼를 직파하면 이앙재배에 비해 분얼이 증가한다. [53]

(6) 유효분얼과 무효분얼의 진단

유효분얼과 무효분얼의 진단하는 방법으로는 아래의 것들이 이용된다.

① 초장율

최고 분얼기로부터 1주일 후에 한 포기에서 가장 긴 초장(대개는 주간이다)에 대하여 2/3 이상의 크기를 가진 분얼경은 유효분얼로, 그 이하의 것은 무효분얼로 판단한다.

② 청엽수와 발근

최고 분얼기에 청엽수가 4매 이상 나온 것은 유효분얼이 되고, 2매 이하인 것은 무효분얼이 된다. 청엽수가 4매라는 것은 동신생장에 의해 분얼경의 1엽절에서 뿌리(분얼과 뿌리는 동시 발생)가 발생하여 독립적 생활이 가능하다는 뜻이다.

③ 출엽속도

동신엽·동신분얼이론에 따라 모든 분얼의 출엽은 주간의 상대엽과 동시에 추출 신장한다. 그러나 최고 분얼기가 지나면 분얼에 따라서는 출엽속도가 교란되는 것이 있다. 최고 분얼기로부터 1주간의 출엽속도가 0.6엽 이상의 분얼은 유효경이 되지만, 0.5엽 이하로 출엽이 늦은 것은 무효분얼로 판단한다.

④ 분얼의 출현시기

조기에 출현한 하위분얼·저차위분얼은 생육량이 많아 유효분얼이 되기 쉬우나, 늦게 출현한 상위분얼·고차위분얼은 생육기간도 짧고 영양적으로도 불리하여 무효분얼이 되기 쉽다. 일반적으로 최고 분얼기보다 15일 전에 출현한 분얼은 유효분얼로, 그 이후에 출현한 분얼은 무효분얼로 판단한다.

2 절간신장

벼의 생육이 진전되어 유수분화기경에 도달하면 영양생장은 종료되고, 생식생장이 시작되면서 줄기의 절간신장이 발생한다. 생식생장기의 신장절 전반에 대해서는 앞의 3.4항 "외부형태"에서 설명하였으니 여기서는 수수절간(穗首節間)에 대하여만 더 설명하기로 한다. 줄기 최선단의 절간인 수수절간은 출수 전 10일 경에 신장이 개시되고, 출수 전 2일부터는 신장속도가 급속해지면서 지엽의 입집 속에 있는 이삭을 위로 밀어내어 이삭이 출수(出穗)하게 된다. 수수절간은 출수 후에도 1~2일간 신장을 계속함으로써 약 30cm 달하여 간장(稈長)을 결정한다. 절간신장속도는 통상 1일에 2~10cm 이다.

한편 벼의 초장이 커지면 도복되기 쉬운데, 그 이유는 불신장경이어야 하는 지표부위의 하위 2개의 절간이 신장하여 구부러지거나 꺾이기 때문이고, 불신장경이 신장하는 이유는 너무 많은 질소질 비료가 과도하게 성장을 자극하였기 때문이다.

- 유효분얼과 무효분얼의 진단방법 : 출엽속도, 분얼의 출현시기, 초장률 **(56)**
- 최고 분얼기가 7월 10일인 벼에서 유효분얼인 것 : 7월 10일에 청엽수가 5매인 분얼 **(57)**
- 벼의 생육과정에서 유효분얼과 무효분얼을 진단하는 방법**(2020 7급)** : 최고 분얼기로부터 1주일 후에 한 포기에서 가장 긴 초장에 대하여 2/3 이상의 크기를 가진 분얼경은 유효분얼이 된다. 최고 분얼기로부터 1주간의 출엽속도가 0.6엽 이상의 분얼경은 유효분얼이 되지만, 0.5엽 이하의 분얼경은 무효분얼이 된다. 최고 분얼기 15일 이전에 발생한 분얼은 유효분얼이 된다. 최고 분얼기에 청엽수가 4매 이상 나온 것은 유효분얼이 되고, 2매 이하인 것은 무효분얼이 된다.
- 수수절간은 출수 전 10일경에 신장이 개시된다. **(61)**
- 수수절간은 출수 후에도 1~2일간 신장을 계속한다. **(61)**
- 절간신장 속도는 통상 1일에 2~10cm이다. **(61)**
- 줄기의 도복은 지표부위의 하위 2개 절간이 길어져 발생한다. **(61)**

4.1.5 뿌리의 생장과 기능

1 근계의 형성

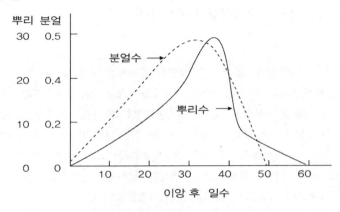

[생육경과에 따른 분얼과 뿌리수의 증가]

벼의 생육이 진전되면 출엽과 분얼이 증가하면서 동시에 총 뿌리수도 증가하는데, 뿌리수와 분얼수의 1일당 증가를 나타낸 것이 위의 그림이다. 생육 초기는 뿌리수의 증가가 분얼수의 증가보다 완만하지만 15~20일 뒤늦게 분얼의 증가와 같은 경향으로 급증한다. 따라서 벼 뿌리수는 최고 분얼기 이후 약 15일경에 최대가 된다. 그러나 절간신장이 시작되면 뿌리의 증가는 현저히 감소하고 출수기가 되면 새 뿌리의 발생은 없다.

1차 근수가 많은 품종은 일반적으로 1차 근의 지름이 가는 천근성으로, 줄기도 가늘며, 키도 작고, 분얼이 많은 특성을 보인다. 즉, 수수형(穗數型) 품종이다. 반면에 1차 근수는 적으나 1차 근의 지름이 굵으면 심근성으로, 이는 분얼은 적지만 키와 이삭이 큰 수중형(穗重型) 품종이다. 벼 뿌리의 생장량을 지상부에 대한 뿌리의 건물중 비율로 보면 생육 초기에는 35%, 출수기에는 16%, 호숙기에는 7%로 점차 낮아지는데, 이는 생육이 진전됨에 따라 지상부를 부양하는 뿌리의 부담이 커짐을 뜻한다. 이를 다른 의미로 해석하면 성숙기까지 활력이 왕성한 뿌리를 많이 확보해야 다수확이 가능하다는 것이다. 뿌리의 활력은 잎의 모양으로도 확인할 수 있다. 즉, 잎 전체가 늘어지면 가는 뿌리가 깊게 신장한 것이고, 지엽이 늘어지면 등숙기 뿌리의 활력이 약한 것 등이다.

직파재배는 이앙재배보다 지표층 가까이에 분포하는 뿌리의 비율이 높아 도복에 약하고, 직파재배 중 건답직파는 담수직파에 비하여 초기에 아래로 신장하는 뿌리가 많아 도복에 유리하다.

2 뿌리의 생장에 영향을 미치는 환경조건

(1) 토양의 산소 조건

벼 뿌리의 생장은 토양산소 조건의 영향을 크게 받는다. 뿌리가 밭 상태에서 자라면 토양산소가 풍부하므로 오른쪽의 그림처럼 관근이 길게 자라고 여러 개의 분지근을 낸다. 그러나 담수상태에서 자라면 토양 중의 산소가 적기 때문에 밭에서보다 뿌리의 신장이나 분지근의 발생이 적고, 뿌리가 가늘며 뿌리털의 발생도 적다. 외견상의 모양을 비교한다면 벼 뿌리는 밭보다는 논에서 곧게 자란다고 말할 수 있다. 유기질 함량이 높은 습답토양의 담수상태에서는 관근의 신장은 더욱 나빠진다. 이상을 다시 정리하면, '산소가 풍부한 토양에서는 뿌리의 발달이 좋으나, 산소가 부족한 조건에서는 뿌리의 생장이 나쁘고, 유기물까지 많은 경우에는 발육을 저해하는 물질까지 많아져 뿌리의 발육을 더욱 나빠지게 한다.' 가 된다. 따라서 산소가 부족한 경우에는 배수시설을 통한 건답화(乾畓化) 또는 중간낙수나 간단관수(間斷 끊을

[논 상태와 밭 상태에서의 뿌리의 발달 차이]

단, 灌 물댈 관, 水, 물걸러대기) 등의 관리를 통해서 뿌리에 산소를 공급하고, 담수토양에서는 뿌리의 생장이 왕성한 시기에 토양의 환원 정도를 경감시켜야 한다는 결론에 도달하게 된다.

벼가 산소가 부족한 물논에서 생육할 수 있는 이유, 즉 뿌리가 호흡을 할 수 있는 이유는 첫째 조직적으로는 피층 내에 파생통기조직이 발달하여(Chapter 3의 2항 "내부 구조" 참조) 산소를 지하부위의 모든 세포에 보낼 수 있는 통기 구조를 가지고 있다는 것이고, 둘째 생리적으로는 뿌리의 선단부에서 산소를 방출하여 토양을 산화적으로 교정해서 뿌리가 환원토양 속으로 신장할 수 있다는 것이며, 셋째 뿌리의 표면으로 방출한 산소가 토양 중의 철분과 결합하여 적갈색의 산화철을 만드는데, 이것이 뿌리의 피막으로 작용하여 유해물질(황화수소 등)의 침입을 막아준다는 것이다. 마지막으로 넷째는 잎이 물에 잠겨서 뿌리에 산소공급이 안 되는 현저한 산소부족 시에는 분자 간 호흡(무기호흡)을 한다는 것이다. 다만 무기호흡을 하므로 동일한 기질로 더 적은 에너지를 얻는 손해는 있다.

(2) 수분조건

1일 투수량이 많은 논토양에서 자란 벼 뿌리는 투수량이 적은 토양에서 자란 뿌리에 비해 토양 속 수직으로 분포하는 1차 근수의 비율이 높다. 한편 상시 담수에 비해 물이 잘 빠지는 토양이나 간단관수를 한 토양에서는 1차 근수가 많고 1차 근장이 길다. 이것도 산소의 영향이다.

(3) 시비 조건

벼의 근계형성에는 질소의 영향이 크다. 질소 시용량이 많아지면 1차 근수는 증가하지만 1차 근장은 짧아지므로, 근계가 작아지고 비교적 표층에 분포하게 된다. 질소 시비량이 많아 근계가

작아지면 지상부/뿌리비(T/R율)는 커진다. 같은 양의 질소질 비료를 줄 때 밑거름으로 많이 시용하면 표면근이 적어지고, 추비로 많이 시용하면, 즉 분시횟수를 늘려주면 표면근이 많아지는데 이는 뿌리가 비료를 찾아가기 때문이다. 같은 이유로 심층시비를 하면 표층시비에 비하여 깊게 뻗는 1차 근수가 많아진다.

(4) 재식 조건

1주당 재식묘수를 많게 하면 주당 총 1차 근수가 증가하지만 1차근의 지름은 작아지고, 토양 깊숙이 뻗는 1차 근수도 적어진다. 따라서 재식 밀도가 높아지면 깊게 뻗는 1차근의 비율이 감소한다.

- 벼 뿌리수는 분얼이 증가함에 따라 동시에 증가하는데, 최고 분얼기 이후 약 15일경에 최대가 된다. [59]
- 잎 전체가 늘어지면 가는 뿌리가 깊게 신장한 것이다. [135]
- 지엽이 늘어지면 등숙기 뿌리의 활력이 약한 것이다. [135]
- 논에서 자란 벼보다 밭에서 자란 벼의 뿌리가 길고 많다. [57]
- 밭 토양에서 자란 벼 뿌리가 논 토양에서 자란 벼 뿌리에 비해 분지근과 뿌리털의 발생이 많다. [59]
- 논의 담수토양에서는 뿌리의 생장이 왕성한 시기에 토양의 환원 정도를 경감시켜야 한다. [59]
- 벼 뿌리 조직의 피층 내에 통기조직이 발달하였다. [57]
- 벼 뿌리는 피층 내에 파생통기조직이 발달하여 벼 잎의 기공으로부터 뿌리까지 산소를 전달할 수 있다. [58]
- 벼 뿌리 조직의 피층 내에 통기조직이 발달되어 있어, 산소가 부족한 담수 조건에 적응하여 생장이 가능하다. [59]
- 논벼 뿌리의 끝에서 산소를 방출하여 토양을 산화적으로 교정한다. [57]
- 벼 뿌리의 선단부에서 산소를 방출하여 토양을 산화적으로 교정해서 뿌리가 환원토양 속으로 신장할 수 있다. [58]
- 논벼는 벼 뿌리의 표면에 산화철 피막을 만들어 황화수소의 피해를 방지한다. [57]
- 뿌리 표면에 산화철의 피막을 만들어 통기불량으로 생긴 유해가스로부터 뿌리를 보호할 수 있다. [58]
- 벼 뿌리 표면에 산화철 피막이 형성되면 적갈색을 띠고 황화수소에 의한 뿌리의 피해가 감소한다. [59]
- 잎이 물에 잠긴 현저한 산소 부족상태에서 벼 뿌리는 무기호흡을 하므로 동일한 기질로 더 적은 에너지를 얻는다. [58]
- 1일 투수량이 많은 논 토양의 벼 뿌리는 투수량이 적은 토양의 벼 뿌리에 비해 토양 속 수직으로 분포하는 1차 근수 비율이 높다. [59]
- 질소 시비량이 많아지면 근계가 작아지고, 1차 근장이 짧아지며 비교적 표층에 분포한다. [59]
- 같은 양의 질소질 비료를 줄 때 분시 횟수가 많을수록 표면근이 많아진다. [508]
- 질소 시비량이 많으면 지상부/뿌리비(T/R율)가 커진다. [66]
- 재식 밀도가 높아지면 깊게 뻗는 1차근의 비율이 감소한다. [59]

4.1.6 이삭의 발육

1 생육상의 전환과 그 징조

(1) 생육상의 전환

벼는 발아하여 출엽, 발근, 분얼이 이루어지고 최고 분얼기가 지나면 줄기의 생장점에서는 지엽의 분화가 끝나고, 이삭인 유수(幼 어릴 유 , 穗 이삭 수)가 분화함으로써 영양생장이 끝나고 생식생장이 시작된다.

이 시기를 생육상(生育相 서로 상, 모양 상)의 전환이라고 하는데, 내부적인 변화도 있지만 외관상(外觀上)으로는 벼가 급히 세로(키가 크는) 신장을 시작한다. 즉, 생육상의 전환점은 절간신장이 시작되는 시기로, 이 시기에는 엽색도 일시적으로 엷어진다.

생육상의 전환에는 일장과 온도가 관여한다. 온도에 감응하여 생식생장으로 전환하는 조생종에서는 최고 분얼기가 끝남과 동시에 생식생장으로 전환하지만, 일장에 감응하는 만생종에서는 최고 분얼기가 지나 생식생장으로 전환하기까지 약간의 기간이 있어 영양생장이 생리적으로 정체를 보인다. 이 기간을 영양생장정체기라 부른다.

(2) 생육상의 전환 징조

① 출엽속도의 변화

4.1.3의 1 출엽주기에서 "영양생장기의 출엽주기는 4~5일이다. 한편 생식생장기에는 170℃의 적산온도를 필요로 하므로 1매의 출엽에 7~8일이 소요된다."라고 언급한 바 있다.

이렇게 필요 일수가 변하는 시기를 출엽전환기라고 부르며, 이 전환이 영양생장에서 생식생장으로 변화하는 하나의 징조이다.

② 수수절(穗首節)의 분화

출엽전환기에 들어가면 제1포가 분화하기 시작한다. 포(苞)는 잎이 변형된 것으로 수수절간(이삭의 바로 아래 마디 사이)의 잎에 해당되며, 수수절이 분화하는 시기를 포에 있는 유수의 분화기점으로 보고 있다. 즉, 수수분화기가 되면 지금까지 분화·발달하고 있던 잎의 분화가 끝나고 포(이삭이 된다)가 분화하기 시작하며, 이 시기를 경계로 해서 벼의 일생이 영양생장에서 생식생장으로 전환된다. 즉, 영양생장에서 생식생장으로 전환되는 시기에 나타나는 특징은 이삭목마디의 분화시작이며, 이삭목마디(수수절) 분화기는 엽령지수 76~78의 시기이다.

③ 절간신장

수수절이 분화하는 시기에는 이삭분화의 시작 이외에, 이삭의 기부에 있는 하위절간(절수는 품종에 따라 다르나 상위 4~5개의 절간)이 신장하기 시작한다. 절간신장은 생식생장으로 전환되었음을 보여주는 뚜렷한 징표이다.

이상에서와 같이 영양생장에서 생식생장으로의 전환은 먼저 출엽속도로 나타나며, 다음은 수수절의 분화이고, 그 다음은 절간신장에 의해 더욱 확실히 진단된다.

- 유효분얼이 최대로 증가하는 시기는 영양생장기이다. [61]
- 발아로부터 유수분화기(또는 신장기) 직전까지를 영양생장기라고 한다. [65]
- 영양생장에서 생식생장으로 전환하면 유수의 분화가 이루어지기 시작한다. [61]
- 영양생장에서 생식생장으로 전환하면 주간의 출엽속도가 지연된다. [61]
- 영양생장에서 생식생장으로 전환되는 시기에 나타나는 특징 중의 하나는 출엽속도의 지연이다. [56]
- 벼의 생육상이 전환되는 유수분화기에 주간의 출엽속도가 8일 정도로 늦어진다. [2021 지9]
- 영양생장에서 생식생장으로 전환되는 시기에 나타나는 특징은 이삭목마디의 분화 시작이다. [56]
- 벼의 생육상이 전환되는 유수분화기에 이삭목 마디의 분화가 시작된다. [2021 지9]
- 영양생장에서 생식생장으로 전환하면 줄기의 상위 4~5절간이 신장하여 키가 커진다. [61]
- 벼의 생육상이 전환되는 유수분화기에 주간 상위 마디의 절간이 신장된다. [2021 지9]
- 영양생장에서 생식생장으로 전환되는 시기에 나타나는 특징 중이 하나는 하위절간의 신장 개시이다. [56]
- 벼의 생육상이 전환되는 유수분화기에 대한 설명[2021 지9] : 엽령지수가 77 정도이다. 이삭목 마디의 분화가 시작된다. 주간의 출엽속도가 8일 정도로 늦어진다. 주간 상위 마디의 절간이 신장된다.

2 이삭의 발달

(1) 유수의 발달

이삭의 원기가 분화·발달해서 출수하기까지를 유수(幼 어릴 유, 穗 이삭 수)라고 부르며, 유수의 분화는 출수 약 30일 전에 시작된다. 일반적으로 유수의 분화는 분얼의 증가가 정지되는 무렵에 시작하지만, 조생종을 다비재배하거나 한랭지에서 재배하는 경우 유수분화가 시작된 후에도 분얼의 발생이 지속되어 영양생장과 생식생장이 중복되는 경우가 있다. 분얼과 유수분화와의 관계는 양시기 중복형(최고 분얼기 전에 유수가 분화하여 중복), 양시기 접속형, 양시기 분리형(최고 분얼기 다음에 유수가 분화)으로 구분되는데, 양시기 분리형이 가장 바람직하다. (중복 등에 관한 자세한 사항은 "4.3.3 유수분화기와 최고 분얼기와의 관계" 참조)

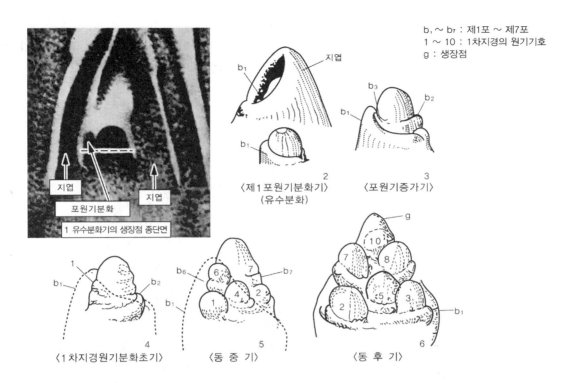

b₁ ~ b₇ : 제1포 ~ 제7포
1 ~ 10 : 1차지경의 원기기호
g : 생장점

1 유수분화기의 생장점 종단면

2
〈제1포원기분화기〉
(유수분화)

3
〈포원기증가기〉

4
〈1차지경원기분화초기〉

5
〈동 중 기〉

6
〈동 후 기〉

앞(수수절(穗首節)의 분화)에서 "수수분화기가 되면 지금까지 분화·발달하고 있던 잎의 분화가 끝나고 포(이삭이 된다)가 분화하기 시작한다."고 설명하였다. 위 그림은 줄기 끝의 생장점에서 지엽의 원기가 분화된 후 측면의 포원기가 분화하여 1차 지경의 원기로 분화되는 것(그림 2)을 보여주고 있다. 포는 하위에서 상위로 2/5의 개도를 가지고 차례로 형성(그림 3)되며, 각 포의 바로 위 엽액에 해당하는 부위에서 1차 지경의 원기가 분화한다. 포가 8~10개 형성(그림 6)되면 생장점은 생장을 정지한다. 이 무렵이 되면 각 1차 지경은 포보다 크고 길게 발달하는데, 유수의 상위에서 늦게 분화한 1차 지경일수록 생장이 왕성해서 전체가 거의 동시에 생장한다.

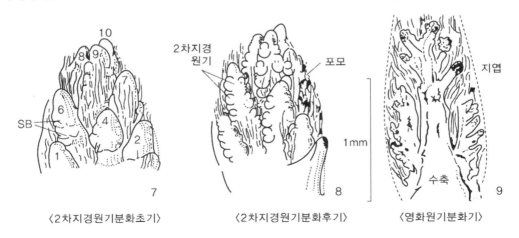

7
〈2차지경원기분화초기〉

8
〈2차지경원기분화후기〉

9
〈영화원기분화기〉

　발달한 1차 지경 원기에는 2차 지경의 원기가 분화한다(그림 7). 다시 1, 2차 지경의 원기가 신장하면서 그곳에 영화의 원기가 분화하는데(그림 9), 이 시기가 되면 유수의 길이는 1~2mm가 되어 육안관찰이 가능하다. 영화원기의 발달도 상위의 지경일수록 진전이 빠르다.

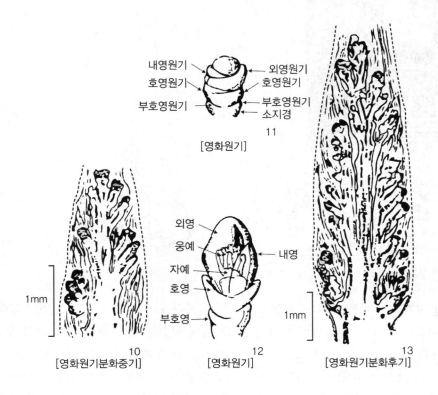

[영화원기]

[영화원기분화중기]

[영화원기]

[영화원기분화후기]

　영화원기에는 위의 그림처럼 외영, 내영이 먼저 분화하고(그림 11), 이어서 화기가 분화되어 간다. 출수 20일 전쯤에 암술과 수술의 원기가 나타나고, 출수 16일 전쯤에는 화분 모세포가 분화하며, 출수 12~10일 전쯤에는 감수분열이 이루어진다. 이때 유수의 길이는 약 8cm에 달하면서 지엽의 엽초 속에 잉태되어 수잉기에 들어간다. 그 후 화분과 배낭의 발달이 진행되어 출수 전일에는 암술과 수술의 생식기관은 형태적으로나 생리적으로 완성된다.

　유수의 발육환경이 좋지 못하면 분화된 세포가 발달하지 못하여 퇴화된 흔적이 남는데, 이삭마디에 1차 지경이 없거나 1차 지경의 아랫부분에 2차 지경이 나오지 않고 퇴화한 것을 볼 수 있다.

(2) 화기의 발달

① 꽃가루(화분)의 형성

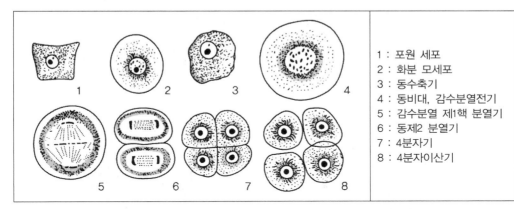

1 : 포원 세포
2 : 화분 모세포
3 : 동수축기
4 : 동비대, 감수분열전기
5 : 감수분열 제1핵 분열기
6 : 동제2 분열기
7 : 4분자기
8 : 4분자이산기

화분의 형성은 위 그림에서와 같이 꽃밥(葯 꽃밥 약) 원기에 있는 시원세포층이 분열하여 포원세포(그림 1)를 만들고, 이것이 발달하여 화분 모세포(2)가 된다. 화분 모세포 1개는 감수분열을 하여 4개의 4분자라 불리는 반수염색체세포가 되고(7), 4분자는 곧 흩어져 각각의 화분세포(8)가 되며, 계속 발달하여 최종적인 화분의 형태는 개화 전일에 완성된다. 즉, 화분모세포 1개는 감수분열을 하여 최종적으로 4개의 화분을 형성하며, 이때 화분은 선황색을 띤다.

② 씨(자)방의 발달

자방의 발달은 아래 그림에서와 같이 자방원기가 분화하여 자방벽원기가 되고(그림 1), 배주원기를 싸듯이 자방벽이 발달하여 하나의 방(자방)이 형성된다(2). 자방의 내부에서 지금까지 위를 향해 있던 배주원기(시원세포)는 점차 오른쪽으로 비스듬히 기울면서 주피가 분화하고, 주피세포 안의 1개의 세포가 커서 포원세포로 분화한다(3). 그 후 포원세포는 장방형이 되어 배낭모세포로 분화한다(4). 배낭모세포는 크게 발달하면서 더욱 아래쪽으로 방향을 튼다(5). 배낭을 둘러 싼 세포는 주심조직이 되고, 내·외주피는 발달하는 배주를 에워싸듯 막상으로 발달한다.

완성된 자방은 배낭의 선단(위치적으로는 하위)에 난세포가, 그 반대편에 반족세포가, 중앙에는 극핵이 자리 잡는다. 배주의 뒤에서 굵은 유관속이 신장하며, 자방벽쪽에는 가는 유관속이 연결된다(5).

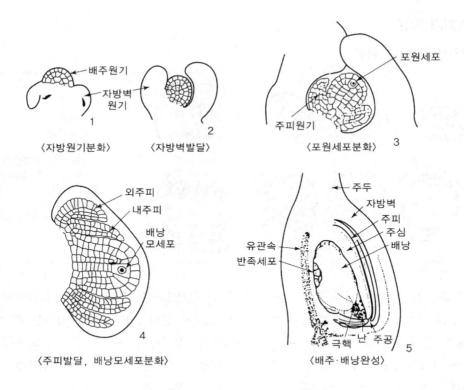

〈자방원기분화〉　〈자방벽발달〉　〈포원세포분화〉　〈주피발달, 배낭모세포분화〉　〈배주·배낭완성〉

③ 배낭의 형성

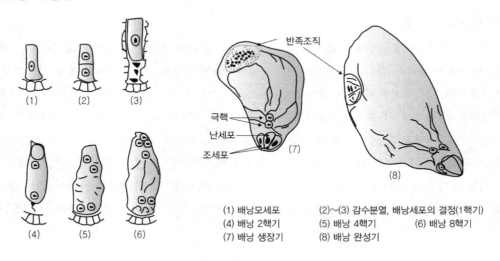

(1) 배낭모세포　　(2)~(3) 감수분열, 배낭세포의 결정(1핵기)
(4) 배낭 2핵기　　(5) 배낭 4핵기　　(6) 배낭 8핵기
(7) 배낭 생장기　　(8) 배낭 완성기

[배낭의 형성 과정]

　　배주 안에서 발달한 배낭모세포는 위 그림과 같이 감수분열을 하여 반수염색체를 가진 4개의 세포, 즉 4분자가 된다. 암배우자는 화분의 경우와는 달리 4분자는 세로로 줄지어 있는데, 그 중

가장 구석에 위치한 세포만 살고 나머지 3개는 퇴화한다(그림 1~3). 남은 1개의 세포가 배낭세포로서 핵분열을 하여 2핵기가 되고(4), 양핵은 다시 분열하여 4핵기가 되며(5), 이는 다시 3차로 분열하여 양쪽에 4개씩의 핵을 배치한 8핵기가 된다(6). 배낭의 선단부(그림의 하부)에서는 주공극에 접해 있는 1핵이 가장 크게 발달하여 난세포가 되고, 다른 2개의 핵은 조세포가 되어 난세포 양쪽에 위치하는데, 이 3세포를 난장치라고 한다. 남은 1핵은 그대로 배낭의 중앙부로 떨어져 나간다.

한편 배낭의 기부(그림에서는 상부)에서는 4핵 중 3핵은 반족세포가 되고, 이는 다시 분열하여 반족조직이 된다. 그리고 남은 1핵은 배낭의 중앙부로 그대로 떨어져 나와 먼저 주공측에서 온 핵과 결합함으로써, 배유의 모체가 될 2핵의 극핵이 된다(7).

배낭 내의 난장치, 극핵, 반족조직이 분화, 형성되면서 배낭은 한층 커지고, 최종적으로는 그림 8과 같이 배낭 내는 대부분 액포로 차고, 극핵과 난장치 주변에만 원형질이 실모양으로 연결되어 있다. 배낭의 완성은 개화 전일이며, 난세포는 개화 전일에 생리적 수정능력을 갖는다.

(3) 이삭의 발육과정과 진단

유수의 분화는 잎에 싸인 내부에서 이루어지고, 또한 극히 작기 때문에 현미경이 아니면 정확히 볼 수가 없다. 그러나 그 발육과정은 아래에서 설명하는 출수 전 일수, 출엽 등과 정확한 관련성이 있으므로 어느 단계인지를 진단할 수 있다. 아래의 표는 각각의 진단방법과 진단기준을 보여준다.

[벼의 유수 발육단계와 출수와의 관계]

	유수의 발육단계	출수 전 일수(일)	유수 길이 (cm)	엽령지수	외부형태, 엽기간장
유수 형성기	1. 수수분화기(유수분화기)	30~32	0.02	76~78	지엽으로부터 하위 4매의 잎이 추출 시작
	2. 지경분화기				
	① 1차 지경 분화기	28	0.04	80~83	
	② 2차 지경 분화기	26	0.1	85~86	3매째 잎 추출
	3. 영화분화기				
	① 영화분화 시기	24	0.15	87	2매째 잎 추출
	② 영화분화 중기	22	0.15~0.35	88~90	
	③ 영화분화 후기	18	0.8~1.5	92	지엽 추출
수잉기	4. 생식세포 형성기	16	1.5~5.0	95	
	5. 감수분열기				
	① 감수분열 시기	15			엽이간장 -10cm
	② 감수분열 성기	10~12	5.0~20.0	97	엽이간장 ±0cm
	③ 감수분열 종기	5			엽이간장 +10cm
	6. 화분외각형성기	4	전장에 달함	100	엽이간장 +12cm 영화 전장에 달함
	7. 화분완성기	1~2	전장에 달함	100	꽃밥 황변
	8. 출수, 개화	0			

① 출수 전 일수

이삭의 발육과정을 진단하는데 가장 많이 사용되는 방법으로, 출수 전 일수로 이삭의 발달상태를 진단할 수 있다. 벼의 유수가 분화되는 시기는 출수 전 30일경이며, 지경분화가 끝나고 영화원기가 분화하는 시기는 출수 전 20(18~24)일이다. 감수분열성기는 출수 전 10일이며, 화분이 완성되는 시기는 출수 1~2일 전이다.

② 출엽

벼의 유수분화기는 지엽으로부터 4번째 아래에 있는 잎의 추출시기와 거의 일치한다. 지엽의 추출기는 이미 영화원기가 분화하여 화분모세포가 형성되는 시기이다. 따라서 예년에 재배하여 총 엽수를 아는 품종이라면 엽수를 헤아려 지엽으로부터 역산함으로써 이삭의 발육상태를 예측할 수 있다.

③ 유수의 길이

최고 분얼기 이후에 주간의 줄기를 절단하여 잎 속에 있는 유수의 길이로 발육상태를 예측하는 방법이다. 유수의 길이가 1mm 이하(약 0.4mm)로 흰 털이 보이지 않으면 제1차 지경분화기(출수 전 28일)로 판단한다. 길이가 1mm 정도인 돌기가 보이고 흰 털이 밀생해서 보이면 제2차 지경분화기(출수 전 26일)로 판단하고, 유수분화는 이보다 5일 전(출수 전 30일로 유수길이가 0.2mm)에 시작된 것으로 판단한다. 제2차 지경분화기 다음에 오는 영화분화기는 유수의 길이가 1.5mm에 도달할 때이며, 감수분열기는 유수의 길이가 5cm 이상으로 저온과 가뭄에 의한 불임에 가장 민감한 시기이다. 한편 유수의 길이가 전장에 달하면 출수 전 2일로 볼 수 있다.

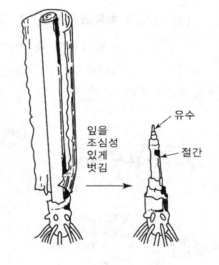

④ 엽령지수

엽령을 그 품종 주간 총엽수로 나눈 값에 100을 곱한 값을 엽령지수라 하는데, 이는 진단하는 시기까지 총 엽수의 몇 %가 나왔는지를 나타내는 값이다. 엽령지수와 유수발육단계의 관계는 앞에서 제시한 표와 같다. 주간엽수가 16인 벼 품종에서 예를 들면 유수분화기의 엽령지수는 77, 영화분화기는 87~92, 수잉기의 엽령지수는 95~100, 감수분열기(수잉기의 중기)는 97~98 등이다. 엽령지수가 100인 시기는 지엽이 완전히 신장한 시기이며, 이 시기에 꽃가루의 외각형성이 시작된다. 그런데 앞의 표는 주간의 엽수가 16인 품종에 대한 수치이므로, 엽수가 16보다 많거나 적으면 보정이 필요하다(기출문제가 없어 생략).

⑤ 엽이간장

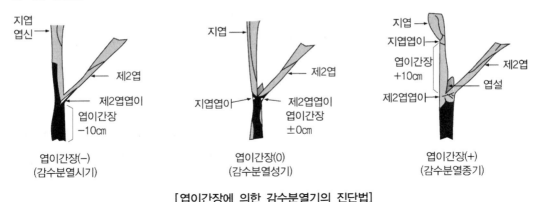

[엽이간장에 의한 감수분열기의 진단법]

엽이간장법은 엽령지수가 거의 100이 되어 엽령지수에 의한 판단이 불가능하고, 생육기간 중 외계환경이 가장 민감한 반응을 보이는 감수분열기를 진단하는데 매우 유효한 수단이다. 엽이간장에 의한 진단법은 위의 그림과 같다.

지엽은 그 아래 잎의 엽초로부터 추출하게 되는데, 지엽의 엽이가 앞의 잎의 엽초 안에 있을 때는 (−)부호로 하고, 지엽의 엽이와 앞의 잎의 엽이가 같은 위치에 있을 때는 '0'으로 하며, 지엽의 엽이가 앞의 잎의 엽초보다 위에 있을 때는 (+)부호로 한다. 감수분열시기는 엽이간장이 −10cm일 때이고, 감수분열성기는 0cm, 감수분열종기는 +10cm 정도이다.

(4) 이삭의 발육과 환경조건

이삭의 원기분화부터 출수까지의 발육기간은 전 생육기간 중에서 생리적 변화가 가장 복잡한 시기로써, 저온, 한발, 침수, 영양부족 등 불량환경에 민감하여 이삭의 길이, 지경의 수, 영화의 수, 영화의 생리적 활력 등이 영향을 받기 쉽다.

① 온도

유수는 온도에 가장 민감하므로 20℃ 이하의 저온에서는 잎이나 줄기보다 장해를 받기 쉽다. 30일간의 유수발육기간 중 특히 출수 전 24일경(영화분화기)과 출수 전 10~15일(감수분열기)의 두 시기가 저온에 매우 약하다. 특히 10~12일(감수분열성기)은 화분모세포의 감수분열시기로, 이 시기는 저온에 가장 약하여 화분이 사멸하거나 화분의 수가 격감한다. 감수분열기에 꽃밥이 저온을 만나면 약벽의 타베트 세포가 이상 비대하며, 그 때문에 타베트 세포로부터 영양을 받아 자라야할 화분이 굶어죽게 된다. 또한 감수분열 그 자체는 물론이고 형성된 4분자에게도 장해가 생겨 수정능력이 없는 화분이 되기 쉽다.

② **수분**

유수는 가뭄에도 대단히 약한데, 특히 감수분열기에 가장 약하다. 출수 전 10~15일(감수분열기)인 수잉기에 수분이 부족하게 되면 이삭이 작아지고, 불임영화가 증가한다. 수잉기는 호흡이 왕성한 시기이므로 관수에도 약하다.

③ **비료**

유수발육기에는 많은 영양을 필요로 하는데, 질소가 특히 중요하다. 이 시기에 질소가 부족하면 유수의 기부에서 분화하여 얼마 되지 않은 영화원기는 유수 선단부에서 발달하고 있는 영화로 영양을 뺏겨 발육을 정지하고 퇴화하고 만다. 따라서 출수 전 25일경 또는 출수 전 17일경에 추비를 주어야 영화의 퇴화가 방지된다.

- 일반적으로 분얼 증가가 멈출 무렵에 유수가 분화한다. **[67]**
- 시원세포가 분열하여 포원세포를 만들고 이것이 발달하여 화분모세포가 된다. **[67]**
- 화분모세포 1개가 감수분열을 하여 4개의 화분을 형성한다. **[68]**
- 배주 속에서 발달한 배낭모세포는 세포분열을 거쳐 배낭을 형성한다. **[67]**
- 배낭모세포는 감수분열을 거쳐 4개의 배낭세포로 되는데, 그 중 3개는 소멸하고 1개만 배낭으로 성숙한다. **[68]**
- 난세포는 암술의 배낭 내에 있다. **[68]**
- 배낭에는 1개의 난핵, 2개의 조세포, 3개의 반족세포, 2개의 극핵으로 이루어진다. **[68]**
- 유수분화기는 출수 30~32일 전이며, 엽령지수는 77(7이 2인 행운의 수) 정도이다. **[63]**
- 벼의 유수분화기에 해당되는 지표**[513]** : 출수 전 30~32일경, 엽령지수는 76~78 정도
- 벼의 생육상이 전환되는 유수분화기에는 엽령지수가 77 정도이다. **[2021 지9]**
- 지경분화기(1차, 2차)는 출수 26~28일 전이며, 2차 지경분화기의 이삭길이는 0.1cm 정도이다. **[63]**
- 영화분화기는 출수 18~24일 전이며, 엽령지수는 87~92 정도이다. **[63]**
- 감수분열기는 출수 5~15일 전이며, 이삭의 길이가 5~20cm 정도이다. **[63]**
- 이삭 발달 과정에서 생식세포 형성기의 엽령지수는 95 정도이다. **[67]**
- 유수분화기는 유수의 길이가 0.2mm에 도달할 때이며, 냉해, 한해 등의 환경재해에 가장 민감한 시기는 감수분열기이다. **[64]**
- 벼의 생식생장에서 이삭의 발육과정으로 옳은 것**[66]** : 2차 이삭가지 분화 → 이삭꽃(영화) 분화 → 감수분열 → 화분발달
- 주간엽수가 16인 벼 품종에서 수잉기의 엽령지수는 95이다. **[62]**
- 엽령지수가 100인 시기는 지엽이 완전히 신장한 시기이다. **[47]**
- 엽이간장은 엽령지수를 더 이상 사용할 수 없을 때 감수분열기를 진단하는 데 유용하다. **[63]**
- 엽이간장은 지엽의 잎귀와 그 바로 아랫 잎 잎귀 사이의 길이를 지칭한다. **[63]**

- 엽이간장이 0일 때는 감수분열 성기 단계이다. [63]
- 엽이간장이 +10cm일 때는 감수분열이 끝나는 단계이다. [63]
- 저온과 가뭄에 의한 불임에 가장 민감한 시기는 모두 감수분열기이다. [80]
- 냉해와 건조해에 가장 민감한 시기는 감수분열기이다. [512]

3 출수, 개화

(1) 출수

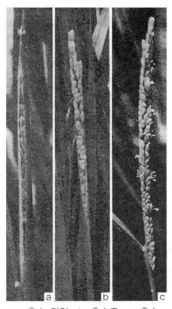
a : 출수 전일, b : 출수중, c : 출수

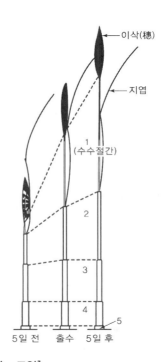

[출수 전후 절간이 신장하는 모양]

출수하기 수일(그림에는 5일) 전이 되면 최상위의 수수절간(그림 1)으로부터 세어서 3, 4, 5의 각 신장절간은 이미 신장이 끝났고, 지엽이 발생한 2절간만은 아직 신장을 계속한다. 2절간은 출수 1~2일 전에 신장을 마치고, 수수절간(1)도 2절간 정도로 자란다. 따라서 지엽의 엽초 기부에 위치하여 급신장하면서 수잉기가 된 이삭은 지엽의 엽초(엽초는 상위 절간을 감싸고 있음) 내 상부까지 도달한다. 그 후 수수절간은 급속한 신장을 하면서, 이삭은 지엽의 엽초 상부(止葉 葉耳部)로 밀어 올려져 밖으로 나오는데, 이것이 출수이다. 수수절간은 출수ㆍ개화 후에도 1~2일간 신장을 계속하기 때문에 엽초로부터 10~20cm 나와 노출한다(수수절간은 특별히 길어 노출). 벼의 절간

중에서 노출되는 것은 이것뿐이며, 그 노출되는 정도는 품종 차이도 있지만 출수 시 저온이면 추출이 불량하다.

출수는 출수 전일 밤중이나 당일 이른 아침에 시작한다. 외부로 추출되는 이삭은 처음에는 유연하고 백색에 가깝지만, 내·외영의 습기가 마르면서 단단해지고 녹색으로 된다. 또한 지경도 굳어져서 직립하게 된다.

한 포기 내에서 출수가 빠른 것은 주간이 아니고 분얼경이며, 분얼경 중의 출수순서는 상위절의 분얼경이 하위분얼경보다 빠르다. 분얼차위별로는 1차, 2차, 3차 분얼의 순으로 늦다.

한 포기 출수가 완료되는 데에는 평균 7일을 요하는데, 최초 3일간에 전체의 70%가 출수한다. 유효분얼수가 적은 경우 1포기 출수기간이 4~5일로 짧지만, 유효분얼수가 30개 정도이면 출수기간이 약 10일로 길어진다.

하나의 포장에서 10~20%가 출수한 날을 출수시(出穗始)라 하고, 40~50%가 출수한 날을 출수기라 하며, 90% 이상 출수한 날을 수전기(穗揃期)라 한다. 출수시에서 수전기까지가 출수기간으로 보통 15일이 소요되지만, 1주당 수수가 적을 경우에는 짧고, 많을 경우에는 길다. 또 저온에서는 고온보다 길어진다.

(2) 개화

① 개화의 메카니즘

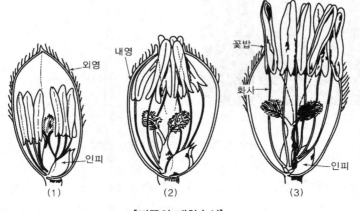

외영

내영

꽃밥

화사

인피

인피

(1)   (2)   (3)

[벼꽃의 개화순서]

벼에 있어 개화는 영화의 내·외영 선단부가 열리면서(이를 개영이라 함) 수술의 꽃밥이 영밖으로 나오는 것을 말한다. 개영 직전 내부에서는 화사가 신장하기 시작하고, 직립이었던 암술의 주두는 좌우 두 갈래로 벌어지기 시작한다(그림 1). 외영 안쪽 기부에 있던 1쌍의 인피는 급히 수분을 흡수하여 팽창하면서 그 압력으로 외영을 외측으로 밀어 개영되도록 돕는다(2). 출수 직전에 약벽이 터지면서 많은 화분이 제 꽃의 암술주두에 흠뻑 붙게 되고 화사는 6~8mm로 신장한다(3).

화사가 신장하지만 벼는 개영 이전에 이미 자가수분을 하기 때문에 타가수분율은 1% 이내이다. 폐영은 다시 인피가 수분을 잃어 오므라지므로 외영이 제자리로 복귀하여 이루어진다.

② 개화의 순서

벼꽃은 이삭이 나오면 그 선단부 영화가 개화하므로 출수와 개화가 동시에 진행되며, 1이삭의 개화기간은 7일 정도이고, 1영화의 개화시간은 약 2시간이다. 한 이삭에서의 개화순서는 영화가 착생한 위치에 따라 정해져 있는데, 개화는 한 이삭에서 상위지경의 영화가 하위지경의 영화보다 빨리 일어난다. 우측의 그림에서와 같이 출수 1일째 피는 것은 상위 4개의 지경뿐이며, 최하위의 지경에서는 출수 후 5일째부터 피기 시작한다. 또한 1개의 1차 지경에서는 어느 것이든 최선단의 영화가 가장 먼저 피고, 다음은 하위 영화에서 상위로 향해 순차로 피므로 2번째 영화가 가장 늦게 핀다. 2차 지경에서도 상위의 2차 지경부터 피고, 같은 2차 지경 내에서도 최선단의 것이 먼저 핀다. 이와 같은 개화순서는 등숙의 순서와도 일치한다.

1~8: 개화일

[한 이삭 내에서의 영화의 개화순서]

(3) 개화와 환경조건

① 온도

개화의 최적온도는 30~35℃이며, 50℃(최고 온도) 이상의 고온이나 15℃(최저 온도) 이하의 저온에서는 개화가 어려워지는데, 지나친 고온이나 저온에서는 꽃밥의 개열이나 수분에 장해가 일어나기 때문이다. 위의 그림에서 보듯이 고온 하에서는 10시경부터 시작하여 11시경까지 집중적으로 개화하고, 20℃의 저온에서는 11시경부터 개화하기 시작하여 17시경까지 계속된다. 또한

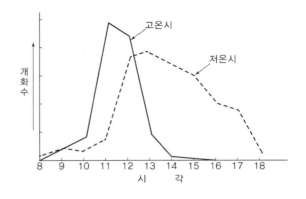

40℃ 정도의 고온에서는 개화가 촉진되어 일제히 피지만 개화 총수는 최적온도에서 보다 적다.

② 습도와 비

습도의 변화는 개화를 촉진하는데, 오전 10시경이 개화 최성기인 이유는 이 시각에 공중습도가 급변하기 때문이다. 1일 중 비가 계속 오면 인피가 팽창하지 못하므로 개영하지 못한다. 그러나 영내에서는 화사가 신장해서 영내의 천정을 받아 터지기 때문에 수분하는데, 이를 폐화수분이라고 한다.

③ 광

실험적으로 주암야명으로 바꾸어 주면 개화시간이 밝은 밤으로 바뀌는데, 이를 보아 광은 개화에 영향을 미친다고 보아야 한다. 그러나 광을 차단한 암흑상태에서도 개화한다. 다만 광을 차단하면 총 개화수가 크게 감소하고 개화성기가 변하며, 1일 중 연속해서 조명하면 계속해서 개화한다. 결론적으로 말하면 벼는 발아에 광무관계 종자이나 광이 있으면 발아를 더 잘 한다고 보아야 한다.

- 출수와 개화가 동시에 진행되며, 1이삭의 개화기간은 7일 정도이고, 1영화의 개화시간은 약 2시간이다. **(69)**
- 개화는 한 이삭에서 상위지경의 영화가 하위지경의 영화보다 빨리 일어난다. **(69)**
- 벼의 개화 최적온도는 30~35℃이고 최고온도는 약 50℃이다. **(69)**
- 개화의 최적온도는 30~35℃이며, 50℃ 이상의 고온이나 15℃ 이하의 저온에서는 개화가 어려워진다. **(78)**

4 수분, 수정

(1) 수분과 꽃가루 발아

다음 그림처럼 꽃가루 속에는 2개의 정핵과 1개의 영양핵(화분관핵)이 있다(아래 그림). 수분된 꽃가루는 2~3분이 지나면 꽃가루의 발아공으로부터 화분관이 나와 주두조직 속으로 신장하는데, 화분관이 신장하면 꽃가루의 내용물인 세포질은 화분관 속으로 이동한다(그림 (2)).

암술머리에 수분되는 꽃가루의 수는 엄청 많지만 최종적으로 수정되어 종자를 형성하는 꽃가루는 단 한 개뿐이다. 그러나 암술머리에 부착된 꽃가루수가 적으면 화분관의 발아, 신장이 늦어진다.

꽃가루 발아의 최적온도는 30~35℃이며, 최저온도는 10~13℃, 최고온도는 50℃로 개화온도와 비슷하다.

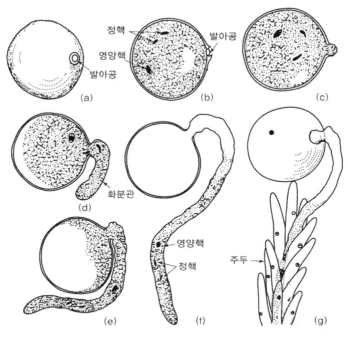

[화분의 발아와 화분관의 주두내로의 신장]

(2) 수정

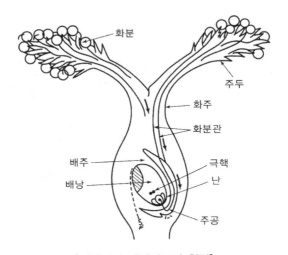

[화분관의 배낭내로의 침입]

암술대 조직 내를 하강, 신장한 화분관은 배주의 주피를 따라 내려가서 주공에 도달하고 주심을 거쳐 배낭 속으로 들어간다. 화분관이 배낭 내에 도달하는 시간은 빠르면 15분이고, 저온조건에서는 60분이 걸린다. 배낭에 도달한 화분관의 선단은 조세포를 관통해서 난세포와 극핵의 중간 위치에서 파열되면서 2개의 정핵을 방출한다. 방출된 2개의 정핵 중 1개는 난세포와 융합하여 2배체의 수정란(2n)을 형성하고, 다른 1개의 정핵은 극핵과 융합하여 3배체(3n)의 배유 원핵을 형성한다. 이렇게 중복수정된 난세포와 배유 원핵은 각각 세포분열을 반복해서 배와 배유가 된다.

수분으로부터 수정이 완료되기까지의 소요시간은 일평균기온이 28℃일 때 난핵이나 극핵 모두 4~5시간 정도이다. 수정최적온도는 30~32℃이며, 35℃ 이상에서는 수정 장해가 발생하고, 20℃ 이하에서는 수정이 진행되지 않는다.

(3) 배의 발생 및 배유의 형태 형성

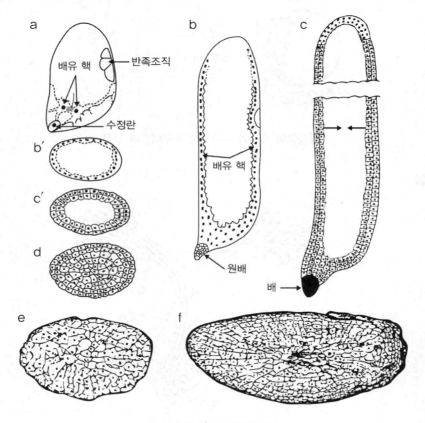

[벼 배우조직의 분열모습]

a. 수정 직후 b. 수정 3일째(1층의 과피층 형성), c. 수정 4일 째(2층의 세포벽 형성)
d. 수정 4~5일째(배낭이 배유세포로 채워짐) e. 수정 5~6일째(중심부를 향해 배유조직 발달)
f. 수정 10일째(배유세포 증식 완료)

① 배의 발생

수정란은 다음날 2개로 분열하고, 4일째에는 시원생장점이 분화한다. 수정 후 11~12일이면 형태적인 배조직의 분화가 완료되고, 이후에는 생리적으로 충실해져서 수정 후 25일경에는 배가 완성된다.

② 배유의 형태형성

수정 후 배낭은 급속히 신장하는데, 그 중에서 배유원핵은 수정 후 수 시간에 2핵으로 분열한다 (그림 a). 그 낭핵은 세포막을 형성하지 않은 채 다시 분열을 계속한다. 증식한 핵은 원형질을 따라 배낭의 내표면으로 (b)와 같이 배열하고, 3일째에는 일제히 병층분열을 하여 2층의 핵배열을 한다(c). 직후 배의 근처로부터 각 핵에 세포막이 형성되고 그 뒤 배유는 세포조직이 된다. 배유세포의 분열은 주로 최외층에서 계속하여 세포층을 늘리고, 5일째에는 배낭 내부가 세포로 가득 채워지므로(d), 배유 조직세포는 외부로부터 중심을 향해 발달하는 양상이다. 이어서 세포는 계속 증가해서 9~10일째에는 중심점에서 많은 세포가 방사상으로 배열하여 분열은 완료된다. 즉, 배유세포의 총수는 수정 후 9~10일에 결정되는데, 전체의 세포수는 총 18만 여개에 달하게 된다.

(4) 배유 저장물질의 축적

① 현미 내로의 물질수송통로

현미의 발달 초기에는 앞에서 설명한 것처럼 배유 세포수가 증대하고, 후기에는 분화된 세포에 저장물질이 축적되는데, 배유 내로의 물질축적은 개화·수정 후 3일째부터 시작된다. 현미로 이전하는 저장물질은 소지경(작은 이삭가지)의 유관속(관다발)을 통해 자방의 등쪽 자방벽 내 통도조직으로 들어온다. 이곳 통도조직은 다수의 도관과 가도관이 다발로 되어 있고 이들은 정단부로 갈수록 수가 줄어든다. 따라서 저장물질은 오른쪽 그림에서와 같이 기부로부터 정단부에 이르는 전 배면에서 통도조직 내측에 있는 주심돌기조직을 지나 배유로 옮겨지는 것으로 생각된다.

배유조직 내에는 통도조직이 전혀 없으므로 배유로

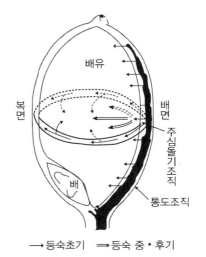

→등숙초기　⇒등숙 중·후기

[배유 내 통도조직과 양분전류]

이전된 저장물질은 세포에서 세포를 통과하여 배유조직 내부의 세포로 우선 보내지고, 그곳에서 저장형태로 변하여 축적된다.

② 전분의 축적

배유조직으로 들어온 저장물질은 대부분 수용성 탄수화물로서 주로 자당과 glucose를 주체로 한 형태이며, 이것이 세포 내에서 전분(녹말)으로 합성되어 비수용성인 전분립으로 축적되는데, 전분은 저장물질의 90% 이상을 차지한다. 전분립의 축적은 개화 후 4일경부터 배유의 가장 안쪽 세포에서 시작하고, 이후 점차로 바깥쪽 세포가 축적되어 간다.

③ 전분립의 발달

배유의 전분은 복전분립 형태로 저장된다. 수정 후 4일째부터 현미의 배유에 지름 $1\mu m$ 정도의 미세한 과립체가 다수 출현하며, 그 속에 전분소립이 있어 전분이 축적되기 시작한다.

④ 단백과립의 발달

배유조직의 가장 바깥쪽 표층세포는 수정 후 10일경에 최후의 세포분열이 끝나며, 호분층으로 분화된다. 호분층 세포에는 호분립이라고 총칭되는 단백, 지질성의 각종 과립체가 축적된다.

한편 배유 안의 단백질 함량은 6~8%인데, 배유 세포질 속에 과립상으로 축적된다. 쌀 저장단백 질은 배유조직의 주변부일수록 많고 특히 호분층의 안쪽 세포에 많다. 배유 중 단백과립은 논벼보다 밭벼에서 많고, 같은 품종이라도 밭 조건에서 재배한 벼에 많으며, 출수 후 질소질을 덧거름으로 주면 함량이 높아진다. 천립중이 작은 경우도 단백함량은 높아지며, 등숙 전반기에 기온이 높아도 단백질 함량이 증가한다.

- 꽃가루 속에는 2개의 정핵과 1개의 영양핵이 있는데, 화분관이 신장하면 꽃가루의 내용물인 세포질은 화분관 속으로 이동한다. [488]
- 암술머리에 부착된 꽃가루수가 적으면 화분관의 발아와 신장이 늦어진다. [488]
- 꽃가루 발아의 최적온도는 30~35℃, 최저온도는10~13℃, 최고온도는 50℃이다. [488]
- 수분 후 수정까지는 약 4~5시간이 소요된다. [69]
- 배유 조직세포는 외부로부터 중심을 향해 발달한다. [72]
- 배유세포의 총 수는 수정 후 9~10일에 결정된다. [70]
- 현미의 발달 초기에는 배유 세포수가 증대하고, 후기에는 분화된 세포에 저장물질이 축적된다. [76]
- 현미로 이전하는 저장물질은 소지경의 유관속을 통해 자방의 등 쪽 자방벽 내 통도조직으로 들어온다. [71]
- 현미로 이전하는 저장물질은 작은 이삭가지의 관다발을 통해 자방의 통도조직으로 들어온다. [70]
- 배유로 이전된 저장물질은 세포에서 세포를 통과하여 배유조직 내부의 세포로 우선 보내진다. [71]
- 배유조직으로 들어온 저장물질은 대부분 수용성 탄수화물이며, 이것이 녹말로 합성되어 축적된다. [70]

- 배유조직으로 들어온 저장물질은 대부분 수용성 탄수화물이며, 이 탄수화물은 전분으로 합성되어 축적된다. **[71]**
- 전분립의 축적은 수정 후 배유의 가장 안쪽 세포에서 시작되어 점차 바깥쪽으로 옮겨 간다. **[71]**
- 배유의 전분은 복전분립 형태로 저장된다. **[70]**
- 벼는 수정 후 4일째부터 현미의 배유에 저장물질이 축적되기 시작한다. **[70]**
- 호분층 세포에는 단백, 지질성의 각종 과립체가 축적된다. **[70]**
- 쌀배유의 단백질 함량은 6~8%이며, 쌀 저장단백질은 호분층의 안쪽 세포에 많다. **[70]**
- 배유 중 단백과립은 논벼보다 밭벼에서 많다. **[70]**
- 배유 중 단백과립은 논벼보다 밭벼에서 많다. **[72]**

5 결실

벼의 결실을 등숙이라고도 한다. 결실은 종실에 배와 배유조직 세포가 형성되고, 배유세포에 2종류의 전분이 채워지는 과정이다.

(1) 영과의 발달

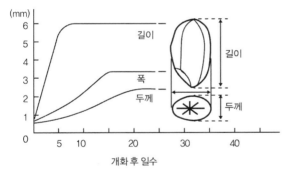

[현미의 외형인 길이, 폭, 두께의 발달 경과]

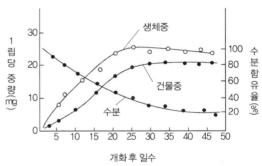

[현미의 입중 변화와 수분함량과의 관계]

식물학적으로 영과인 쌀알은 위의 좌측 그림처럼 길이, 너비, 두께의 순서로 발달한다. 수정 후 5~6일이면 쌀알의 길이가 완성되고, 다음으로 15~16일이면 쌀알의 너비(폭)가 전장에 달하며, 20~25일경이면 쌀알의 두께가 완성된다. 즉, 수정 후 25일 째에 현미의 전체 형태가 완성된다. 수정 후 45일경이면 완숙기에 이른다.

현미의 발달 양상은 위의 우측 그림과 같다. 현미의 생체중은 수정 후 20일까지 거의 직선적으로 증가하여 25일경에 최대에 달하고, 35일 이후에는 약간 감소한다. 반면 건물중은 개화 후 10~20일 사이에 현저히 증대되고 35일까지 거의 증대가 끝난다. 수분함량은 수정 후 7~8일경에 최대가 되고 그 후 계속 감소하는데, 건물중이 최대가 되는 개화 후 35일경에는 20% 정도까지 감소된다.

(2) 이삭의 성숙

오른쪽 그림에서 보듯이 개화 시에 벼이삭의 수축과 지경은 모두 곧게 선다. 출수 5일경이 되면 상위지경의 상부 벼알에 전분이 축적되기 시작하면서 무거워져 이삭의 상반부가 숙여지지만, 하위의 지경에서는 개화 또는 개화 직후이기 때문에 아직 곧게 선다. 이삭에 있는 모든 영화의 개화가 끝나는 6~7일경에는 상부지경의 벼알은 이미 현미의 길이가 결정될 만큼 발달되어 있어서, 이삭은 45° 이상으로 숙여진다. 10일이 지나면 이삭 전체의 무게가 가장 왕성하게 증가하는 시기로 수축은 거의 옆으로 숙여지고, 수수절간도 휘게 된다.

출수 후 일수

[등숙이 진행됨에 따른 이삭의 숙어지는 모양]

30일이 지나면 이삭의 끝은 수수절보다도 밑으로 숙여지게 된다.

앞에서 설명한 바와 같이 1차 지경에 대해서 보면 개화는 최선단 영화가 최초에, 최하위 영화가 다음에, 그리고 상위를 향해서 피므로 선단에서 2번째 영화가 가장 늦게 피는데, 여뭄의 순서와 등숙의 순서도 이와 같다. 따라서 최선단의 벼알이 가장 풍만한 완전립으로 비대한다. 반면 2번째 벼알은 여뭄이 불량하여 불완전 현미가 되는 경우가 많고 불임으로 쭉정이가 되는 경우도 종종 있다.

(3) 결실과 환경조건

벼가 출수, 개화하여 수확하기까지 아래의 등숙기 환경조건은 벼의 수량과 품질에 큰 영향을 미친다.

① 온도

등숙을 좋게 하기 위해서는 광합성이 왕성하게 이루어져 보다 많은 광합성 산물이 생성되고, 생성된 광합성 산물은 이삭으로 잘, 그리고 많이 전류·축적되어야 하는데, 이를 위한 환경으로는 일사량과 온도의 영향이 크다. 등숙 초기(출수 후 10일간)에는 배, 배유세포가 발생하는 시기이며, 잎에서는 광합성이 왕성하게 이루어지는 시기로서 일사량이 강하면서 비교적 높은 온도가 유리하다. 20℃ 이하의 저온에서는 배유조직 형성을 위한 배유세포분열이 30℃의 경우에 비해 절반으로 늦어지며, 광합성량도 적기 때문에 등숙이 지연된다. 그러나 배유세포 형성이 끝난 등숙 후기가 되면 고온이 필요하지 않으며 등숙 장해가 없는 한도 내에서 저온이 고온에서보다 동화물질의 전류·축적에 유리하다. 실험 결과 수량(축적량)과 등숙 후기의 온도와의 관계에서 21.2℃가 적온임이 밝혀졌다. 아래 왼쪽 그림은 등숙(천립중)에 미치는 온도의 영향을 나타낸 것인데, 20~22℃

의 비교적 낮은 적온의 경우, 등숙 초기에는 천립중의 증가가 고온에서보다 떨어지지만 등숙 후기인 최종 단계에서는 오히려 높다는 것을 알 수 있다. 이것은 등숙 후기의 고온은 동화조직의 조기 노화와 동화산물의 축적에 손해를 일으키기 때문이다.

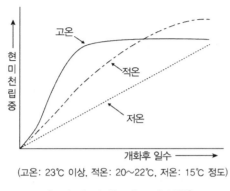

(고온: 23℃ 이상, 적온: 20~22℃, 저온: 15℃ 정도)

[등숙에 미치는 온도의 영향]　　　　**[등숙에 미치는 온도의 영향]**

즉, 재배 가능한 온도 범위에서 기온이 높을수록 호흡량이 증가하므로, 야간온도가 낮으면 호흡에 의한 소모를 줄일 수 있어 등숙비율이 높아지고, 야간온도가 높으면 이삭에 축적되는 탄수화물의 양이 감소되어 등숙비율이 낮아진다. 위의 우측 그림에서 볼 때 주간 25℃, 야간 15℃가 가장 유리함을 알 수 있다. 따라서 벼의 등숙에 가장 유리한 온도는 등숙 초기에는 주간 30℃, 야간 20℃이고, 등숙 후기에는 주간 25℃, 야간 15℃이다.

참고로 2020년 기출에 "이삭으로의 탄수화물 전류량은 17~29℃ 범위의 온도에서는 고온일수록 많다."가 있는데, 이는 위에서 설명한 "저온이 고온에서보다 동화물질의 전류·촉진에 유리하다." 에 모순되지 않는다. 이 기출은 H사 책에 있는 내용으로 "전류량"만 말하고 있으므로, "축적"까지를 설명한 본서의 내용과는 다른 사항을 설명하는 것이다.

열대지역에서는 등숙기의 고온으로 총 광합성량 자체는 온대지역보다 많다. 그런데 온대지방에 비해 열대지방에서의 절대수량이 낮고 양질의 쌀 생산이 안 되는 이유는 뭘까? 등숙기의 지나친 고온(동화조직의 조기노화 유발)과 주야간의 온도 일교차가 적기 때문인데, 적온 범위 내에서는 일교차가 클수록 등숙이 잘 되고, 아주 오래 전에 공부해서 몽땅 까먹었겠지만 일교차가 클수록 당연히 분얼도 잘 된다. 안 까먹었다고요? 일교차가 크면 분얼이 왜 잘 되요?

등숙기간의 장단은 등숙기간의 일평균 적산온도에 의해 결정되므로, 고온기에 등숙되는 조생종 에서는 30~35일, 중생종은 40~45일, 저온기에 등숙되는 만생종에서는 50~55일이 소요된다.

② 일사량

이삭에 축적되는 탄수화물의 20~30%는 출수 전에 줄기와 잎에 저장되어 있던 동화 산물이고, 나머지 70~80%는 출수 후의 동화작용에 의하여 생성되는 것이므로 일사량은 매우 중요하다.

③ 영양

좋은 등숙을 위하여는 경엽과 뿌리가 건실하여야 하는데, 여기에는 질소가 가장 큰 영향을 미친다. 수비(穗肥, 이삭거름)는 출수 전 광합성 능력을 높여 불입립을 감소시키고 등숙에 기여하며, 실비(實 열매 실, 肥, 알거름)는 출수 후 활동엽의 엽록소함량을 높여 광합성 능력을 향상시킴으로써 등숙을 증대시킨다. 그러나 질소함량이 출수 전부터 지나치게 높으면 잎이 늘어져 수광태세가 불량해지므로 질소는 사용 시기가 매우 중요하다. 수비 시기는 출수기로부터 25일~20일 전이고, 실비 시기는 출수기이다.

또한 등숙 초기에 질소가 과다하면 단백질의 생산이 늘어 잎 중의 당 농도가 저하하므로 이삭으로의 동화 산물 전류가 방해받는다. 당 농도와 동화 산물의 전류는 무슨 관계가 있을까요? 천립중이 증가하기 위한 잎몸의 한계질소함유율은 1.2% 정도이고, 수확기에는 0.9% 정도이다. 인산은 임실기에 급속히 이삭으로 전이되는데, 호분층의 세포과립에 피트산으로 축적된다. 칼륨, 칼슘, 마그네슘 등도 등숙에 기여하여 종자를 충실히 여물게 한다.

④ 태풍

출수 직후에 강풍을 만나면 이삭이 건조하여 백수가 되는 경우가 많다. 특히 출수 3~5일 후의 된 바람은 피해가 가장 큰데, 개화가 빠른 상위 1차 지경의 영화는 발육정지미가 되고, 하위의 2차 지경에 있는 영화는 수정 장해를 일으켜 불임이 된다. 태풍의 피해는 각종 불완전미(청미, 다미, 유백미, 기형미, 사미 등)를 증가시키는 것이 특징이다.

- 쌀알은 길이, 너비, 두께의 순서로 발달한다. [75]
- 쌀알은 길이, 너비, 두께의 순서로 발달한다. [76]
- 수정 후 5~6일경이면 쌀알의 길이가 완성된다. [75]
- 수정 후 20~25일경이면 쌀알의 두께가 완성된다. [75]
- 수정 후 25일째 정도면 현미의 전체 형태가 완성된다. [75]
- 쌀알의 외형적 발달은 길이, 너비, 두께의 순서로 형성되며, 수정 후 25일 정도면 현미의 전체 형태가 완성된다. [2020 7급]
- 현미의 생체중은 거의 직선적으로 증가하여 출수 후 25일경에 최대에 달한다. [76]
- 현미의 건물중은 개화 후 10~20일 사이에 현저하게 증대되고, 35일까지 거의 증대가 끝난다. [2020 7급]

- 현미의 수분함량은 수정 후 7~8일경에 최대가 되고 그 후 계속 감소한다. [76]
- 등숙 초기에는 일조량이 많은 것이 좋으며, 온도는 20℃ 이하보다 30℃ 내외를 유지하는 것이 등숙 촉진효과가 크다. [77]
- 결실기의 고온은 일반적으로 벼의 성숙기간을 단축시키며, 이삭으로의 탄수화물 전류량은 17~29℃ 범위의 온도에서는 고온일수록 많다. [2020 7급]
- 재배 가능한 온도범위에서 기온이 높을수록 호흡량이 증가한다. [80]
- 등숙기에 야간온도가 높으면 이삭에 축적되는 탄수화물의 양이 감소되어 등숙비율이 낮아진다. [77]
- 열대지방은 온대지방에 비하여 등숙기의 온도가 지나치게 높고 일교차가 작아 벼 수량이 낮다. [77]
- 온대지방보다 열대지방에서 자라는 벼의 수량이 낮은 것은 등숙기의 고온 및 작은 일교차도 원인 중 하나이다. [78]
- 벼의 수량이 일반적으로 열대지역보다 온대지역에서 높은 이유[78] : 등숙기의 야간온도가 열대지역 보다 온대지역에서 낮기 때문에 호흡 소모가 적다. 등숙기의 기온 일교차가 열대지역보다 온대지역에 서 크다. 열대지역에 비하여 온대지역에서 대체로 등숙기간이 길다. 그러나 열대지역에서는 등숙기의 고온으로 총 광합성량 자체는 온대지역보다 많다.
- 적온 범위 내에서는 일교차가 클수록 등숙도 잘 되고, 분얼도 잘 된다. [80]
- 등숙기간은 일평균 적산온도와 관계가 있으며, 비교적 고온에서 등숙하는 조생종이 만생종보다 짧다. [77]

4.2 벼의 기본 생활작용

4.2.1 광합성

1 벼의 광합성과 물질생산

광합성에 대한 세부적 메커니즘은 재배학에 양보하고 여기서는 실제 포장에서 벼 재배와 관련시켜 물질생산(수량)을 최대로 올리기 위한 광합성과 호흡작용을 생각해 본다. 벼의 수량은 단위면적당 수수(穗數), 1수입수(1穗粒數), 등숙비율, 1000립중(1000粒重)이라는 4요소의 곱으로 성립되며, 이들 4요소 중 1000립중은 재배환경에 의한 변이가 극히 적기 때문에 단위면적당 입수와 등숙비율과의 곱, 즉 용기의 크기와 그것을 채울 탄수화물량과의 관계에 의해 수량은 결정된다. 그러나 양자(그릇과 채울 물질) 간에는 부(−)의 상관이 있어서, 비약적 증수의 방법은 없고 우리가 할 수 있는 일은 채울 물질(탄수화물)을 늘리는 것뿐이다. 탄수화물을 늘리는 데는 광합성을 크게 하여 수입은 늘리고, 호흡은 줄여 지출을 줄이는 방법이 있다. 그래서 포장에서의 개체군 광합성은 다음 식으로 나타낸다.

개체군 광합성=단위면적당 광합성 속도(능력)×엽면적 지수×개체군의 수광태세(능률)
　　　　　　−엽신 이외의 호흡량

이하에서 상기 공식의 각 요소를 들여다본다.

(1) 단위면적당 광합성 속도(능력)

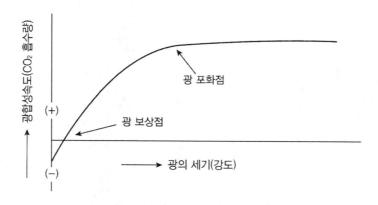

[벼 개채엽에서의 광의 세기와 광합성 속도와의 관계]

광합성이 이루어지는 부분은 엽록소가 있는 부분인데, 이삭, 줄기, 엽초 등에는 엽록소가 적어 광합성량은 자신들의 호흡작용과 균형이 잡힐 정도이고, 대부분의 광합성은 엽신에서 이루어지며,

여기에서 광합성량은 호흡의 5~10배에 이른다. 엽신에서의 광-광합성 곡선은 위의 그림과 같다. 광의 세기가 0인 암흑 하에서 광합성이 (−)값을 보이는 것은 암흑 하에서도 호흡작용이 이루어짐을 의미한다. CO_2의 배출은 광의 세기가 증가함에 따라 감소하여 광의 어느 세기에 도달하면 외견상으로 CO_2는 배출도 흡수도 없는 상태에 도달한다. 이때의 광의 세기를 광보상점이라고 한다. 광의 세기가 광보상점을 넘으면 CO_2의 흡수가 일어나고, 광의 세기가 증가함에 따라 CO_2 흡수속도도 직선적으로 증가하는데, 이 부분의 구배를 광-광합성 곡선의 초기 구배라고 부른다. 광의 세기가 가일층 강해지면 광이 증가해도 광합성은 증가하지 않는데, 이 현상을 광포화 현상이라 부르고, 이때의 광의 세기를 광포화점이라 한다. 광-광합성 곡선(윗 그림)을 특징짓는 호흡속도, 광보상점, 초기 구배, 광포화점, 광포화 상태 하에서의 광합성 속도는 그 잎의 광합성 능력을 나타내는 것이며, 이는 엽령이나 재배 조건에 따라 변한다. 엽령의 관점에서 볼 때, 미 전개된 어린잎은 광합성 능력이 낮고, 완전 전개가 끝난 직후는 최대의 광합성 능력을 보이며, 그 후는 노화로 점차 저하한다. 이와 같은 추이는 다른 잎에서도 차례로 재현된다. 따라서 어느 시기이건 최상위의 미 전개엽의 광합성 능력은 낮고, 그 아래의 완전 전개엽과 그 바로 아래 엽의 광합성 능력이 가장 높으며, 그 아래 엽들은 차례로 낮아진다. 지엽이 나온 후에는 지엽이 계속 최고의 광합성 능력을 나타낸다. 이제는 품종별 및 생육시기별 광합성 속도(능력)를 알아보자.

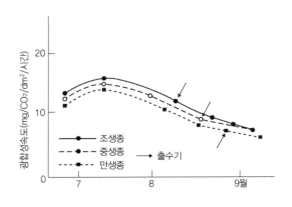

[조만성과 생육 시기에 따른 광합성 속도의 변화]

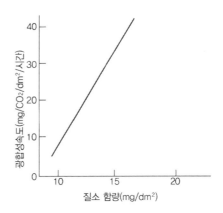

[엽신의 질소함량과 광합성 속도의 변화]

위의 좌측 그림은 품종의 조만성과 생육일수를 기준으로 본 광합성 속도의 변화 추세인데, 조생, 중생, 만생종 모두 같은 추이를 보였다. 즉, 조만성에는 관계없이 생육일수에 따라서 광합성 속도가 변하는데, 분얼기에 가장 높고 그 후에는 점차 저하하는 양상을 보인다. 왜 분얼기에 광합성 속도가 가장 높을까? 질소의 영향이다. 위의 우측에 있는 그림은 엽신의 질소함량과 광합성 속도와의 관계를 보여주고 있는데, 이 둘 사이에는 가파른 직선으로 표시되는 비례적 관계가 있다. 즉, 광합성 속도를 결정하는 가장 중요 인자는 질소 농도이다. 따라서 분얼기에 광합성 속도가 가장 높은 것은 식물체가 작아 소량의 질소만으로도 전체의 질소 농도를 높일 수 있기 때문이다. 그러나 생육 후기에는 식물체도 크고, 뿌리의 질소 흡수 능력도 떨어져 질소 농도를 분얼기처럼 높일 수는 없다. 따라서 광합성 능력의 저하를 막기 위해서는 질소의 추비가 필요하다. 또한 추비한 비료를 충분히 흡수할 수 있도록 뿌리의 기능을 건전하게 유지하는 일도 매우 중요하다. 잎의 질소 농도를 높여 광합성 능력을 높이기 위해서는 감수분열 직전 또는 수전기(전체의 80% 이상 출수한 날)의 질소추비(실비)가 유효하다.

(2) 엽면적 지수(Leaf Area Index, LAI)

엽면적 지수는 단위토지면적에서 생육하는 개체군의 전체 잎면적을 단위토지면적으로 나눈 값으로, 이는 개체군의 번무도를 나타낸다. 벼가 고립상태에서 생육될 때와 군락상태로 있을 때는 그 생산 메카니즘이 현저히 다르게 된다. 잎은 광합성을 수행하는 대표적인 소스(source) 기관이며, 엽면적 지수는 생산량과 관련이 큰 지표이다. 따라서 고립상태에서는 작물의 엽면적이 증가할수록 총 동화량이 증가한다. 그러나 군락상태에서는 LAI가 커지면 광합성도 증가하지만 광을 충분히 받지 못하기 때문에 광합성 효율이 떨어지고, 호흡량도 증가하기 때문에 LAI 증가에 정비례해서 수량이 증가하는 것은 아니다. 즉, 엽면적이 증가하면 광합성량과 호흡량이 직선적으로 증가하지만, 광합성량은 어느 한계에서는 더 이상 증가하지 않는다. 이 말은 광합성량에서 호흡량을 뺀 순생산량은 어느 LAI에서 최고값이 된다는 뜻으로, 순생산량에 대한 최적 엽면적 지수가 있다는 뜻이 된다. 다시 말해 최적 엽면적이란 순생산이 가장 커지는 엽면적을 말한다. 한편 최적 엽면적을 비교의 기준으로 사용하기 위하여 최적 엽면적 지수라는 숫자를 사용하는데, 이는 일정한 토지면적에서 자라는 벼의 모든 엽면적을 구한 다음 그 값을 그 토지면적으로 나누어 구한다. 최적 엽면적 지수에서 순광합성량이 최대가 되므로, 높은 포장동화능력을 확보하려면 군락 내의 엽면적을 최적으로 확보하여야 한다.

LAI가 서로 다른 군락에 있어서 광-광합성 곡선을 시험한 것이 아래 그림이다.

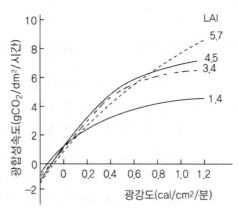

[LAI와 광-광합성 곡선과의 관계]

위의 그림에서 보면 LAI가 1.4인 경우 0.6cal의 광도가 광포화점이고, LAI가 5.7이 되면 광강도가 1.2cal가 되어도 광포화점에 도달하지 않는다.

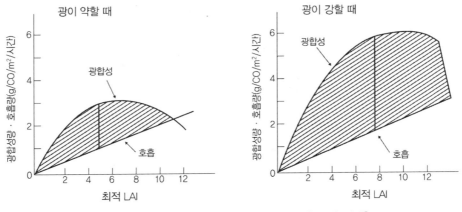

[광강도의 차이에 따른 LAI와 광합성 호흡과의 관계]

위의 그림은 광 강도의 차이에 따른 LAI와 광합성의 관계를 보여준다. 광 강도가 약한 경우(왼쪽 그림)는 LAI의 증대에 따라서 일찍부터 광합성이 저하된다. 그러나 호흡량은 광 강도가 강할 경우(오른쪽 그림)와 똑같이 LAI의 증가에 따라 직선적으로 증가하므로 최적 엽면적 지수(opt LAI)가 매우 낮은 수치(4.5)를 보인다. 한편 광 강도가 강한 경우는 LAI가 8 이하에서는 광합성이 크게 증대하다가 8 이상에서는 완만하게 저하한다. 이처럼 광 강도에 따라서 최대의 탄수화물 생산이 이루어지는 최적 엽면적 지수는 달라진다. 즉, 약한 광 강도에서는 낮은 LAI에, 강한 광 강도에서는 높은 LAI에 최적 엽면적 지수(opt LAI)가 있게 된다. 말을 좀 바꾸면 '빛의 세기가 약하면 광합성은 일찍 광포화점에 도달하기 때문에 최적 엽면적 지수는 비교적 낮은 값을 보인다.'가 된다. LAI와 광합성은 이상과 같은 관계가 있어서 일조량이 좋은 해에는 벼 잎이 무성해도 건물생산량이 증가하나, 일사량이 부족한 해에는 평년과 동일한 LAI이라도 과번무로 감수된다. 일반으로 LAI와 입수(粒數)는 비례적 관계에 있으므로 과번무를 방지하면서 많은 입수를 확보하는 것이 일사의 변동에 대처할 수 있는 유익한 기술이다. 그 기술의 주요 내용은 기비와 초기 생육 촉진을 위한 비배관리로 가능한 한 빨리 LAI와 경수를 확보하고, 생육 중기에는 질소공급을 제한하여 LAI의 과대 번무를 방지함으로써 수광능률을 높이는 일이다.

LAI가 최대가 되는 시기는 수잉기이며, 이 시기에 과번무하면 엽신의 상호차폐로 광합성량이 적어지고, 그로 인하여 줄기의 C/N비가 낮아 도복하기 쉬우며, 또한 호흡기질인 탄수화물의 공급 부족으로 뿌리의 기능이 현저하게 약화된다. 뿌리의 기능 저하는 등숙기 질소흡입력을 감소시켜 하위엽의 조기 고사를 가져오므로 LAI의 감소 및 광합성 산물의 감소를 유발하고, 이는 등숙비율과 천립중을 크게 감소시키는 요인이 된다.

(3) 개체군의 수광태세

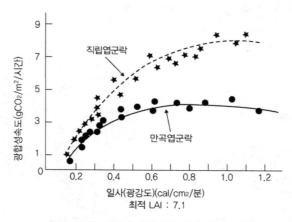

[벼군학의 수광태세와 광-광합성 곡성]

벼의 수광태세는 수광능률로 표시하는데 이는 군락상태에 있는 벼가 그가 지닌 최대 광합성 능력을 어느 정도나 발현하고 있는지를 말해주는 계수이다. 수광능률의 최대치는 고립상태에서 충분한 광을 쬐였을 때의 광합성으로 그 값은 1이다. LAI가 증가할수록 개체군의 광합성은 증가하지만 동일한 LAI라도 개체군의 수광태세에 따라 개체군의 광합성 속도는 달라진다. 수광태세를 좌우하는 가장 큰 요인은 개체군을 구성하는 엽신의 경사각도이다. 앞의 그림에서 보듯이 엽신이 직립으로 서 있을 경우에는 광이 개체군 내부에까지 투과하여 개체군 내부의 광 강도가 높아지기 때문에 광합성 속도가 증가한다. 기타 자세한 사항은 뒤의 "3) 벼의 포장광합성"에서 설명한다.

(4) 엽신 이외의 호흡량

엽신이나 이삭의 호흡은 광합성이나 전류 등의 생리적 활성과 관계되므로 무조건 적어야 좋은 것은 아니다. 그러나 줄기의 호흡은 명백히 소모적이다. 특히 장간종은 하부에서 빛의 투사가 극히 약하여 비광합성 기관의 호흡에 의한 손실이 크다.

- 엽면적 지수는 단위토지면적에서 생육하는 개체군의 전체잎면적을 단위토지면적으로 나눈 값이다. [81]
- 잎은 광합성을 수행하는 대표적인 소스(source) 기관이며, 엽면적 지수는 생산량과 관련이 큰 지표이다. [494]
- 작물의 엽면적이 증가할수록 총 동화량이 증가한다. [87]
- 엽면적이 증가하면 광합성량과 호흡량이 직선적으로 증가하지만, 광합성량은 어느 한계에서는 더 이상 증가하지 않는다. [494]
- 최적 엽면적 지수에서 순광합성량이 최대가 된다. [85]
- 포장동화능력을 확보하려면 군락 내의 엽면적을 최적으로 확보한다. [79]

- 포장동화능력을 확보하려면 높은 최적엽면적 지수를 확보한다. [79]
- 빛의 세기가 약해지면 최적엽면적 지수도 낮아져 광합성량이 감소한다. [85]
- 빛의 세기가 약하면 광합성은 일찍 광포화점에 도달하기 때문에 최적 엽면적 지수는 비교적 낮은 값을 보인다. [81]
- 일조량이 좋은 해에는 벼 잎이 무성해도 건물생산량이 증가한다. [81]
- 벼에서 수잉기의 과번무가 생장에 미치는 영향(2021, 지9, 1번) : 건물생산이 적어지고, 도복이 쉽게 일어나며, 뿌리의 기능이 저하된다.

② 광합성에 영향을 미치는 요인

(1) 내적 요인

① 엽록소량

광합성에 필요한 광에너지를 받아들이는 역할을 하는 색소가 엽록소와 카르티노이드인데, 엽록소 함량이 많은 잎에서는 카르티노이드 함량도 많다. 엽록소 함량과 광합성 속도와의 사이에는 극히 높은 정(+)의 상관이 있으므로 엽록소 함량이 높아 엽색이 진한 품종일수록 광합성 속도도 높다. 따라서 엽록소 함량을 늘리는 것이 유익할 것이다. 특히 출수기 이후 등숙이 시작되면 벼알이 모든 양분을 끌어가므로 엽신의 가용성 단백도 급격히 이삭으로 이행되는데, 이때 엽록소도 분해되어 엽록소의 구성 성분이었던 질소도 이삭으로 옮겨간다. 따라서 광합성 능력을 계속적으로 높게 유지시키려면 등숙기의 엽록소량을 충분히 확보시켜야 하며, 이를 위한 방법이 수전기 알거름(실비)의 시비이다.

② 무기성분

엽신의 무기성분 함량과 광합성 능력과의 관계에서 질소가 광합성에 대하여 가장 강력한 지배력을 갖는다. 특히 오른쪽 그림에서 보듯이 엽신에 있는 질소의 효율은 등숙 초기일수록 큰데, 이것은 질소의 추비 시기가 중요함을 말해주는 것이다. 즉, 등숙 초기에 질소를 사용할 수 있도록 시비하여야 한다.

아래 그림은 출수직전에 질소 추비량을 달리한 군락에서의 일사량과 광합성 속도와의 관계를 나타낸 곡선이다.

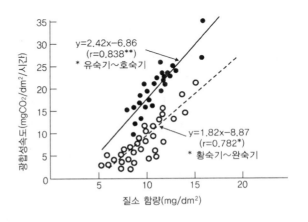

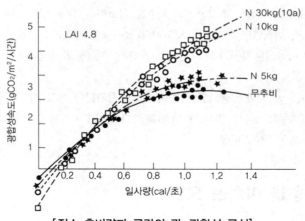

[질소 추비량과 군락의 광-광합성 곡선]

위의 그림에서 보듯이 질소 추비량이 증가할수록, 즉 체내 질소함유량이 증가할수록 강광 하에서의 광합성 속도가 증가하고, 광포화점도 더 높은 곳에 있음을 알 수 있다. 한편 호흡도 체내 질소함유량이 증가하면 따라서 증가한다. 즉, 질소의 추비는 건물 생산량에서 플러스와 마이너스의 양면효과가 공존한다는 것이다. 온도가 비례적으로 낮고 일사가 강하면 질소의 추비는 건물생산을 증가시킨다. 그러나 온도가 높고 일사가 약한데 질소를 추비하면 광합성은 적으면서 호흡이 많아져 건물생산을 감소시킨다. 비료의 3요소 중 질소 이외에 인산과 칼리의 영향은 그다지 크지는 않다. 그러나 정상적인 광합성 능력을 유지하려면 잎이 일정한 무기양분을 함유해야 하는데, 그 수치는 질소 2.0%, 인산 0.5%, 마그네슘 0.3%, 석회 2.0% 이상이다.

③ 잎의 수분함량

일반적으로 수분의 감소는 기공의 폐쇄를 가져오므로 광합성을 심하게 감소시킨다는 것은 주지의 사실이다. 벼에 있어서도 엽신의 수분함량과 광합성과는 매우 밀접한 관계가 있는데, 생육시기에 따른 광합성 능력의 차이나 잎의 노화에 따른 광합성 능력의 변화는 수분함량과 관계가 깊다. 즉, 수분이 적으면 광합성 능력이 저하한다는 의미이다. 출수 후 엽신의 수분함량은 상시담수의 경우

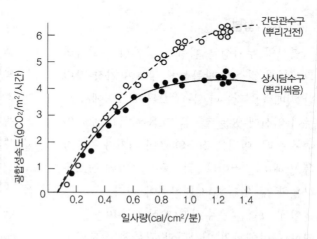

명백히 저하하여 위의 그림처럼 광합성 능력을 저하시키는데, 수분함량이 감소하는 이유는 뿌리썩음이다. 뿌리썩음이 발생하면 상위 잎일수록 수분함량이 저하하고, 하위의 잎은 빨리 고사하므로

광합성 속도가 저하하며, 광-광합성 곡선은 그림처럼 광포화형의 모습을 보인다. 뿌리썩음이 발생하는 이유는 양분 부족이다. 즉, 등숙기의 벼는 탄수화물이나 질소가 이삭으로 집중적으로 이행하므로, 뿌리의 호흡기질인 탄수화물은 부족하게 되고, 탄수화물의 부족으로 단백질도 만들 수 없기 때문에 죽는 뿌리가 많아진다. 따라서 출수 20일 전쯤(감수분열 전) 물 걸러대기와 질소추비를 실시하여 뿌리의 기능을 높게 유지시켜야 한다. 이렇게 해서 등숙 후기까지 뿌리가 건전한 수분흡수능력을 가진다면 이삭이나 잎의 수분함량은 높게 유지할 수 있으며, 그로 인하여 잎의 높은 광합성 능력을 유지하고, 이삭의 광합성 산물 수용능력까지 활발해져서 등숙을 향상시킬 수 있다.

④ 품종의 광합성 능력

최근에 육성된 품종일수록 개체엽의 광합성 속도가 높다.

(2) 외적 요인

① 일사량

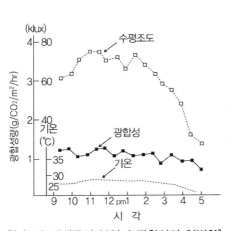

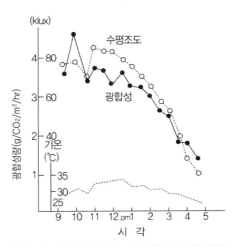

[(a) 벼 개체군의 분얼기 광합성의 일변화]　　[(b) 벼 개체군의 출수기 광합성의 일변화]

벼 군락의 광합성은 아침과 저녁은 낮고, 대낮에는 높다. 즉, 광이 약하면 광합성량이 적고, 광이 강하면 광합성량이 많은 상관성이 있다. 그런데 상관성의 정도는 생육시기에 따라 다르다. 위의 그림 (a)는 생육 초기인 분얼기를 나타내고 있는데, 벼가 고립상태일 경우 생육적온까지 온도가 높아질수록 광합성 속도는 높아지고 광포화점은 낮아지므로, 고립상태인 분얼기에서는 빛의 세기가 최대일조량의 30~40%(3~4만 Lux) 이상이면 빛의 세기에 관계없이 광합성량은 비교적 일정함을 보여주고 있다. 그런데 생육이 진전되어 최고 분얼기가 되면 광의 세기가 최대일사의 60% 정도를 요구하고, 생육이 더 진전되어 출수기가 되면 양자 간의 관계는 일층 강화되어 그림 (b)처럼 광합성은 일사량(광의 세기)에 거의 비례하게 된다. 즉, 출수기에는 잎이 광을 충분히 받지 못하므로 광량이 7~9만 Lux까지 강할수록 광합성이 증가된다. 즉, 작물 군락이 무성하면 광포화점에 달하는 광의 강도가 높아지므로, 자연상태에서는 최대 일사에서도 광포화점에 도달하지 못한다. 이 말은 군락의 엽면적이 최대인 경우에는 맑은 날에도 포장 광합성이 광포화에 도달하기 어렵다는 것을 뜻한다.

② 온도

벼의 광합성 능력(량)은 적온범위 내에서라면 온도의 영향을 그다지 받지 않는다. 즉, 18~34℃의 온도범위에서 광합성량에 큰 차이가 없다. 이유는 온도가 높아질수록 진정 광합성량은 증가하지만 호흡도 같이 늘어나기 때문에 외견상 광합성량은 변하지 않기 때문이다. 그래서 35℃ 이상의 고온에서는 호흡을 줄이기 위해서 광도가 낮은 것이 좋다. 그러나 17℃ 이하에서는 동화 산물의 전류가 늦어져 광합성이 현저하게 떨어지므로(동화물질의 전류가 빠르면 광합성량이 증가), 저온에서 광합성량을 늘리기 위해서는 광도가 높은 것이 좋다. 즉, 벼 잎의 광포화점은 온난한 지대보다 냉량한 지대에서 더욱 강한 일사가 요구된다. 이상을 기출문제를 고려하여 약간 수정하고, 시각적으로 나타내면 아래의 그림과 같다.

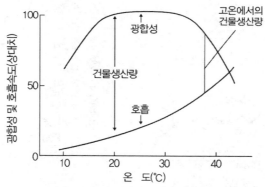

[벼 잎의 광합성 및 호흡에 미치는 온도의 영향]
(300ppm CO_2, 포화광에서 측정)

벼의 광합성 적온은 20~33℃의 넓은 범위이다. 따라서 우리나라에서는 생육 초기와 등숙 후기를 제외한다면 벼의 광합성이 온도에 의해 현저하게 저해받는 경우는 거의 없다고 보여진다. 열대 원산인 벼가 온대 북부까지 생육이 가능하다는 것과 온대지방이 열대지방보다 다수확을 올리는 것도 공히 이와 같은 광합성의 특성에서 유래한다. 조금 더 그림을 들여다보자. 호흡량은 온도의 상승에 따라 거의 직선적으로 상승하고 있는 반면, 광합성량은 35℃ 이상에서는 저하한다. 따라서 건물생산은 20~21℃의 저온에서 최대가 된다. 즉, 엽면적당 건물생산의 효율은 비교적 저온인 우리나라에서 최대가 됨을 알 수 있다.

③ 이산화탄소

이산화탄소 농도가 대기 중의 평균값인 300ppm일 때, 벼는 최대광합성의 45% 밖에 수행하지 못하지만, 농도가 증가하면 따라서 증가하다가, 2,000ppm에서 최대값을 보인다. 따라서 실제 벼포장에서 실시하기는 현실적으로 어렵지만 할 수만 있다면 벼에 대한 탄산시비의 효과는 매우 크다. 그 이유는 벼가 C_3 작물이기 때문인데 지구의 이산화탄소 농도가 높아지면 벼에게는 유리할 것이다. 이산화탄소 농도는 군락의 내부에서는 많이 써서 감소하므로 미풍 정도의 바람은 광합성을 증가시킨다. 한편 이산화탄소의 효과는 일사가 강할수록, 온도가 높을수록 크다. 즉, 온도와 광도가 높아지면 탄산시비 효과가 더 높아진다.

④ 토양수분

앞에서 논한 내적 요인의 "③ 잎의 수분함량"에서 설명한 수분 부족 현상은 토양수분이 부족한 경우에도 발생한다. 수분 부족 상태에 있던 벼에게 관수하면 잎의 수분상태가 회복되면서 기공개도가 증대하고, 그로 인하여 이산화탄소의 확산이 많아져 광합성 기능도 회복되나 이는 많은 시간이 필요하다. 따라서 물관리에서의 주의가 필요하다. 특히 기계수학에서의 편의를 위하여 낙수기를 지나치게 빨리 하면 광합성의 저하로 등숙장해가 우려되므로, 물걸러대기 등의 보완책이 요구된다.

- 정상적인 광합성 능력을 유지하려면 잎이 질소 2.0%, 인산 0.5%, 마그네슘 0.3%, 석회 2.0% 이상 함유해야 한다. [535]
- 초형, 엽면적, 엽록소 함량 등은 물질 생산에 관련된 형질이다. [73]
- 광합성에 영향을 미치는 외적 요인에는 온도, 광, 이산화탄소 농도, 수분 및 습도 조건, 바람 등의 환경요인을 들 수 있다. [2020 7급]
- 고립상태일 경우 생육적온까지 온도가 높아질수록 광합성 속도는 높아지고 광포화점은 낮아진다. [87]
- 분얼기에는 빛의 세기가 최대일조량의 30~40% 이상이면 빛의 세기에 관계없이 광합성량은 비교적 일정하다. [82]
- 작물 군락이 무성하면 광포화점에 달하는 광의 강도가 높아진다. 따라서 자연상태에서는 최대 일사에서도 광포화점에 도달하지 못한다. [87]
- 군락의 엽면적이 최대인 경우에는 맑은 날에도 포장 광합성이 광포화에 도달하기 어렵다. [80]
- 벼는 잎이 가급적 두껍지 않고, 약간 가늘며, 상위엽이 직립한 것이 수광태세가 좋다. [255]
- 벼는 대체로 18~34℃의 온도범위에서 광합성량에 큰 차이가 없다. [86]
- 18~34℃의 온도범위 내에서 광합성량은 큰 차이가 없는데, 이는 온도가 높아질수록 진정 광합성량은 증가하지 않기 때문이다. [494]
- 벼는 대체로 18~34℃의 온도범위에서는 광합성량에 큰 차이가 없다. [2020 7급]
- 벼 재배 시 광도가 낮아지면 온도가 높은 쪽이 유리하나, 35℃ 이상의 고온에서는 광도 낮은 쪽이 유리하다. [86]

- 벼 재배 시 광도가 낮아지면 온도가 높은 쪽이 유리하고, 35℃ 이상의 고온에서는 광도가 낮은 쪽이 유리하다. [2020 7급]
- 광도가 낮아지면 온도가 높은 조건에서 광합성이 유리하나, 35℃ 이상의 고온에서는 광도가 낮은 쪽이 유리하다. [494]
- 등숙 중 17℃ 이하에서는 동화 산물인 탄수화물이 이삭으로 옮겨지는 전류가 억제된다. [91]
- 동화물질의 전류가 빠르면 광합성량이 증가한다. [85]
- 벼 잎의 광포화점은 온난한 지대보다 냉량한 지대에서 더욱 강한 일사가 요구된다. [87]
- 광합성에 적합한 온도는 대략 20~33℃이며, 적온을 지나 온도가 높아질수록 건물생산량이 적어진다. [78]
- 물질생산을 위한 광합성 적온은 20~33℃ 범위이다. [80]
- 벼가 광합성을 하는 적온은 20~33℃ 정도이나 건물생산량은 20~21℃의 비교적 저온일 경우 더 높다. [82]
- 외견상 광합성량은 대체로 기온이 35℃일 때보다 21℃일 때가 더 높다. [84]
- 벼는 이산화탄소 농도 300ppm에서 최대광합성의 45% 수준이지만, 2,000ppm이 넘으면 이산화탄소 포화점을 넘은 것이므로 광합성은 더 이상 증가하지 않는다. [86]
- 벼는 이산화탄소 농도 300ppm에서는 최대광합성의 45% 밖에 수행하지 못하지만, 2,000ppm에서 최대값을 보인다. [2020 7급]
- 미풍 정도의 적절한 바람은 이산화탄소 공급을 원활히 하여 광합성을 증가시킨다. [86]
- 온도와 광도가 높아지면 탄산시비 효과가 더 높아진다. [재배학, 2021 9국, 9번]

3 벼의 포장광합성

벼의 수량을 높이려면 첫째 광합성을 수행할 엽면적을 충분히 확보해야 하고, 둘째 이들 잎들이 광을 잘 받도록 수광률을 늘려야 하며, 셋째 잎의 단위면적당의 광합성 능력을 향상시켜야 한다. 그러나 이들 모두를 동시에 증대시키는 것은 불가능하고, 이 3요소의 최적조합을 유도하여야 한다. 3요소 중 수광률을 늘리려면 상위엽의 크기가 작으며, 두껍지 않고, 직립되어 있으며, 중첩되지 않고 개산형으로 균일하게 배치되어 있으면 하위엽도 광을 받을 수 있어 전체적으

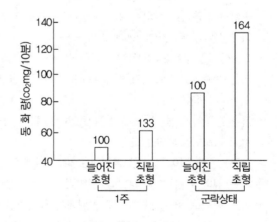

로 유리하다. 이 중 위의 그림에서 보듯이 상위엽의 직립이 아주 중요한데, 이를 위해서는 질소질 비료를 과용하여 상위엽을 번무케 하지 말아야 하며, 규산을 충분히 흡수시킴으로써 잎몸을 꼿꼿하게 세워 엽면적이 커져도 수광률은 높아지게 하여야 한다. 일반적으로 내비성 품종은 대체로 초장이 작고 잎이 직립하여 수광태세가 좋다.

- 분얼이 개산형으로 이루어지도록 한다. [79]
- 상위엽은 직립하고 잎의 공간적 분포가 균일하도록 한다. [79]
- 직립초형은 수광태세를 좋게 하여 광합성량이 증가한다. [80]
- 초형이 직립인 개체군의 광합성량은 늘어진 초형의 개체군보다 크다. [85]
- 엽면적이 같을 때 늘어진 초형이 직립초형보다 광합성량이 적다. [85]
- 내비성 품종은 대체로 초장이 작고 잎이 직립하여 수광태세가 좋다. [20]

4 수용기관 – 공급기관의 관계

식물 잎의 광합성 능력은 광합성 산물을 받아들이는 수요가 많으면 크게 증대되는데, 받아들이는 곳이 없으면 감퇴된다. 즉, 벼에서 공급기관에 해당하는 잎의 광합성 능력이 아무리 우수해도 벼의 수용기관에 해당하는 이삭이 적으면 광합성을 많이 하지 않아 수량이 적어진다. 반면에 벼 이삭을 많이 확보하면 잎이 광합성 능력을 최대로 발휘하여 수량이 많아진다. 다만 영화수가 너무 많으면 등숙률이 낮아지고 쭉정이가 증가한다.

4.2.2 호흡작용

벼의 호흡량은 모내기 후 활착기부터 최고 분얼기까지는 높아지다가 그 후부터는 서서히 감소하는 경향을 보인다. 그러나 벼 1개체당 호흡은 건물중 증가에 기인하여 대체로 출수기경에 최고가 된다. 등숙기에 이삭의 호흡량은 전 식물체 호흡량의 1/3에 이른다.

4.2.3 광합성과 호흡과의 관계

1 엽면적 지수

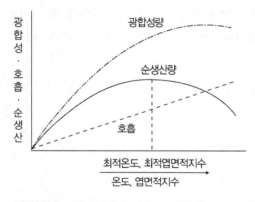

[최적온도, 최적엽면적 지수를 나타내는 모식도]

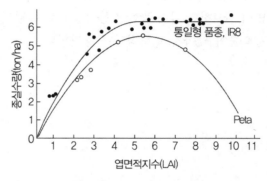

[품종별 최적엽면적 지수]

작물을 재배할 때 최대의 수량을 얻으려면, 위 좌측 그림처럼 번 양(광합성량)에서 쓴 양(호흡량)을 공제한 남은 양(순생산량)이 최대가 되도록 하여야 한다. 엽면적 지수가 커질 때 광합성량은 어느 한계까지만 증가하지만 호흡량은 계속 증가하므로 최적엽면적 지수라는 것이 존재하는데, 엽면적 지수가 6이 될 때까지는 엽면적 지수가 클수록 유리하다. 또한 최적엽면적 지수는 위 우측 그림에서와 같이 품종에 따라서도 현저히 다르다. 온대 자포니카형 품종(Peta)은 엽면적 지수 5~6에서 건물중이나 종실수량이 많은데 반하여, 잎이 직립하여 수광태세가 좋은 IR8이나 통일형 품종은 엽면적 지수 10까지도 수량이 증가한다. 즉, 벼 식물 개체군의 최적엽면적 지수가 클수록 광합성량이 많다.

2 생육시기별 광합성과 호흡의 변화

벼 생육시기에 따른 광합성, 수광능률 그리고 호흡작용의 변화는 아래의 그림과 같다.

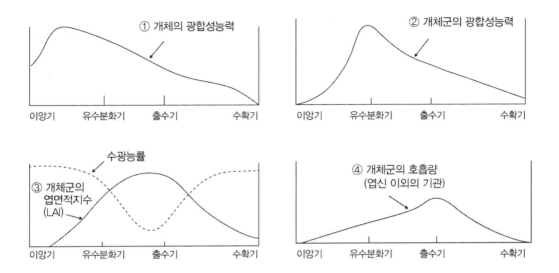

① 개체의 광합성 능력은 이앙 후 최고값을 보인다. 개체엽의 광합성 능력은 이앙 후 얼마 안 되어 분얼기에 최고치에 달하나, 이후 군락의 발달에 따라 완만하게 수확기까지 감소한다.

② 개체군의 광합성 능력은 유수분화기(출수 30일 전)에 최고값을 보인다. 군락 광합성은 이앙에서 분얼기에 급격히 상승하여 유수분화기 전후에 최고치에 달하고, 출수기에 걸쳐 완만히 저하를 계속하다 수확기 전에 급격히 저하한다.

③ 개체군의 엽면적 지수(LAI)는 최고 분얼기 이후(출수 10일 전)에 최고값을 보인다. 수광능률은 LAI 2.0 부근까지는 저하하지 않으나, 그 이상이 되면 LAI와 반비례적으로 저하하여 LAI가 최대가 되는 시기(출수 10일 전)에 수광계수는 최저가 된다. 등숙기에는 하위엽의 탈락으로 다시 수광능률이 향상되어 등숙 후기까지 높은 수치로 유지된다.

④ 개체군의 호흡량은 출수기경(출수 0일 전)에 최고값을 보인다. 엽신(잎몸) 이외의 부분인 엽초(잎집), 줄기 등의 호흡은 이앙 후부터 점차로 증가해서 출수기에 최고에 달하고, 등숙이 진전됨에 따라 이삭의 호흡 저하와 엽초, 줄기 등의 호흡도 감소한다.

3 생육시기별 군락광합성

수량의 증대를 위해서는 군락광합성을 최대로 높이는 일이 중요하므로, 생육시기별로 군락광합성을 저하시키는 원인과 그것을 해결할 수 있는 기술대책을 알아보자.

(1) 이앙기 - 분얼기

이 시기에는 개체엽의 광합성 능력과 수광능률은 높지만 엽면적 지수가 극단으로 작다. 따라서 대책으로는 건묘 육성, 조식, 초기 생육 촉진을 위한 비배관리 등이 필요하다. 건묘란 묘의 전분과 질소함량이 모두 높은 묘를 의미하므로, 건묘 육성은 밭묘로서 비교적 저온에서 육묘하는 것이 유리하다. 초기 생육 촉진을 위해서는 인산과 질소를 충분히 시용하고, 수온에서의 주야간 차이를 크게 하여 분얼을 촉진시켜야 한다. 질소비료의 시비 시 지나친 질소는 과번무를 일으키므로 적정량에 유의하여야 한다. 여하튼 조기에 분얼수를 많이 확보하는 것이 이 시기의 관리 포인트이다.

(2) 유수분화기

유수분화기 전후는 군락광합성이 가장 높은 시기로, 이 시기에는 광합성이 저하될 특별한 이유는 없다. 다만 이 시기는 등숙기에 맹활약을 해야 하는 지엽, 제2, 3엽 그리고 도복과 관계가 깊은 하위절간이 신장하는 기간이므로 출수 후 건물생산 증대를 위한 준비로서 수광태세를 양호하게 할 필요가 있다. 수광태세를 양호하게 하는 방법에는 초기 생육의 상황에 따라 다르다. 만약 초기 생육의 촉진으로 충분한 생육량을 확보한 경우, 유수분화기에는 체내 탄수화물의 생산량이 많아져 질소함유율은 자연히 저하하므로 특별히 질소 제한을 하지 않아도 좋고, 오히려 질소 부족으로 1수영화수 감소와 뿌리의 노화를 주의해야 한다. 그러나 초기 생육이 부족한 경우에 질소를 다량 투입하면 과번무에 의한 수광태세의 악화를 가져와 출수기 이후의 군락광합성을 감소시키므로 다량의 질소추비는 삼가야 한다.

(3) 출수기

출수 직전은 줄기의 신장, 이삭의 발육에 다량의 탄수화물을 필요로 하는데, 출수기 직전에는 LAI가 최대가 되는 시기이므로 수광능률이 가장 크게 저하한다. 따라서 이 시기에는 군락광합성이 저하되기 쉬운데, 저하되면 간기부의 전분이 소모되고 만다. 한편 출수 후 등숙기에는 탄수화물이 우선적으로 이삭으로 보내지므로 뿌리로의 탄수화물 공급은 극단으로 줄게 되어 호흡 곤란을 겪는 뿌리는 급격히 부패 고사한다. 따라서 출수기 이후에는 하위엽이 고사하여 엽면적이 점차 감소하고 잎이 노화되어 포장의 광합성량이 떨어진다. 또한 뿌리의 고사는 수분의 흡수 부족을 야기하고, 이는 이삭의 함수율을 저하시켜 등숙비율과 천립중의 저하를 가져온다. 이 시기의 군락광합성을 높이기 위해서는 수광태세의 향상이 최선이다. 따라서 수광태세가 좋은 품종을 재배하고, 잎을 도장시켜 늘어지게 하지 말아야 한다. 직립엽형의 수광태세를 만드는 데는 엽령지수 69~92 사이에 질소의 공급제한이 있어야 한다.

(4) 등숙기

등숙기 전반에는 이삭이 군락 상층에 나와 있으므로 이삭이 광을 차단하고, 줄기가 약한 벼는 이삭 무게로 자세가 흐트러져 수광 능률이 저하한다. 또한 엽신의 질소는 급격히 이삭으로 이행하므로 엽신의 질소 농도가 저하하여 광합성 능력이 저하한다. 이에 대한 대책으로는 질소를 추비하여 엽신의 질소 농도를 높이는 일과 벼의 줄기를 튼튼히 기르는 일이 있다. 등숙기 후반의 군락광합성 저하 원인은 개체 광합성 능력의 저하와 LAI의 감소이다. 이를 방지하기 위해서는 철저한 물걸러대기로 뿌리의 생리적 기능을 오랫동안 높게 유지시켜야 한다.

- 광합성량에서 호흡량을 뺀 것을 순생산량이라고 한다. [85]
- 엽면적 지수가 커질수록 광합성량은 어느 한계까지는 증가하나 호흡량은 계속 증가한다. [85]
- 개체군의 엽면적 지수가 커질수록 광합성량이 증가하며 동시에 호흡량도 증가한다. [81]
- 벼 식물 개체군의 최적엽면적 지수가 클수록 광합성량이 많다. [80]
- 포장의 총광합성량은 엽면적이 많은 최고 분얼기와 수잉기 사이에 최대가 된다. [2020 7급]
- 벼의 단위면적당 광합성 속도는 분얼기에 최고에 달하고 그 후로 점차 감소한다. [82]
- 단위 엽면적당 광합성 능력은 생육 시기 중 분얼기에 최고로 높다. [84]
- 벼 개체군의 광합성 능력이 최고가 되는 시기는 유수분화기이다. [85]
- 개체군 광합성량이 가장 높은 시기는 유수분화기이다. [512]
- 개체군의 광합성은 유수분화기(최고 분얼기에서 수잉기 사이)에 가장 높으며, 개체군의 엽면적 지수는 최고 분얼기 이후(출수 10일 전)에 최대가 된다. [82]
- 1개체당 호흡은 출수기경에 최고가 된다. [84]
- 출수기 이후에는 하위엽이 고사하여 엽면적이 점차 감소하고 잎이 노화되어 포장의 광합성량이 떨어진다. [84]

4.2.4 증산작용과 요수량

1 증산작용

벼는 흡수한 물의 약 1%만 광합성 등의 대사작용에 이용하고, 나머지는 기공 등을 통하여 대기 중으로 배출하는데, 이를 증산작용이라 한다. 대기 중으로 배출한다니 어찌 보면 쓸데없이 수분을 흡수하는 것 같이 생각하겠지만, 증산작용은 아래와 같은 중요 작용을 한다.

(1) 체온의 조절

Sempervivm alpinum이라고 하는 비교적 증산량이 적은 식물은 기온이 31℃일 때 엽온은 49.3℃ 까지 올라간다고 하는데, 벼는 엽온이 24~25℃에 그칠 정도로 증산작용이 왕성하다. 시험에 나오 지는 않겠지만 재미로 증산열을 계산해 보자. 쾌청한 날에는 1일 1cm^{2}당 500~600cal의 일사에너 지가 쬐인다. 만일 1일 500cal의 일사를 받았다고 하면 20%는 수면에 직접 쬐이고, 20%는 잎표면 에서 반사되고, 나머지 60%가 잎에 흡수되므로 500cal×0.6=300cal가 된다. 그 중 4%만이 광합성 에 이용되고 나머지 96%는 열에너지로 변하므로 288cal가 열에너지로 되는 것이다. 1cm^{3}의 물을 1℃ 올리기 위한 열량이 1cal이므로 1cm^{3}당 288cal의 열에너지가 가해진다면 잎의 온도는 얼마가 되나요?

(2) 양분흡수의 촉진

증산작용으로 잎 속의 수분이 외계로 방출되면 잎 세포의 수분이 적어지면서 세포액의 확산 압차가 커져 잎의 흡수력이 증대하고, 이것이 뿌리의 흡수를 촉진시키는 힘이 된다. 양분은 물과 함께 흡수된다.

2 요수량

벼의 요수량은 다른 작물에 비하여 많지 않으며, 밭벼(350g)가 논벼(250g)보다 오히려 많다. 생육시기별 증산량을 보면 모내기 직후에는 뿌리가 물을 잘 흡수하지 못하므로 증산할 물이 부족하 다. 따라서 물을 깊게 대어 증산작용을 감소시켜야 뿌리가 활착할 수 있다.

4.3 벼의 일생

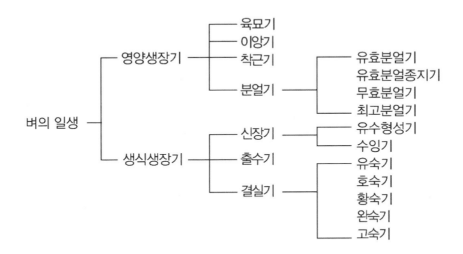

  벼의 일생에서 언급하는 내용은 이미 앞에서 설명된 것이다. 여기서는 앞의 내용들을 최대한 간략히 묶어 전체 그림을 보여주기 위한 목적을 가지고 있다. 벼는 1년생 작물로 종자가 발아하여 새 종자를 만들어 성숙하기까지는 품종과 재배환경에 따라 다르나 짧은 품종은 120일, 긴 품종은 180일 이상, 보통 품종은 150일 정도가 필요하다. 벼의 생육 기간은 아래의 표와 같이 연속되는 두 개의 단계인 영양생장기와 생식생장기로 대별된다. 영양생장기는 광합성에 의해 생성된 탄수화물을 주된 양분으로 하여 식물체의 잎, 줄기, 뿌리 등 영양기관이 양적으로 증가하는 기간이며, 이 기간의 두드러진 생장의 특징은 분얼의 증가이다. 생식생장기는 주로 다음 세대인 종속의 번식을 위한 질적인 완성기로, 이 기간의 가장 두드러진 생육의 특징은 유수(幼穗)의 발육과 종실의 생장이다. 이들 두 개의 생육단계는 아래의 그림처럼 유수분화기를 경계로 구분된다.

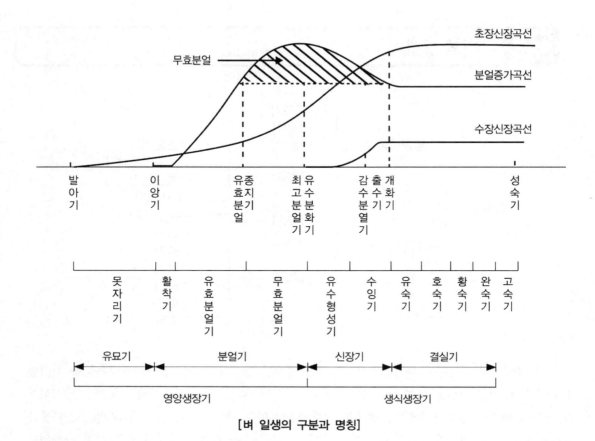

초장신장곡선

무효분얼

분얼증가곡선

수장신장곡선

| 발아기 | 이앙기 | 유효지분얼 종기 | 최고분얼기 | 유수분화기 | 감수분열기 | 출수기 | 개화기 | 성숙기 |

| 못자리기 | 활착기 | 유효분얼기 | 무효분얼기 | 유수형성기 | 수잉기 | 유숙기 | 호숙기 | 황숙기 | 완숙기 | 고숙기 |

유묘기 ◄──► 분얼기 ◄──► 신장기 ◄──► 결실기

영양생장기 ◄──────────► 생식생장기

[벼 일생의 구분과 명칭]

그림에서 보듯이 종자가 발아한 후 일정한 간격을 두고 잎과 뿌리 및 줄기가 나와 자라고 분얼이 왕성하게 증가하는데, 분얼수가 최고에 달했다가 감소하기 시작하면서 줄기 밑 부분에서 유수가 분화하기 시작한다. 유수가 분화하기 직전까지를 영양생장기라고 한다. 그 후부터 유수는 점진적으로 신장하면서 영화가 분화, 발육하고 드디어 유수가 출수하면서 수분과 수정을 거쳐 자방이 비대하고 성숙하게 된다. 이 기간을 생식생장기라고 한다. 한편 생식생장기는 다시 출수 전과 출수 후로 나눈다. 출수 전은 유수발육기(유수형성기와 수잉기)로 수량용량, 즉 수량의 잠재적 크기가 결정되는 시기이며, 출수 후는 최종 수량인 전분의 양을 용기 속에 채워 종실의 무게가 결정되는 등숙기간이다.

4.3.1 영양생장기

영양생장기는 다시 기본영양생장기와 가소영양생장기로 세분할 수 있다. 기본영양생장기는 질적 발육을 위한 최소한의 생장기로 환경조건에 크게 좌우되지 않는 유년기이다. 기본영양생장기간은 온대 자포니카 등 고위도 지방의 벼는 짧고, 인디카 등 저위도 지방의 벼는 길다. 가소영양생장기는 환경조건, 특히 온도와 일장에 따라 변하는 가변적 생육기간으로 고온, 단일조건에서 짧아지고, 저온, 장일조건에서 길어진다.

영양생장기는 유묘기와 분얼기로 나누며, 분얼기는 이를 다시 활착기, 유효분얼기, 무효분얼기로 구분하는데, 이를 세부적으로 알아본다.

1 유묘기(육묘기, 못자리기)

이앙재배를 하려면 모를 기르는 육묘기간이 있어야 한다. 기계 이앙 육묘기간은 어린모가 8~10일, 치묘(稚 어릴 치, 苗)가 20일, 중모가 30일이다. 손 이앙 시의 성묘 육묘기간은 35~45일이 소요된다. 유묘기에 나온 분얼은 아주 강한 것을 제외하고는 이앙 후에 죽는다.

2 활착기(이앙기 및 착근기)

모의 활착기간은 모의 소질, 이앙기의 기상 조건, 이앙작업의 정밀도 등의 영향을 받는데, 대체로 3~6일 정도 걸린다. 이 기간에는 분얼이 출현하지 않는다.

3 분얼기

활착 후에는 분얼이 시작되면서 일정한 시기까지는 급속도로 증가한다. 그 다음에는 늦게 나온 분얼은 죽기 때문에 분얼수는 감소하여 출수기에는 마지막 이삭수로 고정된다. 이 과정에서 포기당 또는 m²당 분얼수가 가장 많은 수에 도달했을 때를 최고 분얼기라고 한다. 최고 분얼기는 동일한 경종법으로 재배할 때 품종의 조, 만성에 관계없이 동일한 시기에 도달하는데, 조기, 조식 재배는 40일, 만기 재배는 30일 경에 온다. 분얼수가 최종 이삭수와 일치된 시기를 유효분얼종지기라고 하는데, 이 시기는 대체로 최고 분얼기보다 약 15일 전에 온다. 유효분얼종지기 이후에 나온 분얼이 모두 무효하다는 의미는 아니다. 그러나 늦게 출현한 분얼은 독립해서 생육할 수 없는 어린 가지이므로 이삭이 형성될 수 있는 시간적 여유가 없어 최고 분얼기 이후에 대부분 죽고 만다. 이렇게 이삭을 맺지 못하는 분얼을 무효분얼이라 하고, 이삭을 맺는 분얼을 유효분얼이라 한다. 따라서 유효분얼은 이앙 후 일찍 출현한 분얼일수록, 분얼 절위는 하위절일수록, 분얼 차위는 저차위일수록 유효화하기 쉽다. 최고 분얼수에 대한 유효분얼수의 백분율(유효분얼수/최고 분얼수)을 유효경비율이라고 한다. 분얼수 및 유효경비율은 품종, 환경 및 재배조건에 따라 달라지는데, 질소질 비료를 많이 주거나 밀식하여 최고 분얼수가 많아지면 무효분얼수가 많아져 유효경비율은 낮아진다. 일반적으로 최고 분얼기에 4매의 잎이 달린 분얼은 유효분얼이 되므로 최고 분얼기 15일 이전에 발생한 분얼은 유효분얼이 된다.

- 생육기간은 품종과 재배환경에 따라 다르나 짧은 품종은 120일 정도이고, 긴 품종은 180일 이상이다. [64]
- 영양생장기는 발아에서 유수분화기 직전까지의 기간이다. [88]
- 광합성에 의해 생성된 탄수화물은 영양생장기의 주된 양분이다. [88]
- 영양생장기란 발아로부터 유수분화기 직전까지의 기간으로 주로 잎, 줄기, 뿌리 등 영양기관이 형성되는 시기를 일컫는다. [89]
- 기본 영양 생장기간은 환경조건에 의해 크게 달라지지 않는다. [88]
- 기본 영양 생장기간은 온대 자포니카 등 고위도 지방의 벼는 짧고, 인디카 등 저위도 지방의 벼는 길다. [88]
- 고온·단일 조건에서 가소영양생장기는 짧아진다. [65]
- 최고 분얼기란 분얼수가 가장 많은 시기를 이르는 것으로 무효분얼 종지기보다 앞서 온다. [89]

4.3.2 생식생장기

벼의 생식기관이 형성되고 발육하여 쌀알이 만들어지는 생식생장기는 유수분화기 이후부터 성숙기까지의 기간이다. 즉, 유수 및 화기가 형성되고 발달하는 수잉기를 지나고, 출수, 개화, 수정을 거쳐 씨방이 발달하고 종실이 완성되기까지의 기간이다. 영양생장에서 생식생장으로 전환되면 줄기 끝의 생장점에서는 잎 대신 유수의 세포가 분화하여 자라는 한편, 줄기의 상위 절간이 신장하여 키가 커진다. 유수분화 이후 출수기까지는 영양생장과 생식생장이 함께 일어나며, 출수 후부터는 영양생장은 없고 생식생장만 일어난다. 따라서 출수 후에는 활동하는 잎과 뿌리의 수는 노화로 감소하며 양분 흡수도 저하한다. 아래는 생식생장기를 구분하여 설명한 것이다.

1 신장기

유수발육기가 되면 줄기 기부에 있던 절간이 신장하기 시작하여 출수기까지는 상위로부터 4~5절간이 급신장하여 간장이 결정된다. 그리고 이 시기는 Chapter 4의 1 중에서 "잎의 생장과 기능"에서 언급한 바와 같이 출엽 속도가 달라지는 시기이다. 즉, 영양생장기에 4~5일이 걸리던 것이 7~8일로 길어진다. 신장기는 다시 유수형성기와 수잉기(줄기 속에 이삭이 배어 불룩하게 보임)로 구분하는데, 유수형성기는 유수분화기로부터 감수분열기까지이며, 수잉기는 감수분열 시기(출수 10~12일 전)부터 출수 직전까지이다. 유수분화기는 일명 수수(穗首)분화기라고도 하며, 출수 전 32~30일경이고, 1, 2차 지경분화기는 출수 전 29~25일로서 이 시기에 벼꽃(영화)이 착생하는 위치가 결정된다. 영화(穎花)분화기는 출수 전 24~16일이며, 영화분화 전기인 출수 전 24일에는 유수의 길이가 1.0~1.5mm 정도로 자라서 육안관찰이 가능하다. 이 시기가 이삭거름(수비)을 주는 시기로 이때 비료를 주면 1, 2차 지경에 영화가 많이 착생하여 벼알수를 충분히 확보하게 된다. 영화분화기가 끝나면 유수는 급신장하여 약 7~10일 후에 전장에 달하게 되면서 화분과 배낭모세포가 감수분열을 하게 된다. 감수분열 시기에는 유수의 신장이 완료되고, 영화수도 완전히 결정되며, 내영과 외영의 크기도 완성된다. 이 시기(감수분열기, 넓게는 수잉기)는 냉해, 한해, 영양 부족, 일사량 부족 등의 외계환경에 가장 민감한 시기이다.

2 출수기

이삭이 지엽의 잎집 속에서 나오는 시기를 출수기라고 한다. 출수한 이삭은 당일 또는 다음날에 개화하므로 출수와 개화는 같은 뜻으로 생각할 수 있다. 출수상태를 구분하기 위하여 출수시, 출수기 및 수전기라는 용어를 사용하는데, 전체 이삭의 10~20% 정도가 출수한 때를 출수시(出穗始), 40~50% 출수한 때를 출수기(出穗期), 80~90% 출수한 때를 수전기(穗揃 자를 전, 期)라고 한다. 출수시부터 수전기까지를 출수기간이라고 하는데, 1포기당 이삭수가 적은 경우에는 짧고 많은 경우에는 길며, 고온 하에서는 짧고 저온 하에서는 길어진다. 한 포기의 이삭이 모두 출수하는 데는 7일, 한 포장에서 이삭이 모두 출수하는 데는 10~14일 정도 걸린다.

3 결실기

개화하여 수분이 끝나면 4~5시간 내에 수정이 완료되며, 이후에는 종실이 비대, 성숙하는 결실기(또는 등숙기)를 맞게 된다. 결실 과정은 유숙기(乳 젖 유, 熟 익을 숙, 期), 호숙기(糊 풀 호, 熟期), 황숙기(黃熟期), 완숙기(完熟期) 및 고숙기(枯 마를 고, 熟期)로 나눈다. 유숙기는 종실의 내용물이 백색의 젖처럼 보이는 시기이고, 호숙기는 유숙기와 황숙기 사이의 시기로 수분이 감소되어 풀처럼 보이는 시기이다. 수정 후 10일경부터 현미의 중심부가 굳기 시작하여 수정 후 20일이 지나면 투명한 부분이 커지는데, 황숙기는 현미 전체가 투명하게 된 수정 후 30일경을 말한다. 수확 적기가 지난 종실을 고숙기라고 부른다. 벼의 결실기간은 30~55일이 소요되며, 온도가 높으면 빨라지고 낮으면 길어진다.

- 생식생장기는 벼의 생식기관이 형성되고 발육하여 쌀알이 만들어지는 시기이다. [89]
- 벼의 생식생장기에 해당하는 생육단계에는 신장기와 수잉기가 포함된다. [89]
- 출수 10~12일 전부터 출수 직전까지를 수잉기라고 한다. [65]
- 벼의 생육시기를 순서대로 바르게 나열한 것 : 수잉기 → 출수시 → 수전기 [88]
- 출수기란 총 줄기수의 40~50%가 출수하는 때를 말한다. [89]
- 출수기간은 1포기당 이삭수가 적은 경우에는 짧고, 많으면 길다. [64]
- 결실기 중 호숙기란 유숙기와 황숙기 사이의 시기를 말한다. [89]

4.3.3 유수분화기와 최고 분얼기와의 관계

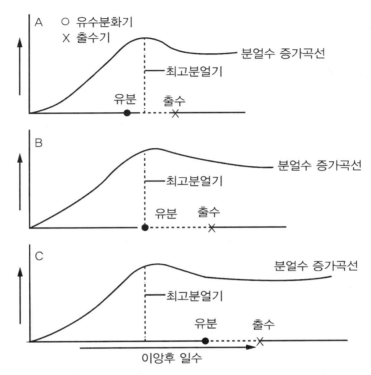

[벼 품종(조·만성)의 유수분화기와 최고 분얼기와의 관계]

생육기간의 차이(조생종은 짧고 만생종은 길다)는 영양생장기간의 차이에 의해 결정된다. 즉, 어느 품종이든 생식생장기간은 거의 동일하다. 숙기가 빠른 조생종은 생식생장기간이 짧은 것이 아니라 영양생장기간이 짧은 것이므로, 조생종은 최고 분얼기 전에 유수가 분화한다(그림 A). 말을 바꾸면 조생종은 유수분화가 시작된 후에도 분얼의 발생이 계속된다. 그런데 이런 현상은 조생종에만 있는 것이 아니라 생식생장기간이 길어지는 다배 재배나 한랭지 재배에서도 발생한다. 그래서 때로는 늦게 나온 이삭이 있어 출수가 고르지 못한 경우가 있다. 숙기가 늦은 만생종은 영양생장기간이 길어서 유수분화기 전에 최고 분얼기가 오게 된다(C). 이와 같은 최고 분얼기에서 유수분화기까지의 기간을 영양생장정체기라고 부르며, 이삭거름을 안심하고 줄 수 있는 경우는 후자(C)인 최고 분얼기 이후에 유수분화가 오는 경우이다.

- 조생종을 다배 재배하거나 한랭지에서 재배할 경우에는 유수분화가 시작된 후에도 분얼의 발생이 계속된다. [37]

4.4 수량 및 수량 구성 요소

4.4.1 수량

1 수량과 수확지수

우리나라에서는 벼의 수량을 백미로, 일본은 현미로 나타내지만, 세계적으로는 벼(정조)의 중량으로 나타낸다. 벼 수량의 성립 기구를 해석하는 데는 다음의 식이 사용된다.

> 수확지수(harvest index, HI)=경제적 수량/생물적 수량
> =건조벼수량/전건물수량, 건조벼수량=전건물수량×수확지수

이 식에서 보듯이 벼의 수량은 전건물수량이 크고, 수확지수가 클수록 증가한다. 그런데 전건물수량이 커지면 수확지수는 감소한다. 이것은 벼만이 아니라 다른 곡식작물에서도 같은 경향을 보인다. 따라서 벼의 수량을 높이는 일은 단위 토지면적당 전건물수량과 수확지수를 동시에 증가시켜야만 된다. 그런데 전건물수량은 개체군의 광합성 속도에 의해 결정되는 것이므로, 신품종은 보다 높은 개체군 광합성 속도를 지닌 것이어야 한다. 개체군 광합성 속도가 높은 품종도 재배기술과 재배환경에 영향을 받으며 일반적인 전건물수량은 10~18ton/ha 정도이다. 한편 전체 지상부 건물중에서 실제로 먹을 수 있는 부위가 차지하는 비율을 의미하는 수확지수는 장간종의 경우는 0.3 정도이고, 개량된 내비성의 단간종에서는 0.5 정도이다. 수확지수를 대신해서 볏짚에 대한 벼수량의 비율, 즉 조/고(租/藁) 비율을 사용하기도 하는데, 장간종에서는 약 0.5이고, 다수성인 단간종에서는 약 1.0이며, 단간수중형인 통일형 품종은 1.2~1.3이다. 즉, 조고비율이 큰 품종은 수확지수도 크다.

2 수량의 사정

가장 정확한 수량의 사정을 위해서는 전수조사가 최선이나, 현실적으로 불가능하므로 표본을 선정하여 조사한다. 표본추출법은 통계적 방법에 따르며, 아래에서 설명하는 수량 구성 요소의 조사법은 평뜨기법, 입수계산법 또는 달관법을 따른다.

- 수확지수란 전체 지상부 건물중에서 실제로 먹을 수 있는 부위가 차지하는 비율이다. [97]
- 장간종은 단간종보다 수확지수가 낮다. [97]
- 온대 자포니카 품종들은 조고비율이 0.5(재래종인 장간종)~1.0(개량종) 범위에 있다. 단간수중형인 통일형 품종의 조고비율은 1.2~1.3이다. [97]
- 조고비율이 큰 품종은 수확지수도 크다. [97]

4.4.2 수량 구성 요소

1 수량 구성 4요소

벼의 단위면적당 현미수량은 단위면적당 이삭수, 1이삭당 입수, 등숙 비율, 1립중의 적으로 이루어지며, 이들을 수량 구성 요소라 부른다. 단위면적당 이삭수는 포장에서 평균치에 가까운 20~30 포기를 선정한 다음 각 포기의 이삭수를 세어 평균 이삭수를 산출하고, 이것을 단위면적당 포기수로 곱하여 나타낸다. 우리나라의 포기당 이삭수는 대체로 15~20개이며, m²당 평균 이삭수는 400~500개이다. 1이삭당 입수는 평균 이삭수를 가진 대표되는 포기의 전체 입수를 세고, 이것을 이삭수로 나누어 구한다. 온대 자포니카 품종의 경우 1이삭당 입수는 80~100립이다. 등숙비율은 대표되는 포기의 전체 벼알을 건조하여 비중 1.06(찰벼는 1.02)액에 담그어 가라앉은 벼알수를 전체 벼알수로 나누어 구한다. 즉, 등숙비율이란 이삭에 달린 전체 벼알 중에서 완전히 여물어 상품가치가 있는 벼알이 된 것의 비율로 대체로 80% 정도이다. 현미 1립중은 완전히 여문 현미의 무게로, 메벼 품종의 경우에는 1.06 비중선으로 가라앉은 벼알의 평균 1알의 현미중인데, 일반으로 1,000립중을 단위로 산출 사용하며, 국내 장려품종의 천립중은 현미 18~25g, 백미 17~24g이다.

2 수량 구성 요소의 변이계수

수량 구성 요소의 연차 변이계수를 보면 이삭수는 12%, 1수 영화수는 최장간경의 이삭에서는 13.1%, 중간경의 이삭에서는 6.5% 정도이다. 등숙비율은 최장간경의 경우는 6.8%, 중간경의 경우는 6.5% 정도이다. 현미의 천립중은 3.3%이고, 4요소의 적으로 산출되는 수량은 14.1%이다. 즉, 수량에 강한 영향력을 미치는 구성 요소의 순위는 이삭수, 1수 영화수, 등숙비율, 천립중의 순이다. 그러나 이들 수량 구성 4요소는 상호 유기적인 관련성이 있기 때문에 먼저 형성되는 요소가 과다하면 뒤에 형성되는 요소는 적어지고, 반대로 먼저 형성되는 요소가 적으면 나중에 형성되는 요소가 커지는 상보성을 나타내어 매년의 수량은 비교적 일정하다. 이 현상을 좀 더 구체적으로 살펴보면 이삭수의 증가 시 1수 영화수는 적어지고, 단위면적당 영화수의 증가 시 등숙비율은 낮아지며, 등숙비율이 낮으면 천립중은 증가한다. 따라서 벼의 수량을 높이려면 4요소 중 어느 요소를 향상시키는 것이 가장 효과적인가를 결정하여, 이에 알맞은 품종 선택과 비배 관리가 필요해진다. 이삭수를 많이 확보하려면 수수(穗數)형 품종을 선택하고, 밀식으로 재식 밀도를 높이며, 조식(早 이를 조, 植), 천식(淺 얕을 천 植) 및 밑거름과 분얼비의 다량 사용 등으로 분얼 발생을 조장하는 조치가 필요하다. 1수 영화수를 증가시키기 위해서는 단간수중(短稈穗重)형 품종의 선택, 이삭거름의 시용이 효과적이다. 등숙비율의 향상을 위해서는 이삭수와 1수 영화수를 조절하여 적당한 영화수를 확보하고, 안전등숙한계출수기 이전에 출수되도록 적기의 모내기가 가장 중요하며, 무효분얼의 발생 억제 및 알거름의 시비를 통한 입중의 증가도 필요하다. 다수확을 위하여 영화수를 많이 확보하고자 하는 경우라도 등숙비율은 75~80% 정도는 유지되어야 한다. 등숙비율이 이보다 낮으면 영화수가 과다하다는 뜻이다. 등숙비율을 향상시키기 위해서는 안전등숙한계출수기 이전에 출수하도록 적기에 모내기를 하여야 한다.

- 벼의 수량 구성 요소는 단위면적당 이삭수, 1수영화수, 등숙비율, 1립중으로 구성되어 있다. [23]
- 벼의 수량 구성 4요소는 단위면적당 이삭수, 이삭당 영화수, 등숙비율, 낟알무게이다. [73]
- 포기당 이삭수는 대체로 15~20개이다. [96]
- 온대 자포니카 품종의 1수영화수는 대체로 80~100립이다. [94]
- 1수영화수는 80~100립이다. [96]
- 등숙비율은 대체로 80% 정도이다. [96]
- 우리나라 주요 벼 재배품종의 천립중은 백미로 17~24g이다. [94]
- 1립중을 백미의 천립중으로 표시할 때 17~24g이다. [96]
- 등숙비율의 연차 변이계수는 이삭수의 연차 변이계수보다 작다. [90]
- 수량에 강한 영향력을 미치는 구성 요소의 순위는 이삭수, 1수영화수, 등숙비율, 천립중 순이다. [90]
- 단위면적당 수수가 많아지면 1수영화수는 적어지기 쉽다. [95]
- 1수영화수가 많아지면 등숙률이 낮아지는 경향이 있다. [95]
- 많은 이삭수를 확보하기 위해서는 재식 밀도를 높이거나 분얼 발생을 조장하는 조치가 필요하다. [90]
- 등숙비율을 향상시키기 위해서는 안전등숙한계출수기 이전에 출수하도록 적기에 모내기를 한다. [90]

4.4.3 수량의 형성 과정

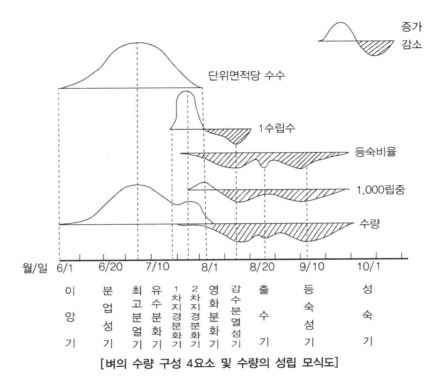

[벼의 수량 구성 4요소 및 수량의 성립 모식도]

위의 그림은 벼의 수량 구성 요소가 어느 시기에 적극적으로 증가되고, 어느 시기에 퇴화하여 수량이 얼마나 형성되는지를 보여주는 그림으로, 여기서 산 높이는 높을수록 수량 증가에 유리함을 의미하며, 사선의 깊이는 깊을수록 불리함을 의미한다.

1 이삭수

단위면적당 이삭수는 묘의 조건 및 재식 밀도에 의해서도 어느 정도 잠재적인 영향을 받지만, 대부분은 모내기 후의 환경에 지배된다. 특히 이삭수는 분얼 성기에 강한 영향을 받으며, 영화분화기(최고 분얼기 후 7~10일)가 지나면 거의 영향을 받지 않는다.

2 1수 영화수

이삭에 달리는 영화수는 세포가 분화된 영화수(산 부분)와 퇴화된 영화수(사선 부분)의 차이에 의해서 결정된다. 즉, 영화수의 증가는 제1차 지경 분화기부터 영향을 받기 시작하고, 제2차 지경 분화기에 가장 강하게 영향을 받으며, 영화분화기 이후에는 거의 영향이 없다. 한편 분화된 영화의 퇴화는 감수분열기 성기에 가장 많고, 출수 전 5일(감수분열 종기) 이후에는 퇴화가 없어 영화수가 결정된다.

3 등숙비율

등숙비율이란 이삭에 달린 영화 중에서 정상적으로 결실한 영화의 비율이다. 정상적으로 결실하지 못하는 불등숙립은 불수정립이거나 수정 후에 발육이 정지된 영화이다. 등숙비율은 산이 없고 사선부분으로만 표시되어 있는데, 이것은 '등숙비율이란 아무리 높아도 100%를 넘을 수는 없다'는 의미이다. 즉, 등숙비율의 조작으로 수량을 증가시킬 수는 없고, 퇴화방지책만이 있음을 뜻한다. 등숙비율은 유수분화기로부터 영향을 받기 시작하여, 감수분열기, 출수기 및 등숙성기에 가장 저하되기 쉬우며, 출수 후 35일이 경과하면 영향이 없다.

4 입중

입중은 출수 전 왕겨의 크기에 의하여 1차적으로 규제되고, 출수 후 왕겨 속에 어느 정도 충실하게 동화 산물이 채워지느냐에 따라 2차적으로 규제된다. 따라서 왕겨가 작게 형성되면 출수 후의 환경이 아무리 좋아도 현미는 왕겨의 기계적 제약으로 더 클 수가 없고, 줄 곳이 없는 벼도 앞에서 설명한 "수용기관 - 공급기관의 관계"이론에 따라 광합성을 열심히 하지 않는다. 여러분도 100점을 맞겠다는 생각을 해야 머리가 협조를 해줍니다. 90점만 맞겠다면 기억을 열심히 할 이유가 없지요. 제2차 지경 분화기부터 영화분화기 및 감수분열 전기에 걸쳐 환경을 좋게 하여 왕겨를 키울 수 있는 시기가 있지만, 그 후에는 결정된 왕겨의 크기 속에 어느 정도 현미를 채우는 작용만 있고, 적극적으로 수량을 증대시킬 수는 없다. 입중이 가장 감소되기 쉬운 시기는 감수분열 성기와 등숙성기이다.

5 수량

수량 구성 4요소를 합한 것이 수량이다. 위의 그림에서 위로 향한 산 높이는 수량을 적극적으로 증대시키는 영향의 정도이며, 아래로 향한 사선의 깊이는 수량을 감소시키는 힘이다. 수량곡선에서 위로 향한 산은 이삭수와 1수영화수 및 입중에서의 산 높이의 합인데, 이는 수량을 담을 그릇(용기)의 크기가 이 시기에 주로 결정된다는 것을 의미한다. 곡선을 좀 더 자세히 보면 산 부분은 모내기 후 급속히 증대되어 분얼 성기에 첫 번째 최고가 나타나고(분얼수 증가에 의한 수량 증가), 제1차 지경 분화기 다음에 두 번째 정점이 나타나며(1수영화수 증가에 의한 수량 증가), 영화분화기 이후에는 산이 없어진다. 즉, 수량을 적극적으로 증대시키는 힘은 영화분화기까지만 작용하므로, 최대 수량도 영화분화기에 결정된다. 영화분화기 이후에는 감소만 있으므로 감소를 줄이는 대책만이 있을 수 있다. 따라서 벼 재배에서는 영화분화기까지는 목표수량을 낼 수 있을 만한 벼의 생육을 확보해야 하고, 그 후에는 확보된 수량 형성 능력이 감소되지 않도록 노력하여야 한다.

- 이삭수는 분얼 성기에 강한 영향을 받으며, 영화분화기가 지나면 거의 영향을 받지 않는다. [93]
- 이삭수는 분얼 성기에 환경에 강한 영향을 받으며, 최고 분얼기 후 10일 이후는 거의 영향을 받지 않는다. [2020 7급]
- 이삭수는 분얼 성기에 가장 큰 영향을 받는다. [95]
- 이삭수는 최고 분얼기 후 7~10일이 지나면 거의 영향을 받지 않는다. [93]
- 이삭당 영화수는 제1차 지경분화기부터 영향을 받기 시작하고, 2차 지경분화기 때 가장 큰 영향을 받는다. [93]
- 퇴화영화수는 감수분열기를 중심으로 가장 퇴화하기 쉽다. [95]
- 분화된 영화는 출수 5일 전에 영화수가 결정된다. [93]
- 등숙률은 100%를 넘을 수 없다. [95]
- 등숙비율은 감수분열기, 출수기 및 등숙성기에 저하되기 쉽다. [94]
- 등숙비율은 유수분화기부터 영향을 받기 시작하여 출수 후 35일을 경과하면 거의 영향을 받지 않는다. [93]
- 등숙비율은 출수 후 35일경이면 거의 결정된다. [93]
- 등숙률은 출수기 후 35일을 지나면 영향이 없다. [95]
- 벼의 생육기간 중 등숙률 결정에 영향을 주는 시기로 가장 적합한 것 : 유수분화기부터 출수 후 35일 경까지 [94]
- 입중이 가장 감소되기 쉬운 시기는 감수분열 성기와 등숙성기이다. [93]
- 입중이 가장 크게 감소되는 시기는 감수분열 성기와 등숙성기이다. [94]
- 현미의 천립중이 가장 감소되기 쉬운 시기는 감수분열 성기와 등숙성기이다. [95]

4.4.4 쌀 다수확 기록

우리나라의 다수확 최고 기록은 1,006kg/10a이며, 전 세계적으로도 1000~1100kg/10a의 범위에 있다. 1,000kg/10a 정도의 쌀 수량은 광합성 에너지 전환효율로 보아 약 3% 정도인데, 현재 일반 농가의 에너지 효율은 1.6~2.0% 수준이다. 그런데 이론적 최고 광합성 효율은 14~24%로 연구되어 있으므로 증산잠재력은 상당하다.

4.5 물질생산적 수량의 생성 과정

우리는 앞 4.3.3에서 수량의 형성 과정을 4요소의 형태적 요인으로 분해하여 해석하였다. 여기서는 물질생산적인 견해를 가하여 수량 형성 과정을 살펴본다. 즉, 수량 형성 과정을 1) 수량의 용기인 capacity의 결정, 2) 내용물의 생산체제 확립, 3) 내용물의 생산, 4) 내용물을 이삭으로 전류와 같은 4과정으로 나누어 해석하겠다는 뜻이다. '요리보고 조리보자'는 뜻이지요! 이 방법은 수량의 한정 요인을 생리적으로 해석할 때 매우 유효하다.

4.5.1 수량의 용기인 capacity의 결정

1 수량 capacity의 구성

벼의 수량 capacity는 '단위면적당 이삭수×1이삭당 영화수×내·외영의 용적'으로 계산된다. 앞의 2요인은 그 적이 단위면적당 영화수이므로 수량 capacity의 구성에 들어가는 것이 쉽게 이해될 것이나, "내·외영의 용적"이 관여하는 것은 생소할 수 있어 이를 설명해 보고자 한다. 벼알의 내·외영은 오른쪽의 그림처럼 매우 견고한 조직으로 양자가 맞물려 용기가 된다. 그런데 내·외영은 2차 지경 분화기부터 수잉기까지에 걸쳐 거의 생장이 끝나므로 영화의 급속한 발육기(출수 전 1~2주간)에 질소나 일사량이 부족하여 작은 용기의 내·외영이 만들어진다면 그후 광합성 산물을 아무리 많이 공급해도 현미의 발육은 기계적으

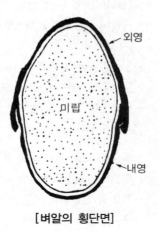

[벼알의 횡단면]

로 제한된다. 따라서 수량 capacity의 구성에서 "내·외영의 용적"도 중요하다는 것이다. 한편 capacity 결정 요인의 시기는 다음과 같다. 단위면적당 이삭수는 분얼기에서부터 최고 분얼기경까지(이앙 후 약 35일), 1이삭당 영화수는 지경분화기로부터 영화분화기까지, 내·외영의 용적은 2차 지경 분화기로부터 수잉기까지 결정된다. 따라서 수량 capacity의 큰 테두리는 이앙 후부터 출수 1주일 전의 기간에 결정된다고 볼 수 있다.

2 수량 capacity의 결정 요인

앞에서 수량 capacity 구성 요소와 각 요소의 결정 시기를 알아보았는데, 여기서는 구성 요소의

결정 요인을 알아본다. 단위면적당 이삭수는 최고경수와 무효분얼수와의 차에 의해서 결정된다. 최고경수는 질소공급량이 가장 큰 영향을 미치며 재식 밀도의 영향도 상당하다. 기상 요인으로는 분얼 초기의 낮 온도는 높고, 밤 온도는 낮은 편이 좋다. 한편 무효분얼의 발생을 방지하는 데는 최고 분얼기를 전후하여 일사량은 높을수록 좋고, 온도는 비교적 낮은 편이 좋다. 따라서 단위면적당 이삭수는 결국 밑거름인 질소시비량과 이앙 후 40일간의 일사량이 가장 크게 영향을 미친다. 1이삭당 영화수는 영화의 분화수와 퇴화수와의 차에 의해 결정된다. 전자에 대하여는 1·2차 지경 분화기 및 영화분화기초의 질소 공급이 가장 중요하고, 후자에 대하여는 영화분화기 및 감수분열기의 일사량이 중요하다. 결국 1이삭당 영화수는 질소와 일사량의 양자에 의존하는 것이 된다. 내·외영의 크기도 2차 지경분화기부터 수잉기까지 질소와 일사량의 양자에 의존한다. 따라서 수량 capacity의 결정에는 밑거름 및 이삭거름(수비)으로서의 질소시비량과 이앙 후 약 40일간의 일사량이 가장 크게 영향을 미친다고 결론지을 수 있다. 물질 수용 능력을 결정하는 요인으로서의 질소시비량은 출수 전 1주일까지 시용한 양을 말한다.

4.5.2 내용물의 생산체제 확립

이상적인 생산체제란 높은 광합성 능력을 가진 넓은 엽면적을 확보하고, 그 엽들이 능률이 높은 수광태세가 되도록 배치하는 것이다. 즉, 최적엽면적의 확보와 순동화율의 증대가 필요하다는 의미이다. 엽면적의 확대에는 밑거름의 질소시비량이 가장 큰 효과를 가지며, 재식 밀도의 증가 효과도 크다. 기상 요인에서는 기온의 효과가 압도적으로 크다. 한편 이상적인 수광태세의 확립을 위해서는 품종의 선택이 가장 중요하고, 밀식을 하면 잎이 직립화하므로 수광태세가 어느 정도 개선된다. 또한 지엽을 비롯한 상위엽의 발육 시기에 질소의 비효를 억제시켜도 수광태세가 어느 정도 개선된다.

4.5.3 내용물의 생산

1 출수 전 축적분과 출수 후 동화분

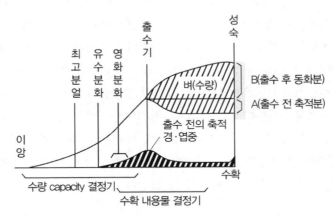

[벼 생육 경과와 수량의 결정]

수량 capacity가 거의 결정되고 내용물의 생산체계가 갖추어지면 내용물(탄수화물)의 생산이 시작된다. 수량의 내용물이 될 탄수화물은 2군데에서 유래한다. 그 중 하나는 위의 그림(A 부분)에서와 같이 출수 전에 엽초와 줄기에 전분 형태로 저장되었다가 출수 후에 이삭으로 전류되는 것으로 "출수 전 축적분"이라 부른다. 이 축적 탄수화물은 출수, 개화기에 영화에 공급하려고 출수 3주 전경부터 왕성히 이루어지고, 출수, 개화기에 최대가 되며, 출수, 개화 후에는 급격히 감소한다. 축적 탄수화물이 최종적으로 벼 수량에 기여하는 양은 20~40%라고 한다. 또 다른 하나는 출수 후의 광합성에 의해 새로 합성된 것으로 "출수 후 동화분"이라 부른다. 이 양은 벼수량의 70% 전후에 해당한다. 특히 출수 후 영양 조건이 좋아서 다수확이 되는 경우 출수 후 동화분은 80~90%에도 이른다고 한다. 조생종품이나 영양생장기간을 짧게 하는 재배법에서도 출수 후 동화분은 증가한다.

2 출수 전의 축적량과 내외 요인

출수 전에 축적이 이루어지는 이유는 다음과 같다. 출수기에 가까워진 벼의 경우 LAI는 이미 충분히 확보되어 광합성이 최고도에 달하고 있는데, 식물체는 생식생장기로 들어갔으므로 영양체(잎 등)의 생장은 감소하고, 유수의 생장은 아직 양적으로 미미하기 때문에 광합성 산물의 수지가 맞지 않게 된다. 즉, 생장이나 호흡으로 사용되고 남은 것이 축적되는 것이다. 따라서 이 축적을 늘리기 위해서는 첫째 일사량이 많아야 한다. 둘째는 영양생장이 자극되어 영양체가 과잉으로 생산되지 않아야 하는데, 그렇게 되기 위해서는 자극제인 질소를 흡수하지 못하게 해야 한다. 그러나 잎의 광합성 능력을 높이기 위해서는 소량의 질소를 지속적으로 흡수시킬 필요가 있다. 따라서 이 시기에는 질소 사용에 대한 미묘한 조절이 요구된다. 즉, 유수분화기경에 다량의 질소를 시용하면 아래의 표에서와 같이 LAI를 현저하게 증가시켜 과번무를 일으키고, 광합성과 호흡 사이에는 밸런스를 잃어 출수 전 축적분이 격감하므로 등숙비율의 저하를 가져오고, 절간신장의 촉진을 일으켜 도복이 발생하므로 수량은 반감한다. 등숙비율의 저하도 그 원인은 출수 전 전분축적의 감소에 있다고 생각된다.

[벼 수량과 수량 구성 요소 · 출수 전 LAI 및 전분 축적량에 미치는 질소 추비 효과]

질소 추비 시기	포기당 영화수	등숙비율 (%)	출수기		현미 수량 (g/포기)	동지수
			LAI	당+전분(%)		
분얼 성기	1,800	46	5.7	5.2	20.2	96
유수분화기	1,780	30	7.4	2.5	13.5	64
영화분화기	1,440	54	6.1	7.8	21.0	100
감수분열기	1,300	74	4.5	10.8	25.2	120
출수기	1,140	80	2.9	12.8	24.0	114

*질소시비량 : 15.1kg/10a.   (Matsushima, 1961.Wada, 1969)

출수 전 축적분의 감소가 등숙비율의 저하를 일으키는 이유는, 수정 직후의 벼알은 탄수화물 결핍에 아주 민감하여 조기에 발육이 정지되기 때문이다. 수정 직후에 탄수화물이 부족하면 벼알 상호 간의 경쟁이 일어나 약세영화의 대부분은 발육정지미나 불완전미가 되어 등숙비율을 떨어뜨린다. 이처럼 출수 전 축적분은 수량의 30%에 해당하는 수량의 내용물이 될 뿐만 아니라 조기발육 정지미를 방지하는 안전판 역할도 수행한다. 조기발육정지미는 훗날 기상이 좋아 탄수화물의 공급이 아무리 충분해도 정상미가 되지 못한다. 지금까지 질소시비로 출수 전 축적분을 증가시키는 방법을 이야기했는데, 재식 밀도를 높이는 것도 출수 전 축적분을 증가시키는 또 하나의 방법이다. 이 방법은 생육 초기의 엽면적 전개 속도를 높임과 동시에, 생식생장 초기에 토양에서 질소를 부족한 상태로 유도하여 영양체의 생장을 억제시킴으로써 출수 전 축적분을 상대적으로 증가시키는 방법이다.

🔳 출수 후 동화량 · 수량과 일사량

벼 수량에 대해서는 각종 기상 요인 중 일사량의 영향이 가장 크며, 특히 수량생산기(출수 전 3주간+출수 후 4주간)인 7주간의 일사량이 중요하다. 그러나 일사량을 인위적으로 증가시킬 수는 없는바, 실용적으로는 다음의 2가지를 활용하고 있다. 하나는 품종과 재배 시기를 결정함에 있어

"수량생산기"를 그 지역에서 일사량이 가장 많은 시기와 일치되도록 하는 것이다. 다른 하나의 방법은 등숙기 일사량의 고저에 맞추어 밑거름 및 가지거름의 양이나 재식 밀도를 달리하여 수량내용생산량에 맞도록 수량 capacity 중 단위면적당 영화수를 조절하는 것이다. 이것이 가능한 이유는 오른쪽의 그림에서 보듯이 일사량에 의해 수량내용생산량의 상한선이 정해지기 때문이다. 그림에서 일사량이 316이고, m²당 영화수가 3×10^4인 경우 생산량은 약 400 정도이나, 일사량이 88이고, 동일한 영화수에서의 생산량은 200 이하이므로. 영화수를 줄여 2×10^4 정도로 하면 200 이상의 생산량

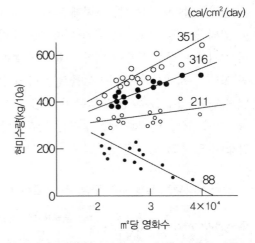

[등숙기 일사량으로 본 영화수와 수량과의 관계]

을 달성할 수 있다는 의미이다. 즉, 단위면적당 영화수를 늘려도 일사량만 높으면 증수가 가능하나, 일조량이 적을 때 단위면적당 영화수가 많으면 등숙비율의 저하로 현미수량은 낮아지므로 단위면적당 영화수를 줄여야 된다는 뜻이 된다.

4 출수 후 동화량·수량과 질소 및 물관리

출수 후에는 개체엽의 노화와 영양 조건 또는 토양 조건의 악화로 엽면적당 광합성 능력이 저하되고, LAI의 감소도 현저하다. 따라서 개체의 광합성 능력과 LAI를 어떻게 높게 유지시키느냐가 출수 후 동화량을 올려 수량을 증가시키는 요체가 된다. 질소는 광합성 능력을 높이는 데 매우 유효하며, 하위 엽의 조기 고사도 방지하므로, 수비(이삭거름)와 실비(알거름)가 이 역할을 수행할 수 있다. 따라서 풍부한 일사량만 제공된다면 수비와 실비는 필요하다. 개체의 광합성 능력과 LAI를 높게 유지하는 제2의 방법은 뿌리의 활성화를 위한 물관리이며, 물관리에는 지하배수, 중간물떼기, 물걸러대기의 3가지 방법이 있다. "지하

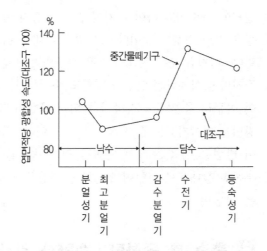

[중간물떼기가 광합성능력에 미치는 영향]

배수"는 토양에 산소를 공급하여 환원을 막고, 유해물질을 제거함으로써 뿌리의 활력을 높여 광합성 능력을 향상시키려는 것이다. "중간물떼기"도 지하배수와 동일한 효과가 인정되며(위의 그림 참조), 이 방법은 질소의 공급과 무효분얼의 발생 억제도 가져온다. 한편 유기물이 풍부한 비옥토에서

출수 후에도 질소의 무기화가 너무 심하다면 "물걸러대기"가 토양표층에 산소를 공급하여 탈질을 촉진시킬 수 있으므로 잎의 번무화를 방지하는데 유효하다. 이 밖에 남부 평야지대에서는 등숙기에 물흘려대기를 하여 지온을 내려줌으로써 뿌리 썩음을 막아 증수한 사례도 있다.

4.5.4 내용물을 이삭으로 전류

앞의 과정이 다 양호해도 벼알로의 동화물질 전류과정에 지장이 있으면 다수확은 실현되지 못한다. 동화물질의 전류는 자당의 형태로 사관을 통해 호흡에너지를 소비하면서 보내는 것이다. 기상요인 중 동화물질이 이삭으로 전류하는데 가장 큰 영향을 끼치는 것은 기온으로, 등숙 중 17℃ 이하에서는 동화 산물인 탄수화물이 이삭으로 옮겨지는 전류가 억제되며, 그보다 높은 온도에서는 온도가 높을수록 전류속도는 빨라진다. 그러나 지나친 고온에서는 전류될 물질이 호흡에너지로 소비되기 때문에, 실제 전류물질은 감소하는 결과가 된다. 결론적으로 출수 후 40일간의 평균기온 21~22℃가 전류의 적온이다. 지연형 냉해에 의한 감수의 대부분은 등숙기 저온에 의한 전류장해에 그 원인이 있다.

- 물질수용능력을 결정하는 요인들은 이앙 후부터 출수 전 1주일까지 질소시용량과 일조량에 큰 영향을 받는다. [91]
- 작물생산량 증대를 위한 조건 : 수량 구성 요소의 확보, 최적엽면적의 확보, 순동화율의 증대, 수확지수의 증가 [98]
- 출수 전 축적분은 출수 전 엽초와 줄기의 저장전분이 이삭으로 전류되어 축적된 것이다. [74]
- 출수 전 축적분은 출수 전 3주경부터 왕성하게 이루어지고 출수개화기에 최대가 되며 출수 후 급속히 감소한다. [74]
- 이삭에 축적되는 탄수화물의 20~30%는 출수 전에 줄기와 잎에 저장되었던 것이다. [72]
- 배유 전분의 약 30%는 출수 전 축적량이고, 나머지 70%는 출수 후 동화량이다. [73]
- 일반벼의 보통기 재배에서 출수 전 축적분이 이삭으로 전류되어 벼 수량에 기여하는 양은 대체로 20~40%의 범위에 있다. [74]
- 종실 수량은 출수 전 광합성 산물의 축적량과 출수 후 동화량에 영향을 받는다. [91]
- 유수분화기경에 다량의 질소를 시용하면 엽면적 지수를 현저히 증대시켜 출수 전 탄수화물 축적분을 감소시킬 수 있다. [74]
- 벼에서 수잉기의 과번무가 생장에 미치는 영향 중의 하나는 줄기에서 C/N율이 낮아진다. [2021, 지9, 1번]
- 일조량이 적을 때 단위면적당 영화수가 많으면 현미수량은 낮아진다. [91]
- 기상 요인 중 동화물질이 이삭으로 전류하는 데 가장 큰 영향을 끼치는 것은 기온이다. [73]
- 등숙 중 17 ℃ 이하에서는 동화 산물인 탄수화물이 이삭으로 옮겨지는 전류가 억제된다. [91]

CHAPTER 05 벼의 품종

5.1 벼의 분류

1 생태적 특성에 의한 분류

[재배 벼의 생태적 분화]

특성	온대 자포니카	열대 자포니카	인디카
식물체			
엽색	농녹색	담녹색	담녹색
분얼수	중간	적음	많음
분얼개도	폐쇄형	폐쇄형	개장형
초장	작다	크다	크다
식물조직	연함	단단함	연함
종실			
모양	단원형	대형	세장형
까락(芒)	개량종에는 없음	있음	없음
탈립 정도	어려움	어려움	쉬움
생리적 형질			
어린모 내냉성	강	중강	약
어린모 내건성	약	중강	강

2 재배조건에 의한 분류

(1) 논벼(수도)

(2) 밭벼(육도)

3 형태에 의한 분류

(1) 간장에 따른 분류

① 대도(大稻 벼 도), 중도, 소도, 왜도
② 장간(長稈 집 간) 벼, 단간 벼

(2) 종실의 길이에 따른 분류

① 세장립도 또는 협립도(狹 좁을 협 粒 쌀 립 稻, 종실의 길이가 너비의 3배 이상), 장립도(종실의 길이가 너비의 2배 이상), 단립도(우리 쌀의 현미 장폭비(長幅比) : 0.62~2.05)
② 단원형, 중간형, 세장형

(3) 종실의 크기에 따른 분류

① 대립도(大粒稻), 중립도, 소립도
② 우리 쌀의 천립중은 22~23g으로 소립도에 해당하며, 가공용 품종에는 천립중이 34.8g인 대립도도 있다.

(4) 까락에 따른 분류

① 유망도(有芒 까락 망 稻)
② 무망도

4 생육기간에 따른 분류

(1) 조생종
(2) 중생종
(3) 중만생종
(4) 만생종

5 구성 성분에 따른 분류

(1) 향기의 정도에 따라

① 상향미종(常香米種)
② 고향미종

(2) 쌀알 전분의 종류에 따라

① **메벼**(粳 메벼 갱 稻) : 아밀로스 8~37%(대부분은 13~32%)와 나머지는 아밀로펙틴으로 구성
② **찰벼**(糯 찰벼 나 稻) : 아밀로펙틴만으로 구성
③ **찰벼의 특징**
  – 찰기가 강하며 쌀알 내부까지 호화가 잘된다.
  – 아밀로펙틴은 구조상 α-아밀라아제의 작용이 용이하므로 소화가 잘된다.
  – 전분구조 내에 미세공극이 있어 빛이 난반사되므로 불투명한 유백색으로 보인다.
  – 매벼보다 비중이 낮으므로 수량이 메벼보다 작다.
  – 요오드 염색 시 찹쌀은 적갈색, 멥쌀은 청남색을 나타낸다.

6 과피색에 따른 분류

(1) 백색미종
(2) 유색미종 : 흑미, 적미 등

5.2 우리나라 벼 품종의 변천

5.2.1 벼 품종의 변천 과정

(1) 재래종 시대 : 1910년 이전까지의 시기

(2) 재래종 교체시대 : 1911~1920년까지의 시기

(3) 도입종 시대 : 1921~1935년까지의 시기

(4) 국내 육성종 시대 : 1936~1945년까지의 시기. 국내 최초로 남선 13호 개발

(5) 국내 육성종 및 도입종 병용시대 : 1946~1970년까지의 시기. 국내에서는 팔달, 팔굉 등이 개발

(6) 통일형 품종시대 : 1971~1980년까지의 시기. 주요 통일형 품종인 통일, 유신, 밀양 21 호, 밀양 23호 등이 보급

(7) 통일형 품종 쇠퇴시대 : 1981~1990년까지의 시기. 1978년부터 통일형 품종의 도열병 저항성이 약화되었고 1980년 심대한 냉해 피해를 입으면서 급격히 재배면적이 감소, 양 질미가 통일벼를 대체함

(8) 양질, 다용도 품종시대 : 1991~2000년까지의 시기. 통일벼는 1991년 4.1%로 격감한 이 래 1992년 이후에는 농가재배가 전무함. 한편 양질미와 다용도미가 아래와 같이 개발됨

① **취반용 양질미 조생종** : 오대벼, 운봉벼, 진부벼, 진미벼
② **취반용 양질미 중생종** : 일품벼, 화성벼, 장안벼
③ **취반용 양질미 중만생종** : 동진벼, 추정벼
④ **초다수성인 통일형 벼** : 다산벼, 남천벼, 안다벼, 아름벼
⑤ **용도별 품종** : 양조용인 양조벼, 직파용인 대안벼, 가공용 대립품종인 대립 1호, 향미품종인 향미 1호, 거대배미인 오봉벼

(9) 고품질 및 기능성 품종시대 : 2000년 말부터 정부 정책이 고품질 정책으로 바뀜. 2003 년 말부터는 각 시군별로 3종류의 고품질 품종만을 수매품으로 정해 고품질 쌀을 적극 장려함. 2004년에 선정된 고품질 쌀은 아래와 같음

① **조생종** : 상미벼, 오대벼, 중화벼
② **중생종** : 화성벼, 화봉벼, 화영벼, 수라벼
③ **만생종** : 일품벼, 남평벼, 신동진벼, 추정벼, 새추정벼, 대안벼, 동진 1호, 세계화벼, 동안벼, 주남벼, 일미벼

한편, 이 시기에는 기능성 품종으로 흑진주벼, 적진주벼, 흑남벼, 흑광벼 등의 유색미와 향미벼 1호와 2호, 미향벼, 흑향 등의 향미벼 그리고 고아미 1호와 2호 등의 비만억제용 품종이 개발됨

5.2.2 품종 육성현황 및 방법

우리나라 벼 품종은 국가 품종 목록에 등재되어 있으며, 국립종자관리소 홈페이지에서 확인할 수 있다. 한편 품종 육성방법은 아래와 같다.

1 순계 분리

① 육종을 위한 계획적인 교배과정을 거치지 않고 재래종 집단이나 육성품종 중에 있는 우수한 개체들을 선발하여 품종으로 만드는 방법으로, 벼의 "은방주"가 이 방법으로 육성되었다.

② 재래종은 오랜 세월 그 지역의 환경조건에 적응한 것이므로 환경적응력이 크다는 이점이 있다.

2 교배육종

(1) 의의

① 앞에서 설명한 분리육종은 재래집단 등 현존하는 품종에서 원하는 유전자형을 찾을 수 있을 때 사용한다. 그러나 현존하는 품종에서 찾을 수 없으면 교잡육종법을 사용하여야 한다.

② 교잡(교배)육종이란 교잡(cross)에 의해서 유전적 변이를 작성하고 그 중에서 우량한 유전자를 선발하여 신품종으로 육성하는 방법으로, 이 방법은 Mendel의 유전법칙을 근거로 하여 성립하며 가장 널리 사용되고 있는 육종법이다.

(2) 종류

① 단교배 육종

㉠ $(A \times B)$의 형식

㉡ 자식성 식물에서 순계의 유전자형은 AA 또는 aa처럼 동형 접합체이며, 두 순계를 인공교배하여 얻은 F_1의 유전자형은 Aa으로 이형 집합체이다. F_2부터는 유전자형들이 분리하며 여러 종류의 변이가 생기는데, 이 변이 중에서 우리가 원하는 유전자형을 선발하는 방법이 단교배 육종법이다. 단교배 육종법은 원하는 유전자형을 선발하는 선발법에 따라 크게 계통육종법과 집단육종법으로 구분되는데, 계통육종법은 인공교배로 F_1을 만들고, F_2 세대에서 개체선발을 하며, F_3 세대부터 매 세대마다 개체선발, 계통재배, 계통선발을 계속하

여 우수한 순계집단을 얻어서 신품종으로 육성하는 방법이다. 반면 집단육종법은 F_2 ~ F_4 세대까지는 혼합채종과 집단재배를 반복한 후, 집단의 80% 정도가 동형이 된 F_5세대에 개체선발을 하고, F_6부터 계통선발 방법으로 바꾸는 방법으로, 초기 세대에는 개체선발보다 집단재배가 효율적이라는 관점의 육종법이다. 즉, 집단재배에 의하여 자연선택을 유리하게 이용할 수 있으므로 저출현 빈도의 우량유전자형을 선발할 가능성이 높아진다.

ⓒ 단교배 방법은 육종법에서 가장 많이 이용되었고, 이용된다.

② **여교배 육종**

㉠ (A×B)×B×B 또는 (A×B)×A×A의 형식이며, 한 번 교잡시킨 것은 1회친, 두 번 이상 교잡시킨 것은 반복친이라 한다. 여교배 육종은 어떤 한 가지의 우수한 특성을 가진 비실용품을 1회친으로 하고, 그 우수한 특성은 없지만 전체적으로 우수하여 현재 재배되고 있는 실용품종을 반복친으로 하여 연속적으로 교배·선발함으로써 비교적 작은 집단의 크기로 짧은 세대 동안에 품종을 개량하는 방법이다. 즉, 연속적으로 교배하면서 이전하려는 1회친의 특성만 선발하므로 실수할 수 없어 선발효과가 확실하고 재현성이 높다는 장점이 있다. 그러나 목표가 너무 확실하기 때문에 목표 형질 이외의 다른 형질을 우연히 개량하기는 어렵다.

㉡ 더 많은 수의 F_1을 취급하면 연관지체를 극복할 가능성이 커진다.

㉢ 여교배 육종은 찰성과 같이 단순 유전하는 형질이나 내병성처럼 감별이 용이한 형질 개량에 제일 효과적이지만, 세포질 웅성불임 계통을 육성할 때 불임세포질을 도입하는 등 우수한 유전자를 점진적으로 한 품종에 집적하는 경우와 이종 게놈 식물의 유전자를 도입하는 데에도 그 효율성이 인정된다.

㉣ 통일찰벼가 이 방법으로 개발되었다.

③ **3원교배 육종**

㉠ (A×B)×C의 형식

㉡ 1965년 필리핀 국제미작연구소(IRRI)에서 육성한 IR8은 장립의 인디카로 키가 작고 다수확 품종이며, Yukara는 일본에서 육성한 자포니카 품종으로 내냉성의 키가 큰 품종이었다. 그러나 이들 품종을 직접 교배하면 불임이 심하기 때문에 온대와 열대의 중간에 위치한 대만의 재래종 TN1을 중간에 교잡하여 불임을 극복할 수 있었다. 즉, Yukara와 TN1을 먼저 교배하고, 다시 IR8에 교배하는 3원교배를 통하여 키가 작고 수량성이 높은 통일벼(단간 수중형 품종)를 육성하게 되었다. 통일벼는 인디카의 특성을 가지고 있으므로 아밀로오스 함량이 높고 점성이 적으며 냉해에 약한데, 냉해에 약한 원인은 교배모본 "Taichung Native 1 또는 IR8"에서 유래한다. 한편 통일벼는 다수확을 위하여 내비성이 크게 개발되었으며, 도열병 저항성도 처음에는 아주 강했었다.

④ **다계교배 유종**

  ㉠ {(A×B)×(CA×B)×(C×D)}×E×F×G의 형식

  ㉡ 다계교배는 복합저항성 품종의 육종 시 효과적이다.

  ㉢ 새추정벼, 안성벼 등이 이 방법으로 개발되었다.

⑤ **반수체 육종**

  ㉠ 반수체의 염색체를 배가하면 바로 동형접합체를 얻을 수 있으므로 육종연한을 크게 줄일 수 있다.

  ㉡ 반수체를 만드는 방법에는 약 또는 화분배양, 반수체 유도유전자 사용 등이 있다.

  ㉢ 우리나라 벼 품종 중 화성벼(반수체로 육종된 벼 중 최초), 화진벼, 화영벼, 화선찰벼, 화남벼, 화중벼, 화신벼, 화안벼 등이 반수체육종법으로 개발되었다.

- 국내 최초의 근연교배 육성 품종은 남선 13호이다. [107]
- 오대벼와 운봉벼는 조생종 품종이다. [106]
- 남천벼와 다산벼는 초다수성 품종이다. [106]
- 가공용인 백진주벼는 저아밀로오스 품종이다. [106]
- 자식성 작물에서 한 쌍의 대립유전자에 대한 이형접합체(F_1, Aa)를 자식하면 F_2의 동형접합체와 이형접합체의 비율은 1 : 1이다. [2021 지9]
- 잡종강세육종법은 옥수수, 수수 등에 이어서 벼에도 적용되고 있다. [2021 지9]
- 타식성 작물이 자식성 작물에 비해 잡종강세 효과가 크다. [2021 지9]
- 잡종강세육종법이란 두 교배친의 우성대립인자들이 발현하여 우수형질을 보이는 것이다. [2021 지9]
- 인공교배하여 F_1을 만들고 F_2부터 매 세대 개체선발과 계통재배 및 계통선발을 반복하면서 우량한 유전자형의 순계를 육성하는 육종법은 계통육종이다. [2021 지9]
- 통일벼는 내비성이 크고 도열병 저항성이 강하다. [106]
- 통일벼[105] : 다비재배에서 수량이 높고, 단간 수중형 품종이다. 냉해에 약한 원인은 교배모본 "Taichung Native 1 또는 IR8"에서 유래한다. 아밀로오스 함량이 높고 점성이 적다.
- 통일찰벼는 여교배육종을 통하여 육성한 품종이다. [107]
- 여교배 육종으로 개발된 품종은 통일찰벼이다. [2021 국9]
- 여교배육종[108] : 더 많은 수의 F_1을 취급하면 연관지체를 극복할 가능성이 커진다. 목표형질 이외의 다른 형질의 개량을 기대하기 어렵다. 우수한 유전자를 점진적으로 한 품종에 집적할 수 있는 방법이다. 세포질 웅성불임 계통을 육성할 때 여교배로 불임세포질을 도입할 수 있다.
- 새추청벼는 3개의 도열병 균주에 강한 다계품종이다. [107]
- 화성벼는 꽃가루 배양을 통하여 육성한 품종이다. [107]
- 약배양 육종법으로 육성된 품종은 화성벼이다. [108]
- 화분배양의 배양기술[515] : 육종연한을 단축시킬 수 있다. 화성벼, 화영벼, 화청벼 등이 육성되었다. 열성유전자를 가진 개체를 선발하기에 용이하다.

5.2.3 벼 종자의 보급

1 보급 체계

(1) 증식 체계

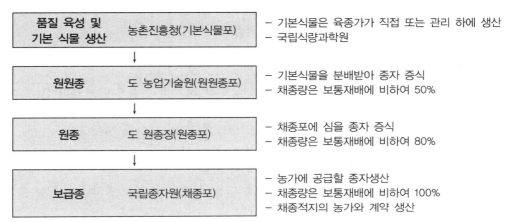

품질 육성 및 기본 식물 생산	농촌진흥청(기본식물포)	– 기본식물은 육종가가 직접 또는 관리 하에 생산 – 국립식량과학원
원원종	도 농업기술원(원원종포)	– 기본식물을 분배받아 종자 증식 – 채종량은 보통재배에 비하여 50%
원종	도 원종장(원종포)	– 채종포에 심을 종자 증식 – 채종량은 보통재배에 비하여 80%
보급종	국립종자원(채종포)	– 농가에 공급할 종자생산 – 채종량은 보통재배에 비하여 100% – 채종적지의 농가와 계약 생산

(2) 우량품종의 3대 구비 조건

① **구별성(Distinctness)** : 신품종은 기존의 품종과 구별되는 분명한 특성이 있어야 한다.
② **균일성(Uniformity)** : 그 특성은 재배나 이용상 지장이 없도록 균일하여야 한다. 특성이 균일하려면 모든 개체들의 유전물질이 균일해야 한다.
③ **안정성(Stability)** : 그 특성은 세대를 반복하여 대대로 변하지 않고 유지되어야 한다. 이 3가지를 합하여 DUS라고도 부른다.

(3) 보호품종의 5대 조건

① **구별성** : 신품종은 한 가지 이상의 특성이 기존의 알려진 품종과 분명히 구별되어야 한다.
② **균일성** : 규정된 균일성 판정기준을 초과하지 않을 때 균일성이 있다고 판정한다.
③ **안정성** : 1년차 시험의 균일성 판정 결과와 2년차 이상의 균일성 판정 결과가 같으면 안정성이 있다고 판정한다.
④ **신규성** : 출원일 이전에 상업화되지 않은 것이어야 하며, 신규성을 갖추려면 국내에서 1년 이상, 외국에서는 4년 이상, 과수의 입목은 6년 이상 상업적으로 이용 또는 양도되지 않았어야 한다.
⑤ **품종 명칭** : 신품종은 1개의 고유한 품종 명칭을 가져야 한다. 명칭은 숫자 또는 기호로만 표시된 것은 사용할 수 없으나, 문자와 숫자의 조합은 사용할 수 있다.(예 : 캘리포니아 벼 품종, A-212, A의 조생종(2)으로 12번째 개발품)

(4) 기타

① 자식성인 벼의 종자 갱신은 4년 1기이다.

② 갱신에 의한 벼의 증수 효과는 6% 정도이다.

③ 품종개발의 기본적 육종 과정 : 잡종집단양성 → 선발 → 생산력 검정시험 → 지역적응시험 → 농가실증시험 → 품종등록

2 보급용 종자의 채종기술

보급용 종자를 채종하기 위해서는 일반재배와는 다른 아래의 기술들이 필요하다.

① 종자는 위에서 설명한 원종을 사용한다.

② 지력이 중간인 논에서 재배한다.

③ 질소질 비료를 적게 주어 등숙이 좋아지게 하여야 한다.

④ 1주 1묘로 심어 이형주를 철저히 제거하고, 다른 품종의 혼입을 방지해야 한다.

⑤ 종자소독과 병충해방제를 철저히 해야 한다.

⑥ 보통재배보다 다소 빠른 황숙기에 수확한다.

⑦ 탈곡기의 회전수는 분당 300회 이하로 하여 종자의 상처를 최소화하여야 한다.

⑧ 화력건조를 피하고 자연건조를 한다.

- 자식성 작물의 종자증식 체계는 기본식물 → 원원종 → 원종 → 보급종의 단계를 거친다. [517]
- 신품종의 등록과 종자 갱신[109] : 종자산업법에 의하여 '육성자의 권리'를 20년(과수와 임목은 25년)간 보장받는다. 신품종이 우량품종으로 되기 위해서는 구별성, 균일성 및 안전성의 3대 구비 조건을 갖추어야 한다. 우리나라에서 보리의 종자 갱신 연한은 4년 1기이다. 벼, 맥류, 옥수수 중 종자 갱신에 의한 증수효과는 옥수수가 가장 높다.
- 품종보호요건은 신품종의 구비 조건뿐만 아니라 신규성과 고유한 품종명칭을 갖추어야 한다. [517]
- 자식성인 벼의 종자 갱신은 4년 1기로 되어 있으며 증수효과는 6% 정도이다. [517]
- 품종개발의 기본적 육종과정 : 잡종집단양성 → 선발 → 생산력 검정시험 → 지역적응시험 → 농가실증시험 → 품종등록 [110]

5.3 품종의 주요 특성

1 조만성

동일한 장소에서 여러 가지 품종을 재배할 경우 생육일수에 장단의 차이가 생겨서 조생, 중생, 만생을 구별할 수 있게 되는데, 이것은 각 품종의 고유한 성질이다. 이 성질(조만성)은 품종의 지역적응성이나 작기의 적응을 지배하는 중요한 형질이므로 육종에서 중요한 목표가 되고 있다.

벼의 발아에서 출수까지의 기간은 영양생장(발아에서 유수분화기까지) 기간과 생식생장(유수분화기에서 출수까지) 기간으로 나누어지는데, 생식생장 기간은 품종 간 차이가 거의 없으므로, 조만성의 차이는 주로 영양생장 기간의 길고 짧음에 따라 결정된다. 그런데 영양생장은 기본 영양생장과 가소 영양생장으로 나눌 수 있다. 여기서 기본 영양생장이란 벼가 생식생장으로 들어가기 위하여 절대적으로 필요한 최소한의 영양생장이며, 가소 영양생장이란 환경 여하에 따라 소거될 수 있는 영양생장이다. 즉, 단축할 수 있는 영양생장 기간을 가소 영양생장 기간이라 한다. 벼를 온실 내의 고온 하에서 생육시키면 노지보다 유수분화가 빨리 되어 출수가 촉진되며, 아침과 저녁으로 광을 차폐시켜 단일 조건을 만들어도 유수분화와 출수가 촉진된다. 만일 고온과 단일이 겹쳐진 조건 하에서 벼를 키우면 출수는 더욱 촉진된다. 다시 말하면 고온이나 단일의 단독 조건보다는 고온과 단일의 복합 조건이 출수를 촉진시키는 정도가 크다. 따라서 고온과 단일의 복합 조건에서 출수를 가장 많이 촉진시킨 경우의 영양생장을 그 벼의 기본 영양생장상이라 하며, 가소 영양생장 중 고온에 의해서만 출수가 촉진된 기간을 감온상(感溫相)이라 한다. 단일에 의해서만 출수가 촉진된 기간을 감광상이라고 한다. 한편 온도 조건에 의하여 생식생장이 촉진되거나 지연되는 성질을 감온성(感溫性)이라 하고, 일장 조건에 따라 영향을 받는 성질을 감광성이라 한다. 온도와 일장을 변화시켜도 벼의 출수가 단축되지 않는 성질은 기본 영양생장성이라 한다.

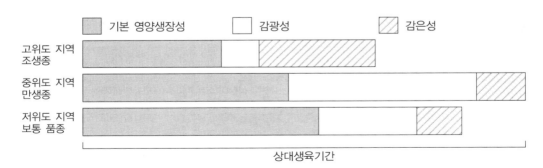

[벼 화아분화를 지배하는 생태형]

벼 품종은 기본 영양생장성, 감광성 및 감온성을 모두 가지고 있으나 그 비율은 위의 그림처럼 생태형마다 다르다. 그림에서 보듯이 조생종은 생육기간이 짧고, 만생종은 길다. 조생종은 감광성에 비해서 감온성이 상대적으로 크고, 만생종은 감온성보다 감광성이 크다. 따라서 유수분화기 이전 단일 처리에 의한 출수일수 단축 효과는 만생종이 조생종보다 크다.

지역별 적합품종을 보면 우리나라 북부의 추운지역은 기본 영양생장성이 짧고 감광성이 약하며 감온성이 강한 품종이 유리하고, 우리나라 남부의 더운 지역은 기본 영양생장성이 짧고 감광성이 강하며 감온성이 약한 품종이 유리하다. 한편 동남아시아 저위도 지역에서 알맞은 비계절성 품종은 감온성과 감광성이 약하고 기본 영양생장성이 긴 품종이 알맞다. 따라서 적도지역에 적응하는 기본 영양생장형 품종을 우리나라 남부 평야지역에 재배하면 출수가 지연되어 등숙 장해가 발생할 수 있다.

조생종은 재배기간이 짧으므로 수량은 적지만, 생육기간이 짧은 고위도 지방이나 한랭지에서 재배할 수 있다. 그러나 이 기상생태형의 벼를 남부 평야지역에 재배하면 기본 영양생장성과 감광성이 작아서 고온에 일찍 감응하므로 출수가 빨라져 분얼수가 감소되고 일반적으로 감수된다. 만생종은 우리나라의 중남부 평야지대에서 재배되는 품종으로 하지가 지나 일장이 짧아지는 시기에 감응해서 유수가 분화하는 감광형으로 수량이 많다.

감광성 품종의 유수분화는 14시간 이상의 일장보다 10시간 전후의 단일 조건하에서 촉진되므로 장일 조건에서는 영양생장이 활발하여 주간의 최종 엽수가 늘어난다. 만일 우리나라의 남부 평야지역에 적응하는 만생종(감광형)을 단일 조건인 동남아 저위도 지역에서 재배하면 영양생장량이 확보되지 못한 상태에서 출수되므로 수량이 현저히 낮아질 것이고, 북부 산간지역에 재배하면 출수가 늦어져 등숙 전에 추위가 오므로 수확을 못 할 수 있다.

기본 영양생장성, 감광성 및 감온성의 대(영문 대문자)와 소(영문 소문자)에 따라 기상생태형을 분류하면 아래와 같다.

기본 영양생장형(Blt형)	감광성과 감온성이 모두 작아서, 생육기간이 주로 기본 영양생장성에 지배되는 형태의 작물
감광형(bLt형)	기본 영양생장성과 감온성이 작고 감광성이 커서, 생육기간이 주로 감광성에 지배되는 형태의 작물
감온형(blT형)	기본 영양생장성과 감광성이 작고 감온성이 커서, 생육기간이 주로 감온성에 지배되는 형태의 작물
blt형	기상생태형을 구성하는 3가지 성질이 모두 작아서, 어느 환경에서나 생육기간이 짧은 형태의 작물

- 벼 조생종은 감온성이 강하고 감광성은 약하다. [115]
- 고위도 지대에서 재배하기에 적합한 벼 품종의 기상생태형은 감온성이 크고 감광성이 작은 품종이다. [519]

- 우리나라 북부의 추운지역은 기본 영양생장성이 짧고 감광성이 약하며 감온성이 강한 품종이 유리하다. (2020, 7급)
- 우리나라 남부의 더운지역은 기본 영양생장성이 짧고 감광성이 강하며 감온성이 약한 품종이 유리하다. (2020, 7급)
- 동남아시아 저위도 지역에서 알맞은 비계절성 품종은 감광성이 약하고 기본 영양생장성이 길다. (2020, 7급)
- 만생종은 감온성에 비해 감광성이 크다. (118)
- 감광성이 크고 감온성이 작은 품종은 우리나라 남부지역에 알맞다. (519)
- 감광성이 크고 기본 영양생장성이 작은 품종은 우리나라 남부지역에 알맞다. (519)
- 우리나라에서 재배되는 조생종은 일반적으로 감광성보다는 감온성이, 만생종은 감온성보다는 감광성이 상대적으로 더 크다. (119)
- 유수분화기 이전 단일 처리에 의한 출수일수 단축 효과는 만생종이 조생종보다 크다. (80)
- 저위도 지대에서는 감온성과 감광성이 작은 품종이 적합하다. (118)
- 기본 영양생장성이 크고 감온성이 작은 품종. 저위도 열대지역에 알맞다. (519)
- 동남아시아 저위도 지역에는 기본 영양생장성이 큰 품종이 분포한다. (118)
- 적도지역에 적응하는 기본 영양생장형 품종을 우리나라 남부 평야지역에 재배하면 출수가 지연되어 등숙 장해가 발생할 수 있다. (117)
- 고위도 지대에서는 감온성이 큰 품종이 적합하다. (118)
- 감온형 품종들은 중위도 지대에서 조생종으로 존재한다. (118)
- 조생종은 생육기간이 짧은 고위도 지방에 재배하기 알맞다. (118)
- 감온성이 큰 벼 품종(blT)은 고온에 의해 유수분화가 촉진된다. (115)
- 우리나라의 북부 산간지역에 적응하는 기상생태형의 벼를 남부 평야지역에 재배하면 분얼수가 감소하여 일반적으로 감수된다. (117)
- 조생종은 재배기간이 짧아 고위도 지대에서 재배하기에 알맞다. (115)
- 벼의 재배한계 고위도 지역에서 수량이 높은 품종을 우리나라에 가져와 재배할 경우 일어날 수 있는 현상 : 기본 영양생장성과 감광성이 작아서 우리나라에서는 생육 기간이 짧아져 수량이 낮아질 것이다. (116)
- 우리나라 중산간지나 동북부 해안지대의 벼 재배에 가장 적합한 기상생태형 : blt, blT (114)
- 재배 벼의 유수분화는 14시간 이상의 일장보다 10시간 전후의 일장조건하에서 촉진된다. (115)
- 감광성 품종은 장일 조건에서 주간의 최종 엽수가 늘어난다. (66)
- 우리나라의 남부 평야지역에 적응하는 만생종 벼를 북부 산간지역에 재배하면 출수가 늦어져 수확을 못 할 수 있다. (117)
- 우리나라의 남부 평야지역에 적응하는 기상생태형의 벼를 적도지역에 재배하면 분얼수가 감소하여 일반적으로 감수된다. (117)

2 초형

초형이란 식물체 각 기관의 형태와 그들의 공간적 존재 양상, 즉 생산에 관계하는 줄기, 잎, 이삭 등의 형태와 이들의 공간적 배치에 의해 규정되는 식물체의 태세를 말한다. 초형은 태양광의 이용 이외에도 이산화탄소 교환, 잡초와의 경쟁, 재배 조건에 대한 적응 등에도 관련된다.

벼 한 포기당 이삭수와 이삭 무게와의 사이에는 부의 상관이 있으므로 초형을 수수형, 수중형 및 중간형으로 나눈다. 수수형 품종은 수중형 품종에 비하여 분얼이 많아 이삭수는 많으나, 이삭이 작고 가벼우며, 종실의 크기도 작다. 따라서 줄기가 가늘며, 뿌리는 천근성이고, 뿌리의 수는 많다. 이런 초형의 특성 때문에 수수형 품종은 분얼을 많이 시킬 수 있는 난지 비옥답 또는 다비 재배에 알맞고 분얼비의 효과가 크지만, 척박지에서는 이삭수의 확보가 어려워 수량을 많이 내기 어렵다. 반면 수중형 품종은 수수형에 비하여 이삭의 수는 적지만, 키가 크고, 이삭의 크기도 커서 도복에 약하다. 따라서 비옥지나 다비 재배에는 적합하지 않으며, 이삭수를 확보하기 어려운 척박지, 소비 재배, 만식 재배 및 밀식 재배에 알맞다. 시비에서는 수중형 품종의 경우 밑거름을 늘리고, 조기 재배를 할 때에는 분시량을 늘리는 것이 좋다. 수중형 품종은 좋은 환경인 경우에도 이삭수가 아주 많이 증가하지도 않지만, 불량 환경에서도 그다지 감수하지 않기 때문이다. 또한 수중형 품종은 심근성이므로 노후답에 적합한 품종이다.

3 수량성

작물에서 인간이 이용하는 부분의 총량을 얼마나 많이 생산하느냐를 나타내는 능력을 수량성 혹은 생산력이라고 한다. 벼에 있어서도 요즈음 품질이나 안정성에 대한 요구가 강해졌지만 수량성의 향상, 즉 다수성은 아직까지도 가장 중요한 육종 목표이다. 벼의 수량은 환경과 재배 기술의 영향도 받지만 유전적 특성이 결정적 영향을 미친다. 즉, 광합성 능력이 높고, 이삭으로의 전이가 잘 되며, 호흡 소모가 적은 유전적 특성을 가지고 있어야 수량이 많아진다. 수량과 품질은 역상관 관계에 있으므로 수량이 높은 품종은 대체로 품질이 낮은 경향이 있다.

4 품질

전분의 유전은 메성이 찰성에 대하여 완전 우성이고, 고아밀로오스는 저아밀로오스에 대하여 불완전 우성으로 나타난다. 단백질 함량은 저단백질이 고단백질에 대하여 우성이나, 우성 효과와 상가적 효과가 모두 나타나 유전력은 매우 낮다. 상가적(相加的) 효과란 하나의 형질 발현에 몇 쌍의 동의유전자가 관계하고 있어서 각각의 우성 대립 유전자가 열성 대립 유전자에 대하여 우성도가 어느 경우에서나 불완전할 때 나타나는 현상으로서 우성 대립 유전자의 수에 비례하여 여러 가지 정도의 중간형 형질이 발현되는 것을 말한다.

5 간장

초장은 영양생장기에 지면으로부터 최상위엽 끝까지의 길이를 말하고, 간장은 성숙기에 지면으로부터 이삭목마디(수수절)까지의 길이를 말한다. 간장이나 초장은 도복과 관련이 많고, 광합성과 호흡의 주체인 잎과 줄기의 양에도 관계되므로 중요한 형질이다.

6 내도복성

도복은 품종 자체의 특성뿐만 아니라 환경과 재배 조건의 영향도 같이 받는다. 일반적으로 단간 품종(온대 자포니카)이 장간 품종(인디카)보다 도복에 강하다.

7 내비성

질소 시비량이 증가해도 질소 동화작용이 잘 되고, 생육이 저해되거나 수량이 낮아지지 않는 종합적 반응을 내비성이라 한다. 수량이 낮아지지 않으려면 도복되지 않아야 함이 매우 중요하므로 내비성 품종은 잎이 직립하는 등 수광태세가 좋고 초장도 작은 특징을 가지고 있다.

8 내병충성

병균의 침입에 저항하는 식물체의 성질을 내병성(또는 병해저항성)이라 한다. 벼 재배 시 안전다수확의 최대 장해가 병충해이고, 안전한 쌀의 생산을 위한 무농약 생산 시스템의 최대 장해도 병충해이므로 내병충성 품종의 보급은 친환경, 안전, 다수확 생산의 기본이다. 그러나 새로 개발된 저항성 품종은 몇 년 안 가서 새로운 균계나 생태형의 출현으로 저항성이 무너지곤 한다.

9 내냉성

벼의 냉해는 유묘기, 분얼기, 유수형성기, 출수기, 등숙기 모두에서 나타날 수 있다. 따라서 벼의 내냉성은 고랭지, 한랭지, 고위도 지역 재배는 물론 조기 재배, 만기 재배에서도 중요한 특성이다. 특히 고랭지에서 조기 육묘 시 저온발아성이 강한 것이 아주 유리하다.

10 저온발아성

벼의 발아 최저온도는 8~10℃ 정도인데, 저온발아성은 품종 간의 차이가 뚜렷하다. 우리나라 통일형 품종의 발아 온도는 우리나라에서 키우는 온대 자포니카 품종보다 2~3℃나 높다. 즉, 통일벼의 저온발아성이 낮다. 고위도 지역에서의 재배는 물론, 온대지방에서도 조기 육묘를 하려면 저온발아성이 높은 품종을 선택함이 유리하다.

11 내건성

건조에 견디는 성질을 내건성 또는 내한성(耐旱性)이라 한다.

12 내염성

간척지에서 벼를 재배하거나, 간척지가 아니라도 장기간 염류가 축적된 염류토양에서는 내염성이 높은 품종이 필요하다.

13 탈립성

성숙기에 이삭줄기에서 종실이 떨어지기 쉬운 성질을 탈립성(脫粒性)이라 하는데, 일반적으로 통일형 품종이나 인디카 품종이 온대 자포니카 품종보다 탈립성이 강하다. 탈립성 품종은 콤바인과 같은 기계수확에는 필요한 성질이나, 인력수확에는 손실이 많고, 성숙기에 폭풍우 등을 만나도 손실이 큰 단점이 있다.

14 수발아성

출수 후 25일 이상 된 벼가 태풍 등으로 도복되었을 때 고온, 다습의 조건에서 수발아가 잘 발생한다. 조생종이 만생종보다, 즉 성숙이 빠른 품종이 늦은 품종보다 수발아성이 강한 경향을 보이는데, 수발아성은 휴면성과 밀접한 관련이 있으므로 조생종의 발아억제물질이 만생종의 그것보다 적다고 해석된다. 수발아는 배수가 불량하고 통풍이 안 되는 산간 곡간답(谷間畓)에서 발생이 특히 심하다.

15 직파적응성

직파를 위해서는 깊은 물속에서도 발아 및 출수가 양호하고, 내도복성이며, 저온발아력이 강하고, 초기 생장력이 빠른 특성 등이 요구되는데, 이런 특성을 모두 합한 성질을 직파적응성이라 한다.

16 묘대일수감응성

적기에 이앙되지 않고 못자리에 있는 일수가 길어진 모 또는 고온에서 육묘한 모를 이앙하면 활착 후 분얼이 몇 개 되지 않은 채 주간만이 출수하는 불시출수현상이 발생하는 경우가 있다. 이런 성질을 묘대일수감응성이 높다고 하며, 불시출수는 이상생육이므로 수량과 품질이 크게 떨어진다. 불시출수는 성질이 조급한, 좀 더 노골적으로 말하면 성질이 더러운 어떤 공시수험생(당신이 아니길..)을 닮은 조생종 품종을 늦게 이앙할 때 발생하기 쉽다. 즉, 묘대일수감응도는 안달복달하는 감온형이 높고, 계획한 일정을 차분히 지켜가는 감광형·기본 영양 생장형은 낮다. 또한 감광형 품종은 만식을 해도 성질내지 않고 차분히 따라가므로 출수의 지연 정도도 적다. 성질내지 말고 감광형처럼 차분히 하세요.

- 수중형(穗重型) 품종은 수수형(穗數型) 품종에 비해 키가 크고 이삭이 크며, 도복에 약한 편으로 비옥한 토양에 적합하지 않다. [119]
- 수중형 품종은 밑거름을 늘리고, 조기 재배를 할 때에는 분시량을 늘리는 것이 좋다. [490]
- 초장은 영양생장기에 지면으로부터 최상위엽 끝까지의 길이를 말하고, 간장은 성숙기에 지면으로부터 이삭목마디까지의 길이를 말한다. [119]
- 저온에 피해를 입지 않고 잘 견디면 내냉성이 높은 품종이다. [2021 지9]
- 고랭지에서 조기 육묘 시 저온발아성이 강한 것이 유리하다. [115]
- 고위도의 한랭지 품종은 저위도의 열대 품종에 비하여 저온발아성이 강하다. [2020 7급]
- 조생종 품종이 만생종 품종보다 수발아성이 강한 경향을 보인다. [20]
- 못자리 일수가 길어진 모를 이앙하면 활착한 후 분얼이 몇 개 되지 않은 상태에서 주간만 출수하는 현상을 불시출수라 하는데, 조생종을 늦게 이앙할 때 발생하기 쉽다. [119]
- 가뭄에 의해 이앙이 지연되면 불시출수의 원인이 되며, 조생종일수록, 밀파할수록 피해가 심하다. [489]
- 묘대일수감응도는 감온형이 높고 감광형·기본 영양 생장형은 낮다. [118]
- 감광형 품종은 만식을 해도 출수의 지연정도가 적다. [118]

5.4 품종개량의 방향

1 고품질성

　미질은 외관, 물리화학적 성질 등 여러 요소로 나타낼 수 있지만 가장 중요한 것은 먹을 때 느끼는 식미이다. 한국인은 찰기가 있고, 씹힘감이 좋으며, 윤기가 흐르고, 향기가 나는 쌀밥을 선호하므로 쌀 품종은 이러한 방향으로 개량되어야 한다. 이렇게 되기 위해서는 쌀알의 전분이 수세미와 같은 가는 실모양의 망상구조를 보이고, 전분세포막에 단백질 과립의 축적이 매우 적어야 한다. 단백질 과립이 많으면 밥을 지을 때 전분이 잘 팽창되지 않고 찰기가 적어져서 밥맛이 나쁘다.

2 초다수성

　벼의 수광태세를 개선하고, 잎의 동화능력을 증대하는 등 광합성 효율을 극대화하여야 한다.

3 복합내충병성

4 환경 내성

5 신기능성

5.5 품종 선택에서의 주의점

① 답리작을 하는 경우 단기성 품종 또는 만식 적응성이 강한 만생종 품종을 선택한다.
② 도시 근교, 도로변 등 철야 점등지역에서는 출수지연의 피해를 예방하기 위하여 중만생종을 피하고, 조생종을 선택한다.
③ 가뭄 상습지에서는 적파만식 적응성이 강한, 즉 묘대일수 감응성이 낮은 품종을 선택한다.
④ 직파재배에는 저온발아성, 담수발아성, 초기 신장성이 크며, 뿌리가 깊게 뻗고 키가 작아 도복에 강한 품종을 선택한다.

벼의 재배환경

6.1 기상환경

1 기상환경과 벼의 재배

기상환경으로 온도 등 아래의 요인들은 쌀 수량에 관련되는 생리적인 기능과 직접적인 관계가 있으며, 간접적으로는 병충해를 통해서 수량에 영향을 준다.

(1) 온도

식물의 생장과 발육은 세포의 생화학적 활동의 종합적 결과물인데, 생화학적 활동에는 반드시 효소작용이 필요하며, 효소의 반응은 온도의 지배를 받는다. 따라서 온도가 다른 곳에서 사는 모든 식물에는 품종에 따라 자신에 맞는 최적온도, 최저온도, 최고온도가 있다.

벼의 경우 일반적으로 생육 최저온도는 8~10℃이고, 최적온도는 25~32℃이며, 최고온도는 38℃인데 35℃ 이상에서는 생육이 저조해진다. 최적온도가 25~32℃이므로 발아 후 32℃까지는 온도가 높을수록 생육이 촉진된다. 따라서 온도가 벼의 생육에 영향을 미친다는 것을 알게 되었는데, 영향의 정도를 알 수 있는 척도가 적산온도이다. 벼 생육기간 중 매일의 평균기온을 적산한 온도는 2,500~4,400℃이다. 벼 생육과정에서는 필요한 적산온도가 달라지는데, 영양생장기에는 주간에서 하나의 잎이 추출 완료하는 데 100℃의 적산온도가, 생식생장기에는 170℃의 적산온도가 필요하다. 그리고 지엽의 추출 완료로부터 출수까지는 약 200℃, 출수부터 성숙까지는 800~880℃의 적산온도가 필요하다.

기온의 일교차는 최저기온이 전류한계온도 이하로 내려가지 않는 한 교차가 클수록 분얼 발생 및 등숙에 유리하다.

한편 벼는 담수조건에서 생육하므로 다음 그림과 같이 기온의 영향뿐만 아니라 수온의 영향도 받는다.

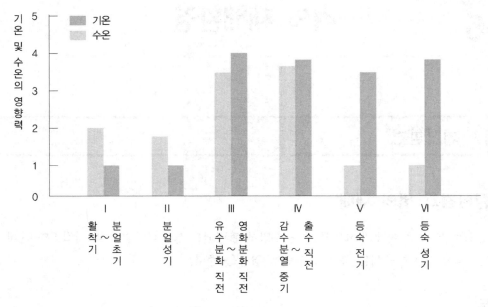

[기온과 수온이 벼의 수량에 미치는 영향]

위의 그림에서 알 수 있듯이 잎과 분얼의 생장점이 수면 하에 있는 분얼기에는 수온이 분얼 출현에 크게 영향을 준다. 이삭이 신장하는 유수분화기부터 출수기에는 점차 생장점이 수면 위에 위치하므로 수온의 영향이 감소하면서 기온과 수온이 거의 같은 정도로 영화의 분화와 화분모 세포의 분화 형성에 기여한다. 등숙기에는 수온의 영향은 현저히 줄고 기온이 등숙을 지배한다. 이와 같이 초기 생육 단계에서는 수온이 이삭수에, 중기 단계에서는 수온과 기온이 같은 비율로 1이삭당 영화수와 개화, 수정에, 후기 단계에서는 기온이 등숙과 천립중에 영향을 미쳐 최종 수량에 영향을 미친다. 수온의 효과 중 특히 감수분열기에 기온이 저온 한계 이하로 낮아질 경우, 논물의 깊이를 15~20cm로 깊게 대주는 것이 저기온으로부터 유수를 보호하여 불임을 방지하는 효과적인 물관리 기술이다.

(2) 광

작물의 생산에 대한 광의 영향은 일사량과 일장으로 구분하여 생각할 수 있다. 일사량의 관점에서 볼 때 벼는 일사 에너지가 강할수록 군락 내부의 잎까지 광에너지가 도달하여 광합성이 잘되고, 건물축적이 늘어 수량이 증가한다. 따라서 과거에도 햇빛쬐임이 좋은 해에 흉작은 없었다. 그러나 세밀히 보면 다음 그림처럼 벼군락 내의 광합성은 일사량뿐만 아니라 온도와도 상호관계가 있다.

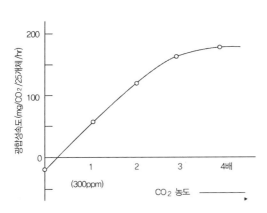

[벼의 광합성과 공기 중 CO_2 농도와의 관계]

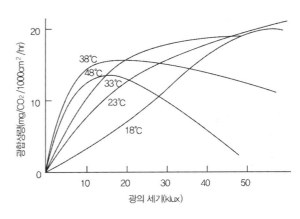

[개체군 광합성량에 미치는 광의 세기와 온도와의 관계]

약광 하에서는 온도가 높을수록 광합성은 증가한다. 그러나 광의 세기(일사량)가 증가하는 경우, 18~33℃ 사이에서는 온도가 높아짐에 따라 광합성량도 증가하다가 50Klux에서는 온도의 영향이 거의 없어지며, 38~48℃의 고온에서는 오히려 강광은 광합성 속도를 떨어트린다.

한편 작물의 생산에 대한 광의 영향 중 일장은 출수기를 결정하는데, 벼는 단일 조건에서 출수가 빨라진다.

(3) 강우

벼는 담수식물이므로 물이 충분해야 한다. 그러나 강우가 지나치게 많으면 광합성이 잘되지 못하여 벼가 연약해지는 등의 여러 문제가 발생한다.

(4) 대기

가벼운 바람은 이산화탄소를 군락 내부로 공급하여 광합성을 촉진하고, 공기습도를 낮추어 증산작용을 조장함으로써 양분의 흡수를 많게 하고, 병충해의 발생도 줄인다. 그러나 강풍은 수분 스트레스를 유발하여 기공을 닫게 함으로써 광합성을 방해하고, 기계적 상해도 일으켜 병균의 침입을 유발하며, 개화와 수정을 방해하고, 도복을 일으키기도 한다. 또한 출수기를 전후하여 고온 건조한 강풍이 불면 백수현상도 나타난다.

2 우리나라의 기상 조건과 벼농사

(1) 우리나라의 기상 조건

우리나라의 4~6월은 일사량은 충분하나 강우량이 부족하고, 7~8월은 고온이나 비가 너무 많아 일사량이 부족하며, 9~10월은 일사량을 충분하나 저온이다.

(2) 기상 조건과 쌀의 품질

고품질 쌀의 생산지역은 일반적으로 결실기의 기온이 너무 높지 않고, 일교차가 크며, 일조시수 (日照時數)가 길고, 상대습도와 증기압이 낮은 특징이 있다.

3 이상기상과 벼 재배

(1) 온실 효과와 벼 재배

온실 효과로 기온이 상승하는 경우 안전출수기가 현재보다 늦어져 벼 재배 가능지가 확대되고, 품종과 재배양식의 변동이 일어날 것으로 예측된다. 즉, 벼의 연중 생육기간이 연장되므로 조생종 재배지대는 중생종으로, 중생종 재배지대는 만생종으로 바뀌며, 표고 600m 이상의 산간지에도 일부 조생종 재배가 가능할 것으로 예측된다. 쌀 수량은 등숙기의 고온으로 감수가 예상되나, 등숙 온도에 알맞게 재배시기를 변경하면 증수도 가능하다.

(2) 엘리뇨 현상과 벼 재배

엘리뇨가 발생한 해에는 심한 가뭄이 들거나, 집중호우 또는 여름철 저온과 일조 부족 현상 등이 발생하였다.

- 유수형성기~수잉기의 생육에서 수온과 기온의 수량에 대한 영향은 비슷한 수준이다. [499]
- 지구 온난화는 벼의 생육기간을 연장시키고, 등숙기의 고온으로 수량 감소가 예상된다. [499]

6.2 토양환경

1 담수 논토양의 일반 특성

① 산소 등 가스의 교환은 주로 확산에 의해 이루어지는데, 담수 중의 산소 이동속도는 공기보다 훨씬 느리므로 담수토양 내에서는 산소부족 상태가 된다.

② 따라서 토양이 담수되면 수중에 있는 호기성 미생물의 호흡으로 담수한 다음 수 시간 후에는 토양 중의 산소가 완전 소진되고, 이후에는 용존산소가 없어도 호흡이 가능한 혐기성 미생물이 번성하므로 토양이 환원 조건으로 된다. 즉, 담수하면 시간이 지나면서 토양 중 호기성 미생물의 밀도는 감소하고 혐기성 미생물의 밀도가 증가한다.

③ 혐기성 미생물은 대사에 필요한 전자수용체를 용존산소가 아닌 결합산소(철이나 질소산화물처럼 산화물 중에 결합하고 있는 산소)를 사용하므로 토양의 황, 철, 질소화합물 등이 환원되고, 그로 인하여 토양의 산화환원전위가 낮아지며, 토층은 산화층과 환원층으로 분화된다. 산화층은 논토양과 물이 맞닿은 부분으로 물에 있는 용존산소에 의하여 호기성 미생물의 활동이 왕성하며, 환원층보다는 얕게 형성된다.

④ 토양의 황, 철 또는 망간이 환원되면 유해한 황화수소(H_2S)가 생기고, 철이나 망간은 가용도가 증가하여 지하로 퇴적됨으로 식물에 해로운 영향을 미친다. 이런 현상은 담수토양에서 많은 유기물을 시용하면 가중된다.

⑤ 그러나 인과 규소는 담수토양에서 작물에 유익하게 작용하는데, 담수에 의하여 산성 및 알칼리성 토양이 중성으로 변하면 토양 중 인산과 규산의 유효도가 증가하여 벼의 흡수량이 증가한다. 산성토양에서는 아래 왼쪽 그림과 같이 칼슘의 가급도는 감소하여 식물이 흡수할 것이 없고, 미량 필수 원소인 망간의 용해도는 너무 많이 증가하여 과잉의 해를 끼치므로 작물의 생육에 불리하다. 한편 토양 중의 질소와 황이 산화되면 질산과 황산이 되기 때문에 토양을 산성화하고, 산성화된 토양의 수소이온은 염기의 용탈을 촉진한다.

⑥ 토양 중 질산태 질소는 암모니아태 질소로 환원되기도 하고, 아래의 오른쪽 그림처럼 혐기성 미생물인 탈진균의 작용으로 탈질되기도 한다.

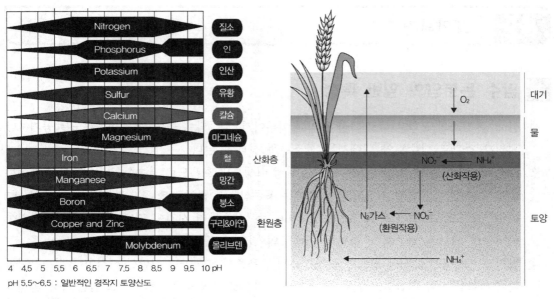

[토양반응에 따른 무기성분 유효도]　　　　　　　**[탈질작용]**

- 담수하면 시간이 지나면서 토양 중 호기성 미생물의 밀도는 감소하고 혐기성 미생물의 밀도가 증가한다. [122]
- 혐기성 미생물은 호흡과정에서 토양 중 결합산소를 전자수용체로 이용하여 토양을 환원시킨다. [122]
- 논에 담수가 되면 산소 공급이 억제되어 산화환원전위가 낮아진다. [121]
- 담수 이후에는 토양 중 용존산소가 감소하고 산화환원전위가 낮아진다. [123]
- 산화층과 환원층으로 토층분화가 일어난다. [123]
- 논토양과 물이 맞닿은 부분은 산화층이다. [506]
- 산화층에는 호기성 미생물의 활동이 왕성하다. [506]
- 환원층이 산화층보다 더 두껍게 형성된다. [506]
- 논토양은 담수 후 상층부의 산화층과 하층부의 환원층으로 토층분화가 일어난다. [2021 국9]
- 토양의 환원 조건에서 황화수소, 철 이온 등의 증가는 벼 생육에 해로우며, 유기물 시용으로 가중된다. [499]
- 담수 이후에는 토양 중 인산과 규산의 유효도가 증가하여 벼의 흡수량이 증가한다. [123]
- 논토양이 환원되면 가용태 규산이 증가된다. [139]
- 담수에 의하여 산성 및 알칼리성 토양은 중성으로 변화하며 인과 규소의 유효도는 증가한다. [122]
- 강우가 많거나 관개를 해도 토양산성화가 경감되지는 않는다. [123]
- 산성토양에서는 칼슘의 가급도는 감소하고, 망간의 용해도는 증가하여 작물의 생육에 불리하다. [123]
- 토양 중의 질소와 황이 산화되면 토양을 산성화하고, 염기의 용탈을 촉진한다. [123]
- 환원층에서 탈질이 일어난다. [123]

2 논에서 무기양분의 동태

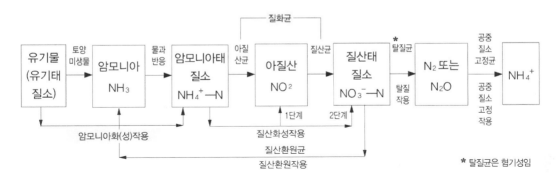

[논토양의 질소 순환도]

(1) 암모니아화성작용(ammonification)

토양 중의 유기질소화합물인 단백질은 토양미생물에 의해 아미노산(대부분 아민기 형태)으로 분해되고, 아미노산은 물과 반응하여 암모니아(NH_3)로 변하며, 이는 다시 물과 반응하여 가급태 무기성분인 NH_4^+가 되어 작물(벼과 식물 등 일부)이 흡수·이용할 수 있다. 암모니아화의 촉진 요인으로는 건토 효과, 지온 상승 효과, 알칼리 효과 등이 있다.

(2) 질산화성작용(nitrification)

암모니아태질소(NH_4^+)는 산소가 충분한 산화적 조건 하에서 호기성 무기영양세균인 아질산균과 질산균에 의해 아질산(NO_2^-)을 거쳐 질산태질소(NO_3^-)로 변화된다. 이것은 가급태 무기질소이므로 작물(대부분의 작물)에 흡수·이용될 수 있으나 전기적 음성이므로 토양교질물에 흡착되지 않아 하층토로 용탈될 수 있다.

(3) 질산환원작용

질산이나 아질산이 호기적 조건 하에서 질산환원균에 의해 암모니아(NH_3)로 환원되는 현상을 말한다.

(4) 탈질작용

탈질작용이란 암모니아태 질소를 산화층에 시용하면 암모니아태 질소가 질산태 질소로 산화되고, 질산태 질소는 다시 환원작용을 받아 아질산, 질소가스(N_2) 및 아산화질소(N_2O) 등으로 되어 날아가는 현상으로, 탈질작용은 담수상태의 논에서와 같이 산소가 부족한 조건에서 혐기성균인 탈질균에 의하여 발생한다. 탈질현상은 질소비료 경제상 큰 손실이므로 NH_4-N 비료의 심층시비가 필요하다. 보통답에서 밑거름의 전층시비는 탈질을 방지하므로 표층시비보다 질소비료의 이용률을 높여준다.

(5) 공중질소고정작용(nitrogen fixation)

표면산화층에 질소를 고정하는 남조류가 번식하면 햇볕을 받아 공중질소가 암모니아태질소로 고정된다.

3 논의 종류와 특성

(1) 건답

관개를 하면 논이 되고, 배수하면 밭이 되는 논을 건답 또는 보통답이라 하는데, 건답은 생산력이 높으며 답리작으로 이용 등 작부체계를 다양하게 할 수 있다. 건답은 유기물의 분해속도가 빠르므로 유기질을 다량 시용하고, 필요 시 토양개량제를 사용하며, 심경해야 증수된다.

(2) 사질답

모래가 많아 물이 잘 빠지는 논을 사질답 또는 누수답이라 한다. 사질답은 용수량이 많고, 양분 보유력이 약하므로 요소비료를 심층시비하는 것이 불리하다. 물빠짐을 개량하려면 점토가 많은 토양으로 객토하여야 하고, 약한 양분 보유력을 보완하기 위해서는 녹비작물을 심고, 비료는 분시하며, 완효성 비료를 사용함이 좋다.

(3) 미숙답

논으로의 사용 역사가 짧고 유기물 함량이 적은 식양질 또는 식질토양으로 배수가 불량한 논을 미숙답이라 한다. 개량하기 위해서는 유기물의 다량 시용으로 토양을 입단화하거나, 심경으로 아래의 굵은 흙을 섞어 토양물리성을 개선하여야 한다.

(4) 습답

습답은 지하수위가 높고, 침투되는 수분의 양이 적어 1년 내내 건조하지 않다. 따라서 유기물의 분해가 적고, 유기산, 황화수소 등의 유해물질이 생성되며, 이 유해물질이 작토에 집적되어 뿌리의 기능에 장해를 일으키고 양분의 흡수를 방해한다. 논에서 H_2S(황화수소) 등의 발생에 의한 뿌리장해로 양분흡수의 저해 정도가 큰 순서는 인산 > 칼리 > 규소 > 망간이다. 따라서 습답은 암거배수 등으로 지하수위를 낮추고, 미숙유기물의 시용은 피하여야 한다. 습답은 건답에 비하여 미숙유기물에 의한 환원성 유해물질 생성이 많아 추락을 일으키기 쉽다.

(5) 추락답

벼가 영양생장기까지는 잘 자라지만 출수기 이후에 아래 잎이 일찍 고사하고, 뿌리의 활력이 저하되며, 깨씨무늬병이 발생하여 가을에 수확량이 급감하는 현상을 추락이라 하며, 이런 현상이 나타나는 논을 추락답 또는 노후화답이라 한다. 추락은 작토층이 얇고 담수에 의한 환원에 의하여 활성철, 가용성 인산과 망간 및 석회 등이 하층으로 용탈되어 부족한 경우에 발생하며, 속효성 비료를 조기에 시용하거나 다량으로 시용한 경우에도 잘 나타난다. 개량법으로는 무기성분이 풍부한 흙으로 객토하거나 토양개량제 및 유기물을 충분히 시용하고 심경하여야 한다.

(6) 특수성분 결핍 또는 과잉토양

아연 결핍 논은 석회암 지대나 염해지에서 발생하기 쉽고, 중금속 오염 논은 광산지대나 공장폐수가 유입되는 곳에서 발생한다.

(7) 염해답

염해답은 일반적으로 운반된 토양입자가 미세하여 통기가 불량하고, 높은 지하수위에 의한 환원으로 유해가스 발생에 의한 뿌리썩음이 심하며, 물에 의한 제염 과정에서 무기염류의 용탈이 심하다. 염도 0.1% 이하에서는 벼 재배에 큰 이상이 없고, 0.1~0.3%에서는 염해가 나타날 수는 있으나 벼 재배는 가능하다. 0.3% 이상의 염도에서는 정상적인 벼 재배는 어렵다. 개량법은 관개수를 자주 공급하여 제염하는 것이 최선이고, 생짚이나 석고, 석회를 사용하면 제염이 촉진된다.

- 고온조건에서는 잠재지력의 소모가 크다. [147]
- 토양미생물의 활동 중 작물에게 이로운 것 : 유기물 분해, 유리질소 고정, 무기물(무기성분) 산화 [120]
- 탈질작용은 토양미생물의 활동 중 작물에게 해로운 것이다. [120]
- 암모니아태 질소를 산화층에 시용하면 탈질이 발생한다. [506]
- 보통답에서 밑거름의 전층시비는 표층시비보다 질소비료의 이용률을 높여준다. [148]
- 사질답은 양분 보유력이 약하므로 요소비료를 심층시비하는 것이 불리하다. [121]
- 미숙논은 투수력이 낮고 치밀한 조직을 가진 토양으로 양분 함량이 낮다. [2021 국9]
- 논에서 H_2S(황화수소) 발생에 의한 뿌리장해로 양분흡수의 저해 정도가 큰 순서는 인산 > 칼리 > 규소 > 망간이다. [125]
- 과습답에서는 미숙유기물의 시용량을 줄여야 한다. [147]
- 습답은 건답에 비하여 환원성 유해물질 생성에 의한 추락을 일으키기 쉽다. [121]

- 염해답은 일반적으로 통기가 불량하고 제염과정에서 무기염류의 용탈이 심하다. [121]
- 염해논에 석고·석회를 시용하면 제염 효과가 좋다. [2021 국9]

4 우리나라 논토양의 특성

우리나라 논토양은 보통답이 32%에 불과하고, 미숙답(23%), 사질답(32%), 습답(9%), 염해답 (4%) 등 생산력이 떨어지는 논이 68%에 달한다. 보통답에서 생산된 쌀의 밥맛이 가장 좋다. 미숙답은 토양조직이 치밀하고 영양분이 적으며 투수성이 약한 논이고, 사질답은 양분보유력이 약하고 용탈이 심하므로 객토가 필요한 땅이며, 습답 중 고논은 지온이 낮고 공기가 제대로 순환하지 않아 유기물의 분해가 늦다. 우리나라 논토양은 작토층이 낮고, 유효 규산, 치환성 석회 및 마그네슘 함량도 적어 pH가 다소 낮은 편이다. 논토양의 경우 담수상태에서는 인의 가용도가 높아지므로 논에서 인산의 별도 시비는 필요하지 않지만, 밭의 유효인산함량은 적정범위보다 낮은 편으로 시비가 필요하다. 기출문제에는 "논과 밭의 유기물 함량은 대체로 적정범위에 근접해 있다."가 옳은 것으로 출제되었으나 현실은 '글쎄'이다.

5 논토양의 개량

논토양이 불량하여 생산성이 낮은 논을 저위생산답이라 하는데, 이런 논은 아래와 같은 개량이 필요하다.

(1) 심경

작토 깊이가 18cm 이상이 되도록 깊게 경운하는 것을 심경이라 하는데, 경토(작토)가 얕아 비료 효과가 일찍 떨어짐으로써 추락이 쉽게 발생되는 논에서 실시한다. 심경할 때는 비옥한 윗부분의 작토에 새로운 흙이 섞이므로 유기물을 증시하고 비료를 20~30% 증시해야 그 해에도 증수로 이어진다. 심경은 보통답과 미숙답에서 주로 실시하며, 사질답에서는 누수의 위험이 있기 때문에 심경을 하면 안 된다.

(2) 객토

배수 속도가 지나치게 빠른 사질토는 점토함량이 15% 이상 되도록 객토하고, 배수가 극히 불량한 중점토에서는 모래를 객토하여 점토함량이 15% 정도가 되도록 한다. 객토한 논은 고른 성분의 작토층의 확보를 위하여 상기한 심경이 필요하다.

(3) 유기물 시용

유기물 함량이 2.5%에 미달하는 논은 볏짚, 보릿짚, 두엄 등을 시용할 필요가 아주 많다. 토양의 입단화 등 유기물 시용의 효과는 재배학에서 학습하기로 한다.

(4) 녹비작물의 재배

지력증진의 목적으로 호밀 등의 화본과 작물이나 헤어리베치나 자운영 등의 콩과 녹비작물을 재배하는 경우 결실기에 담수 후 로터리 경운하여 녹비작물을 토양에 넣어야 하는데, 분해를 촉진시켜야 벼 생장 시기에 암모니아 가스에 의한 장해를 막을 수 있다. 분해를 촉진시키기 위해서는 미생물이 잘 살 수 있는 중성 토양을 만들기 위해서 규산질 비료나 석회질 비료가 도움이 되고, 화본과 작물의 경우는 C/N율을 낮추기 위하여 질소비료를 주는 것이 도움이 된다.

(5) 규산질 비료 시용

화본과 식물의 경우 규소는 세포를 튼튼히 하여 병해충과 도복을 방지하는 역할을 한다. 우리나라의 논은 천연공급만으로는 규산이 부족한 경우가 많은데, 병충해, 냉해 및 도복의 상습 발생지와 규산을 시용한 후 4년이 경과한 논에 주면 좋다. 특히 규산은 질소를 증비할 경우 더욱 필요한데, 이것은 규소/질소비를 높여 벼를 튼튼하게 하기 때문이다. 규산질 비료의 시용 시기는 춘경이나 추경 전으로 최소한 밑거름 시용 2주 전까지이다.

(6) 염해답 개량

염해가 나타나는 논을 개량하려면 물을 자주 갈아대어 염분을 제거함이 가장 중요하다.

- 우리나라의 32% 정도인 보통논에서 생산된 쌀의 밥맛이 가장 좋다. **[519]**
- 미숙논은 토양조직이 치밀하고 영양분이 적으며 투수성이 약한 논이다. **[519]**
- 모래논은 양분보유력이 약하고 용탈이 심하므로 객토를 하여 개량한다. **[519]**
- 고논은 지온이 낮고 공기가 제대로 순환하지 않아 유기물의 분해가 늦다. **[519]**
- 논의 유효규산함량은 적정범위보다 다소 낮은 편이다. **[147]**
- 논과 밭의 토양산도는 적정범위보다 다소 낮은 산성이다. **[147]**
- 밭의 유효인산함량은 적정범위보다 다소 낮은 편이나, 논의 유효인산함량은 다소 높은 편이다. **[147]**
- 논과 밭의 유기물함량은 대체로 적정범위에 근접해 있다. **[147]**
- 논토양의 지력증진 방법에는 유기물 시용, 객토, 심경, 규산시비 등이 있다. **[2021 국9]**

6 토양 조건과 쌀의 품질

토성이 미질에 미치는 영향은 크지 않은 것으로 보고 있으나, 고품질 쌀을 생산하려면 유기물에 의한 지력을 높여 화학비료의 사용을 줄이는 것이 필요하다. 왜냐하면 벼에는 비료로 공급하는 3요소(N, P, K) 이외에도 20~40여 종의 미량요소도 함께 공급되어야 하기 때문인데, 유기질 비료에 벼가 필요로 하는 미량요소가 있다.

우리나라에서 식미가 좋은 쌀이 생산되는 산지토양의 특성은 지온과 관계수온이 낮아 일교차가 크고, 관개수에 무기성분이 다양하게 많으며, 관개수의 투수성이 낮아 양분 보유력이 강한 특성을 보인다. 또한 토양이 비옥하여 질소질 비료의 공급이 적으므로 벼의 생장이 건실한 특성도 있다.

벼의 재배기술

7.1 벼의 재배양식 종류

1 직파재배 : 건답직파, 담수직파
2 이앙재배 : 손이앙, 기계이앙

7.2 종자 준비

1 종자 선택

종자는 전년도에 생산된 것으로 병해가 없는 것을 사용해야 하며, 4년 주기로 종자를 갱신하여 유전적 퇴화에 대처하여야 한다.

2 선종

충실한 종자는 내용물이 많은 무거운 종자를 의미하므로 비중을 이용하는 염수선(鹽水選)을 하면 충실한 종자를 선종할 수 있다. 까락이 없는 메벼는 비중 1.13, 까락이 있는 메벼는 비중 1.10 그리고 찰벼와 밭벼는 비중 1.18에서 가라앉는 볍씨를 쓴다.

3 소독

종자로 전염하는 도열병, 깨씨무늬병, 키다리병 등을 예방하기 위하여 볍씨를 소독하여야 하는데, 발아 시 약해를 피하기 위하여 침종 전에 실시함이 좋다.

4 침종, 최아

소독이 끝나면 발아에 필요한 수분을 흡수시키고, 종피에 있는 발아억제물질을 제거하기 위하여 침종(볍씨 담그기)을 실시한다. 볍씨는 건물중의 15%의 수분을 흡수하면 배의 발아활동이 시작된다(볍씨가 완전히 발아하려면 건물중의 30~35%의 수분을 흡수해야 함). 따라서 15%까지 수분을 흡수시키는 것이 침종의 목적이다. 그런데 각각의 볍씨들은 흡수 속도가 같지 않으므로 어떤 종자는 빨리 15% 흡수상태에 도달하고, 어떤 종자는 늦게 15% 상태에 도달할 것이다. 빨리 15%에 도달한 볍씨는 발아 과정에 들어가기 때문에 발아에 늦고 빠름의 차이가 생기게 되는데, 이건 바람직하지 못하다. 그래서 침종의 실시는 흡수는 하지만 발아활동은 시작하지 않는 수온이 낮은 조건(약 13℃ 이하)에서 실시하는 것이 바람직하다. 볍씨가 발아에 필요한 수분을 흡수하면 신속, 균일하게 발아할 수 있도록 싹을 틔우는 최아를 실시한다. 침종 기간이 길어지면 발근이 불량해진다. 농가에서 대량의 종자를 침종, 최아시키는 경우 침종 적산온도(100℃)를 이용하기도 하는데, 수온 10℃에서는 10일, 15℃에서는 7일, 20℃에서는 5일이 필요하다.

7.3 본답 준비

1 경운

(1) 경운 시기

경운을 하는 시기는 가을과 봄 두 시기가 있다. 유기물이 많은 토양을 추경하면 건토효과로 유기물이 빨리 부식되어 다음 해에 양분공급이 많아지며, 월동해충을 죽이는 효과도 있다. 그러나 추경을 한 논은 봄에 다시 경운을 해야 하므로 양분의 소모가 많다. 따라서 2모작답, 사질답처럼 양분이 부족한 논이나 겨울과 봄철에 물에 의한 양분의 유실이 많은 습답에서는 춘경만 실시하는 것이 유리하다.

(2) 경운 깊이

일반적으로 식토나 식양토에서는 물빠짐을 좋게 하기 위하여 깊게 갈고, 사질토는 물빠짐을 방지하기 위하여 얕게 가는 것이 좋다. 습답은 너무 많은 미숙 유기물의 토양혼입을 방지하기 위하여 얕게 가는 것이 좋다. 보통논에서 권장하는 경운 깊이는 18cm 이상의 심경인데, 심경다비(深耕多肥)가 되어야 증수할 수 있다.

2 정지

벼농사에서 정지란 관개수가 새는 것을 막기 위해 논두렁을 바르고, 물을 대어 논써리기를 하는 것을 말한다. 논써리기는 흙을 부수어 부드럽게 하고, 비료를 골고루 섞으며, 흙탕물을 만들어 잡초를 고사시키고, 지면을 평평하게 하여 모내기 후 활착을 양호하게 하며, 제초제의 약효를 높이는 효과가 있다. 물이 잘 빠지는 논에서 곱게 써리면 입자가 고운 점토가 가장 늦게 가라앉아 표층에 쌓여 물의 누수를 막을 수 있고, 배수가 불량한 논에서 거칠게 써리면 배수를 촉진하는 효과가 있다.

7.4 육묘

1 육묘 양식 및 특징

육묘 양식은 대별하여 못자리 육묘와 상자 육묘가 있다.

(1) 못자리 육묘

과거 손이앙을 위한 육묘법으로 물못자리, 밭못자리, 절충못자리로 나뉜다.

① 물못자리

물에 의한 보온효과가 있고, 볍씨의 발아와 생육이 균일하며, 잡초의 발생이 줄고, 쥐, 새 및 병충해의 피해가 적은 장점이 있다. 그러나 산소 부족으로 뿌리의 생장이 나빠 벼가 연약해지며, 모내기 후 식상이 많아 만식적응성이 낮다.

② 밭못자리

물못자리 벼에 비하여 키가 작고, 튼튼하며, 발근력도 크고 내건성도 크다. 따라서 본답에 이앙하면 식상이 적고 초기 생육이 왕성하므로 만식되기 쉬운 조건에서 유리한 방식이다. 즉, 밭못자리는 초기 생육이 왕성하므로 만식적응성이 높은 반면, 물못자리는 식상이 많고 만식적응성이 낮다. 그러나 밭모는 규산 흡수량이 적어 세포의 규질화가 미흡하고, 발아와 생육이 불균일한 단점이 있다.

③ 절충못자리

물못자리와 밭못자리의 장점을 결합한 방식이다.

(2) 상자 육묘

육묘일수에 따라 중모(30일 묘), 치묘(20일 묘), 어린모(10일 묘), 성묘(40일 묘)로 구분되며, 각각의 특성은 아래와 같다.

[기계이앙용 중모 · 치묘 · 어린모와 손이앙용 성묘의 특성]

구분	기계이앙용			손이앙용
	중모	치묘	어린모	성묘
파종량	100~130g/상자	150~180g/상자	200~220g/상자	300g(3홉)/3.3m²
육묘 일수(일)	30~35	20~55	8~10	40 이상
소요 육묘 상자(개/10a)	30	20	15	–
모 소질				
초장(cm)	15~20	10~15	5~10	20~25
묘령(엽)*	3.0~4.5	2.0~2.5	1.5~2.0	6.0~7.0
배유 잔존량(%)	0	10	30~50	0
저온 활착력	++	+++	+++	+
분얼 발상 절위(마디)	5~6	2~3	2~3	5~6
분얼수(개)	26~28	30~33	35~40	9~10
출수 지연 일수(일)	0	1~2	3~5	0

* 불완전 엽 제외

기계이앙용 상자 육묘란 일반적으로 중모를 말하는데, 치묘나 어린모도 기계이앙용으로 사용된다. 성묘보다 중모 및 어린모로 갈수록 얕게 묻히므로 하위 마디에서 분얼이 나와 줄기수가 많아진다. 특히 어린모의 사용에는 분얼수의 증가 이외에도 장점이 많아 사용이 늘고 있는 추세이다. 손이앙 재배는 기계이앙 재배에 비하여 유효수수 확보가 불리하므로 벼 수량은 기계이앙 재배보다 떨어진다.

① 어린모 사용의 장점

- 배유가 종자에 30~50% 남아 있어 모내기 후 식상의 치유와 착근이 빠르다.
- 배유의 영향으로 내냉성이 크고 환경적응성이 강하며 관수저항성이 커서 관수되어도 잘 소생한다.
- 이앙 시 흙속에 얕게 묻히므로 분얼이 증가한다.
- 육묘 기간이 단축되고 육묘 노력도 절감된다.
- 농자재가 절감된다. 예를 들어 육묘 상자수는 중모보다 반으로 줄어들고, 육묘 상자의 이용횟수는 중모보다 3배 증가한다.
- 육묘 면적이 축소된다.
- 이앙 기간의 확대로 이앙 기계의 가동 횟수가 증가되고 노동력 집중이 완화된다.

② 어린모 사용의 단점

– 중모보다 출수가 3~5일 늦으므로 그만큼 조기에 이앙하여야 한다.

– 이앙 적기의 폭이 좁다.

– 모의 키가 작으므로 논바닥 정지가 균일해야 한다.

– 제초제에 대한 안전성이 약하다.

어린모를 재배할 경우 모의 키가 작으므로 관수저항성이 크고, 얕게 묻히므로 내도복성이 큰 품종을 선택해야 한다. 특히 2모작인 경우의 어린모는 만식적응성이 높은 조, 중생종을 택해야 한다.

2 상자 육묘 방법

(1) 상토

상자 육묘의 상토는 배수가 양호하고 뿌리 매트 형성이 잘 되는 점질토양이어야 하며, 토양산도는 pH 4.5~5.5 정도가 적절한데, 이는 모마름병의 발생을 억제하기 위함이다.

(2) 파종량

상기 '2) 상자 육묘'의 테이블 참조

() 육묘 관리

① 출아

② 녹화

출아한 모에 엽록소가 형성되도록 광을 쪼여주는 과정을 녹화라 한다.

③ 치상

녹화된 육묘 상자를 논의 못자리에 놓는 것을 치상이라 한다.

④ 육모 중 시비

⑤ 병충방제

종자로 전염하는 도열병, 깨씨무늬병, 키다리병 등 곰팡이병과 세균성 벼알마름병의 종자소독에 특히 유의해야 한다. 기계이앙모는 비닐하우스 등에서 육묘하므로 손이앙모보다 병해와 생리장해가 잘 나타난다.

- 볍씨의 수분함량이 15% 정도가 될 때까지 침종한다. [127]
- 침종은 수온이 낮은 조건에서 실시하는 것이 바람직하다. [127]
- 벼의 침종기간이 길어지면 발근이 불량해진다. [127]
- 침종 기간은 수온이 낮을수록 길게 하는 것이 적합하다. [127]
- 입자가 고운 점토가 가장 늦게 가라앉아 표층에 쌓여 물의 누수를 막을 수 있다. [122]
- 간척지 토양은 정지 후 토양입자가 잘 가라앉고, 바로 굳어지므로 로터리와 동시에 이앙하는 것이 좋다. [126]
- 밭못자리는 초기 생육이 왕성하므로 만식적응성이 높은 반면, 물못자리는 식상이 많고 만식적응성이 낮다. [129]
- 상자당 볍씨의 파종량은 어린모가 중모보다 많다. [128]
- 10a당 육묘 상자는 어린모에서는 15개, 중모는 30개 정도가 필요하다. [128]
- 모내기 당시 배유 잔존량은 어린모에서는 30~50%이나 중모는 0%이다. [128]
- 육묘에 소요되는 일수는 어린모에서는 8~10일이고 중모는 30~35일이다. [128]
- 기계이앙용 중모는 상자당 100~130g을 파종하고 육묘일수는 30~35일이다. [128]
- 치묘는 "20일, 20개, 150g, 10%" [128]
- 어린모는 "10일, 15개, 200g, 40%" [128]
- 손이앙용 성묘는 평(3.3㎡)당 300g을 파종하고 육묘일수는 40일 이상이다. [128]
- 성묘보다 중모 및 어린모로 갈수록 하위마디에서 분얼이 나와 줄기수가 많아진다. [129]
- 손이앙 재배는 기계이앙 재배에 비하여 유효수수 확보가 불리하므로 벼 수량은 기계이앙 재배보다 떨어진다. [131]
- 어린모는 중모보다 출수기가 3~5일 정도 늦어지므로 그만큼 조기에 이앙한다. [130]
- 기계이앙 재배에서 출수기는 손이앙 재배보다 지연된다. [131]
- 어린모를 재배할 경우 이모작 지대에서는 만식적응성이 높은 조·중생종을 선택해야 한다. [129]
- 상자 육묘의 상토는 토양산도 4.5~5.5가 적절한데 이는 모마름병균의 발생을 억제하기 위함이다. [129]
- 기계이앙모는 비닐하우스 등에서 육묘하므로 손이앙모보다 병해와 생리장해가 잘 나타난다. [131]

7.5 모내기

1 이앙기

모내기를 너무 일찍 하면 육모기가 저온이어서 좋지 않고, 본답에서도 영양생장기간이 길어져 비료나 물 소모량이 많고 잡초의 발생도 많아진다. 또한 과번무로 인한 무효분얼이 많아지고,

도복도 많아지며, 병충해도 증가한다. 반면에 너무 늦게 모내기를 하면 불충분한 영양생장으로 수량은 적어지고, 심백미와 복백미가 증가하여 쌀의 품위가 낮아진다.

벼의 결실 기간 중 등숙에 적합한 온도는 21~23℃인데, 안전출수한계기란 출수 후 40일 간의 등숙온도가 평균 22.5℃ 이상 유지될 수 있는 출수기를 말한다. 따라서 최적 이앙기는 안전출수한계기의 출수기로부터 역산하여 지역별, 지대별로 결정된다.

묘의 종류별 활착 가능 저온 기온은 아래의 표와 같이 성묘, 중묘, 치묘, 어린모의 순으로 낮아지는데 (기계이앙모는 손이앙모보다 1~2℃ 낮음), 식물체가 어릴수록 작아서 에너지 소모가 적기 때문이다. 다만 같은 엽령의 묘라도 묘의 소질이 불량한 것은 저온활착성이 떨어진다는 것을 알 수 있다.

[묘의 종류와 활착 가능한 저온 한계]

육묘방법	모의 종류		활착 저온 기온
기계이앙용 상자 육묘		어린모	11.0
	치묘 {	튼튼한 모	11.5~12
		약한 모	13.5
	중묘 {	튼튼한 모	13.0
		약한 모	15.0
관행 못자리 육묘	성묘 {	보온밭못자리모	13.5
		보온절충못자리모	14.5
		물못자리모	15.5

2 재식 밀도 및 거리

1포기에 3~4모가 적당하다.

3 이앙심도

이앙 깊이는 2~3cm가 적당하다. 너무 깊으면 활착이 늦고 분얼이 감소하며, 너무 얕으면 물위에 떠서 결주된다.

4 모내기 직후 관리

이앙하면 먼저 있던 뿌리는 흡수기능을 잃게 되므로 새 뿌리가 나오기 전까지는 식물체가 시드는 식상(植傷)이 나타나는데, 식상을 완화하려면 물을 깊게 대 주어야 한다. 그러나 모내기 직후에 물을 깊이 대면 뿌리가 제 역할을 못해 모가 물위로 뜨므로, 뿌리가 약간 안정화되는 모내기 24시간 후에 심수관개를 해주는 것이 좋다.

- 벼를 기계이앙하려면 상자 육묘를 해야 한다. [543]
- 너무 일찍 모내기를 하면 본답에서의 생장기간이 길어지므로 잡초 발생이 많고, 과번무하며, 무효분 얼이 많아지고, 병충해가 증가하며, 도복의 위험도 커진다. [130]
- 너무 늦게 모내기를 하면 불충분한 영양생장으로 수량은 적어지고, 심백미가 증가하여 쌀의 품위가 낮아진다. [130]
- 최적이앙기는 출수 후 40일간의 등숙온도가 평균 22.5℃ 이상 유지될 수 있는 출수기로부터 역산하여 지역별, 지대별로 결정한다. [130]
- 기계이앙모는 손이앙모보다 어려서 모낸 후의 활착 한계온도가 1~2℃ 낮다. [131]
- 줄 사이 거리가 25cm로 고정된 이앙기로 10a당 25,000주의 밀도로 이앙하기 위해서는 포기 사이를 얼마로 조정하여야 하는가? : 포기 사이 거리=(전체 면적/주수)÷줄 사이 거리 [132]

7.6 무기영양 및 시비

1 무기양분 흡수

(1) 벼의 조성분

벼도 9개의 필수 다량 원소와 7개의 필수 미량 원소로 구성되어 있는데, 벼는 필수 원소가 아닌 규소를 다량(질소보다 10배 이상) 필요로 한다.

① **다량 필수 원소(9종)** : 탄소(C), 수소(H), 산소(O), 질소(N), 황(S), 칼륨(K), 인산(P), 칼슘(Ca), 마그네슘(Mg)

② **미량 필수 원소(8종)** : 붕소(B), 염소(Cl), 몰리브덴(Mo), 아연(Zn), 철(Fe), 망간(Mn), 구리(Cu), 니켈(Ni)

(2) 무기양분 흡수 부위

양분 흡수는 뿌리 끝 2~3cm 부위에서 주로 이루어진다. 따라서 뿌리의 무게보다 뿌리의 수가 더 중요하다.

(3) 무기양분 흡수 장해

벼가 양분을 잘 흡수하려면 흡수할 양분이 많아야 하고, 뿌리의 흡수 기능이 좋아야 한다. 뿌리의 흡수 기능이 좋으려면 뿌리가 건강하며, 뿌리조직 내에 호흡기질이 충분하고, 흡수에 필요한 에너지 발생을 위하여 산소가 충분히 공급되어야 한다. 아울러 생리 반응에 필요한 효소의 활성도 필요하다. 따라서 이들 조건을 저해하는 모든 요인은 양분 흡수를 저해하게 되는데, 예를 들어 저온, 황화수소, 유기산 등은 효소작용을 방해하기 때문에 양분 흡수가 저해된다.

- 탄소, 산소, 수소는 대부분의 식물체에서 필수 원소의 90% 이상을 차지한다. **[132]**
- 탄소, 산소, 수소는 전량 대기와 물로부터 얻는다. **[132]**
- 질소, 칼륨, 인, 칼슘, 마그네슘, 황에는 비료의 3요소에 해당하는 필수 원소가 모두 포함되어 있다. **[132]**
- 철, 구리, 아연, 붕소, 망간, 몰리브덴, 염소, 니켈은 미량 원소에 해당한다. **[132]**
- 식물이 자라는 데 필요한 필수 원소 중 미량 원소 : 망간, 염소, 아연, 철 **[133]**
- 양분 흡수는 뿌리 끝 2~3cm 부위에서 이루어진다. **[142]**
- 저온 조건에서는 뿌리의 양분흡수력이 약하다. **[147]**
- 논에서 H_2S(황화수소) 발생에 의한 뿌리장해로 양분 흡수의 저해 정도가 큰 순서 : 인산 > 칼리 > 규소 > 망간 **[125]**

2 무기양분과 벼의 생장

(1) 벼의 생육과 영양

벼 생육과정의 특징을 살펴보면 오른쪽 그림 (a)에서와 같이 생육 초기인 영양생장기는 경수(분얼수)의 증가, 생육 중기인 생식생장기는 경엽중(莖葉重)의 증가, 생육 후기인 등숙기에는 수중(穗重)의 증가가 특징이다. 이것이 이른바 영양생장, 생식생장, 등숙이라고 하는 생육의 3상이다.

이 생육의 3상을 식물체 구성이라는, 다시 말해 유기물의 집적이라는 측면에서 본 그림이 (b)인데, 영양생장은 단백질의 집적에 의해, 생식생장은 리그닌과 같은 세포막 물질의 집적에 의해, 등숙은 전분의 집적에 의해 이루어지고 있음을 알 수 있다.

그렇다면 유기물을 뒷받침하고 있는 것은 무기양분이므로 무기양분의 흡수 경과도 앞에서 설명한 생육상 전개에 대응해서 이루어진다는 것은 당연히 예측되는 것이다. 그것, 즉 무기양분의 흡수경과를 보여주는 그림이 (c)이다. 그림 (c)에서 알 수 있는 것은 질소나 인산은 단백질 구성 요소로서 생육 초기에 왕성한 흡수가 이루어지며, 동화작용이나 동화 산물의 전류에 관계가 있는 칼리나 마그네슘은 생육 중, 후기까지

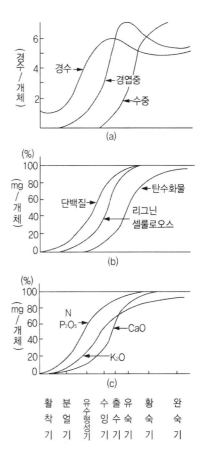

[벼의 생육 경과와 영양의 집적]

계속 흡수되고, 전분의 운반자인 석회는 생육 후기인 등숙기까지 왕성한 흡수가 계속된다는 것이다. 이에 대해서는 다음 "2) 뿌리의 기능과 양분 흡수"에서 좀 더 자세히 알아보기로 하고 여기서는 그림 (b)를 좀 더 구체적으로 설명하기 위하여 아래의 왼쪽 그림을 제시한다.

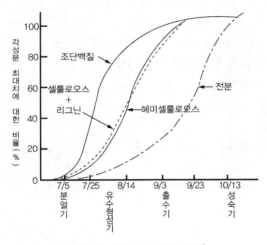

[각종 유기물질의 집적 경과]

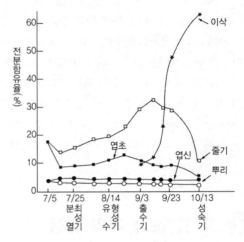

[생육에 따른 각 기관에서의 전분함유율의 변화]

영양생장기에는 원형질의 구성 성분인 단백질 합성이 왕성하며, 활발한 광합성에 의해 다량(약 80%)의 단백질이 체내에 축적되고, 그것을 소재로 새로운 줄기, 잎, 분얼이 발생한다. 즉, 영양생장기에는 질소, 인산, 칼리를 많이 흡수하고, 단백질을 만들며 줄기와 잎을 키운다. 이렇게 해서 발생한 젊은 기관들은 다음 단계로 리그닌, 셀룰로오스, 헤미셀룰로오스 등의 세포막 물질들에 의해서 강화되고, 영화분화기가 되면 막물질은 전분을 저장할 영각 형성에 기여하는데, 이를 간략화하면 '벼의 생식생장기에는 건물중이 증가하며, 세포벽 물질인 리그닌과 셀룰로오스 등이 많이 만들어진다.'라고 말할 수 있다. 그리고 등숙기가 되면 동화 산물은 대부분 전분으로서 이삭에 축적된다. 위의 오른쪽 그림은 생육에 따른 각 기관에서의 전분함유율의 변화를 보여주는데, 전분은 생육 중기까지는 비교적 많은 양이 줄기나 엽초에 축적되지만 출수와 함께 이삭으로 이전되고, 이들 기관에서는 소실해 감을 알 수 있다. 즉, 줄기와 엽초의 전분 함량은 출수할 때까지 높다가 등숙기 이후에는 감소한다. 이에 반하여 질소는 아래 그림에서와 같이 생육 초기에 엽신과 엽초에 대부분은 단백태 질소로 축적하고, 일부는 아미드태, 아미노태 또는 암모니아태 질소의 형태로 축적하는데, 출수가 되면 엽신과 엽초 중의 질소는 가용성 질소가 되어 이삭으로 이동해서 이삭의 질소량이 증가한다. 다시 말해 출수 후에 질소대사는 활발하게 일어나지 않으며, 동화 산물의 대부분은 전분의 형태로 종실에 집적된다. 여기서 특이한 것은 엽신은 질소의 저장 기관으로서의 의의는 크지만 전분은 거의 저장하지 않는다는 것이다. 즉, 엽신에서 만들어진 전분은 생육 초기에는 엽초와 줄기에 축적시키고, 유숙기 이후에는 이삭에 축적시킨다. 전분을 만드는 엽신은 계속 전분을 효율적으로 만들기 위해 자리를 차지하는 전분을 다른 기관으로 이송하는 것이다. 뿌리는 질소도 전분도 저장하지 않는다. 탄수화물의 대사면에서 다시 한번 정리하면 엽신부는 생육 기간 내내 오로지 광합성의 장소로만 사용되고 광합성 산물을 저장하지 않는데 반하여, 광합성 효율이 떨어지는 엽초 및 줄기는 과잉의 동화 산물을 전분으로 일시 저장하는 장소가 되고, 이삭은 오로지 동화 산물을 전분으로 축적하는 역할만 한다. 아래 질소 그림에서 하나 더 유의하여야 할 것은 모의 질소 함량은 제4, 5 본엽기에 가장 높고, 그 후에는 감소하면서 모가 건강해진다는 것이다. 또한 아래 그림에는 인산과 칼리의 함량 변화도 표시되어 있는데, 잎에 함유된 인산과 칼리의 농도는 모두 생육 초기보다 성숙기가 더 낮음을 알 수 있다.

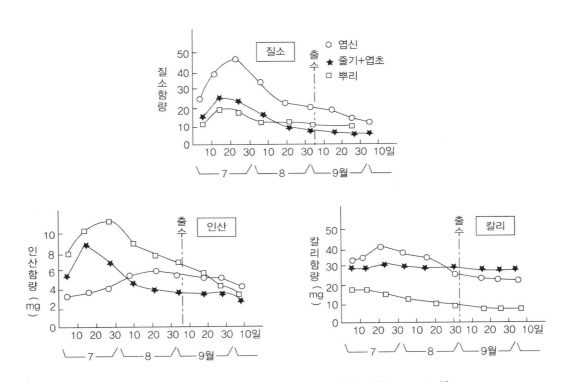

[벼 생육 경과에 따른 질소, 인산, 칼리의 함량 변화(Ota, 1965)]

(2) 뿌리의 기능과 양분 흡수

아래의 그림은 생육 시기별로 각종 양분 흡수와 뿌리와의 관계를 본 그림이다. 그림에서 보듯이 질소와 칼리는 흡수가 가장 빨리 이루어지며 1일당 흡수량은 출수 전 20~30일에 최고에 달하고, 새 뿌리의 발생이 거의 없는 출수 이후에는 격감한다. 인은 질소나 칼리보다 다소 늦게 최고치에 달한다.

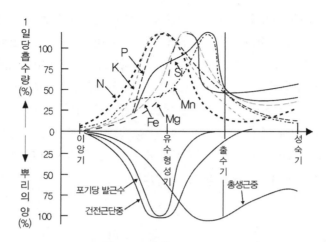

[벼의 생육에 따른 양분의 흡수 속도와 뿌리 생장과의 관계]

한편 한 포기당 발근수는 출수 전 20~30일에 가장 많아서 이것이 질소, 인, 칼리의 흡수량의 최고치와 일치하고 있는데, 이는 3요소의 흡수가 새 뿌리에 크게 의존하고 있음을 나타내는 것이다. 특히 질소의 흡수 속도는 발근수와 건전근단중과도 밀접한 관계를 가지고 있어 새 뿌리에 의해서만 흡수된다. 그러나 인은 발근이 정지된 후에도 어느 정도 흡수되고 있는 것으로 보아 오래된 뿌리에서도 흡수됨을 알 수 있다.

생식생장기에 접어들면 질소와 인산의 흡수량이 적어지며 칼슘, 마그네슘, 규산의 농도가 높아진다. 한편 철과 마그네슘은 출수 전 10~20일에, 규소와 망간은 출수 직전에 1일당 흡수량이 최대를 보인다. 즉 철과 마그네슘의 흡수 최고점은 발근수의 최다 시기보다 약 10일, 규산과 망간은 약 20일 늦어진다. 여기서 알 수 있는 것은 철, 마그네슘, 규산, 망간은 제법 오래된 묵은 뿌리에 의해서도 상당량 흡수된다는 사실이다.

(3) 무기양분의 축적과 이행

뿌리에서 흡수되는 무기양분 중 일부는 뿌리에 머물러 잎으로부터 이동해 오는 광합성 산물과 합쳐져 뿌리 자신의 대사활동에 기여하지만 나머지는 대부분 지상부로 이동한다. 따라서 생육에 따른 체내 무기성분의 함량 변화를 보면 앞에서 설명한 뿌리의 양분 흡수경과와 유사한 경향을 보인다.

벼에서 양분의 체내 이동률은 인, 질소, 황, 마그네슘, 칼륨, 칼슘의 순으로 저하되는데, 체내에서 이동이 잘 되는 무기양분(N, P, K, S 등)의 결핍증상은 하위엽에서 먼저 나타나고, 무기양분이 과잉 흡수되면 하위엽에 많이 집적되므로 과잉증상도 하위엽에서 나타난다. 한편 체내에서 이동이 잘 되지 않는 무기양분(Fe, B, Ca 등)이 결핍될 때는 결핍 증상이 상위엽에서 나타난다. 식물도

이걸 알아서 이동성이 좋은 인, 질소, 황 등의 단백질 구성 성분은 생육 초기부터 출수기까지 상당 부분 흡수하며, 출수 후에는 잎과 줄기에 축적되어 있던 것을 이삭으로 이동시킨다. 한편 이동성이 나쁜 칼슘과 규산은 생육 초기부터 완료 시까지 흡수된다. 여러분만큼은 아니겠지만 꽤나 똑똑하지요? 벼 생육시기별 무기성분의 농도는 그림처럼 생육 초기에는

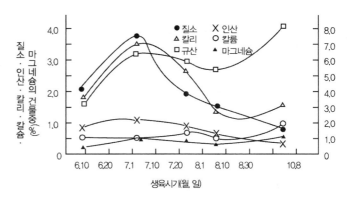

[벼 생육 시기별 무기성분 농도]

질소 및 칼리가 높다가, 생육 후기 호숙기에 체내 농도가 가장 높은 무기성분은 규소이다.

- 영양생장기에는 질소, 인산, 칼리 등을 많이 흡수하고, 단백질을 만들며 줄기와 잎을 키운다. [141]
- 벼의 무기양분 중 단백질의 구성 성분인 질소는 생육 후기보다 생육 초기에 많이 흡수된다. [142]
- 벼의 생식생장기에는 건물중이 증가하며, 세포벽 물질인 리그닌과 셀룰로오스 등이 많이 만들어진다. [142]
- 줄기와 엽초의 전분 함량은 출수할 때까지 높다가 등숙기 이후에는 감소한다. [145]
- 출수 후에 질소대사는 활발하게 일어나지 않으며, 동화 산물의 대부분은 전분의 형태로 종실에 집적된다. [141]
- 모의 질소 함량은 제4, 5 본엽기에 가장 높고, 그 후에는 감소하면서 모가 건강해진다. [146]
- 잎에 함유된 질소와 칼리의 농도는 생육 초기보다 성숙기가 더 낮다. [146]
- 무기성분 중 질소, 인, 칼륨 모두 생육 초기에 1일당 흡수량이 최대를 보인다. [143]
- 일반적으로 질소·인·황 등의 단백질 구성 성분은 생육 초기부터 출수기까지 상당 부분 흡수된다. [2020 7급]
- 비료 3요소의 1일 흡수량은 유수형성기부터 출수기로 갈수록 감소한다. [146]
- 무기양분의 흡수는 유수형성기까지 양분 흡수가 급증하나, 유수형성기 이후 출수기 사이에는 감소한다. [2020 7급]
- 생식생장기에 접어들면 질소와 인산의 흡수량이 적어지며 칼슘, 마그네슘, 규산의 농도가 높아진다. [141]
- 철과 마그네슘은 출수 전 10~20일에, 규소와 망간은 출수 직전에 1일당 흡수량이 최대를 보인다. [143]
- 철과 마그네슘은 출수 전 10~20일에 1일 최대흡수량을 보인다. [145]
- 벼에서 양분의 체내 이동률은 인, 황, 마그네슘, 칼슘 순으로 저하된다. [142]
- 벼에서 양분의 체내 이동률은 인>질소>황>마그네슘>칼슘 순이다. [2020 7급]

- 체내 이동률은 인과 황이 칼슘보다 높다. [145]
- 비료의 3요소 중에서 체내 이동률이 가장 높은 것은 인이다. [146]
- 체내에서 이동이 잘 되는 무기양분(N, P, K, S 등)의 결핍증상은 하위엽에서 먼저 나타난다. [141]
- 무기양분이 과잉 흡수되면 하위엽에 많이 집적되므로 과잉증상은 하위엽에서 나타난다. [141]
- 체내에서 이동이 잘 되지 않는 무기양분(Fe, B, Ca 등)이 결핍될 때는 결핍 증상이 상위엽에서 나타난다. [141]
- 벼의 생육시기별 체내 무기양분의 농도는 생육 초기에는 질소와 칼리의 농도가 높으나, 생육 후기에는 규산의 농도가 높다. [2020 7급]
- 호숙기에 체내 농도가 가장 높은 무기성분은 규소이다. [145]

3 무기양분의 생리 기능

(1) 질소

질소는 원형질(핵과 세포질)의 구성 성분이므로 엽면적과 분얼 형성에 가장 큰 영향을 미친다. 또한 엽록소의 주성분으로 엽록소의 형성에도 결정적인 영향을 미치므로 질소가 부족하면 오래된 잎의 가장자리부터 시작하여 잎의 가운데 부분까지 황백화 현상이 발생한다. 한편 질소를 과다하게 시용하면 엽면적을 지나치게 크게 하여 과번무로 수광태세가 나빠지므로 광합성을 저하시키고, 호흡량을 증대시켜서 건물생산이 저하된다. 더욱 질소를 급속히 과잉 흡수시키면 다량의 암모니아는 결합해야 할 탄수화물이 부족하여 식물체 속에 암모니아로, 혹은 중간 산물인 아미노산의 형태로 축적되고, 또는 양자가 결합해서 아미드 형태로도 축적된다. 이와 같은 생리 상태는 질소 흡수가 정상이더라도 일조 부족이나 수분 부족 또는 18℃ 이하의 저온에서는 광합성이 약해져 체내 탄수화물이 부족한 경우에도 발생한다. 유리된 아미노산이나 아미드의 축적은 도열병균의 번식을 조장하므로 이런 생리상태의 벼는 도열병에 이병되기 쉽다. 이외에도 질소 과잉은 이화명충의 피해도 키우고, 뿌리의 활력도 조기에 쇠퇴시키므로 풍수해에도 약해진다.

(2) 인산

인산은 체내에 질소나 칼륨의 1/5 정도만 함유되어 있으나, 원형질의 주요 부분인 세포핵과 세포막을 구성하는 데 불가결한 원소이므로 벼에서는 생육 전기의 분얼과 뿌리 자람을 위한 필수 요소이다. 벼에서 인산이 부족하면 잎이 좁아지고 농록색으로 변하며, 분얼이 적어지고, 호흡작용이나 광합성을 저하시키므로 도열병에 걸리기 쉽다. 참고로 고구마는 인산 결핍 시 잎이 작아지고 농록색으로 되나 풍부하면 괴근의 모양은 길어지고 단맛과 저장력이 증대된다. 이렇게 은근슬쩍하는 것이 꽤 쏠쏠합니다. 또한 인이 부족하면 출수와 성숙이 늦어진다. 한랭지에서는 저온으로 인하여 인의 흡수가 나쁘므로 인산질 비료를 충분히 시용할 필요가 있다. 다만 일반적인 논토양의 경우에는 담수 후에 인의 유효도가 커지므로 결핍현상이 잘 발생하지는 않는다.

(3) 칼륨

칼륨은 단백질 합성에 필요하여 질소가 많을수록 칼륨의 필요량도 많아진다. 따라서 질소 함량이 많을 때에는 칼륨 결핍이 일어나기 쉬우므로, 벼 생애 중 질소 함량이 가장 높은 분얼 성기와 유수형성기에 칼륨 결핍이 일어나기 쉽다. 칼륨이 결핍하면 하위엽에 있던 칼륨이 상위엽으로 이동하므로 하위엽이 선단부터 황변하기 시작하고, 점차 담갈색이 되어 조기 고사하며, 결실이 잘 이루어지지 않는다. 또한 칼륨 결핍 시 섬유소 및 리그닌의 합성이 부진하여 줄기가 약해지고 도복되기 쉽다. 한편 칼륨의 흡수가 저해되면 체내에 암모늄태 및 가용태 질소 함량이 증가되어 질소를 과잉 흡수한 것이 되므로 병에 걸리기 쉽다. 일반으로 칼륨이 부족하면 엽색이 진해지고 초장이 짧아진다. 그러나 인산 결핍과는 달리 분얼의 감소는 없으며 출수는 오히려 빨라진다.

(4) 규소

벼에서 수확기까지 질소보다 10배 이상 많이 흡수되는 규소는 필수 원소는 아니지만 생리적으로 필수 원소라고 할 수 있으며, 화곡류에는 그 함량이 극히 많다. 벼잎에 축적된 규소는 병원균과 해충의 침입을 막고, 줄기에 축적된 규소는 도복에 대한 저항성을 높인다. 규소는 잎을 꼿꼿하게 세워 수광태세를 좋게 하며, 증산(蒸散)을

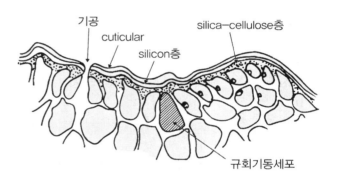

[**벼잎에서의 규산의 분포**]

경감하여 한해(旱害)를 줄이는 효과가 있고, 잎의 표피세포에 축적되면 수분 스트레스를 방지함으로써 광합성이 양호해진다. 규소의 효과는 대체로 질소와 반대되므로 규소/질소 비율이 높으면 벼는 건실하게 자란다. 특히 질소 비료의 다비 시에 규소를 많이 흡수하는 벼는 건강해진다. 토양에는 규소의 산화물인 규산의 함량은 높지만 가용성의 유효 규산은 다소 부족하므로 별도 시용이 필요한데, 논토양이 담수되어 환원되면 가용태 규산은 증가된다. 규소는 $Si(OH)_4$ 형태로 벼 뿌리의 세포막을 쉽게 통과하여 식물체의 각 부위에 수송된다. 위의 그림은 규질화를 보여 주는 것으로 규산은 표피세포에 있는 각피(cuticular)층의 내측에 침전하여 강인한 실리콘층을 형성하고, 또한 세포막 부분에도 침적하여 Silica- cellulose막을 형성한다. 이와 같이 표피세포를 덮고 있는 여러 층의 막은 과잉의 각피 증산을 막고, 병원균이나 해충의 침입을 막는 작용을 한다.

(5) 칼슘

칼슘은 세포막 구성 성분으로 분열조직의 생장에 크게 영향을 미치며, 토양 산도도 교정하므로, 벼의 다수확 재배를 위해서는 주기적인 석회 시용이 필요하다. 칼슘은 이동 관련 제효소의 구성 성분으로 작용하는데, 특히 벼의 유수형성기~등숙기에 광합성 산물의 작물체 내 전류를 원활하게 한다. 한편 칼슘은 같은 양이온인 칼륨, 마그네슘 및 나트륨과 길항작용을 하여 이들이 단독으로 존재할 경우의 독작용을 완화한다.

(6) 마그네슘

마그네슘은 엽록소의 구성 성분이므로 결핍되면 엽맥 사이에 황백화 현상이 일어나고, 하위엽이 황변하며, 병에 잘 걸린다. 또한 줄기나 뿌리 생장점의 발육도 나빠진다.

(7) 철, 망간, 아연

망간은 여러 가지 효소작용을 촉진하는 효과를 지니므로 망간이 결핍되면 엽록소 함량과 광합성 능력이 현저하게 감소한다. 석회암 지대에서는 아연의 결핍이 나타날 수 있고, 철이 부족하면 뿌리 썩음 현상이 나타난다.

- 질소가 부족하면 오래된 잎의 가장자리부터 시작하여 잎의 가운데 부분까지 황백화 현상이 발생한다. [134]
- 벼의 질소 흡수가 과다하면, 다량의 암모니아는 결합해야 할 탄수화물의 부족을 야기하고, 도열병에도 취약해진다. [491]
- 무기양분이 결핍 또는 과잉될 때는 잎의 녹색이 변하여 황백색, 갈색, 오렌지색 등이 된다. [141]
- 산업단지 또는 도시 근교에 있는 논에 질소 함량이 높은 폐수가 유입되면 벼에 과번무, 도복, 등숙 불량, 병충해 등의 질소 과잉장해가 나타난다. [144]
- 인[136] : 세포핵을 구성하는 주성분이다. 생육 전기의 분얼과 뿌리 자람을 위한 필수 요소이다. 결핍 시 광합성과 호흡작용이 저하되고, 도열병에 걸리기 쉽다.
- 벼에서 인산이 부족하면, 잎이 좁아지고 분얼이 적어지며, 호흡작용이나 광합성을 저하시킨다. [491]
- 칼륨 결핍 시 잎의 끝이나 둘레가 황화하고 아래잎이 떨어지며 결실이 잘 이루어지지 않는다. [134]
- 칼륨 결핍 현상(2020 7급) : 단백질 합성이 저해되고 탄소 동화작용이 감퇴된다. 섬유소 및 리그닌의 합성이 부진하여 줄기가 약해지고 도복되기 쉽다. 하위 잎의 엽맥간이 선단부터 황변하기 시작하고 점차 담갈색이 된다. 흡수가 저해되면 체내 암모늄태 및 가용태 질소의 함량이 증가되어 질소를 과잉 흡수한 것과 같은 상태로 되어 병에 걸리기 쉽다.
- 수확기까지 규소의 흡수량은 질소보다 10배 이상 많다. [139]
- 규소는 필수 원소는 아니지만 생리적으로 필수 원소라고 할 수 있다. [139]

- 벼잎에 축적된 규소는 병원균과 해충의 침입을 막고 줄기에 축적된 규소는 도복에 대한 저항성을 높여준다. [138]
- 규소는 잎을 규질화시켜 도열병 저항력을 증대시킨다. [139]
- 규소는 수광태세를 좋게 하고 병해충의 침입을 막는다. [512]
- 규소[137] : 필수 원소는 아니지만 화곡류에는 그 함량이 극히 많다. 표피세포에 축적되어 병에 대한 저항성을 높이고, 잎을 꼿꼿하게 세워 수광태세를 좋게 하며, 증산(蒸散)을 경감하여 한해(旱害)를 줄이는 효과가 있다.
- 벼 잎에 축적된 규소는 벼의 수광태세를 좋게 하며 광합성을 촉진하는 효과를 가진다. [143]
- 규소가 잎의 표피세포에 축적되면 수분 스트레스를 방지함으로써 광합성이 양호해진다. [138]
- 토양에는 규소의 산화물인 규산 함량이 아주 높지만 가용성 유효 규산은 다소 부족하므로 규산질 비료의 별도 시용이 필요할 수 있다. [138]
- 논토양이 환원되면 가용태 규산이 증가된다. [139]
- 규소는 $Si(OH)_4$ 형태로 벼 뿌리의 세포막을 쉽게 통과하여 식물체의 각 부위에 수송된다. [138]
- 벼에서 규소의 분포와 역할[139] : 규소는 잎새와 줄기 및 왕겨의 표피조직에 많다. 규소/질소의 비가 높을수록 건전한 생육을 한다. 규소는 벼 잎을 곧추서게 만들어 수광태세를 좋게 한다. 규소는 잎에서 표피세포의 큐티쿨라층 안에 침적하여 세포 밖에 단단한 셀룰로오즈층을 형성한다. 벼 잎에 침적한 규소는 병·해충에 대한 저항성을 높인다. 벼 잎에 침적한 규소는 표피의 증산을 줄여 수분 스트레스가 일어나는 것을 방지한다.
- 벼의 생육에 작용하는 규소(silicon, Si)의 효과[140] : 단백질 합성과 관련이 없다. 벼잎을 곧추서게 만들어 수광태세를 좋게 한다. 표피증산을 줄여 수분 스트레스가 일어나는 것을 방지함으로써 광합성이 촉진된다. 병충해에 대한 저항성을 높여준다.
- 벼에서 칼륨은 출수 후 등숙기보다 출수기 이전에 상대적으로 흡수량이 증가하여 영양생장에 크게 영향을 미친다. [491]
- 칼슘은 벼의 유수형성기~등숙기에 광합성 산물의 작물체 내 전류를 원활하게 한다. [491]
- 정상적인 광합성 능력을 유지하려면 잎이 질소 2.0%, 인산 0.5%, 마그네슘 0.3%, 석회 2.0% 이상 함유해야 한다. [535]
- 마그네슘 결핍 시 엽맥 사이에 황백화 현상이 일어나고 줄기나 뿌리의 생장점의 발육이 나빠진다. [134]
- 망간은 여러 가지 효소작용을 촉진하는 효과를 지니므로 망간이 결핍되면 엽록소 함량과 광합성 능력이 현저하게 감소한다. [143]
- 잎몸이 짧고 폭이 넓으며 농록색이면 칼륨 부족이다. [135]
- 잎몸이 짧고 폭이 좁으며 단단하고 담록색이면 질소 부족이다. [135]
- 잎몸이 짧고 폭이 좁으며 농록색이면 인산 부족이다. [135]
- 황이 부족하면 엽록소의 형성이 억제되고, 콩과 작물의 경우 뿌리혹박테리아의 질소 고정 능력이 낮아진다. [134]

4 시비

(1) 시비량의 결정

시비량=(필요성분량-천연공급량)/시용한 비료성분의 흡수율

(2) 시비 시기

비료는 벼의 생육량에 맞추어 분시해야 한다. 모내기 전에는 기비(밑거름)를 주고, 모내기 후 12~14일에 분얼비(새끼칠거름)를 주며, 출수 전 유수가 1~1.5mm 자란 때에는 1수영화수를 증가시키기 위하여 수비(이삭거름)를 준다. 출수기(수전기)에는 종실의 입중을 증가시키기 위하여 질소질 비료 총량의 10% 정도 범위에서 실비(알거름)를 준다. 알거름은 활동엽의 질소 함량이 2.0% 이하일 때 효과가 크므로 질소 함량이 높으면 생략하는 것이 좋고, 저온 하에서도 도열병 방지를 위하여 생략하는 것이 좋다.

(3) 분시 비율

질소질 비료의 분시 비율은 평야지 적기이앙의 경우 기비 : 분얼비 : 수비=50 : 20 : 30이다. 그러나 이는 단순 권고 기준일 뿐 품종, 재배양식, 환경조건, 쌀의 용도 등에 따라 달라져야 한다. 수중형 품종은 많은 이삭수의 확보가 필요하지 않으므로 분얼비를 줄여 기비를 늘리고, 조기 재배의 경우는 생육 기간이 늘어나므로 분시량을 늘리는 것이 좋다. 특히 사질답 또는 누수답에서는 밑거름을 줄이고 자주 나누어 주는 것이 좋다. 기상 조건이 좋아서 동화작용이 왕성한 해에도 웃거름(추비)을 늘리는 것이 증수에 도움이 되는데, 추비에 의해 잎이 무성해져도 광합성의 증가량이 호흡증가량을 상회하기 때문이다. 따라서 일사량이 풍부한 조건에서는 시비량을 늘려야 한다. 인산질 비료는 전량 밑거름으로 주고, 칼리질 비료는 기비와 수비를 70 : 30의 비율로 나누어 준다.

(4) 합리적 시비법

합리적 시비의 요점은 첫째, 수량을 위한 엽면적과 벼 이삭수를 충분히 확보하면서, 둘째 도복이 방지되고, 셋째 쌀의 단백질 함량을 높이지 않는 것이다. 상기 첫째를 위하여 기비 및 분얼비는 분얼 발생에 적당한 질소 농도(3.0~3.5%)가 유효분얼 종지기까지만 유지되도록 하는 것이다. 즉, 비효가 출수 전 32일의 수수분화기까지는 가지 않도록 시비량을 조절하는 것이다. 그러기 위해서는 모내기 전에 밑거름을 주고 모내기 후 대략 12~14일경에 새끼칠거름을 주며, 늦게 이앙한 논일수록 새끼칠거름의 시비량을 줄여야 한다. 둘째, 도복 방지를 위해서는 상위 4~5절간 신장기에 질소가 과다하지 않도록 이삭거름의 양을 조절해야 하는데, 이삭거름은 쌀알의 단백질 함량에

도 영향을 미칠 수 있으므로 이것도 고려해야 한다. 셋째, 쌀알의 단백질 함량을 높이지 않기 위해서는 이삭거름에 주의하는 것 외에도 실비(알거름)의 필요성을 고민해야 하는데, 수비가 부족했을 때 실비를 주면 다수확에 도움은 되나 쌀알의 단백질 함량을 높일 수 있다. 한편 알거름은 종실의 입중을 증가시키기 위해 시비하며 질소 성분이 쌀알의 단백질 함량을 분명히 높이므로, 고품질의 쌀을 생산하는 것이 목적인 경우에는 알거름을 생략하는 것이 좋다.

냉수가 유입되거나 냉해가 우려되는 논에는 인산이나 칼리질 비료를 늘리고 질소질 비료는 감소시켜야 한다. 객토한 논이나 심경한 논에는 질소질, 인산질 및 칼리질 비료를 늘리는 것이 증수에 도움이 된다. 그러나 일조 시간이 적은 논이나 도복 발생이 잦은 논에서는 질소질 비료를 20~30% 감비하고, 인산질 및 칼리질은 20~30% 증비하는 것이 좋다.

(5) 비료의 종류와 사용법

N, P, K가 단독으로 있는 것을 단비라 하고, N, P, K가 혼합된 것을 복합비료라 한다. 단비는 속효성이고 시비 직후 일시에 비효가 나타나는 단점이 있는데, 이를 개선한 것이 완효성 비료이다. 토양검정을 기초로 부족한 성분만을 배합하는 주문배합비료(BB비료)도 있다.

- (목표수량 : 현미 6,000kg/ha, 질소 천연공급량 : 84kg/ha, 질소비료 성분의 흡수율 : 50%, 현미 100kg 생산에 필요한 질소 성분량 : 2.4kg)의 조건에 맞는 요소 비료의 시용량 : 질소시비량=(6,000×0.024 −84)/0.5=120kg, 요소비료의 시용량=120/0.46=261kg [150]
- 질소 함량[150] : 요소(46%) > 질산암모늄(33%) > 황산암모늄(21%) > 구비(아주 소량, 2% 정도)
- 기상 조건이 좋아서 동화작용이 왕성한 경우 웃거름을 늘리는 것이 증수에 도움이 된다. [149]
- 일사량이 풍부한 조건에서는 시비량을 늘려야 한다. [147]
- 모내기 전에 밑거름을 주고 모내기 후 대략 12~14일경에 새끼칠거름을 준다. [149]
- 늦게 이앙한 논일수록 새끼칠거름의 시비량을 줄인다. [148]
- 알거름은 종실의 입중을 증가시키기 위해 시비하며, 질소 성분이 쌀알의 단백질 함량을 높인다. [148]
- 고품질의 쌀을 생산하는 것이 목적인 경우에는 알거름을 생략하는 것이 좋다. [149]
- 냉해가 우려되는 논에는 인산이나 칼리질 비료를 늘이고 질소질 비료는 감소시켜야 한다. [146]
- 심경한 논에는 질소질, 인산질 및 칼리질 비료를 늘리는 것이 증수에 도움이 된다. [149]
- 일조 시간이 적은 논이나 도복 발생이 잦은 논에서는 질소질의 시비량은 줄이고 인산질의 시비량을 늘린다. [148]
- 엽면시비에서 비료의 흡수 촉진 조건[517] : 잎의 표면보다 이면에 살포되도록 한다. 비료액의 pH를 약산성으로 조제하여 살포한다. 피해가 발생하지 않는 한 높은 농도로 살포한다. 가지나 줄기의 정부에 가까운 쪽으로 살포한다.

7.7 논에서의 물관리

1 벼농사와 물

(1) 관개의 의의 및 효과

논벼의 요수량은 300g 정도로 밭작물인 콩보다 한참 낮으므로 포장용수량 정도의 수분상태에서도 생육이 가능하다. 따라서 당연히 밭에서도 재배할 수 있는데 벼를 논에서 재배하는 이유는 생리적 필요에 의해서가 아니라, 아래와 같은 재배의 편의성 때문이다. 관개수는 다음의 역할을 한다.

① 양분을 공급한다.

② 수온 및 지온을 조절한다.

③ 토양 환원을 조장하여 부식의 과도한 분해를 막는다.

④ 토양을 부드럽게 하여 경운, 써레, 제초 등 농작업을 용이하게 한다.

⑤ 병해를 예방하고 잡초 발생을 억제한다.

(2) 용수량과 관개수량

① 벼 용수량=엽면증산량(요수량과 유사)+논 수면 증발량+지하투수량

② 벼 관개수량=용수량-유효 강우량

③ 생육시기별 용수량

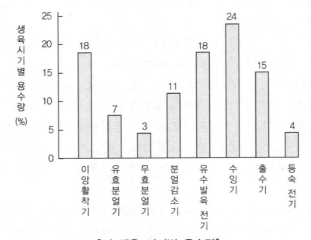

[벼 생육 시기별 용수량]

위의 그림에서 보듯이 벼 농사에서 물을 가장 많이 필요로 하는 시기는 수잉기이고, 다음이 유수발육 전기 및 활착기이며, 그 다음이 출수개화기이다.

벼의 재배양식에 따른 용수량은 기계이앙재배에 비하여 경운직파재배는 약 40% 증가하고, 무경운직파재배는 62% 증가한다고 한다. 논토양의 배수 정도는 1일 감수심 20~30mm 정도가 알맞다.

2 이앙재배 물관리

(1) 이앙 시

이앙 작업 시에는 물깊이를 2~3cm로 얕게 하여 작업의 편의를 도모한다. 물이 깊으면 모가 잘 심어지지 않고 심은 모가 뜨므로 결주가 발생하고, 물이 너무 없으면 이앙작업 자체는 쉬우나, 모내기 직후에는 모가 떠서 관개를 할 수 없으므로 모의 식상이 심해진다.

(2) 활착기

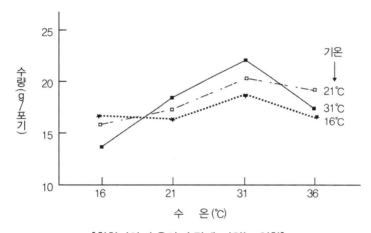

[활착기의 수온이 수량에 미치는 영향]

이앙 직후 물 관리의 최대 목표는 가능한 한 빨리 뿌리를 활착시키는 것이다. 그러기 위해서는 이앙 후 수일(7~10일)간 물을 6~10cm 정도로 깊게 대주어야 한다. 그렇게 하면 첫째 이앙 직후 햇빛이 강하고 바람이 강한 경우 식상(植傷)을 방지하는 효과가 있다. 활착기에 물을 깊게 대야 하는 또 다른 이유는 주·야간 모두 고온이 활착에 좋기 때문이다. 결론적으로 활착기에는 물을 깊게 대어 식상을 방지하고, 고온을 유도하여 뿌리내림을 촉진하여야 한다. 위의 그림은 묘소질에 관계없이 수온이 수량에 미치는 영향을 보여주고 있는데, 수온의 영향이 극히 명료함을 알 수 있다.

(3) 분얼기

활착이 끝나고 새뿌리가 나와 신장하면서 분얼기에 들어간 벼는 수심을 1~3cm 정도로 얕게 하여야 하는데, 그 이유는 분얼의 증가에는 다음 그림에서 보듯이 16℃의 저온이 줄기기부에 가해져야 하며, 특히 분얼수의 증가를 촉진하는 데는 줄기 기부의 주·야간 온도 교차가 클수록 유리하기 때문이다. 따라서 분얼기에는 분얼수 증가를 위해 물을 얕게 대는 것이 좋다. 관개수심이 얕으면 낮에는 수온보다 기온이 높으므로 햇볕이 쬐여 생장점 부근의 온도가 올라가고, 밤에는 수온과 동일하게 온도가 낮아져 온도 자극에 의한 분얼이 촉진된다.

다만 한랭지에서는 분얼 초기는 수온보다 기온이 낮을 경우가 많으므로 담수로 보온을 해주고, 동시에 비효의 발현을 도와서 분얼의 촉진을 꾀하는 것이 필요하다. 참고로 분얼기는 제초제의 시용 시기이므로 약효가 떨어지지 않도록 물을 관리하여야 한다.

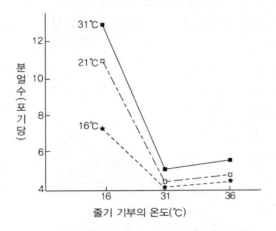

[줄기 기부의 온도가 분얼수 증가에 미치는 영향]

(4) 무효분얼기와 중간낙수

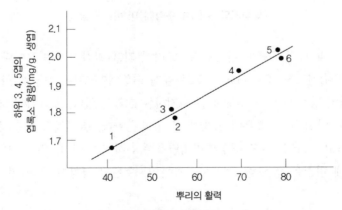

[중간낙수에 의한 뿌리활력 증진과 지상부 노화방지 효과]
1 : 상시담수, 2 : 갱신관수, 3 : 간단관수, 4 : 중간낙수(강),
5 : 중간낙수(약), 6 : 중간낙수+간단관수

출수 전 45일경이 되면 유효경이 결정되고, 그 후 발생하는 분얼은 무효경이 되므로 무효분얼기인 최고 분얼기 10일 전부터 최고 분얼기까지 중간낙수를 하여 무효분얼의 발생을 억제하여야 한다. 이 시기는 앞의 "벼농사와 물"의 그림에서 밝힌 바와 같이 벼 생육기간 중 용수량의 요구가 가장 적은 시기이므로 낙수가 가능하다. 또한 이 시기는 지온의 상승으로 토양 중 질소의 비효가 강하게 나타나므로 과잉흡수의 해를 막기 위하여 흡수될 수 있는 비료를 줄여야 하는데, 중간낙수를 하면 토양 중 암모늄태 질소가 질산태로 산화되고 탈질된다. 이렇게 질소의 과잉흡수를 억제함으로써 무효분얼을 막고 번무하려는 벼의 자세를 조정할 수 있으므로 탈질을 위한 중간낙수는 비옥하고 잠재지력이 높은 땅에서 효과가 크다. 탈질을 시키면 칼륨/질소 비율이 증가되어 벼 조직이 강해지는 효과도 있다. 또한 중간낙수가 필요한 시기는 지온의 상승으로 토양 중 미생물의 활동이 왕성해져 산소 부족에 의한 토양의 환원이 일어나 황화수소나 유기산 등의 유해물질이 생성되는데, 이들도 역시 중간낙수를 통한 산소의 공급으로 무해하게 산화시킬 수 있다. 환원토양이 산화되면 앞의 그림처럼 뿌리의 활력이 높여져 토층 깊게 신장함으로써 생육 후기까지 양분흡수를 좋게 할 수 있다. 또한 중간낙수는 논의 바닥흙을 굳게 하여 벼포기 밑을 단단히 죄여서 도복에 대한 저항력을 높이고, 수확작업을 용이하게 하는 등의 효과도 있다.

중간낙수는 출수 전 40~30일 사이에 논바닥이 거북이 등처럼 갈라질 정도가 좋다. 직파재배를 한 논, 도장한 논에서는 중간낙수를 보다 강하게 실시해야 하고, 사질답, 염해답 등 생육이 부진한 논에서는 생략하거나 약하게 해야 하는데, 중간낙수에 의해 질소가 유실되고 단근으로 오히려 생육에 해가 되기 때문이다.

중간낙수가 끝난 후에는 간단 관수를 하는 것이 근권에 산소를 공급하여 뿌리의 노화를 방지하는 데 도움이 된다. 간단 관수란 물을 2~4cm로 관개한 후 방치하였다가 논물이 마르면 다시 2~4cm 깊이로 관개하는 것으로, 근권에 물과 함께 산소를 공급하는 방식이다.

(5) 유수형성기 - 출수기

이 기간에는 LAI가 최고에 달하고, 기온도 높아 엽면증산량이 가장 많은 시기이다. 또한 지경 및 영화가 분화, 발육하고 출수, 개화, 수정을 하는 시기로 외계환경에 가장 민감할 뿐만 아니라, 수분 부족이나 저온이 영화의 분화를 적게 하고 수정장해를 일으키는 등 감수의 위험이 가장 큰 시기이다. 이 시기 중 저온의 피해를 가장 많이 받는 시기가 수잉기이므로 수잉기 전후에는 저온의 피해를 막기 위하여 6~7cm 깊이로 담수하여 충분한 물(열)을 공급하는 것이 좋다.

한랭지에서 저온과 흐린 날이 계속될 경우에는 유수발달기에

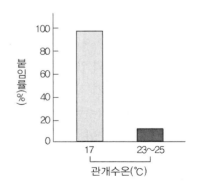

[수임기 심수관개에 의한 수온과 임실과의 관계]

* 기온 : 주간 24℃, 야간 : 19℃ 수심 : 21cm

도 담수를 계속하고, 특히 수잉기에 20℃ 이하의 저기온 위험이 있을 때는 15cm 이상의 심수관개로 위험기의 유수를 보호하여 불임장해가 없도록 해야 한다. 위의 그림은 수잉기 심수관개에 의한 수온과 임실과의 관계를 보여준다.

(6) 등숙기

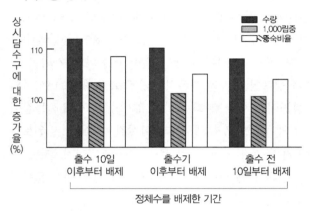

[출수기를 전후한 정체수 배제 효과]   [낙수시기에 따른 벼알의 발육과 수량]

등숙기에는 동화작용은 물론이고 잎에서 생산한 동화전분을 이삭으로 전류·축적하는 시기로 이때도 수분이 모자라면 안 된다. 그러나 이때는 엽면증산량이 많지 않고, 고온이 아니어서 수면증 발량도 적으므로 논에 많은 물은 필요 없고, 보온을 위한 담수도 필요 없다. 오히려 이때는 뿌리기능이 급격히 떨어질 수 있으므로 뿌리보호를 위한 산소공급과 양분의 전류 및 많은 양의 축적을 위해 물을 얕게 대거나 걸러대기를 한다. 특히 토양환원이 심한 습답에서 등숙기의 상시담수는 뿌리의 기능을 크게 저하시켜서 수량이 감수한다. 이와 같은 논에서는 암거나 명거배수에 의해 출수 10일 이후부터 정체수를 빼고 새 물로 바꿔주면 위의 왼쪽 그림처럼 등숙비율이 높아져 수량이 크게 증가하는데, 이는 뿌리의 기능 향상에 의한 것이다.

등숙기의 낙수적기 결정에는 상반하는 2가지의 요구가 조절되어야 한다. 하나는 수확의 편이를 위하여 논을 빨리 말리려는 요구이며, 다른 하나는 등숙을 위해서는 낙수시기를 늦추는 것이 좋다는 사실이다. 벼베기 작업의 동력화로 전자의 요구는 더욱 강해졌으며, 논 뒷구루의 파종, 이식작업을 위해서도 조기낙수는 바람직하다. 그러나 등숙비율에 대한 영향은 출수 후 35~40일까지도 영양조건이 관계한다. 이 기간 중에도 등숙과 1000립중에 가장 강하게 영향을 주는 시기는 유숙기(출수 후 14~24일)로서 일반으로 낙수적기는 출수 후 30일은 최소한의 일수라고 보아야 한다. 즉, 등숙기에는 출수 후 30일경까지는 반드시 관개해야 미질이 좋아진다. 낙수시기가 적기보다 빨라지면 위의 오른쪽 그림에서와 같이 1·2차 지경의 벼알이 충실치 못하고 사미, 다미, 청미 등 불완전미가 증가해서 등숙비율이 낮아지고, 수량과 품질이 떨어지며, 목도열병에도 걸리기 쉽다.

- 논에서 자란 벼의 요수량은 밭작물인 콩보다 낮다. [158]
- 실제 벼 재배에 필요한 용수량은 요수량보다 많다. [158]
- 논에 대야 할 관개수량은 벼의 용수량에서 유효강우량을 빼주어야 한다. [158]
- 벼 용수량=엽면증산량+수면증발량+지하침투량, 관개수량=벼 용수량-유효우량 [159]
- 벼 생육기 중 용수량이 큰 순서 : 수잉기 > 이앙활착기 > 출수기 > 무효분얼기 [155]
- 이앙 시에는 물깊이를 2~3cm 정도로 얕게 한다. [2020 7급]
- 착근기까지는 물을 깊게 댄다. [151]
- 모내기 후 착근까지는 물을 깊게 대어 수온을 높이는 것이 중요하다. [156]
- 활착기에는 물을 깊게 대어 식상을 방지하고 뿌리내림을 촉진한다. [157]
- 활착기인 모내기 후 7~10일간은 물을 6~10cm 정도로 깊게 관개한다. [2020 7급]
- 분얼기에는 수심을 3cm 정도로 얕게 한다. [151]
- 분얼기에는 분얼수 증가를 위해 물을 얕게 대는 것이 좋다. [154]
- 분얼기에는 물을 얕게 대어 분얼을 촉진한다. [156]
- 분얼기에는 1~3cm 정도의 깊이로 얕게 관개하여 분얼을 증대시킨다. [2020 7급]
- 무효분얼기에 중간낙수를 한다. [151]
- 최고 분얼기 10일 전부터 최고 분얼기까지 중간낙수를 하여 무효분얼의 발생을 억제한다. [156]
- 무효분얼기에는 중간낙수를 하여 분얼을 억제한다. [157]
- 벼 중간낙수에 대한 설명(152) : 중간낙수를 하면 토양 중 암모늄태 질소가 질산태로 산화되고 탈질된다. 중간낙수는 비옥하고 잠재지력이 높은 땅에서 효과가 크다. 칼륨/질소 비율을 증가시키므로 벼조직이 강해진다. 최고 분얼기를 중심으로 무효분얼기로부터 분얼감퇴기에 실시한다.
- 중간낙수의 효과(152) : 뿌리의 신장 촉진, 질소의 과잉흡수 억제, 내도복성 증가, 무효분얼 억제
- 중간낙수에 대한 설명(153) : 실시 시기는 출수 전 30~40일이다. 산소공급으로 뿌리의 활력 저하를 막는다. 질소 과잉흡수를 방지한다. 염해답에서는 생략하거나 약하게 실시해야 한다.
- 무효분얼기에 중간낙수를 하는데 직파재배를 한 논에서는 보다 강하게 실시하고, 염해답에서는 생략하거나 약하게 실시해야 한다. [154]
- 유수형성기에는 수분이 많이 필요한 시기이므로 물이 부족하지 않도록 한다. [157]
- 물이 가장 많이 필요한 시기는 이삭이 밸 때이다. [158]
- 물을 가장 많이 필요로 하는 시기는 수잉기이다. [154]
- 수잉기 전후에는 담수하여 충분한 물을 공급한다. [151]
- 등숙기에는 양분의 전류·축적을 위해 물을 얕게 대거나 걸러대기를 한다. [154]
- 등숙기에는 물걸러대기를 하여 뿌리의 활력을 높게 유지한다. [156]
- 등숙기에 조기낙수하면 수량과 품질이 저하될 수 있다. [157]
- 등숙기에는 출수 후 30일경까지는 반드시 관개해야 미질이 좋아진다. [2020 7급]
- 우측 그림은 벼의 생육 과정에서 초장신장, 분얼증가, 수장신장의 곡선을 나타낸 것이다. 용수량이 가장 큰 생육 시기부터 가장 적은 생육 시기 순으로 바르게 나열한 것은 감수분열기 > 이앙기 > 유숙기 > 최고 분얼기이다. [491]

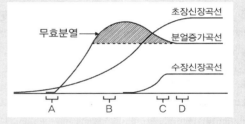

7.8 수확

1 수확 시기

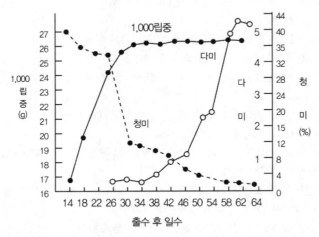

[벼의 수확 적기와 현미의 품질 및 중량과의 관계]

벼는 수확을 너무 빨리 하면 광택은 좋으나 청미(청치), 사미, 파쇄립 등이 많아지고 콤바인 탈곡 시 현미가 깨지기 쉽다. 적기보다 늦으면 쌀겨층이 두꺼워지고 색택이 나빠지며, 동할미, 복백미가 많아져 품질이 저하된다. 또한 탈립에 의한 손실이 많아지고 새나 쥐와 같은 야생동물에 의한 피해를 입게 되며, 도복도 발생하고 벼베기도 어려워진다. 위의 그림은 수확 시기에 따른 청미와 착색미 및 1000립중의 변화를 보여주고 있다.

벼는 출수 후 35~40일이면 종실의 발달이 완료되어 수확이 가능하다. 그런데 출수 후 50일이 넘어 수확하면 도정 시 동할미가 증가하고 쌀의 식미가 떨어진다. 따라서 수확의 적기가 있는데 적기는 외견상 이삭목이 녹색을 잃고 황변한 때이다. 달리 말하면 90%의 종실이 성숙하면 수확해도 무방하고, 이때 현미의 수분함량은 22~26%이다. 아래의 표는 품종별 수확 적기를 보여준다. 한편 적산등숙온도로 본 수확 적기는 800~1,100℃ 정도일 때이다.

[벼 품종군별 수확 적기]

구분	극조생종	조생종	중생종	중만생종 또는 만식 논
출수기	7월 하순~8월 상순	8월 상순	8월 중순	8월 하순
수확 적기 (출수 후 일수)	40일	40~45일	45~50일	50~55일

2 수확방법

탈곡 시 회전속도가 빠르면 작업능률은 높으나 종실에 상처가 나고 싸라기가 증가하므로 분당 500회전이 적당하다. 단, 종자용으로 쓸 종실은 분당 300회전 정도로 해야 상처가 없어 발아율이 향상된다.

- "청치가 많아지고 콤바인 탈곡 시 현미가 깨지기 쉽다."는 수확 시기가 적기보다 빠를 때 나타나는 현상이다. [192]
- 벼의 수확 시기가 적기보다 늦어질 때 나타나는 현상[192] : 동할립이 많아져 품질이 저하된다. 쌀겨층이 두꺼워지고 색택이 나빠진다. 탈립에 의한 손실이 많아지고 새나 쥐와 같은 야생동물에 의한 피해를 입게 된다.
- 벼 수확이 적기보다 늦어질 경우 발생하는 현상[193] : 동할미가 많이 생긴다. 쌀겨층이 두꺼워진다. 광택이 감소한다. [193]
- 벼의 수확 적기가 지나면 쌀겨층이 두꺼워지고 동할립이 많이 생긴다. [196]
- 벼 중만생종의 적합한 수확 시기는 출수 후 50~55일경이다. [193]
- 벼의 수확 적기는 적산등숙온도가 800~1,100℃ 정도일 때이다. [196]

벼의 직파재배

8.1 직파재배 개괄적 특성

1 직파재배의 수량성과 생력 효과

수량성은 두 방법 모두 관행의 기계이앙 재배에 비하여 크게 떨어지지 않는다. 한편 직파재배는 육묘와 이앙에 드는 노력을 절감할 수 있으므로 중모 기계이앙 재배 대비 담수직파는 26%, 건답직파는 30%로 평균 27%의 노력시간 절감 효과가 있다.

2 직파재배의 생리적 특징 및 문제점

(1) 직파재배의 생리적 특징

이앙재배는 취묘 시 뿌리가 절단되고 이앙이라는 과정이 있어 일정 기간 생육이 정체되지만, 직파재배는 파종 후 수확까지 동일한 장소에서 생육하므로 정체 없는 생육이 가능하다. 따라서 파종이 동일할 때 직파재배는 이앙재배에 비해 출수기가 다소 빠르다. 한편 직파재배의 경우 저위절에서도 분얼이 발생하므로 절대 이삭수(전체 분얼수)가 많다. 다만 전체 분얼수가 많다보니 과번무에 의한 양분 부족으로 무효분얼이 많아져 유효경비율은 낮다.

(2) 직파재배의 문제점

직파재배는 육묘 및 모내기에서 생력 효과가 상당함에도 다음의 단점들 때문에 보편화되지는 못하고 있다.
① 이앙재배에 비해 출아 및 입모가 불량하고 균일하지 못하다.
② 이앙재배에 비해 도복이 많다.
③ 이앙재배에 비해 잡초가 많이 발생한다. 이앙재배에 비하여 담수직파는 약 2배, 건답직파는 약 3배의 잡초가 증가한다.

이상과 같은 단점을 해결할 대책은 다음과 같다.

① **입모율 향상책**

담수직파에서는 저온발아성이 강하고 낮은 용존산소농도에서도 발아가 잘되는 품종을 선택하고, 균평하고 정밀한 정지와 써레질을 한다. 건답직파에서는 토양수분이 부족하면 출아율이 저하되고, 과다하면 작업이 곤란하므로 사양토 등 적합한 토질에서 실시한다. 파종 깊이는 3cm 정도가 좋다.

② **도복 경감책**

파종량 및 시비량이 증가할수록 그리고 상시 담수할수록 도복은 증가하므로 박파, 감비, 분시 및 간단관수를 실시한다. 파종 후 30일부터 2~3회 중간낙수를 하며, 도장하여 도복의 우려가 있으면 간장(稈長)의 단축을 위해 도복경감제를 출수 전 40~20일에 살포한다. 담수직파에서는 써레질 후 가급적 빨리 파종하여 종자가 깊이 묻히도록 유도한다.

③ **잡초 경감책**

현재 직파재배의 가장 큰 난제는 잡초를 효율적으로 방제하지 못하는 것인데, 최근 우수한 제초제가 개발되고 있으니 기대할 일이다.

3 직파재배의 입지

(1) 기상환경

일찍 파종하면 저온에 의해 발아율이 떨어지고 출아기간도 길어져 입모가 불량하게 되고, 늦게 하면 고온으로 입모가 불균일하고 출수가 늦어져 수량이 감소하기 쉽다. 벼의 발아최저온도는 8~10℃(최적온도는 30~32℃)이지만, 일평균기온이 12℃ 이상일 때 파종하는 것이 좋다.

강우량은 담수직파에는 별 영향이 없으나, 건답직파에서는 성패를 좌우하는 중요한 요인이다. 건답직파에서 강우량이 많으면 경운, 정지하기 어렵고 쇄토가 어려워 파종이 거의 불가능하다. 또 파종 후 큰비가 오면 볍씨가 물에 잠겨 산소 부족으로 발아가 불량해지기 쉽다. 비가 그치면 토양의 표면을 굳게 하여 입모율이 현저하게 떨어진다.

(2) 토양환경

직파재배를 위해서는 기본적으로 평야지, 평탄지, 수리 안전지대이어야 하므로 우리나라의 직파재배 가능지는 전체 논면적의 약 60% 정도이다.

① **건답직파재배지**

적지는 지하수위가 높아 배수가 약간 불량한 사양질 토양이 알맞다. 사양질 토양이 알맞은 이유는 점토가 많을수록 경운과 로터리 작업(쇄토 및 논고르기)이 어렵고 비가 오면 작업이 어렵기 때문이다. 배수가 약간 불량한 토양이 좋은 이유는 건답으로 해도 수분공급이 좋기 때문인데, 파종 시에는 이랑을 세우고 그 위에 파종해야 한다.

② **담수직파재배지**

적지는 물소모를 줄이기 위해서 배수가 약간 불량한 식양질 토양이 알맞다. 그러나 점토가 너무 많으면 써레질 후 파종하였을 때 종자가 너무 깊게 묻혀 입모율이 저하될 수 있다.

8.2 건답직파 재배

1 품종

건답직파 품종은 저온발아성이 높고, 초기 신장이 좋은 품종을 선택하는 것이 좋다.

2 장단점

(1) 장점

① 건답상태에서 경운, 파종하고 벼 2~3엽기에 담수하므로 기계작업 능률이 좋다.
② 복토를 하므로 뜸모가 없고 도복 발생이 감소한다.
③ 입모기에 용수가 크게 절약된다.

(2) 단점

① 출아일수가 10~15일로 담수직파(5~7일)보다 길다.
② 써레질을 안 하므로 논물을 댈 때의 관개용수량은 기계이앙 재배보다 필요량이 많다.
③ 비가 올 때는 파종이 어렵고 발아도 불량하다. 즉, 파종작업은 담수직파보다 강우의 영향을 많이 받는다.
④ 물이 없어 담수직파에 비해 논바닥을 균일하게 정지하기 곤란하다.
⑤ 논흙의 덩어리를 잘게 쇄토해야 발아가 잘 되므로 쇄토에 노력이 들어간다.
⑥ 담수직파보다 잡초 발생이 많다. 특히 앵미벼라고도 하는 잡초성 벼(준야생 벼)가 많은데, 이 벼는 탈립이 잘되고 휴면이 강하며, 담수상태에서는 잘 발아하지 않으나 건답에서는 잘 발아하기 때문에 건답직파에 많다. 일반적으로 잡초성 벼는 종피색이 자색을 띠며, 저온출아성

이 좋고, 토심이 깊은 곳에서도 싹이 잘 튼다. 수확 후 볏짚을 태워버리는 것도 잡초성 벼를 줄이는 데 효과적이다.

⑦ 쥐, 새의 피해가 있다.

3 파종 방법

(1) 건답조파(條播, 줄뿌림)

① 평면조파

트랙터 등에 조파 파종기를 부착하여 한 번에 6줄 또는 12줄씩 파종하는 방법이다. 파종통에 넣은 볍씨가 튜브를 통하여 파종홈으로 떨어지면 기계가 복토를 하게 된다. 파종 시 이랑 사이는 25cm로 하고, 파종 심도는 3cm 정도가 적당하다.

② 휴립조파

폭 1.7m의 조파 파종기의 중앙부에서 너비 45cm, 깊이 15cm로 흙을 파서 좌우 양쪽으로 편평하게 파상면을 만들면서 3열씩 조파한다. 따라서 왕복주행으로 6렬마다 1개의 고랑이 만들어지는 파종법인데, 고랑을 이용하여 수분을 조절할 수 있어 평면조파에 비하여 입모 안전성이 높고, 모의 생육이 균일하며, 입모 후에도 물관리를 효율적으로 할 수 있다.

(2) 요철골직파

요철골직파는 건답요철골직파와 담수요철골직파 모두가 가능하다. 건답요철골직파는 골타기와 동시에 침종종자를 골에 파종하고 5~10cm 깊이로 바로 담수하였다가 배수하여 습윤상태를 유지한다. 담수에 의하여 골이 매몰되므로 3~4cm의 파종 깊이가 확보되어 도복이 크게 경감되고, 초기가 담수상태이므로 잡초 발생은 건답조파보다 크게 감소한다. 즉, 이 방법은 건답조파에서의 잡초문제를 50~70% 개선한 방법이다.

(3) 부분경운직파

이 방법은 논을 경운하지 않은 무경운 상태에서 파종, 시비할 부분만을 경운하고 직파하는 방법으로, 경운되는 부분은 전체의 약 1/3 정도이다. 파종 직전까지 무경운 상태이므로 비가 와도 배수가 잘 되어 파종작업에 지장이 없다.

4 시비

직파재배는 이앙재배보다 생육기간이 길어 질소 시비량을 30~50% 증비해야 하는데, 도복의 가능성이 높으므로 밑거름은 반드시 전층시비하여 도복을 방지하여야 한다. 인산은 전량 밑거름으로 주고, 칼리는 70(밑거름) : 30(이삭거름)으로 분시한다. 특히 건답조파와 건답요철골뿌림은 입모 후 2~3엽기까지 건답상태로 유지하기 때문에 출아기간에 탈질현상이 심하고, 입모 후 담수 시 누수되는 비료량이 많아 토성별로 시비량을 달리 해야 한다.

8.3 담수직파 재배

1 품종

건답직파에서 요구되는 저온발아성과 초기 신장성 이외에도, 내도복성이고 담수토중발아성이 높은 품종이어야 한다.

2 장단점

(1) 장점

① 우천 시에도 파종이 가능하다.
② 논의 배수에 신경 쓸 필요가 없다.
③ 소규모는 손으로도 파종할 수 있고, 대규모는 항공파종이 가능하다.
④ 건답직파 재배보다 잡초 발생이 적다.
⑤ 출아 시 물의 보온효과가 있다.

(2) 단점

① 수중 발아이므로 산소 부족에 의하여 발근 및 착근이 불량해지고 뜬모가 발생하기 쉽다.
② 벼 종자가 깊이 심어지지 못하므로 뿌리가 얕게 분포하고 약하여 결실기에 도복이 많다.
③ 볍씨를 깊은 물속에 파종했을 때 중배축이 더 길어지고 가는 뿌리가 나온다.

3 본답 파종 준비

볏짚은 C/N율이 높아 토양 투입 후 바로 부숙되지 않으므로 벼 생육 기간에 암모니아 가스 등이 나와 벼에 해롭다. 따라서 가능한 한 빨리 부숙시켜야 되는데, 그를 위한 방법으로 추경이 가장 좋고, 춘경도 도움이 된다. 볏짚을 사용하지 않은 논은 경운 시기를 늦추어 잡초성 벼의 발생을 억제하는 것이 좋다. 또한 토양반응을 중성으로 하면 미생물의 발육이 증가하여 볏짚이 빨리 부숙되므로 석회나 규산질 비료를 시용하여 토양을 중성화하는 것도 1석 다조의 좋은 방법이다.

담수재배에서는 입모율을 향상시키기 위해 논 균평작업을 잘 해야 하지만 지나친 로터리 작업은 논 굳히기를 곤란하게 한다. 써레질 후 일찍 파종할수록 종자가 깊게 묻혀 발아가 불량해지고, 늦게 파종할수록 발아는 좋아지나 도복의 위험이 증가하는 모순이 발생하는데, 가급적 일찍 파종하여 도복을 방지함이 유리하다.

4 담수직파의 종류

(1) 담수표면산파(무논표면뿌림)

담수직파란 통상 담수표면직파를 말하는 것이며, 담수표면직파란 담수표면산파를 의미한다. 담수표면산파는 손이나 동력살분무기로 산파하고, 파종 직후 낙수하여 출아를 도운 뒤 7~10일 후 담수하는 방법인데, 담수조건에서의 파종이므로 건답직파보다 출아기간이 짧고 분얼절위가 낮으며 조기에 분얼이 시작되므로 절대이삭수의 확보에 유리하나 이끼나 괴불의 발생이 많다. 한편, 파종 직후 낙수하는 이유는 산소 부족이나 모썩음병을 예방하여 입모율을 높이기 위함과 바람에 의해 종자가 한쪽으로 몰리는 현상을 방지하기 위함이다. 그러나 이 방법은 도복에 약하므로 아래의 방법들이 개발되었다.

(2) 담수요철골직파(담수요철골뿌림, 무논골뿌림)

담수요철골직파는 골을 타고 관개(담수) 후 산파하는데, 종자의 대부분이 자연적으로 골에 몰려들어 조파한 모양이 된다. 이 경우의 종자 깊이는 2~2.5cm 정도가 되므로, 담수표면산파에서의 도복이 쉽고 입모가 불리한 점을 개선한 방법이다. 무논골뿌림재배는 담수표면산파에 비해 입모도 균일하지만 통풍이 양호해 병해 발생이 적다.

(3) 무논골직파(湛水溝播)

써레질한 논을 배수하여 논바닥을 두부모 정도로 굳힌 후 3~4cm 깊이의 파종골을 만들고 여기에 파종하는 방법이다.

(4) 담수토중직파

전용 직파기로 토중에 파종하므로 도복에 강하다.

5 시비

담수직파는 건답직파와 달리 탈질이 적고, 도복의 위험성이 건답직파보다 높으므로 도복방지의 차원에서도 시비량이 많지 않다.

6 재배관리

(1) 이끼 및 괴불 방지

이끼가 발생하기 쉬운 시비 조건은 질산태 질소와 인산이 과다할 때이므로, 적당량을 주되 표층 시비를 피하거나, 질소는 밑거름으로 주지 않는 관리법이 필요하다.

(2) 도복 경감

파종 후 30일부터 2~3회 중간낙수를 실시하면 벼의 키가 작아지고, 뿌리가 심층으로 발달하여 도복이 경감된다.

7 무논의 특징

벼를 재배하기 위해 물을 상시 담아두는 무논에서는 양분이 관개수에 씻겨 내려가지 않으므로 비료의 천연공급량이 밭보다 많으며, 온도가 높아지면 담수된 논물이 증발하여 주변공기가 식고, 온도가 낮을 때에는 논물의 보온력에 의해 식물체가 보호된다. 또한 비탈진 밭에서 바람이나 강우에 씻겨 내려오는 흙을 받아 보존함으로써 토양유실을 경감시킨다.

무논에서는 상시 담수이므로 기지현상을 일으키는 병·해충이나 독성 물질이 줄어들어 연작을 하여도 생산성이 크게 떨어지지 않는다.

- 직파재배는 육묘와 이앙에 드는 노력을 절감할 수 있다. [160]
- 파종이 동일할 때 직파재배는 이앙재배에 비해 출수기가 다소 빠르다. [160]
- 파종이 동일한 경우 이앙재배에 비해 출수기가 다소 빨라진다. [160]
- 직파재배는 이앙재배에 비해 분얼이 다소 많으나 무효분얼이 많아 유효분얼비가 낮다. [160]
- 직파재배는 이앙재배에 비해 무효분얼이 많아 유효경비율이 낮아진다. [160]
- 직파재배는 이앙재배에 비해 출아 및 입모가 불량하고 균일하지 못하다. [160]
- 직파재배는 이앙재배에 비해 잡초가 많이 발생한다. [160]
- 직파재배는 이앙재배에 비해 도복하기 쉽고 잡초가 많이 발생한다. [160]
- 직파재배는 일평균기온이 12℃ 이상일 때 파종하는 것이 좋다. [162]
- 직파적응성 품종은 내도복성과 저온발아력이 강한 특성이 요구된다. [20]

- 벼의 건답직파 품종은 저온발아성이 높고, 초기 신장이 좋은 품종을 선택하는 것이 좋다. [162]
- 잡초성 벼에 대한 설명 [180] : 벼 이앙재배 논보다는 직파재배 논에서 문제가 되고 있다. 일반적으로 잡초성 벼는 탈립이 잘 된다. 수확 후 볏짚을 태워버리는 것도 잡초성 벼를 줄이는 데 효과적이다. 일반적으로 잡초성 벼는 종피색이 자색을 띠며, 저온출아성이 좋고, 토심이 깊은 곳에서도 싹이 잘 튼다.
- 잡초성 벼(앵미)의 일반적 특성 [180] : 준야생벼라고 말할 수 있다. 일반적으로 종피색은 자색이며, 일반적으로 저온출아성이 좋고, 탈립이 잘 된다.
- 직파재배에서는 이앙재배보다 잡초성 벼의 발생이 증가하는 단점이 있다. [162]
- 건답직파의 경우 복토를 하므로 뜸모가 없고 도복발생이 감소한다. [163]
- 건답직파는 결실기에 도복이 담수직파에 비해 적게 발생된다. [161]
- 건답직파의 출아일수는 담수직파에 비해 길다. [161]
- 출아일수는 담수직파보다 건답직파가 길다. [162]
- 건답직파의 경우 써레질을 하지 않아 소요되는 용수량이 많다. [163]
- 논물을 댈 때의 관개용수량은 건답직파가 기계이앙 재배보다 필요량이 많다. [162]
- 건답직파의 경우 비가 올 때에는 파종이 어렵고 발아도 불량하다. [163]
- 파종작업은 담수직파보다 건답직파가 강우의 영향을 많이 받는다. [162]
- 건답직파는 담수직파에 비해 논바닥을 균평하게 정지하기 곤란하다. [161]
- 건답직파는 담수직파보다 잡초 발생이 많다. [161]
- 잡초 발생은 건답직파보다 담수직파가 적다. [162]
- 요철골직파재배는 다른 직파재배보다 생력효과가 크고 잡초 발생이 적다. [518]
- 마른논줄뿌림재배는 탈질현상이 발생하고 물을 댈 때 비료의 유실이 많다. [518]
- 담수직파의 경우 소규모는 손으로 파종할 수 있고, 대규모는 항공파종이 가능하다. [163]
- 담수직파에서 볍씨를 깊은 물속에 파종했을 때 중배축이 더 길어지고 가는 뿌리가 나온다. [520]
- 무논표면뿌림재배는 이삭수 확보에 유리하나 이끼나 괴불의 발생이 많다. [518]
- 벼의 담수표면산파는 무논골뿌림재배에 비해 도복이 심하다. [162]
- 무논골뿌림재배는 입모도 균일하지만 통풍이 양호해 병해발생이 적다. [518]
- 온도가 높아지면 담수된 논물이 증발하여 주변공기가 식고, 온도가 낮을 때에는 논물의 보온력에 의해 식물체가 보호된다. [164]
- 벼를 재배하기 위해 물을 상시 담아두는 무논에서는 양분이 관개수에 씻겨 내려가지 않으므로 비료의 천연공급량이 밭보다 많다. [164]
- 무논은 비탈진 밭에서 바람이나 강우에 씻겨 내려오는 흙을 받아 보존함으로써 토양유실을 경감시킨다. [164]
- 무논은 담수로 기지현상을 일으키는 병·해충이나 독성 물질이 줄어들어 연작을 하여도 생산성이 크게 떨어지지 않는다. [164]

09 병충 및 잡초 방제와 기상 재해

9.1 병(해)충해 방제

1 종합적 방제

효율적인 병충해 방제를 위해서는 아래의 개념에 입각한 종합적 방제가 필요하다.

① 인축, 어류, 토양 등에 대한 영향이 적어야 한다.

② 병해충을 박멸하려는 것이 아니라, 감당할 수 있는 경제적 수준을 유지하는 선으로 병해충수를 관리한다.

③ 특정 병해충만을 관리하는 것이 아니라 천적, 생태계 등까지를 고려한 방제계획을 실행한다.

④ 안전사용수칙을 준수하여야 한다.

⑤ 예방적, 경종적, 생태적 방제법을 우선 사용하여야 한다.

2 병해와 방제

(1) 도열병

① 병원균은 균류(곰팡이)이다.

② 발병 요인 및 증상 등

　㉠ 균류가 약해진 세포에 쉽게 침입하고, 침입한 균이 살기 좋은 환경이기 때문이다.

　㉡ 흐린 날의 지속으로 일조량이 적고 광합성량이 적어 세포벽이 약해졌기 때문이다.

　㉢ 질소질 비료를 다량으로 주어서 세포벽이 약해졌기 때문이다.

　㉣ 비가 오거나 다습하여 균류의 활동성이 증가하였기 때문이다.

　㉤ 질소 비료가 과다하거나 광합성이 미흡하여 질소가 단백질까지 동화되지 못하고 아미드 형태로 존재하므로 도열병균이 쉽게 먹을 수 있기 때문이다.

　㉥ 전생육기를 통해 발생하며 대표적인 병반은 갈색의 방추형 무늬이다.

　㉦ 볍씨를 비롯하여 대부분의 기관을 침해하며, 분생포자 형태로 월동하여 1차 전염원이 된다.

③ **종류**

발병 부위에 따라 잎도열병, 이삭목도열병, 이삭가지도열병이 있다. 잎도열병은 균사상태로 피해엽이나 볍씨 등에서 월동하며, 질소 비료를 다량 시용하면 발생이 가중된다. 이삭도열병은 출수할 때부터 10일 동안 가장 많이 발생하는데, 이 시기에 비가 오고 강풍이 불어 이삭도열병에 걸리면 치명적인 피해를 입는다.

(2) 잎짚무늬마름병

① 병원균은 균류이다.

② 발병 요인

　㉠ 지표면에서 월동한 균핵이 담수 시 수면에 떠올라 잎짚 아랫부분에 부착하여 감염된다.

　㉡ 조기이앙, 밀식, 다비재배 등 다수확 재배로 발생이 증가하고 있다.

　㉢ 8월에 이상 기온으로 온도가 높을 때 주로 발생한다.

(3) 깨씨무늬병

① 병원균은 균류이다.

② 발병 요인 및 증상

　㉠ 1998년 이후 점차 증가하고 있다.

　㉡ 볍씨에서 균사 또는 포자상태로 월동하여 1차 전염원이 되고, 분생포자의 공기전염에 의하여 2차 전염된다.

　㉢ 출수 후 비료분이 부족할 때 주로 잎에 발생한다. 즉 사질답 또는 노후화답인 추락답에서 발병한다.

　㉣ 발병 시 잎이나 벼알 표면 등에 갈색 반점이 나타난다.

(4) 흰잎마름병

① 병원균은 세균이다.

② 발병 요인

　㉠ 볍씨, 볏짚, 잡초 등에서 월동하여 1차 전염원이 된다.

　㉡ 지력이 높은 논, 다비재배 시 발생하기 쉽다.

　㉢ 특히 저습지대의 침수나 관수(풍수)피해를 받았던 논에서 주로 발생한다.

(5) 갈색잎마름병

① 병원균은 세균이다.

② 발병 요인 및 증상

　㉠ 출수기를 전후하여 노숙엽에서 발생한다.

ⓒ 사질답에서 질소다비, 저온, 다습 시 많이 발생한다.

(6) 이삭마름병

① 병원균은 균류로 도열병균, 깨씨무늬병균, 갈색무늬병균 등이며, 많은 병원균이 관여한다는 점이 다른 병과 다르다.

② 발병 요인 및 증상

　ⓐ 일기가 불순할 때 발생한다.

　ⓑ 출수 후 2주부터 성숙기 사이에 발생한다.

(7) 모마름병

① 병원균은 균류이다.

② 발병 요인

　ⓐ 병원균은 토양 속에 서식하며 종자의 상처로 침입한다.

　ⓑ 상토가 건조, 과습, 오염되었거나, 질소 과용 시 많이 발생한다.

　ⓒ 토양산도(pH)가 4 이하 또는 5.5 이상이거나 저온·과습·밀파 조건 등이다.

(8) 세균성 벼알마름병

① 병원균은 세균이다.

② 발병 요인 및 증상

　ⓐ 벼알에만 발생하고, 다른 부위에는 잠복만 하고 병징은 나타나지 않는다.

　ⓑ 벼 출수 후부터 약 1주일간에 걸쳐 강우가 지속되는 고온, 다습한 환경에서 발생한다.

(9) 키다리병

① 병원균은 균류이다.

② 발병 요인 및 증상

　ⓐ 병원균이 종자에서 월동하여 전염된다.

　ⓑ 종자 전염을 하는 병으로 감염 시 모가 이상 신장한다.

　ⓒ 고온성 병으로 30℃ 이상에서 잘 발생하고, 종자소독을 하지 않거나, 고온육묘, 조식 재배에서 잘 발생한다.

　ⓓ 발생이 많은 지역에서는 파종할 종자를 침지소독하는 것이 좋다.

(10) 줄무늬잎마름병, 검은줄오갈병

① 병원균은 바이러스이다.

② 발병 요인

　ⓐ 애멸구를 매개로 한다.

ⓛ 애멸구는 잡초나 답리작물에서 유충형태로 월동한다.

(11) 오갈병

① 병원균은 바이러스이다.
② 발병 요인 및 증상
 ㉠ 번개매미충과 끝동매미충을 매개로 한다.
 ⓛ 매개충은 월동작물이나 잡초에서 월동한다.
 ㉢ 발병 시 잎이 농녹색을 띠고 엽맥을 따라 황백색 반점이 나타난다.

(12) 뜸모와 백화묘

① 이들은 병원균에 의한 병해는 아니고, 환경조건이 나쁘면 발생한다.
② 뜸모의 발생 요인 등
 ㉠ 초기 증상은 이른 아침에는 잎이 정상이나, 낮에는 잎 끝이 말리고 시든다.
 ⓛ 뿌리는 점차 수침상(水浸狀)으로 되어 흰색~담갈색으로 부패한다.
 ㉢ 이상 저온, 일조 부족, 고온 다조 등 기상변동이 심할 때 많이 발생한다.
③ 백화묘의 발생 요인 등
 ㉠ 녹화기간 중 낮에는 햇볕이 강하고 밤에는 10℃ 이하의 저온일 때 많이 발생한다.
 ⓛ 밀파, 상토의 과습 및 과건, 미세한 흙으로 복토 시 발생한다.

- 도열병은 곰팡이(균류)병이다. [167]
- 도열병은 곰팡이(균류)병이다. [169]
- 도열병은 일조량이 적고 비교적 저온이면서 다습할 때 많이 발생하고, 질소질 비료를 과다하게 사용하면 발병이 증가한다. [174]
- 도열병은 전생육기를 통해 발생하며 대표적인 병반은 갈색의 방추형 무늬이다.
- 도열병은 볍씨를 비롯하여 대부분의 기관을 침해하며, 분생포자 형태로 월동하여 1차 전염원이 된다. [498]
- 잎도열병은 균사상태로 피해엽이나 볍씨 등에서 월동하며, 질소비료를 다량 사용하면 발생이 가중된다. [169]
- 이삭도열병은 출수할 때부터 10일 동안 가장 많이 발생한다. [168]
- 이삭도열병은 출수할 때부터 10일 동안 가장 많이 발생한다. [170]
- 이삭도열병의 만연으로 백수현상이 발생한다. [516]
- 잎집무늬마름병은 곰팡이(균류)병이다. [167]
- 벼에서 잎집무늬마름병은 곰팡이(균류)병이다. [168]
- 잎집무늬마름병은 월동한 균핵이 잎집에 부착하여 감염되며, 다비밀식인 다수확 재배를 하면서 발생이 증가한다. [498]
- 잎집무늬마름병은 8월에 이상 기온으로 온도가 높을 때 주로 발생한다. [170]

- 벼에서 깨씨무늬병은 곰팡이(균류)병이다. [169]
- 깨씨무늬병은 출수 후 비료분이 부족할 때 주로 잎에 발생한다. [170]
- 깨씨무늬병은 분생포자의 공기전염에 의해 2차 전염되고, 주로 사질답 또는 노후화답인 추락답에서 발병한다. [498]
- 깨씨무늬병은 발병 시 잎이나 벼알 표면 등에 갈색 반점이 나타난다. [171]
- 벼에서 키다리병은 곰팡이(균류)병이다. [169]
- 키다리병은 종자 전염을 하는 병으로 감염 시 모가 이상 신장한다. [170]
- 키다리병은 발병 시 모가 연약하게 웃자라는 현상이 나타난다. [171]
- 흰잎마름병 세균병이다. [167]
- 주로 7월 상순~8월 중순에 세균에 의해 발생하는 병으로 잎의 가장자리에 황색의 줄무늬가 생긴다. 급성으로 진전되면 황백색 및 백색의 수침상 병반을 나타내다가 잎 전체가 말리면서 오그라들어 고사한다. 특히 다비재배 시와 침관수 피해지 등에서 많이 발병한다. : 흰잎마름병 [167]
- 흰빛잎마름병은 저습지대의 침수나 관수피해를 받았던 논에서 주로 발생한다. [168]
- 흰잎마름병은 월동한 세균에 의해 1차 전염되고, 지력이 높은 논 및 해안 풍수해 지대에서 급속히 발생한다. [498]
- 벼 모마름병의 발병 유인은 토양산도(pH)가 4 이하 또는 5.5 이상이거나 저온·과습·밀파 조건 등이다. [172]
- 키다리병의 병원균은 종자전염성으로 고온조건에서 주로 발생한다. [168]
- 벼에서 키다리병에 대한 설명[171] : 우리나라 전 지역에서 못자리 때부터 발생한다. 병에 걸리면 일반적으로 식물체가 가늘고 길게 웃자라는 현상이 나타난다. 발생이 많은 지역에서는 파종할 종자를 침지소독하는 것이 좋다. 종자에 있는(종자성) 균류에 의해 발병한다.
- 줄무늬잎마름병은 바이러스병이다. [167]
- 줄무늬잎마름병은 주로 해충에 의해 전염이 된다. [169]
- 줄무늬잎마름병은 바이러스에 의한 병이고 애멸구가 매개한다. [168]
- 벼에서 오갈병은 바이러스병이다. [168]
- 줄무늬잎마름병과 오갈병은 매개충을 방제함으로써 예방할 수 있다. [169]
- 벼 재배 시 애멸구가 매개하는 병해[2021 국9] : 줄무늬잎마름병, 검은줄오갈병
- 오갈병은 발병 시 잎이 농녹색을 띠고 엽맥을 따라 황백색 반점이 나타난다. [171]

3 충해와 방제

(1) 벼멸구

① 우리나라에서 월동하지 못하고 매년 6~7월에 중국에서 날아오는 바래해충이다.

② 유충과 성충이 벼 포기 밑부분 잎집에서 즙액을 빨아먹고, 가해를 당한 벼는 벼 줄기의 밑부분

이 약해져 주저앉고, 그을음병도 발생한다.

(2) 흰등멸구

① 우리나라에서 월동하지 못하고 매년 6~7월에 중국에서 날아오는 바래해충이다.

② 유충과 성충이 잎집을 빨아먹는다.

③ 벼멸구처럼 집중 피해를 주지 않고 전면 피해를 주나, 경우에 따라서는 벼멸구보다 피해가 크다.

(3) 혹명나방

① 우리나라에서 월동하지 못하고 매년 6~7월에 중국에서 날아오는 바래해충이다.

② 유충은 벼 잎몸을 세로로 말고 그 속에서 잎살만 식해한다.

③ 벼잎말이나방과 비슷하나 돌돌 말은 잎의 위아래를 막지 않는 점이 다르다.

(4) 멸강나방

① 우리나라에서 월동하지 못하고 중국에서 날아오는 바래해충이다.

② 유충은 잡식성이며 집단을 이루어 이동하면서 가해한다.

③ 4령 후의 유충은 밤에만 식해한다.

(5) 애멸구

① 제방, 잡초 등에서 월동한다.

② 바이러스병인 줄무늬잎마름병, 검은줄오갈병을 매개한다.

(6) 끝동매미충

① 유충상태로 월동한다.

② 바이러스병인 오갈병을 매개한다.

(7) 벼물바구미

① 1988년 경남 하동군에서 처음 발견된 해충으로 단위생식을 한다.

② 성충의 형태로 월동하며 성충은 잎을 가해하고 유충은 뿌리를 가해한다.

③ 벼물바구미는 줄기나 이삭을 가해하지는 않으므로 백수가 되지는 않는다.

(8) 벼이삭선충

① 볍씨에서 월동한다.

② 잎이 자람에 따라 상위의 잎으로 이동하여 피해를 준다.

③ 수잉기에는 유수에 피해를 주고, 출수 후는 벼알 속으로 들어간다.

(9) 이화명나방

① 볏짚이나 벼 그루터기의 볏대 속에서 유충의 형태로 월동하고 연 2회 발생한다.
② 제2화기 성충은 8월 상순에 가장 많은데, 성충이 되기 전의 유충은 벼줄기 속으로 집단적으로 들어가 줄기를 먹기 때문에 벼 줄기가 황변하여 말라 죽으며 이삭은 백수가 된다.

(10) 벼줄기굴파리

① 화본과 잡초에서 유충으로 월동한다.
② 조식 재배지대 및 고랭지에서 발생하는 저온성 해충이다.
③ 유충이 줄기 속으로 들어가 새로 나오는 잎을 식해하므로 잎이 나왔을 때 세로로 가늘고 긴 구멍이 생긴다.

(11) 벼애잎굴파리

① 저온성 해충이다.
② 유충이 잎 속에 굴을 파고 들어가 먹으므로 늘어진 잎이 황백화되며 고사한다.

(12) 벼잎벌래

① 저온성 해충이다.
② 잎 끝에서부터 아래쪽을 향해 잎 표면의 엽육만 갉아먹고 잎 뒷면을 남기므로 흰색의 흔적이 남는다.
③ 유충은 항상 등에다 똥을 얹고 다닌다.

(13) 벼애나방

① 잎집 등에서 월동한다.
② 본답 초기에는 피해를 주나, 그 후에 큰 피해는 없다.
③ 벼 잎 끝을 2번 꺾어 삼각형을 만들고 그 속에서 번데기가 된다.

(14) 먹노린재

① 1998년 처음 발생하여 점차 확산되고 있다.
② 낙엽 밑 등에서 월동한다.
③ 비가 적은 해에 특히 많이 발생한다.
④ 작은 충격이나 소리에도 줄기 속이나 물속으로 숨는다.

(15) 흑다리긴노린재

① 해안가 사구지에서 주로 발생하며, 우리나라 서해안 일대에서 발생이 증가하고 있다.
② 이삭을 가해하면 쭉정이나 반점미를 만든다.

- 우리나라에서 월동하지 못하는 비래해충 : 흑명나방, 벼멸구, 멸강나방 **[172]**
- 우리나라에서 월동하지 못하는 비래해충 : 흑명나방, 벼멸구, 멸강나방 **[173]**
- 우리나라에서 월동하는 벼의 해충 : 이화명나방, 벼줄기굴파리, 벼애잎굴파리
- 벼멸구는 우리나라에서 월동을 하지 못하며, 중국 등지에서 비래하나, 애멸구는 월동한다. **[169]**
- 벼멸구는 비래해충이고, 유충과 성충은 벼포기 밑부분 잎집에서 즙액을 빨아먹고 집중고사(도복) 현상을 나타낸다. **[174]**
- 벼멸구는 유충과 성충이 벼 포기 밑부분 잎집에서 즙액을 빨아먹고, 가해당한 벼는 벼 줄기의 밑부분이 약해져 주저앉는다. **[174]**
- 멸강나방은 비래해충이고, 유충은 잡식성이며 집단을 이루어 이동하면서 가해한다. **[174]**
- 흑명나방은 비래해충이고, 유충은 벼 잎몸을 세로로 말고 그 속에서 잎살만 식해한다. **[174]**
- 벼물바구미는 성충의 형태로 월동하며 성충은 잎을 가해하고 유충은 뿌리를 가해한다. **[174]**
- 벼물바구미의 유충은 뿌리를 가해하고, 성충은 잎을 가해한다. **[169]**
- 벼물바구미는 줄기나 이삭을 가해하지는 않으므로 백수가 되지는 않는다. **[516]**
- 이화명나방은 볏짚이나 벼 그루터기의 볏대 속에서 유충의 형태로 월동하고 연(年) 2회 발생한다. **[174]**
- 이화명나방은 우리나라에서 월동하고, 유충은 줄기 속으로 먹어 들어가며 이삭은 흰색으로 고사한다. **[174]**
- 이화명나방의 2화기에는 줄기를 가해하기 때문에 백수가 된다. **[516]**

9.2 잡초 방제

1 제초의 필요성

논잡초를 포함한 대부분의 경지잡초들은 광발아성 종자로서 광에 노출되는 표토에서 발아하는데, 잡초를 제거하지 않을 경우 수량 감소율은 손이앙재배시 10~20%, 기계이앙재배는 25~30%, 담수직파는 40~60%, 건답직파에서는 70~100%에 달한다. 수량 감소 외에도 잡초종자의 혼입으로 쌀의 품위도 저하한다.

2 주요 잡초

	1년생	2년생	3년생
화본과 (볏과)	피, 강피, 물피, 돌피, 조개풀, 논둑외풀		나도겨풀, 드렁새
방동사니과 (사초과)	알방동사니, 바람하늘지기, 바늘골, 나도방동사니		올챙이고랭이, 물고랭이, 올방개, 쇠털골, 너도방동사니, 매자기, 새섬매자기, 파대가리
기타 (광엽잡초)	물달개비, 물옥장, 가막사리, 여뀌, 여뀌바늘, 자귀풀, 사마귀풀, 큰고추풀, 곡정초, 중대가리풀, 등에풀	생이가래	올미, 벗풀, 가래, 네가래, 수염가래꽃, 개구리밥, 미나리, 애기수영, 보풀

3 제초제

(1) 사용법 일반

잡초 발생이 많은 경우 제초제를 2회(이앙재배) 또는 3회(직파재배) 사용하여야 한다. 제초제의 약효 증진과 약해 최소화를 위해서 담수 깊이가 일정해지도록 논바닥을 정지하여야 하며, 제초제를 사용한 논은 논물을 3~4cm 깊이로 1주일 이상 유지되도록 하는 것이 약효 발현에 좋다. 제초제를 유제나 수화제로 살포할 때 분무입자가 작을수록 효과는 좋으나, 비산에 의한 해가 발생할 수 있으므로 제초제 분무기는 분무 입자가 굵어서 비산 약해가 일어나지 않아야 한다. 어린 모는 제초제에 특히 약하다.

(2) 사용시기별 종류

① 이앙재배용

못자리용 제초제	모내기 전 처리용
초기 제초제	모내기 후 3~7일(=써레질 후 5~9일) 처리용
초중기 제초제	모내기 후 5~12일(=써레질 후 7~14일) 처리용
중기 제초제	모내기 후 10~15일(=써레질 후 12~17일) 처리용
후기 제초제	모내기 후 20~30일 경엽처리용

② 건답직파용

벼 파종 후 5일, 10일, 20일용이 있고, 관개 후 5일, 10일 및 유수형성기에 사용할 수 있는 약제가 있다.

③ 담수직파용

파종 전 5일, 파종 후 10일, 15일 및 유수형성기에 사용할 수 있는 약제가 있다.

(3) 제초제 저항성

기존에 효과적으로 방제되던 잡초가 생존, 결실하고, 이런 능력이 후대까지 유전되는 것을 제초제 저항성이라 한다. 최초의 저항성은 1960년대 트라이진에 저항성인 개쑥갓에서 발견되었으나, 현재는 대부분 설포닐우레아계 제초제 저항성 잡초이다. 이 잡초들은 밀, 콩밭에서 연용되는 클로로설프론에 대한 저항성 잡초로 우리나라에서도 발생이 급증하고 있다. 제초제 저항성 잡초가 발생하는 원인은 동일 계통의 제초제를 연용하고, 불완전 방제가 계속되었기 때문이다. 따라서 화학적 방제법 이외에도 기계적, 생태적, 생물적 방제법이 함께 사용되는 종합방제법(IPM)이 사용되어야 한다.

- 대부분의 경지 잡초들은 광발아성 종자로서 광에 노출되는 표토에서 발아한다. [179]
- 논에서 주로 발생하는 잡초들이 아닌 것 : 명아주, 쇠비름 [177]
- 논잡초 중 다년생으로만 짝지어진 것 : 올미, 벗풀 [177]
- 논에서 발생하는 다년생 광엽잡초 : 가래, 벗풀, 올미 [178]
- 논에 문제가 되는 잡초종 : 올미, 돌피, 물달개비, 여뀌바늘 [178]
- 피, 둑새풀 등은 휴면이 타파된 경우라도 환경이 불량하면 2차 휴면이 유도된다. [179]
- 논잡초 중 1년생에 포함되는 잡초는 물옥잠, 자귀풀, 여뀌바늘 등이 있다. [179]
- 한 개의 덩이줄기에서 여러 개의 덩이줄기가 번식되며 한 번 형성되면 5~7년을 생존할 수 있다. 이렇게 형성된 덩이줄기는 다음해 맹아율이 80% 정도이며 나머지 20% 정도는 토양에서 휴면을 한다. : 올방개
- 설포닐우레아계 제초제에 대한 저항성 계통이 발생하여 작물의 수량이 감소되는 문제가 나타나고 있다. [179]

9.3 기상재해와 대책

1 한해(旱害)

(1) 일반사항

한해의 초기 증상은 주간 위조 – 야간 회복이나, 더 심해지면 상위엽도 고사하며, 논토양은 백건(白乾) 균열된다. 벼의 생육시기별 한해는 감수분열기에 가장 심하고, 그 다음이 출수개화기, 유수형성기, 분얼기의 순이며, 무효분얼기는 중간낙수도 하는 시기이므로 그 피해가 가장 적다. 감수분열기가 포함된 수잉기의 한해는 영화의 퇴화 및 불임의 증가를 가져오며, 유수형성기에는 1수영화수가 크게 감소하고 출수가 지연된다. 한편 못자리에서는 육묘기간이 길어짐으로 묘가 노화하고 불시출수의 가능성이 높아지며, 분얼기에는 초장이 작아지고 분얼이 억제되며 출수가 지연된다.

(2) 대책

① 사전대책

㉠ 한발 저항성 품종을 선택한다.

㉡ 논물 가두기 등 관개수원을 확보한다.

㉢ 유기물 시용을 통한 토양 입단화로 토양의 보수력을 증대시킨다.

㉣ 재배법으로 질소질 비료를 줄여 과번무에 의한 증산 손실을 예방하고, 인산, 칼리를 증시하여 작물체를 튼튼하게 한다.

㉤ 절수재배법을 사용하여 벼의 내한성을 증가시킨다.

② **한해 발생시의 대책**

㉠ 가뭄으로 인한 만파, 만식 시 빠른 출수를 위해서 소비 재배하고, 이삭수를 확보하기
위해서 밀식한다.

㉡ 수분증발량을 줄이기 위하여 웃자란 모는 잎 끝을 잘라낸 후 이앙한다.

㉢ 한발이 오면 본답생육기간이 짧아지고, 건토 효과가 발생하므로 질소질 비료를 20~30%
줄인다.

2 풍수해

(1) 침관수해

① **발생과 피해**

벼의 수해는 식물체 일부가 물에 잠기는 침수해와 전체가 잠기는 관수해로 나뉜다. 일반적으
로 침수보다는 관수가, 청수보다는 탁수가, 유수(流水)보다는 정체수가, 저수온보다는 고수
온에서 피해가 크다.

침관수해로 벼가 고사할 때 오탁수, 정체수, 고수온이면 산소결핍이 심하여 무기호흡에 의한
호흡기질로 단백질은 분해되지 않은 채 탄수화물만 소모되어 청고현상을 나타낸다. 반면
일시적 관수, 맑은 물의 침관수 등의 경우에는 부분적으로 광합성을 하면서 호흡기질로 서서
히 탄수화물을 소비하므로 나중에는 단백질까지 소모되어 엽색이 적고현상을 나타낸다. 즉,
벼의 관수저항성은 탄수화물량/호흡량의 크기와 밀접한 관계가 있다. 생육시기별 침관수의
피해에서도 감수분열기가 가장 큰데, 탁수에 3~4일 관수될 경우 50~70%나 감수된다.

② **대책**

㉠ 근본대책으로 치산치수, 하천정비 등이 필요하다.

㉡ 사전대책으로 관수저항성, 내병충성 및 내도복성 품종을 선택한다.

㉢ 수해대책으로 질소를 줄이고, 칼리와 규산질 비료를 증시한다.

㉣ 사후대책으로 관수된 논은 신속히 배수하고 깨끗한 물로 씻어낸다.

㉤ 완전 도복된 벼는 4~6포기씩 묶어세운다.

㉥ 병해충 방제를 한다.

(2) 풍해 및 도복

① **발생과 피해**

풍해를 입으면 광합성이 저해되고, 병해가 심해지며, 도복까지 되면 등숙이 불량해진다.
특히 출수기 전후에 이상건조풍이 불면 수정이 안 되거나 수정이 되어도 씨방의 발육정지로

백수현상이 일어난다. 이 현상은 야간에 25℃ 이상의 온도, 습도 65% 이하, 풍속 4~6m/s에서 발생하는데 출수 후 3~4일 이내에 이 바람을 맞을 때 가장 많이 발생한다.

벼의 도복은 풍해와 함께 발생하는데, 출수기 이후에 주로 발생한다. 질소시비량이 많은 논, 모내기가 늦고 재식 밀도가 높을 때 주로 발생한다.

② **대책**

    ㉠ 밀식을 피하고, 질소과용을 피한다. 특히 절간신장기에 영향을 미치는 질소를 제한한다.

    ㉡ 간단관수와 중간낙수로 줄기의 기부를 튼튼히 한다.

    ㉢ 태풍 통과 시 물을 깊이 대면 백수현상 및 도복이 경감된다.

3 냉해

(1) 발생과 피해

벼가 17℃ 이하의 저온에 7일 간 놓이면 유수형성기에는 20~35% 정도 감수하고, 감수분열기인 출수 전 10~15일에는 55%나 감수하며, 출수개화기에는 20% 정도 감수한다. 냉해는 지연형, 장해형, 병해형 및 혼합형 냉해로 구분된다. 영양생장기의 저온에 의한 출수지연 및 등숙률 저하는 지연형 냉해의 피해 양상이고, 저온에서 생리작용 저하로 인한 냉도열병의 발생은 병해형 냉해의 피해 양상이다. 한편 수잉기와 개화·수정기에 화기 피해에 따른 불임 유발 및 출수개화기에 냉온 피해로 인한 이삭추출의 불량 유발은 장해형 냉해의 피해 양상이다. 장해형 냉해는 수분과 수정 장해가 발생함으로써 불임률이 높아 수량이 감소하는 것이므로 지연형 냉해와 달리 기온이 정상으로 회복되어도 피해가 회복되지는 않는다.

(2) 대책

① 냉해가 상습적으로 발생하는 지역은 안전한 조생종을 재배한다.

② 건묘를 육성하고 조기에 이앙하여 활착시킴으로써 초기 생육을 촉진시킨다.

③ 보통재배보다 다소 밀식하여 수량을 확보한다.

④ 기온이 갑자기 낮아지면 심수관개로 보온한다. 특히 이삭이 밸 때 저온인 경우에는 논에 물을 대어주는 것이 좋다.

⑤ 냉수가 관개되는 논은 수온 상승대책을 강구한다.

⑥ 다음의 시비 대책을 시행한다.

    ㉠ 질소질 비료를 줄이고, 유기질 및 규산질 비료를 시비하여 작물체를 튼튼하게 한다.

    ㉡ 산간고랭지에서는 인·칼리를 20~30% 더 시용한다.

    ㉢ 장해형 냉해가 우려되면 이삭거름을 주지 말고, 지연형 냉해가 예상되면 알거름을 생략한다.

- 벼 생육장해 중 한해(旱害)의 피해가 가장 심한 시기는 감수분열기이다. [181]
- 벼는 침수피해에 비하여 관수피해가 더 크다. [182]
- 벼는 흐르는 물보다 정체수에 침관수가 되었을 때 피해가 더 크다. [182]
- 침관수에 의한 수량 감소는 감수분열기~출수기에 영화의 퇴화 등으로 피해가 가장 크게 나타난다. [489]
- 벼의 청고는 정체탁수에 침관수가 되었을 때 나타나는 피해 증상이다. [182]
- 벼의 관수저항성은 탄수화물량/호흡량의 크기와 밀접한 관계가 있다. [182]
- 수해대책으로 칼리와 규산질 비료를 증시하며, 질소질 비료를 줄이고 균형시비를 한다. [490]
- 풍해에 의한 주요 피해는 잎새가 손상되고 벼가 쓰러지며 백수(흰 이삭)와 변색립이 생긴다. [489]
- 벼 재배 시 백수현상이 나타나는 조건 [516] : 출수개화기의 풍해, 이삭도열병의 만연, 이화명나방의 2화기 피해
- 영양생장기의 저온에 의한 출수 지연 및 등숙률 저하는 지연형 냉해의 피해 양상이다. [182]
- 영양생장기 때 저온은 초기 생육을 지연시켜 분얼을 억제하여 단위면적당 이삭수를 감소시킨다. [489]
- 냉해대책으로 건묘를 육성하여 조기에 이앙하여 활착시키고 초기 생육을 촉진시킨다. [2020 7급]
- 지연형 냉해는 저온으로 생육이 지연되고 저온에서 등숙됨으로써 수량이 감소되는 냉해로, 특히 등숙기 기온 18℃ 이하에서 피해가 크다. [2020 7급]
- 저온에서 생리작용 저하로 인한 냉도열병의 발생은 병해형 냉해의 피해 양상이다. [182]
- 수잉기와 개화·수정기에 화기피해에 따른 불임 유발은 장해형 냉해의 피해 양상이다. [182]
- 출수개화기에 냉온 피해로 인한 이삭추출의 불량 유발은 장해형 냉해의 피해 양상이다. [182]
- 이삭밸 때(수잉기)와 출수기 때의 저온으로 발생하는 냉해의 형태는 장해형 냉해이다. [183]
- 수잉기가 냉해에 가장 민감하며, 수잉기에 냉해를 입으면 감수분열이 제대로 이루어지지 않는다. [184]
- 벼의 장해형 냉해로 발생하는 전형적인 피해는 불임립의 증가이다. [183]
- 지연형 냉해가 오면 출수 및 등숙이 지연되어 등숙불량을 초래한다. [184]
- 장해형 냉해가 오면 수분과 수정 장해가 발생함으로써 불임률이 높아 수량이 감소한다. [184]
- 감수분열기인 출수 전 10~15일에는 55% 정도 감수되어 피해가 가장 크며, 다음으로 출수개화기에 20% 정도 감수된다. [2020 7급]
- 냉해가 염려될 때는 규산질 및 유기질 비료를 주어 벼를 튼튼하게 한다. [184]
- 저온으로 냉해가 염려될 때는 질소 시용량을 줄인다. [184]
- 산간고랭지에서는 인·칼리를 20~30% 더 시용한다. [184]
- 냉해방지를 위하여 질소 과비를 피하고 인산과 칼리를 증비하며 규산질과 유기물 시용을 늘린다. [2020 7급]
- 장해형 냉해가 우려되면 이삭거름을 주지 말고, 지연형 냉해가 예상되면 알거름을 생략한다. [184]
- 장해형 냉해가 예상되면 이삭거름을, 지연형 냉해가 우려되면 알거름을 생략한다. [490]
- 냉해가 염려될 때는 질소시용량을 줄이며 장해형 냉해가 우려되면 이삭거름을 주지 말고 지연형 냉해가 예상되면 알거름을 생략한다. [184]
- 벼 냉해의 방지 및 피해경감에 대한 설명(185) : 유기질 및 규산질 비료를 시비하여 작물체를 튼튼하게 한다. 장해형 냉해가 우려되면 이삭거름을 주지 않도록 한다. 이삭이 밸 때 저온인 경우에는 논에 물을 대어주는 것이 좋다. 냉해가 상습적으로 발생하는 지역은 안전한 조생종을 재배한다.

CHAPTER 10 쌀의 친환경 재배, 작부 체계, 재배형, 특수재배

10.1 쌀의 친환경 재배

1 친환경 농업의 용어 구분

친환경 농업이라는 용어는 일반적(학술적) 의미와 법적 의미가 다르기 때문에 이에 대한 구분이 필요하다. 일반적 의미의 친환경 농업이란 저투입 농업, 환경을 생각하는 농업, 지속가능한 농업 등과 유사한 의미로 쓰는데 반하여, 법적 친환경 농업이란 법에 정해진 재배 방법대로 농사를 짓는 것을 말한다. 여기서는 법적 친환경 농업에 대해서만 아주 간략히(짧게) 알아보기로 한다. 길게 알아보려면 이 주제만으로도 책 한 권이 되기 때문인데, 유기농업기사 시험 준비에서는 길게 알아보는 것이 필요하다. 100세 시대의 대비책으로 임용 후 꼭 해야 한다. 아주 작은 불씨가 큰 불이 되듯이, 기사 자격증 하나가 큰일을 낸다.

2 친환경 농어업 육성 및 유기식품 등의 관리 · 지원에 관한 법률

제1조(목적) 이 법은 농어업의 환경보전기능을 증대시키고 농어업으로 인한 환경오염을 줄이며, 친환경 농어업을 실천하는 농어업인을 육성하여 지속가능한 친환경 농어업을 추구하고 이와 관련된 친환경 농수산물과 유기식품 등을 관리하여 생산자와 소비자를 함께 보호하는 것을 목적으로 한다.

제2조(정의) 이 법에서 사용하는 용어의 뜻은 다음과 같다.
1. "친환경 농어업"이란 생물의 다양성을 증진하고, 토양에서의 생물적 순환과 활동을 촉진하며, 농어업 생태계를 건강하게 보전하기 위하여 합성 농약, 화학비료, 항생제 및 항균제 등 화학자재를 사용하지 아니하거나 사용을 최소화한 건강한 환경에서 농산물·수산물·축산물·임산물(이하 "농수산물"이라 한다)을 생산하는 산업을 말한다.
2. "친환경 농수산물"이란 친환경 농어업을 통하여 얻는 것으로 다음 각 목의 어느 하나에 해당하는 것을 말한다.
   가. 유기농수산물
   농림축산식품부령(고시), 유기농산물은 화학비료·합성 농약 또는 합성 농약 성분이 함유된 자재를 전혀 사용하지 아니하여야 한다.

나. 무농약 농산물

농림축산식품부령(고시), 화학비료는 농촌진흥청장·농업기술원장 또는 농업기술센터소장이 재배포장별로 권장하는 성분량의 3분의 1 이하를 범위 내에서 사용 시기와 사용 자재에 대한 계획을 마련하여 사용하여야 한다. 합성 농약 또는 합성 농약 성분이 함유된 자재를 사용하지 아니하여야 한다.

3. "유기"(Organic)란 생물의 다양성을 증진하고, 토양의 비옥도를 유지하여 환경을 건강하게 보전하기 위하여 허용물질을 최소한으로 사용하고, 제19조제2항의 인증기준에 따라 유기식품 및 비식용 유기가공품(이하 "유기식품 등"이라 한다)을 생산, 제조·가공 또는 취급하는 일련의 활동과 그 과정을 말한다.

제19조(유기식품 등의 인증)

② 제1항에 따른 인증을 하기 위한 유기식품 등의 인증대상과 유기식품 등의 생산, 제조·가공 또는 취급에 필요한 인증기준 등은 농림축산식품부령 또는 해양수산부령으로 정한다.

- 친환경 농어업 육성 및 유기식품 등의 관리·지원에 관한 법률에서 규정한 목적[186] : 농어업의 환경보전 기능을 증대시킨다. 농어업으로 인한 환경오염을 줄인다. 친환경 농어업을 실천하는 농어업인을 육성한다. 친환경 농수산물과 유기식품 등을 관리하여 생산자와 소비자를 함께 보호한다.
- 유기인증 쌀을 생산하기 위해서는 원칙상 유기종자를 사용하여야 한다. [186]
- 무농약 쌀 생산에는 유기 합성 농약을 사용할 수 없으나, 화학 비료는 권장량의 1/3 이하에서 사용할 수 있다. [186]
- 유기인증 쌀의 경우 해충방제 및 식품보존을 목적으로 한 방사선의 사용은 불허된다. [186]
- 저농약 쌀은 법에서 삭제되었다. [186]
- 벼에서 유기농산물로 인증받기 위해 많이 사용하는 병해충 방제제는 보르도액이다. [2021 지9]

10.2 논 작부 체계

1 이상적인 작부 체계

이상적 작부 체계는 경지를 3, 4 또는 5등분하고 화본과 작물과 콩과 작물을 교대로 심으며, 몇 년에 한 번은 지력 증진 작물을 도입하고, 또 몇 년에 한 번은 심경 효과를 가져올 수 있는 뿌리작물을 재배하는 것이다. 그러나 담수 조건인 논에서의 작부 체계는 매우 한정적일 수밖에 없어서 답리작과 답전윤환 정도를 시행할 수 있다.

2 답리작(논 뒷그루 재배)

겨울 동안 논에 재배할 수 있는 작물은 추위에 강한 맥류(특히 호밀)와 자운영 및 헤어리베치 등이다.

(1) 호밀

호밀은 환경 조건이 불량해도 잘 자라고 추위에도 아주 강하므로 우리나라 중북부 지역에서 벼의 후작물로 재배하여 봄에 조사료로 이용할 수 있다. 적정 파종량은 10a에 12~15kg이다.

(2) 자운영

녹비작물로 자운영을 재배하려면 파종 시기는 입모 중으로 8월 하순~9월 상순이고, 파종량은 10a에 3~4kg이다. 파종 후 10일 내에 논물을 낙수해야 하는데, 낙수 시기가 빠르면 벼에 문제가 생기고, 늦으면 자운영에 문제가 생긴다. 수확(토중 투입)은 벼 이앙 10일 전에 해야 벼의 생육에 해를 끼치지 않는다.

(3) 헤어리베치

녹비작물로 헤어리베치를 재배하려면 파종 시기는 9월 하순~10월 상순이고, 파종량은 10a에 6~9kg이다. 파종법은 입모 중 산파나 벼 수확 후 로터리 산파가 모두 가능하다. 벼 이앙 2~3주 전에 로터리로 갈아엎어 녹비로 쓰는데, 10a에 1,500~2,000kg이 질소질 비료를 사용하지 않을 수 있는 적정선이다.

3 답전윤환

답전윤환을 하면 토양이 입단화되어 물리적으로는 심토의 기상률(氣相率)과 공극률이 증가되고, 화학적으로는 비옥도가 증가한다. 답전윤환 작물로 가장 바람직한 작물은 콩이다.

10.3 벼의 재배형

재배시기가 다른 것을 재배형이라 하는데, 본답으로의 이동 시기에 따라 아래의 그림처럼 분류한다.

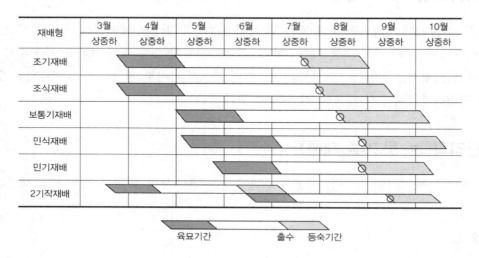

재배형	3월 상중하	4월 상중하	5월 상중하	6월 상중하	7월 상중하	8월 상중하	9월 상중하	10월 상중하
조기재배								
조식재배								
보통기재배								
만식재배								
만기재배								
2기작재배								

육묘기간   출수   등숙기간

1 조기 재배

해당 지역에서 가능한 한 빠른 시기에 기본영양생장성과 감광성이 작고, 감온성이 높은 조생종 품종을 보온하여 파종, 육묘하고, 최대한 일찍 이앙하여, 수확도 조기에 끝내는 재배형을 말한다. 이 형은 주로 벼의 생육기간이 짧은 북부 및 산간 고랭지에서 이루어졌었는데, 1960년대 후반부터 남부 평야지에서도 이 방법이 채용되었다. 벼의 후작, 즉 2모작으로 소득이 높은 원예작물을 생산하기 위함이다. 그러나 남부 평야지대에서 조기 재배하면 고온기에 등숙기를 통과하게 되므로 자연건조에서도 동할미가 생기고, 현미의 쌀겨층이 두꺼워지는 등 쌀의 품질이 나빠진다.

조기 재배의 좋은 효과로는 다음을 들 수 있다.

① 벼의 생육기가 빨라지므로 8월 중순~9월 상순에 빈도가 높은 태풍을 피할 수 있다.
② 고랭지에서는 등숙기 추냉을 피할 수 있다.
③ 남부지방에서는 후작으로 추작물의 도입이 가능하여 토지생산성을 높일 수 있다.
④ 고온에서 재배되므로 생리활성이 높아 1일 생산효율이 높다.
⑤ 뿌리의 활력이 생육 후기까지 높게 유지되어 추락의 우려가 없다.

2 조식 재배

　조식 재배는 벼의 단작지대에서 표준재배형으로 실시되고 있는데, 한랭지에서 보온하여 파종, 육묘하고, 가능한 한 일찍 이앙하여 영양생장기간을 최대한 연장시키는 재배형이다. 이 재배형에서도 출수가 1주일 정도 빨라져 수확이 당겨지긴 하지만 수확의 조기화가 목적은 아니고 다수확이 목적이므로 영양생장기간이 긴 중·만생종 품종이 적합하다.

　한편 조식 재배가 다수확을 가져오는 기타 이유는 다음과 같다.

① 분얼기가 저온이라 일교차가 커져서 분얼이 많아지므로 이삭수 확보에 유리하다.
② 출수기가 일사량이 많은 시기이므로 광합성량이 늘어 등숙을 좋게 한다.

　그러나 조식 재배에도 아래와 같은 단점이 있다.

① 생육기간이 모든 재배형 중 가장 길어지므로 보통 재배보다 시비량을 20~30% 늘려야 한다.
② 생육기간이 길어 영양생장량이 많으므로 과번무되어 도복되기 쉽고, 잎집무늬마름병의 발생이 많으며, 남부지방에서는 벼멸구에 의한 직접 피해와 바이러스에 의한 피해가 있다. 즉, 조식 재배는 병충해 방제에 불리하다.
③ 조기 재배와 조식 재배 모두 저온기에 육묘하므로 못자리 보온에 유의해야 하고, 저온발아성이 높은 품종을 사용해야 한다.

3 보통기 재배

　보통기 재배는 안전출수기 내에 이삭이 팰 수 있도록 제 때 모내기하는 재배형으로 모내기 적기는 지대와 품종에 따라 다르다.

4 만기 재배

　만기 재배는 주로 중남부 평야지대에서 과채류, 감자 등의 후작으로, 벼를 늦심기하는 재배형을 말한다. 만기 재배는 계획적으로 파종기와 이앙기를 늦추는 것이므로 만파만식재배 또는 정시만식재배라고도 한다. 만기 재배에서는 고온과 단일이 시작되어서도 영양생장을 해야 하므로 감온성과 감광성이 다 낮고, 등숙이 늦어지므로 저온에서도 등숙력이 양호한 품종을 선택해야 한다. 만기 재배는 전체 생육기간이 짧아질 수밖에 없으므로, 이앙묘는 어린모보다 육묘일수가 긴 성묘가 유리하다.

5 만식 재배

파종은 적기에 했으나 관개용수의 부족, 전작물의 수확 지연 등으로 이앙이 늦어지는 경우에 만식하는 재배형이다. 따라서 이 재배형을 적파만식재배 또는 불정시만식재배라고도 한다. 이 형에서 가장 문제가 되는 것은 묘의 노화이므로, 만식의 우려가 있는 경우 노화방지를 위한 박파, 절수, 절엽과 단근 등의 특별한 육묘방식이 사용되어야 하고, 본답에서는 밀식과 질소의 감비 등도 필요하다. 즉, 가뭄으로 늦심기할 때 본답생육기간이 짧아지므로 질소질 비료는 기준 시비보다 20~30% 줄여야 한다. 품종으로는 만식에서도 수량의 감수가 적은 감광형의 내만식성 품종이 적합하다. 적파만식은 불시출수의 위험이 있고, 만파만식은 수량 저하의 우려가 있다.

6 2기작 재배

열대지방에서는 1년에 벼를 2회 재배하는 2기작 재배가 일반적이지만 우리나라에서는 경제성이 낮다. 벼만 재배하는 2기작 재배와 벼와 함께 다른 작물을 재배하는 2모작은 완전히 다른 것이다.

- 조기 재배에 적합한 벼 품종은 기본영양생장성과 감광성이 작고, 감온성이 높다. [189]
- 조기 재배는 조식 재배보다 수확기가 빠르다. [187]
- 벼의 조기 재배는 생육기간이 짧은 북부지역 및 산간 고랭지에서 알맞은 재배법이다. [188]
- 조기 재배는 출수기를 다소 앞당기게 되므로 생육 후기의 냉해를 줄일 수 있다. [188]
- 조기 재배는 저온 조건에서 육묘를 하므로 저온발아성이 높은 품종을 선택하는 것이 유리하다. [188]
- 조기 재배는 수확 시기를 앞당길 목적으로 하기 때문에 조생종이 적합하다. [188]
- 조생종 품종을 조기에 이식하여 더 빠른 조기수확을 목적으로 하는 재배방식은 조기 재배이다. [190]
- 조기 재배는 남부 평야지대의 답리작에 적합한 재배법이다. [189]
- 남부 평야지대에서 조기 재배하면 쌀의 품질이 나빠진다. [189]
- 조식 재배는 한랭지에서 만생종을 조기에 육묘하여 일찍 이앙하는 재배법이다. [188]
- 한랭지에서 만생종을 조기에 육묘 이앙하는 것을 조식 재배라 한다. [189]
- 조식 재배는 한랭지에서 생육 후기 냉해의 위험성을 줄일 수 있다. [190]
- 조식 재배는 한랭지에서 만생종 품종을 조기에 이식하여 수량을 높일 목적으로 하는 재배방식이다. [190]
- 조식 재배는 생육기간을 늘려서 다수확을 목적으로 하는 재배법이다. [190]
- 조식 재배는 다수확을 목적으로 하기 때문에 중·만생종 품종이 적합하다. [188]
- 조식 재배는 저온기에 영양생장기가 경과하므로 분얼수 확보에 유리한 면이 있다. [190]
- 조식 재배가 만파만식재배보다 재배일수가 길다. [187]
- 조식 재배가 보통기 재배보다 재배일수가 길다. [187]
- 조식 재배는 생육기간이 길어지므로 보통 재배보다 시비량을 20~30% 늘린다. [190]

- 조식 재배는 영양생장량이 많아져 식물체가 과번무되기 쉽다. [190]
- 조식 재배는 조기에 육묘하므로 영양생장기의 병충해 방제에 불리하다. [190]
- 보통기 재배는 안전출수기 내에 이삭이 팰 수 있도록 제 때 모내기하는 재배형으로 모내기 적기는 지대와 품종에 따라 다르다. [188]
- 만식재배는 파종기의 지연에 따라 늦심기를 하는 것으로 감광성이 큰 품종이 적합하다. [188]
- 가뭄으로 늦심기할 때 본답생육기간이 짧아지므로 질소질 비료는 기준 시비보다 20~30% 줄인다. [490]
- 적파만식은 불시출수의 위험이 있고, 만파만식은 수량 저하의 우려가 있다. [187]
- 아래 그림의 (가), (나), (다), (라)는 조기 재배, 조식 재배, 만식 재배, 만기 재배이다. [2021 지9]

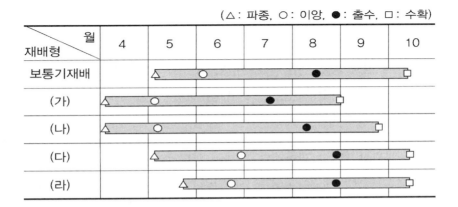

10.4 특수 재배

1 간척지 재배

(1) 간척지 토양의 특징

① 생육을 위한 유효토심이 낮다.
② 입자가 미세하여 투수력, 공극률 등의 물리적 성질이 나쁘다.
③ 지대가 낮아 지하수위가 높으므로 환원조건의 가능성이 많다.
④ 염류가 많아 pH가 높으며, 염분 농도도 높다.

(2) 제염방법 및 토양개량

염도 0.1% 이하에서 벼 재배에 큰 지장은 없고, 0.1~0.3%에서도 정상적인 재배가 가능하므로 벼를 재배하려면 한계 염농도인 0.3% 이하가 되도록 제염해야 하는데, 제염은 논을 자주 경운하여 물을 갈아주는 횟수가 증가할수록 촉진된다. 경운 및 관개 횟수가 많을 때는 깊게 경운하는 것이 효과적이고, 경운 및 관개 횟수가 적을 때는 얕게 경운하는 것이 효과적이다. 모내기 후에도 물을 자주 갈아주는 것이 제염에 효과적이지만, 자주 환수하면 비료의 유실이 크므로 시비량은 늘려야 한다. 토양의 개량을 위해서는 석고, 퇴비 등을 주거나 객토가 유효하며, 석회를 시용하면 제염 효과도 있고 증수에도 도움이 된다. 간척지는 대부분 토양반응이 알카리성이므로 아연 결핍이 발생하기 쉬운데, 황산아연의 시비가 토양의 중성화 및 아연 공급에 도움이 된다.

(3) 벼 재배기술

간척지에서는 내염성 품종을 선택해야 하며, 재배법으로는 일반 논에서와 같이 기계이앙 및 직파재배가 모두 가능하다. 다음은 기계이앙재배법이며, 해당되는 사항은 직파재배에도 적용된다.

① 간척지 토양은 단립구조이고 염분 농도가 높아 정지 후 토양 입자가 가라앉아 급격히 굳으므로 뜸모와 결주가 많아진다. 따라서 로터리와 동시에 모내기를 하는 것이 좋다.

② 염해는 질소의 과잉 축척으로 생육 및 출수가 지연되어 수량이 감소하는데, 그 원인을 살펴보자. 염해의 발생 과정은 먼저 줄기와 잎의 수분함량이 감소하고, 많이 흡수축적된 염분, 특히 염소(Cl^-) 이온의 직접적인 해로 엽록소의 감퇴 또는 소실이 발생하며, 염소에 의한 효소의 활력 저하로 동화작용이 저해되어 탄수화물의 생성이 감소되는 것이다. 또한 상대적으로 나트륨보다 많이 흡수된 염소(음이온)와 균형을 맞추기 위해서 흡수된 암모늄태 질소(양이온)의 과잉축적에 의하여 벼 생육 및 출수가 늦어짐으로써 수량 감소가 발생하는 것이다.

③ 염해는 생식생장기보다는 모내기 직후의 활착기와 분얼기에 심하게 나타나 분얼이 억제되므로 보통답에서 보다 재식 밀도를 높여주는 것이 좋다. 이앙 후 활착기는 벼의 전 생육기간 중 염해를 가장 받기 쉬운 시기인데, 그 원인은 못자리에서 모판을 뗄 때 뿌리가 잘리면 수분 흡수 부족에 따른 수분대사의 불균형이 생기고, 잘린 부분이 염분 농도가 높은 토양용액과 직접 접촉되기 때문에 여러 가지 피해가 가중되기 때문이다. 따라서 이 시기에는 0.05% 이하의 염분농도 유지가 필요하다.

④ 간척지에서는 환수에 따른 비료 유실량이 많으므로 보통 재배보다 1.5~2배 정도 증비하고, 여러 차례 분시하는 것이 좋다.

⑤ 간척지는 토양반응이 알카리성이므로 질소는 생리적 산성 비료인 황산암모늄(유안)을, 인산도 산성 비료인 과석을, 칼리도 황산칼리를 써서 토양의 pH를 중성화하는 것이 좋다.

2 밭벼 재배

밭벼는 논벼에 비해 잎이 커서 늘어지고, 뿌리는 심근성이며 잔뿌리가 많아 수분 부족에 강한 특성을 보인다. 생리적으로 논벼에 비해 산소요구도가 크고, 쌀의 찰기가 논벼보다 적다.

3 무경운 재배

무경운 재배는 경운하지 않으므로 토중 잡초씨가 광을 받지 못해 발아하지 못한다. 따라서 전해 출수기에 잡초를 철저히 제거하면 잡초 발생은 점차 감소한다. 무경운 재배의 장점은 비용과 노력에서의 절감 효과가 있고, 토양의 물리성 악화가 방지된다는 점이다. 단점은 초기 잡초방제가 어렵고, 용수량이 증가하며, 시비 효율이 저하하고, 수량이 다소 감소한다는 것이다.

- 염도 0.1% 이하에서 벼 재배에 큰 지장은 없고, 0.1~0.3%에서도 정상적인 재배가 가능하다. [499]
- 관개 및 경운 횟수가 많을 때에는 깊게 경운하여 올라올 것까지 미리 제거하는 것이 제염에 효과적이다. [501]
- 간척지 토양은 정지 후 토양입자가 잘 가라앉고, 바로 굳어지므로 로터리와 동시에 이앙하는 것이 좋다. [126]
- 간척지에서는 분얼이 억제되므로 보통답에서 보다 재식 밀도를 높여주는 것이 좋다. [126]
- 간척지에서는 환수에 따른 비료 유실량이 많으므로 보통 재배보다 증비하고 여러 차례 분시하는 것이 좋다. [126]
- 간척지 토양에서 염해는 질소의 과잉 축척으로 생육 및 출수가 지연되어 수량이 감소한다. [501]
- 간척지 토양에서 염해는 생식생장기보다는 모내기 직후의 활착기와 분얼기에 심하게 나타난다. [501]
- 간척지 토양은 알칼리성이므로 질소 비료는 유안을 사용하는 것이 좋다. [126]
- 간척지 토양에서 질소질 비료는 생리적 산성 비료인 유안을 시용하는 것이 좋다. [501]

쌀의 수확 후 관리

11.1 건조

1 건조 수준

수확기 쌀알의 수분함량은 보통의 경우 22~25%이나, 극단의 경우는 최저 15%, 최고 39%에 달하는 경우도 있다. 이 같은 물벼의 수분함량을 14~15%까지 말려야 저장이 가능하다.

2 건조방법

천일 건조법과 건조기 건조법이 있다.

3 건조기술

(1) 목표 수분함량

수분함량은 14~15%가 되도록 말려야 한다. 수분함량이 13% 이하가 되면 저장은 안전하지만 식미가 크게 떨어지고, 16% 이상으로 건조하면 도정 효율이 높아지고 식미도 좋아지나 변질되기 쉽다. 즉, 쌀의 수분함량이 16% 정도일 때 도정 효율이 높다.

(2) 건조온도

화력(열풍)건조기를 이용할 때의 건조온도는 45℃ 정도가 알맞다. 55℃ 이상으로 올리면 동할률과 쇄미율이 급격히 증가한다. 이 외에도 건조온도가 높을수록 단백질이 응고되며, 전분이 노화되어 발아율이 떨어지고, 취반 시 찰기가 없다.

(3) 승온조건 및 건조속도

화력건조기로 건조할 때 승온조건은 시간당 1℃ 정도가 적당하며, 건조속도는 시간당 수분감소율 1% 정도가 알맞다.

4 건조와 품질

건조과정이 적절하지 못할 때 쌀의 품질이 저하되는 요인은 다음과 같다.

① 급속한 건조는 동할미를 다량 발생시켜 먹을 때 꺼칠꺼칠한 촉감을 주고, 단면에서 전분이
유출되는 등 품질이 저하된다. 동할률이 높아지는 이유는 건조 시 현미와 왕겨가 붙은 부착점
을 통하여 수분이 증발되어 나가기 때문이다. 즉, 현미에서의 부착점 아래쪽 반은 마르고,
위쪽 반은 마르지 않아 수분 차이가 나게 되는데, 이것이 한계를 넘을 때 금이 간다.
② 건조가 지연되면 수분함량이 높은 벼가 변질되기 쉽다.
③ 과도한 가열은 열손상립을 발생시킨다.
④ 과도한 건조는 식미를 저하시킬 뿐만 아니라, 수분함량이 낮아서 도정 효율도 떨어트린다.

11.2 쌀의 저장

1 저장 중 쌀의 변화

쌀의 저장 중에 다음의 이화학적 및 생물적 변화가 일어난다.

① 호흡소모와 수분증발 등으로 중량 감소(양적 손실률은 3~6%)가 일어난다.
② 생명력의 지표인 발아율이 떨어진다. 4년 이상 저장하면 발아가 어렵다.
③ 지방의 자동산화로 산패가 일어나므로 유리지방산이 증가하고, 고미취(古米臭 냄새 취)가
난다.
④ 전분(포도당)이 α-아밀라아제에 의해 분해되어 환원당 함량이 증가한다.
⑤ 비타민 B1이 감소한다.
⑥ 미생물, 해충, 쥐 등에 의한 손해가 발생한다.

2 저장성에 영향을 미치는 중요 요인

(1) 수분

현미의 수분함량이 15%이면 저장고의 공기습도가 80% 이하로 유지되므로 곰팡이가 발생하
지 않으나, 수분함량이 16%이면 공기습도가 85% 정도가 되므로 곰팡이가 발생할 가능성이
높다. 따라서 벼의 수분함량을 15% 정도로 유지하면 여름의 고온, 다습 하에서도 안전하다.

(2) 온도

저장온도 15℃ 이상에서는 쌀바구미와 곡식좀나방 등의 해충이 쌀겨나 배아부에서 증식한다. 쌀겨나 배아부를 제거한 백미에서는 해충이 잘 발생하지 않는다.

(3) 산소

산소농도를 낮추면 호흡소모나 변질이 감소된다.

4) 안전저장 조건

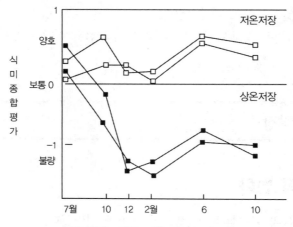

저온 저장 : 온도 15℃, 습도 70~75%,
상온 저장 : 일반창고 저장

[저온 저장 쌀과 상온 저장 쌀의 식미 비교]

장기 안전저장을 위해서는 쌀의 수분함량을 15% 정도로 건조하고, 저장온도는 15℃ 이하로, 상대습도는 70% 정도로, 산소 농도는 5~7%로, 이산화탄소 농도는 3~5%로 조절하는 것이 가장 좋다. 위의 그림은 식미에 대한 상온 저장과 저온 저장의 차이를 보여준다.

3 쌀의 형태와 저장성

쌀은 조제형태에 따라 벼, 현미, 백미가 있다. 벼는 단단한 왕겨층으로 덮여 있어 현미나 백미보다 저장성이 좋은 반면, 현미 부피는 벼 부피의 1/2에 불과하여 보관과 유통비용을 줄일 수 있다. 백미는 외부 온도와 습도의 변화에 민감하게 반응하여 변질되기 쉽다.

4 쌀 저곡해충

쌀에 피해를 주는 해충으로는 화랑곡나방, 보리나방, 쌀바구미, 거짓쌀도둑, 톱가슴머리대장, 쌀도둑장수 등이 있다. 대부분의 해충은 곡물의 수분함량이 12% 이하(상대습도 55% 이하)에서는 번식하지 못하나, 수분함량 14%(상대습도 75%)일 때부터 왕성하게 번식한다.

- 쌀의 수분함량을 17% 이상으로 건조하면 도정 효율이 높고 식미가 좋다. [493]
- 쌀의 수분함량이 16% 정도일 때 도정 효율이 높다. [200]
- 벼를 열풍 건조할 때 알맞은 건조온도는 45℃이다. [493]
- 벼의 화력 열풍건조에 알맞은 온도는 45℃ 정도이다. [456]
- 벼의 열풍 건조 시 적합한 온도는 45℃ 정도이다. [194]
- 수확 후 곡물을 화력건조하려면 적정온도를 45℃로 유지해야 한다. [193]
- 쌀을 건조할 때 건조온도는 45℃ 정도에서 수분함량 15~16% 정도가 알맞으며, 수분함량이 낮은 벼를 고온건조하면 식미가 크게 떨어진다. [2020 7급]
- 급속하게 건조할 경우 동할미가 많이 발생하여 품질이 저하된다. [197]
- 건조 시 수분은 현미와 왕겨가 붙은 부착점을 통하여 집중적으로 증발된다. [197]
- 묵은 쌀은 지방의 자동산화에 의해 식미가 낮아진다. [196]
- 상온 저장 시 식미는 현미저장이 백미저장보다 양호하다. [196]
- 백미는 외부 온도와 습도의 변화에 민감하게 반응하여 변질되기 쉽다. [493]
- 백미 저장은 정조 저장보다 환원당과 지방산도가 높아진다. [194]
- 저장 기간이 오래될수록 지방산도는 높아지고 α-아밀라아제의 활성으로 환원당의 함량은 증가한다. [197]
- 곡물의 전분은 저장 중에 분해되어 환원당 함량이 증가한다. [456]
- 쌀은 저장 중 전분이 분해되어 환원당 함량이 증가하고, 비타민 B1이 감소한다. [458]
- 작물 수확 후 생리작용 및 손실 요인[196] : 맹아에 의한 손실, 호흡에 의한 손실, 증산에 의한 손실
- 저장 시 벼의 적당한 수분함량은 15% 정도이다. [194]
- 벼 저장 시 온도는 15℃, 습도는 약 70%로 유지시켜 주면 좋다. [458]
- 쌀의 안전저장 조건의 온도는 15℃, 상대습도는 약 70%이다. [459]
- 벼를 저장할 때에는 수분함량 15% 정도, 저장온도 15℃ 이하, 상대습도 70% 정도를 유지하는 것이 좋다. [199]
- 현미 저장 시 수분함량이 20% 이상일 때에는 10℃ 미만에서 저장하는 것이 적당하고, 수분함량이 16% 미만일 때에는 15℃ 정도에서 저장하는 것이 바람직하다. [2020 7급]
- 미질을 유지하기 위하여 저장온도는 15℃ 이하, 상대습도는 70% 정도로 한다. [194]
- 쌀 저장 시 적정 수분함량은 15%이다. [193]
- 쌀의 안전저장을 위해서는 수분함량을 15% 정도로 건조하고, 저장온도를 15℃ 이하로 유지하며, 공기 조성은 산소 5~7%, 이산화탄소 3~5%로 조절하는 것이 좋다. [2020 7급]

- 알벼의 형태로 저장할 때, 현미나 백미 형태로 저장할 때보다 저장고 면적이 많이 필요하다. [533]
- 대표적인 저곡해충은 화랑곡나방이다. 흔히 쌀나방으로 불리며, 쌀이나 밀 등 곡류 안에 알을 낳는다. [193]
- 유충이 쌀을 침식하여 품질을 저하시키며 유충으로 월동하는 해충은 화랑곡나방이다. [175]
- 벼 저장 중에 발생하는 대표적인 해충에는 화랑곡나방, 보리나방 등이 있다. [199]
- 쌀 저장 중에 주로 발생하여 피해를 주는 해충 : 쌀바구미, 화랑곡나방, 보리나방 [176]
- 대부분의 해충은 곡물의 수분함량이 12% 이하(상대습도 55% 이하)에서는 번식하지 못한다. [2020 7급]

11.3 도정

1 도정의 뜻

① 벼는 과피인 왕겨, 종피인 쌀겨층 그리고 배와 배유로 구성되어 있다.

② 벼에서 왕겨를 제거하면 현미가 되고, 현미를 만드는 것을 제현(製 지을 제, 玄 멀 현)이라 한다. 제현률은 중량으로는 78~80%, 용량으로는 약 55%이므로 저장공간을 크게 줄일 수 있다.

③ 현미에서 강층(종피, 호분층)을 제거하면 백미가 되고, 백미를 만드는 것을 현백(玄白) 또는 정백이라고 한다. 현백률은 중량으로 90~93%이다.

④ 제현과 현백을 합하여 벼에서 백미를 만드는 전 과정을 도정이라 하며, 도정률(제현률×현백률)은 벼(조곡)에 대한 백미의 중량이나 용량 비율을 말하는 것으로, 일반적으로 74% 전·후가 된다.

⑤ 한편 도정에 의해 줄어드는 양, 즉 쌀겨, 배아 등으로 떨어져 나가는 도정감량(도정감)이 현미량의 몇 %에 해당하는가를 도감률이라 한다. 도정감을 작게 하기 위해서는 미숙미가 아닌 완숙미를 도정할 것, 원료곡립의 건조를 충분히 할 것, 수확 후 충분히 건조한 후 일찍 도정할 것, 도정방법에 있어서 가볍게 여러 번 쓸어낼 것 등이 있다.

⑥ 상기 ③에서 설명한 현백률은 쌀겨층을 깎아내는 정도에 따라 달라진다. 백미는 현미중량의 93%가 남도록 7%를 깎아낸 것이다. 백미는 제거해야 할 겨층을 100% 제거한 것이므로 10분도미(十分搗 찧을 도, 米)라고도 한다. 제거해야 할 겨층의 70%를 제거한 것, 즉 현미 중량의 95%가 남도록 도정한 것은 7분도미라 하고, 제거해야 할 겨층의 50%를 제거한 것, 즉 현미 중량의 97%가 남도록 도정한 것은 5분도미 또는 배아가 붙어 있다고 하여 배아미라

고도 한다.
⑦ 쌀의 도정도(搗精度) 결정법에는 색에 의한 방법, 도정시간에 의한 방법, 도정횟수에 의한 방법, 전력소비량에 의한 방법, 쌀겨층의 벗겨진 정도에 따른 방법, MG 염색법, ME 시약법 등이 쓰인다.
⑧ 도정부산물로는 왕겨, 쌀겨(미강), 싸라기(배아) 등이 있다.

2 도정과 관련된 주요 전문용어

① 제현율 : 벼의 껍질을 벗기고 이를 1.6mm의 줄체로 칠 때 체를 통과하지 않는 현미의 비율을 말한다.
② 현백률 : 현미 1kg을 실험실용 정미기로 도정하여 생산된 백미를 1.4mm의 줄체로 쳐서 통과하지 않는 백미의 비율을 말한다.
③ 쇄미율(碎 부술 쇄, 米率) : 도정된 백미를 1.4mm의 줄체로 쳐서 체를 통과한 작은 싸라기양의 비율을 말한다.
④ 설미율(屑 가루 설, 米率) : 벼 시료 1kg을 탈부한 후 1.6mm의 줄체로 쳐서 통과된 미성숙의 작은 쌀알 비율을 말한다.
⑤ 돌 : 광물성 고형물로 1.4mm의 줄체로 쳐서 통과하지 않고 체 위에 있는 것을 말한다.
⑥ 정립(整粒) : 피해립, 사미, 착색립, 미숙립, 뉘, 이종곡립, 이물 등을 제거한 낟알을 말한다.

3 도정 과정

① 현대적 도정은 마찰, 찰리, 절삭, 충격작용 등을 이용하는데, 가장 많이 사용하는 작용은 마찰과 충격작용이다. 이런 원리에 의해 도정기는 마찰식과 연삭식 도정기로 대별된다.
② 도정은 겨층 세포를 손상시키는 것이다. 따라서 손상된 세포막의 지방이 쉽게 산소와 결합하여 산패(산화)되므로 유리지방산이 증가하는 변질이 발생한다.

- 벼에서 과피인 왕겨만 제거한 것을 현미라고 한다. [198]
- 벼[正租]에서 과피를 제거하면 현미가 되고, 현미에서 종피 및 호분층을 제거하면 백미가 된다. [199]
- 종피 및 호분층을 제거한 것을 백미라고 한다. [198]
- 정선기로 정선한 벼 시료 1.0kg을 현미기로 탈부한 후 1.6mm 줄체로 쳐서 분리했을 때, 현미가 80g이고, 설미가 10g이었다. 이때의 제현률은 : (800/1000)×100=80
- 벼에서 백미가 만들어지는 비율을 도정률이라 한다. [198]
- 벼의 도정률은 제현율과 현백률에 의해 결정된다. [197]

- 품종에 따라 다소 차이가 있으나 현백률은 제현율보다 높다. [200]
- 도정률은 '제현율×정백률/100'로 계산하며, 정백미로 가공하는 경우 74% 전후가 된다. [199]
- 벼의 도정률은 (제현율×현백률)/100으로 나타낸다. [200]
- 도정감이 적어지는 조건[201] : 미숙미가 아닌 완숙미의 도정, 원료곡립의 건조가 잘 된 것, 수확 후 충분히 건조한 후 일찍 도정하는 경우, 도정방법에 있어서 가볍게 여러 번 쓸어내는 경우
- 알벼(조곡) 100kg을 도정하여 현미 80kg, 백미 72kg이 생산되었을 때 도정률은 72%이고 제현율은 80%이다. [199]
- 현미 중량의 93%가 남도록 깎아낸 것을 10분도미(백미)라고 한다. [200]
- 5분도미를 배아미라고도 한다. [198]
- 쌀의 도정도를 결정하는 방법[200] : 쌀의 빛깔에 의한 방법, 겨층의 박리 정도에 의한 방법, 도정 시간에 의한 방법, 도정 횟수에 의한 방법, 전기소모량에 의한 방법
- 완전미(head rice)란 도정된 백미를 그물눈 1.7mm의 체로 쳐서 체 위에 남은 쌀 중 100g을 채취하여 그 중 피해립, 착색립, 이종곡립, 사미 및 심·복백립 등 불완전립을 제외하고 모양이 완전한 쌀과 깨어진 쌀 중에서는 길이가 완전한 낟알 평균길이의 3/4 이상인 쌀을 말한다. [198]
- 현백률은 도정된 백미량이 현미량의 몇 %에 해당하는가를 말한다. [198]
- 현백률은 현미 1kg을 실험실용 정미기로 도정하여 생산된 백미를 1.4mm 체로 쳐서 얻어진 체 위의 백미를 사용한 현미량에 대한 백분율로 표시한다. [198]
- 제현율이란 벼의 껍질을 벗기고 이를 1.6mm 줄체로 칠 때 체를 통과하지 않는 현미의 비율을 말한다. [198]

11.4 쌀의 유통

1 우리 쌀의 유통실태

① 산지유통
② 도매유통
③ 소비지유통

쌀의 품질과 기능성

12.1 품질과 기능성의 개념

1 쌀 품질의 개념

쌀의 품질은 외형, 색, 크기, 충실도 등과 같이 식물 자체의 외관을 말하는 1차적 품질과 맛, 영양성분, 저장성, 가공성, 이용성, 기능성 등과 같이 식품재료로서의 특성을 말하는 2차적 품질로 구별할 수 있다. 생산자는 1차적 품질에, 소비자와 가공자는 2차적 품질에 관심이 많다.

2 고품질 쌀의 기준

(1) 일반적(추상적) 기준

일반적 기준에서 고품질 쌀은 외관 품위가 우수하고, 도정 특성이 양호하며, 취반 후 밥 모양이 매우 옅은 담황색을 띠고, 윤기가 있으며, 밥알의 모양이 온전하고, 구수한 밥 냄새와 맛이 나며, 찰기와 탄력이 있고, 씹히는 질감이 부드러운 쌀이다.

(2) 이화학적(구체적) 기준

이화학적 기준에서 고품질 쌀은 단백질 과립의 축적이 7% 이하이고, 아밀로오스 함량이 20% 이하이며, 알칼리 붕괴도가 다소 높아야 한다. 또한 호화 온도는 중간이거나 다소 낮아야 하고, Mg/K비가 높은 편이어야 하며, 지방산가(mgKOH/100g)는 8~15의 범위이고, 수분함량은 15.5~16.5의 범위이어야 한다. 이 외에도 취반 후 밥이 식을 때 전분의 베타(β)화가 느려야 한다.

3 기능성 쌀의 개념

기능성 쌀이란 밥을 짓거나 가공하여 먹었을 때 노화나 질병이 억제 혹은 예방되거나, 개선되는 쌀을 말한다.

- 고품질 쌀의 특성(202) : 심백미와 유백미의 비율이 낮다. 무기질 중에서 Mg/K의 비율이 높다. 단백질 과립의 축적이 적고, 아밀로오스 함량이 20% 이하이다. 취반 후 밥이 식을 때 전분의 베타(β)화가 느리다.
- 고품질 쌀의 이화학적 특성(202) : 알칼리 붕괴도가 다소 높아야 한다. Mg/K비가 높은 편이어야 한다. 호화온도는 중간이거나 다소 낮아야 한다. 단백질 함량이 7% 이하로 낮아야 한다.
- 우리나라 고품질 쌀의 이화학적 특성(203) : 단백질 함량이 7% 이하이다. 알칼리 붕괴도가 다소 높다. Mg/K의 함량비가 높은 편이다. 호화온도는 중간이거나 다소 낮다.
- 고품질 쌀은 단백질 함량이 7% 이하로 낮다. (204)
- 고품질 쌀은 아밀로오스 함량이 20% 이하로 낮다. (204)

12.2 쌀의 품질

1 품질 요소

① 외관 및 형태

취반 전 쌀의 외관 특성은 입형(쌀알의 크기, 모양), 심·복백(心·腹白)의 정도, 투명도, 완전미 비율 등이 중요하다. 우리나라의 쌀은 일반으로 단원형이고, 심·복백이 없으며, 투명하고 맑으며, 광택을 보유해야 좋은 것으로 인정된다.

② 안전성

출하 또는 저장 중인 농산물은 식품의약품안전처장이 고시한 농산물별 농약 잔류허용기준을 적용하며, 생산 단계의 농산물은 농림축산부장관이 고시한 생산단계 잔류허용기준을 적용한다. 쌀은 도정하여 먹으므로 경엽체류나 과채류에 비하여 식품안전도가 매우 높다

③ 이화학적 특성

④ 영양성 및 기능성

⑤ 식미

⑥ 상품성(저장성, 도정성, 시장성 포함)

⑦ 가공성

⑧ 취반 특성

2 고품질 쌀, 탑라이스

농촌진흥청에서 상표권으로 등록하여 관리하고 있는 탑라이스 상표권을 활용하기 위해서는 다음 사항이 준수되어야 한다.

① 탑라이스 협회에 가입되어 있어야 한다.
② 해당 시·군 농업기술센터의 기술지도를 받아 아래의 사항이 포함된 탑라이스 재배 매뉴얼에 따라 재배되어야 한다.
   ㉠ 집단재배 및 생산이력제 실시
   ㉡ 재배 시 질소 비료 10a당 7kg 이하 사용
   ㉢ 질을 중시해 평당 포기수를 줄임 등
③ 쌀의 단백질 함량은 6.5% 이하이고, 갈라지고 깨지지 않은 완전미 비율이 95% 이상이어야 한다.
④ 쌀의 품질유지를 위해 저온 저장하여야 한다.

3 완전미와 불완전미

(1) 완전미

품종 고유의 특성을 지니며 풍만하게 여물고 광택이 있으며 외견상 장해가 없는 쌀을 완전미라 한다.

(2) 불완전미

완전미가 아닌 쌀을 말하며 다음의 종류가 있다.
① 기백미(基白米)는 쌀의 아랫부분(쌀눈 부위)의 양분 축적이 불량할 때 주로 발생한다.
② 복백미(腹 배 복 白米)는 쌀의 중앙부인 복부가 백색의 투명한 쌀로, 대립종에서 발생률이 높고, 질소 시비량이 많을 때 주로 발생한다.
③ 배백미(背 등 배 白米)는 조기 재배 등으로 고온등숙 시 약세영화에 많이 발생한다.
④ 심백미(心白米)란 전분의 축적이 불충분했던 세포층이 건조 후 빛이 난반사되어 속이 백색 불투명하게 보이는 쌀로, 수분흡수와 미생물 번식이 양호하여 양조용으로 사용된다.
⑤ 유백미는 우윳빛처럼 백색의 불투명한 색의 쌀로, 광택이 있어 사미와 구분된다. 약세영화에 많이 발생하고 도정하면 싸라기로 된다.
⑥ 동절미는 쌀알 중앙부가 잘록하게 죄어진 것으로 등숙기 저온, 질소 과다, 인산 및 칼리 결핍으로 발생한다.
⑦ 동할미는 쌀 입자 내부에 균열이 있는 쌀로 부적합한 건조 조건(급속 건조, 고온 건조)에서

주로 발생한다. 정미할 때 싸라기로 변한다.

⑧ 급격하거나 과도한 건조, 고속탈곡 등으로 잘라지고 부서진 것을 싸라기라고 한다.

⑨ 곰팡이와 세균이 번식하여 배유 내부까지 착색된 것을 착색미라고 하는데, 크게 다미(茶米)와 소미(燒 불태울 소, 米)로 구분된다. 다미는 태풍으로 생긴 상처부로 균이 침입하여 색소가 생긴 쌀로 도정해도 쉽게 제거할 수 없다. 소미는 갈색, 자색, 흑색 등의 반점이 있어 다미와 비슷하나 착색이 더 강하고 역시 도정으로 제거되지 않는다. 소미는 수확후 퇴적이나 생벼 저장시 균의 침입을 받아 발생한다.

⑩ 청미는 과피에 엽록소가 남아있는 쌀로 약세영화, 다비재배, 도복이 발생했을 때 많아진다.

⑪ 사미(死米)는 쌀알이 불투명하고 유백미와는 달리 광택이 없으며, 내부까지 백색인 발육 정지립을 말한다.

⑫ 설미(屑 가루 설 米)는 배유가 충실하게 채워지지 못하여 종실이 작을 쌀로 도정하면 가루가 된다.

⑬ 미숙립은 완전히 등숙되지 못한 쌀을 말한다.

⑭ 이병립(罹 병걸린 이, 病粒)은 병에 걸려 생육에 문제가 있는 쌀을 말한다.

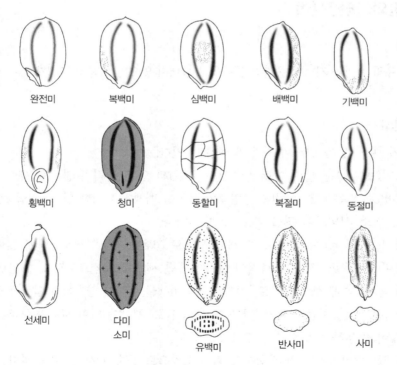

[완전미와 불완전미의 외관]

- 고품질 쌀은 외관에서 쌀알의 모양이 단원형이다. **(204)**
- 고품질 쌀은 외관에서 쌀알이 투명하고 맑으며 광택이 있다. **(204)**
- 최근에 고품질 쌀로 대표적인 탑라이스에 대한 설명**(205)** : 집단재배 및 생산이력제를 실시한다. 쌀 품질 유지를 위해 저온 저장한다. 단백질 함량을 낮게 하여 미질을 향상시킨다. 법적 친환경재배는 아니므로 병해충방제에 화학농약을 사용할 수 있다.
- 기백미는 쌀눈 부위의 양분 축적이 불량할 때 주로 발생한다. **(206)**
- 동절미는 쌀알 중앙부가 잘록하게 죄어진 것으로 등숙기 저온이나 영양 부족 시 주로 발생한다. **(206)**
- 동절미는 쌀알 중앙부가 잘록한 쌀로 등숙기 저온, 질소 과다, 인산 및 칼리 결핍이 원인이다. **(2021 지9)**
- 개화기 토양수분 및 영양 부족 등으로 쌀알 중앙부가 갈린 것처럼 잘록하게 죄어진 것을 동절미라고 한다. **(206)**
- 복백미는 대립종에서 발생률이 높고, 질소 시비량이 많을 때 주로 발생한다. **(206)**
- 동할미는 쌀 입자 내부에 균열이 있는 쌀로 부적합한 건조 조건에서 주로 발생한다. **(206)**
- 동할미는 내부에 금이 간 쌀로 급속건조, 고온건조 시 발생한다. **(2021 지9)**
- 과피에 엽록소가 남아 있는 것을 청미라고 한다. **(206)**
- 청미는 과피에 엽록소가 남아있는 쌀로 약세영화, 다비재배, 도복이 발생했을 때 많아진다. **(2021 지9)**
- 곰팡이와 세균이 번식하여 배유 내부까지 착색된 것을 착색미라고 한다. **(206)**
- 다미는 태풍으로 생긴 상처부로 균이 침입하여 색소가 생긴 쌀로 도정해도 쉽게 제거할 수 없다. **(2021 지9)**
- 급격하거나 과도한 건조, 고속탈곡 등으로 잘라지고 부서진 것을 싸라기라고 한다. **(206)**

12.3 쌀의 품질에 영향을 미치는 요인

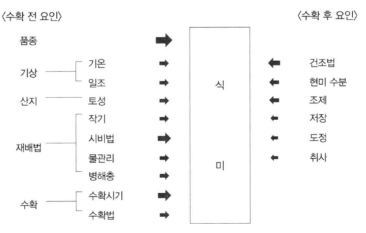

(화살표의 크기는 영향의 정도를 나타냄)

[쌀 식미의 변동 요인과 영향도]

쌀의 품질에 영향을 미치는 요인은 아래에서 설명하는 바와 같이 품종, 재배환경, 재배기술 및 수확 후 관리기술의 4가지인데, 이들은 각각 1/4 정도의 중요도와 영향력을 가지며, 단독으로 영향하기보다는, 상호 밀접하게 관련되어 복합적으로 영향을 미친다. 한편 쌀의 품질에 영향을 미치는 요인은 위의 그림처럼 수확 전 요인과 수확 후 요인으로 구분할 수 있다.

1 품종

식미가 좋은 품종은 전분 세포에 단백질 과립의 축적이 매우 적으며, 밥을 했을 때 전분 세포가 가는 실 모양을 나타내는데 이는 유전적 특성이다. 따라서 맛에 대한 고품질을 확보하려면 이 품종을 선택해야 하는데, 이 품종은 키가 크고 줄기가 약하여 도복의 위험이 크고, 병해에도 약한 특성적 문제가 있다. 따라서 육종기술은 물론 재배환경이나 재배기술로 이 문제를 해결해야 한다.

2 재배환경

(1) 기상 조건

등숙기의 지나친 고온은 동할미, 배백미, 유백미를 증가시키며, 특히 등숙 전반기에 기온이 높으면 단백질 함량이 증가한다. 또한 등숙기의 지나친 저온은 동절미, 복백미, 미숙립을 증가시켜 역시 쌀의 품질이 떨어진다.

우리나라에서 고품질 쌀이 생산되는 지역의 결실기 기상 조건은 일반적으로 평균기온이 다소 낮고, 주, 야간 기온 교차가 크며, 일조시간이 길고, 상대습도와 증기압이 낮은 특성이 있다. 그런데 이 특성은 쌀의 수확량에도 적용된다.

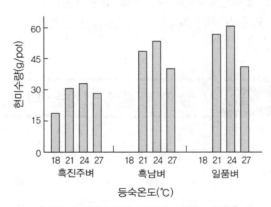

[등숙기 기온이 벼 수량에 미치는 영향]

즉, 위 그림은 밥쌀이든 흑미이든 등숙온도 24℃에서 수량이 가장 높았고, 다음이 21℃이었으며, 27℃에서는 수량이 크게 감소함을 보여주고 있다.

(2) 토양 조건

우리나라에서 고품질 쌀이 생산되는 지역의 토양 조건은 지온과 관개수온이 낮고, 관개수 중에 무기성분의 함량이 높으며, 논의 관개수 투수성이 낮은 특성이 있다.

(3) 결론

이상과 같은 기상과 토양 조건이 어우러져 벼의 건실한 생육이 유도되고, 질소의 흡수를 제한할 때 좋은 식미가 나온다.

- 등숙기 기온이 높으면 생리적 성숙기가 빨라지고 등숙 초기에는 천립중이 증가한다. [208]
- 등숙 초기에는 일조량이 많고 비교적 높은 온도가 유리하다. [208]
- 등숙 전반기에 기온이 높으면 단백질 함량이 증가하여 식미가 저하된다. [209]
- 등숙기에 기온이 높으면 쌀의 단백질 함량이 증가하여 식미가 좋지 않다. [211]
- 등숙기에 지나친 고온조건에서는 동할미, 배백미, 유백미가 증가하여 품질이 저하되기 쉽다. [209]
- 등숙기에 지나친 저온조건에서는 미숙립, 동절미가 증가하여 품질이 저하되기 쉽다. [209]
- 등숙 후기에는 등숙 장해가 없다면 고온보다는 저온에서 유리하다. [208]
- 등숙기간에 밤낮의 온도차가 큰 것이 유리하다. [208]
- 등숙기에 주·야간의 기온차가 큰 것이 고품질 생산에 유리하다. [209]
- 고품질 쌀의 재배환경 조건([207] : 상대습도와 증기압이 낮아야 한다. 결실기 주야의 평균기온이 낮아야 한다. 관개수 중 무기성분 함량이 높아야 한다. 논토양의 관개수 투수성이 낮아야 한다.

3 재배기술

(1) 작기

일반적으로 작기가 빠르면 고온등숙에 의하여 아밀로오스 함량이 증가하고, 동할미가 증가하는 등 미질이 저하된다. 따라서 밥맛을 좋게 하는 재배를 위해서는 알맞은 온도(다소 저온)에서 등숙이 되도록 재배시기를 조절하여야 한다.

(2) 시비

일반적으로 질소와 칼륨은 식미에 부의 영향을 미치고, 인과 마그네슘은 정의 영향을 미친다. 따라서 질소와 칼륨을 많이 주면 식미가 저하되고 인과 마그네슘을 많이 주면 식미가 좋아진다. 특히 단백질을 만드는 질소의 영향은 아래의 왼쪽 그림과 같고, 단백질이 식미에 미치는 영향은 아래의 오른쪽 그림과 같다.

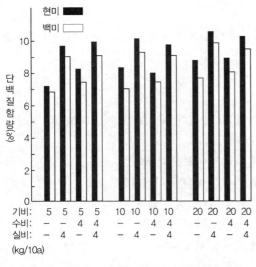

[질소시비와 현미 및 백미의 단백질함량]

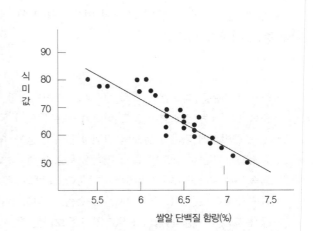

[쌀의 단백질 함량과 식미와의 관계]

(3) 수확시기

오른쪽 그림에서 보듯이 수확적기인 출수 후 40~50일을 넘겨 수확하면 지연일수에 비례하여 식미가 저하한다. 특히 요즈음은 지구온난화 현상으로 가을 기온이 예년보다 2~3℃나 높으므로 더 이른 듯이 수확해야 식미가 저하되지 않는다. 식미와는 관계가 없지만 온실 효과로 인해 벼 재배에서 나타나게 될 예측 현상은 다음과 같다.

① 안전출수기가 현재보다 늦어진다.
② 벼 재배 가능지가 확대된다.
③ 벼의 생육기간이 연장된다.
④ 등숙기의 고온으로 수량 감수가 예상된다.

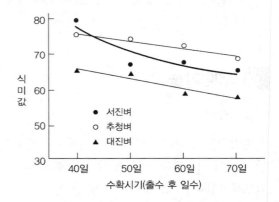

[벼 품종의 수확시기에 따른 식미값]

(4) 병충해

잎도열병은 변색미, 쭉정이, 기형미를 만들고, 이삭도열병은 갈변미를 만들며 나쁜 냄새가 나게 한다. 깨씨무늬병은 광택을 없애고 갈변미, 사미, 심·복백미를 만든다. 한편 벼멸구는 심백미, 유백미, 동할미를 만들고, 벼물바구미는 청미와 사미를 만든다.

4 수확 후 관리기술

(1) 건조 조건과 저장 조건

고품질 쌀을 생산하려면 앞의 Chapter 11에서 설명한 건조 조건과 저장 조건을 만족해야 한다.

(2) 유통 조건

변질을 피하기 위하여 도정 후 빨리 유통되어야 하며, 빨리 소비되도록 포장 단위를 소형화하여야 한다.

- 쌀의 밥맛을 좋게 하는 재배를 위해 알맞은 온도에서 등숙이 되도록 재배시기를 조절한다. [210]
- 쌀의 밥맛을 좋게 하는 재배를 위해 벼의 등숙률과 천립중을 높이지 못해도 질소 알거름은 생략한다. [210]
- 질소와 칼륨을 많이 주면 식미가 저하되고 인과 마그네슘을 많이 주면 식미가 좋아진다. [211]
- 쌀의 밥맛을 좋게 하는 재배를 위해 일반적인 수확 적기인 출수 후 40~50일에 수확을 한다. [210]
- 온실 효과로 인해 벼 재배에서 나타나게 될 예측 현상[212] : 안전출수기가 현재보다 늦어진다. 벼 재배 가능지가 확대된다. 벼의 생육기간이 연장된다. 등숙기의 고온으로 수량 감수가 예상된다.
- 쌀의 밥맛을 좋게 하기 위해 도정 과정에서 불완전미를 잘 제거하여 완전미율을 높인다. [210]
- 쌀의 품질은 수확 전에는 품종이, 수확 후에는 건조법이 크게 영향을 미친다. [211]
- 수확한 쌀을 화력건조할 때 45℃ 이하 온도에서 건조하는 것이 식미가 좋다. [211]

12.4 쌀의 품질평가 측정법

쌀의 품질평가법은 겉으로 보는 외관품위 검사법, 기기로 성분을 분석하는 성분분석법, 맛을 검정하는 식미검정법으로 대별할 수 있는데, 기출문제도 없고 앞으로도 시험에 나올 가능성이 아주 적어 설명은 생략한다. 생략하니 좋지요? 전 생략하는 것이 참 어려워요. 몇 번을 생각해 봅니다.

12.5 쌀의 기능성

1 기능성 종합

쌀은 아래의 6가지 기능을 가지고 있다.

(1) 항산화 효과

현미의 호분층에 비타민 E, 토코트리에놀, 오리자놀, 페룰산 등의 강한 항산화제가 있다.

(2) 콜레스테롤 저하 효과

쌀겨에 있는 헤미셀룰로오스는 담즙산의 배설을 촉진하여 콜레스테롤 상승을 억제하며, 오리자놀, 불포화지방산, 토코트리에놀, 쌀 단백질 등도 혈중 콜레스테롤을 저하시킨다. 즉, 쌀겨는 혈중 콜레스테롤을 낮추는 효과가 있다.

(3) 혈압 조절 효과

가바 및 단백질은 혈압조절에 효과가 있다.

(4) 장내 균총 개선

쌀에 함유된 올리고당이나 쌀겨 중의 식이섬유는 락토균, 비피더스균과 같은 장내 유익균의 활동을 이롭게 한다.

(5) 당뇨 예방 효과

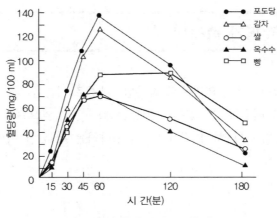

[곡류 섭취 후의 혈당 반응]

쌀밥은 위의 그림처럼 식빵, 감자 등 다른 식품에 비하여 혈당량을 급격하게 증가시키지 않으므로 당뇨 예방에 효과적이며, 또한 인슐린 분비를 자극하지 않으므로 지방의 합성과 축적이 억제되어 비만이 예방될 수 있다. 죽이나 떡의 형태보다 밥의 형태가 상기 효과를 더 증진시킨다.

(6) 항암(돌연변이 억제) 효과

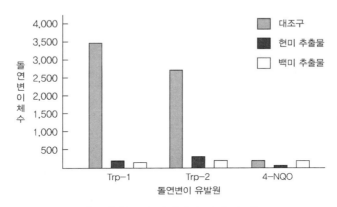

[쌀 추출물의 돌연변이 억제 효과]

백미와 현미는 위의 그림처럼 돌연변이 유발원에 대한 돌연변이 억제 효과, 즉 항암 효과가 있다고 한다. 이 항암 효과는 쌀에 함유된 피트산, 아라비녹시란 등에 의한 것으로 보고되었다.

2 쌀에 함유된 주요 기능성 성분

(1) 식이섬유

쌀알의 호분층에 주로 함유되어 있는 식이섬유는 셀룰로오소, 헤미셀룰로오스, 팩틴 등 세포벽을 구성하는 물질들이다. 쌀겨는 식이섬유를 20%나 함유하고 있고, 콜레스테롤 저하에 효과가 있는 헤미셀룰로오스도 다량 함유하고 있다. 기타 식이섬유의 효과는 장내 환경을 개선하여 대장암 발생을 억제하고, 변비를 억제하며, 임파구와 백혈구를 증가시킨다.

(2) 피트산

쌀알의 호분층에는 이노시톨, 헥사포스페이트 형태의 피트산이 과립형태로 존재하는데, 쌀겨의 피트산은 다른 어느 곡류보다 많다. 피트산의 의학적 효과로는 발암 억제, 혈중 콜레스테롤 상승 억제, 혈전 형성 억제, 지방간 억제, 면역기능 강화 등이 있다고 한다. 또한 피트산은 α-아밀라아제 등 소화효소의 작용을 저해하므로 비만 방지와 당뇨 예방에도 효과가 있다.

곡류에서 피트산은 인의 저장고와 같은 역할을 하며, 피트산 1분자는 6개의 인산기를 가지고 금속이온과 킬레이트 결합을 하므로 항산화 효과도 강하다. 쌀겨의 이런 특성을 이용하여 연근의

211

갈변 방지 및 어류의 품질 유지 등에 이용되어 왔다.

(3) 지방(기름)

현미에 함유된 기름의 함량은 약 2%이고 그 중 1/3 정도가 배와 호분층에 분포하며, 쌀겨 성분 중 약 20%가 기름이다. 쌀 지방의 지방산 조성은 불포화지방산인 올레산과 리놀레산이 70% 이상 이고, 포화지방산인 팔미트산이 20%, 스테아르산이 2% 정도이다. 쌀기름은 불포화지방산이 77% 로 많기 때문에 반건성유이며, 리놀레산은 공기 중 산소와 결합하여 묵은쌀 냄새가 난다.

(4) 지용성 성분

쌀알의 호분층에 함유되어 있는 여러 지용성 성분 중 γ-오리자놀, 토코페롤, 페룰산 등은 강한 항산화 물질이며, γ-오리자놀과 토코페롤은 콜레스테롤 저하작용이 있다.

① γ-오리자놀 : 동물의 성장에 효과가 있는 일종의 비타민으로, 벼의 학명에서 유래되었다.
② 토코페롤 : 비타민 E의 화학명인 토코페롤은 항산화작용, 콜레스테롤 저하작용(고지혈증 개선), 함암작용 등이 있다고 하며, 이들 효과에 있어 비타민 E 계열의 토코트리에놀은 토코 페롤보다 수십 배나 효과가 높다고 한다.
③ 페룰산 : γ-오리자놀은 페룰산과 여러 에스테르의 화합물이다.

(5) 이소비텍신

벼 왕겨의 저장성이 좋은 이유가 이소비텍신 때문인데, 이소비텍신은 항산화 물질이다. 백미에는 이소비텍신 함량이 아주 적다.

(6) 페놀 화합물

유색미의 현미 껍질층에 있는 색소 성분은 주로 카네틴, 타닌 등의 떫은맛을 내는 페놀 화합물과 안토시아닌이다. 폴리페놀(페놀 화합물)은 충치 예방, 심장병 예방, 항산화 효과 등이 있고, 안토시 아닌은 항산화, 항염, 심혈관 질환 예방 등에 효과가 있다. 흑진주벼, 흑남벼, 흑향벼 등 흑미는 안토시아닌을 많이 함유한 품종으로 개발되었는데, 안토시아닌의 종류에는 C3G와 P3G가 있다.

(7) 기타 생리활성 물질

신경전달물질인 가바(GABA, gamma-aminobutyric acid)는 아미노산의 일종으로 배아를 고온 에서 처리하면 많이 생성되는 것으로 알려져 있다. 가바는 고혈압 예방에도 효과가 있다.

3 쌀의 기능성 성분에 영향을 미치는 조건

(1) 품종

품종은 기능성 성분에 가장 큰 영향을 미친다. C3G 함량이 가장 높은 품종은 흑진주벼이고, 황금쌀(Golden rice)은 비타민 A를 보강한 GM(genetically modified) 작물로 생산량 증대를 목적으로 하는 제1세대 형질 전환 작물이 아니다.

(2) 재배 조건

항산화 성분을 증가시키는 재배 조건에는 질소시비량 및 퇴비시비량의 증가이다.

(3) 쌀의 도정도

백미의 기능성 성분은 현미에 비하여 70~80% 정도 감소한다.

- 현미의 호분층에는 비타민 E, 오리자놀, 토코트리에놀, 페룰산 등 강한 항산화제가 함유되어 있다. [215]
- 쌀겨에는 식이섬유와 이노시톨·콜린·판토텐산 등 비타민류와 토코페롤·페룰산·피틴산 등 생리활성 물질을 포함하고 있다. [212]
- 쌀겨에는 이노시톨, 헥사포스페이트 형태의 피트산이 존재하며, 피트산은 비만 방지와 당뇨 예방에 효과가 있다. [216]
- 쌀겨에는 감마오리자놀, 토코페롤, 피틴산, C3G 색소 등의 생리 활성 물질이 포함되어 있다. [220]
- 쌀에 함유된 올리고당이나 쌀겨 중의 식이섬유는 락토균, 비피더스균과 같은 장내 유익균의 활동을 이롭게 한다. [215]
- 쌀겨는 혈중 콜레스테롤을 낮추는 효과가 있다. [215]
- 쌀밥은 식빵, 감자 등에 비하여 혈당량의 급격한 증가를 초래하지 않는다. [215]
- 식이섬유가 20% 정도 포함되어 있어 변비와 대장암의 예방 효과가 크다. [520]
- 과립상태로 존재하는 피트산은 인을 많이 포함하고 있는 항산화 물질이다. [520]
- 피트산(phytic acid)은 주로 쌀의 호분층에 과립상태로 존재하며 인(phosphorus)과 결합하는 성질이 강하다. [213]
- 현미에 함유된 기름의 함량은 약 2%이고 그중 1/3 정도가 배와 호분층에 분포하며, 쌀겨 성분 중 약 20%가 기름이다. [212]
- 쌀 지방의 지방산 조성은 불포화지방산인 올레산과 리놀레산이 70% 이상이고, 포화지방산인 팔미트산이 20% 정도이다. [212]
- 현미의 지방산 조성은 불포화지방산인 올레산과 리놀레산 등이 70% 이상이고, 포화지방산인 스테아르산 함량이 2% 정도이다. [216]
- 쌀기름은 반건성유이며, 리놀레산은 공기 중 산소와 결합하여 묵은쌀 냄새가 난다. [212]

- γ-오리자놀(γ-oryzanol)은 벼의 학명에서 유래된 것이다. [213]
- 지용성 성분인 γ-오리자놀과 토코페롤은 콜레스테롤 저하작용이 있다. [520]
- 토코트리에놀(tocotrienol)은 비타민 E 계열의 물질로 다양한 건강보조식품의 소재로 개발되어 이용되고 있다. [213]
- 미강에 있는 토코트리에놀은 비타민 E 계열로 항암, 고지혈증 개선 등의 효과가 있다. [216]
- 유색미에 들어 있는 카테킨과 카테콜-타닌은 페놀화합물과 안토시아닌이다. [520]
- 유색미의 색소성분은 대개 페놀화합물과 안토시아닌이며, 안토시아닌 성분에는 주로 C3G와 P3G가 있다. [216]
- 가바(GABA, gamma-aminobutyric acid)는 아미노산의 일종으로 배아를 고온에서 처리하면 많이 생성되는 것으로 알려져 있다. [213]
- 기능성 물질 중 벼 종실에 함유된 것[216] : 이소비텍신(isovitexin), 가바(GABA), 토코페롤(toco-pherol), 토코트리에놀(tocotrienol)
- 황금쌀(Golden rice) : 비타민 A 보강 [396]
- GM(genetically modified) 작물 중 생산량 증대를 목적으로 하는 제1세대 형질전환 작물에 해당하지 않는 것 : 황금쌀 [397]

노동력과 생산비

노동력과 생산비는 농업을 포함한 모든 산업에서 중요하지만 우리 시험에서는 중요하게 다루지 않는다. 다만 노동력과 생산비를 낮출 수 있는 실용적 방안인 직파재배는 중요하게 다루므로, 앞의 Chapter 8에 각별히 유의할 필요가 있다. 앞에서 썼던 말인데, "기출문제도 없고 앞으로도 시험에 나올 가능성이 아주 적어 설명은 생략한다." 일단은 좋다!

쌀의 이용 및 가공

14.1 쌀의 영양학적 특성

1 쌀의 일반 성분

백미 기준으로 전분 77.6%, 단백질 6.7%, 지방 0.4%, 조섬유 0.3%, 조회분 0.5%, 기타 비타민 등이 포함되어 있다. 현미에는 단백질, 조지방, 조섬유, 조회분 등의 함량이 백미보다 더 높은데, 쌀겨나 쌀눈에는 단백질의 경우 백미보다 2배 이상 많고, 다른 성분들도 훨씬 많기 때문이다. 예를 들어 지방의 경우 백미는 0.4%인데, 현미는 2%이고, 쌀눈과 쌀겨는 거의 20%나 된다.

쌀기름에는 리놀레산, 올레산 등 양질의 필수 불포화지방산이 많아 콜레스테롤 농도를 낮추는 등의 기능이 있다는 것은 앞에서 살펴보았다. 쌀겨에는 비타민 E가 다량 존재하고 비타민 A, D도 상당량 있는데, 백미에는 비타민이 거의 전무하다. 쌀은 밀과 비교할 때 단백질, 회분, 무기질 및 비타민 함량은 적으나, 필수아미노산의 함량은 높은데, 특히 어린이 성장에 필요한 라이신 함량은 2배 정도나 많다.

또한 쌀은 밀보다 아미노산가와 단백가가 높으며, 소화흡수율 및 체내이용률도 좋다. "아미노산가"란 식품의 영양가를 그 식품에 함유되어 있는 아미노산의 조성에 따라 평가하기 위하여 도입한 수치로, 난단백질과 같은 이상적인 아미노산 조성을 표준으로 하고, 어떤 식품 중의 단백질 100g당 아미노산 조성을 표준 아미노산 조성과 비교하여 각 아미노산의 표준에 대한 값이 가장 적은 것을 백분율로 나타낸 값이다.

한편 쌀, 밀, 옥수수, 콩 중에서 단백질의 생물가가 가장 높은 것은 쌀이다. "단백질의 생물가"란 소화하는 동안 단백질에 있는 질소의 손실이 없다고 가정하고 단백질의 체내 이용률을 판정하기 위한 수치로, 식품 단백질의 영양품질을 나타내는 지표이다.

생물가(값)는 달걀이 가장 크고(0.9~1.0), 다음으로 우유(0.85), 고기와 물고기(0.7~0.8), 곡류(0.5~0.7)의 순이다.

쌀을 포함한 영과에 집적되는 단백질 중 가장 많은 것은 글루텔린(glutelin)으로, 이는 글리아딘과 함께 곡류 단백질의 주성분을 이룬다.

2 도정과 영양성분

현미를 백미로 도정하면 탄수화물이 24%, 회분이 58%, 단백질이 68%, 비타민이 75% 정도 손실된다.

14.2 취반

1 밥이 되는 원리

(1) 호화

쌀에 적당량의 물을 붓고 가열하면 전분이 팽윤하고 점성도가 증가하여 밥이 되는데, 이를 화학적으로 호화라 한다. 호화란 생전분인 β전분의 쌀이 호화전분인 α전분의 형태로 변화되는 것으로, 2중 결정성을 잃어버리면서 풀처럼 되는 현상을 말한다.

(2) 노화

호화된 전분(α전분)을 실온에 방치하면 점차 굳어지면서 식미가 저하되는데, 이를 화학적으로 노화라 한다. 이는 열에너지와 수분을 잃으면서 다시 결정 구조를 만들어 전분이 엉켜 붙기 때문에 전분의 β라고도 한다.

호화와 노화에는 다음의 관계가 있다.

$$쌀(생전분, \beta\ 전분) \underset{노화}{\overset{호화}{\rightleftarrows}} 밥(호화전분, \alpha\ 전분)$$

(3) 밥의 향

쌀의 휘발성 성분은 호분층에 있으므로 도정률이 높을수록 밥향의 강도가 낮아진다. 또한 쌀의 저장 기간이 길어지면 불포화지방산인 리눌레산이 산화되어 묵은 냄새가 난다.

2 취반과정

① 온도상승기 : 쌀의 호화는 60~65℃에서 시작된다.
② 끓는 시기 : 호화 후에 남는 수분이 유리되는 기간이다.

③ 쩌지는 시기 : 유리된 수분이 수증기로 없어지는 기간이다.

④ 뜸들이는 시기 : 구수한 향기가 밥 전체에 퍼지는 기간이다.

3 취반에 영향을 미치는 요인

(1) 수침조건

쌀을 가열하기 전에 물에 적당히 불리면 전분이 고르게 호화되어 밥맛이 좋아지고, 취반시간도 단축된다.

(2) 취반용수 및 가수량

밥을 짓는 물은 pH가 중성에 가깝고 수용성 고형물이 많은 약수가 좋으며, 가수량은 쌀 부피의 1.2배 또는 쌀 중량의 1.4배이다.

(3) 취반용기

열전도도가 낮은 무쇠 솥이나 솥 밑이 두꺼운 스테인리스 솥이 좋은데, 이유는 가열이 끝난 후에도 일정한 고온이 지속되어 뜸을 들일 수 있고, 누룽지가 발생되어 밥 전체에 구수한 향취가 퍼지기 때문이다. 또한 일반 솥보다는 압력솥의 밥맛이 좋은데, 이유는 압력솥에서는 고압이 유지되므로 쌀알 내부의 고형물이 외부로 유출되지 않고 내부까지 신속히 호화되기 때문이다.

- 현미는 백미보다 조지방 함량은 높고, 조섬유 함량도 높다. [218]
- 쌀겨나 쌀눈은 백미에 비해 단위무게당 단백질 함량이 높다. [218]
- 쌀기름의 지방산 조성은 불포화지방산이 70% 이상이다. [218]
- 쌀겨가 백미보다 단위무게당 비타민 E 함량이 많다. [218]
- 쌀, 밀, 옥수수, 콩 중에서 단백질의 생물가가 가장 높은 것은 쌀이다. [205]
- 쌀 단백질의 소화흡수율은 밀보다 높다. [513]
- 쌀의 단백질 함량은 7% 정도로 밀보다 낮다. [513]
- 영과에 집적되는 단백질 중 가장 많은 것은 글루텔린(glutelin)이다. [72]
- 쌀의 글루텔린에는 필수아미노산인 리신(lysine)이 밀보다 많다. [513]
- 단백질의 영양가를 나타내는 아미노산가는 쌀이 밀보다 높다. [513]
- 현미를 백미로 도정하면 비타민 > 단백질 > 탄수화물 순으로 감소율이 크다. [220]
- 쌀의 호화는 β전분이 α전분의 형태로 변화되는 것을 말한다. [220]
- 호화란 생전분인 β전분의 쌀이 호화전분인 α전분의 형태로 변화하는 것이다. [221]
- 노화된 밥이나 떡을 가열하면 여기(勵起)된 물 분자의 영향으로 β전분이 다시 호화·팽창한다. [221]
- 쌀의 휘발성 성분은 대부분 호분층에 존재하므로 도정률이 높아지면 밥의 향이 약해진다. [220]

- 쌀의 휘발성 성분은 호분층에 들어 있으므로 도정률이 높을수록 휘발성 성분이 감소하여 밥 향의 강도가 약해진다. [221]
- 밥 짓는 물은 중성(pH 6.7~7.1)에 가깝고 취반 용기는 열전도도가 낮은 솥을 이용할 때 밥맛은 더 좋아진다. [221]

14.3 쌀 가공식품의 분류와 특성

① **주 · 부식류** : 쌀밥류, 떡류, 죽류, 국수류, 빵류가 있다.
② **주류**
③ **음청류**
④ **과자 및 스낵류** : 쌀과자류, 엿류, 스낵류가 있다.
⑤ **장류**
⑥ **기타** : 쌀가루, 식초류, 식해류가 있다.

14.4 쌀 부산물

① 볏짚
② 왕겨
③ 쌀겨

벼재배(수도작)의 끝이다.

어려운 과정을 통과하시느라 고생들 많이 하셨는데, 이젠 여러분의 얼굴에 염화시중의 미소가 가득했으면 합니다. 진정 마음자리가 행복할 때만 그 미소는 피어나는 거라는데, 제가 여러분의 마음자리를 행복하게 했는지 궁금하네요?

했다고요? 고맙습니다. 합격 축하연에서 만나십시다.

그 미소 가지고 오세요.

MEMO

PART

02

전작(田作)

서 론

1 집필방향

전작은 아래 2항에서 보듯이 다루는 품종이 아주 많다. 따라서 각각의 작물에 대하여 깊게 들어가면 '끝이 없다'해도 과언이 아니므로, 학습의 효율화를 위하여 다루는 범위의 제한이 필요하다. 이 제한의 기준 또는 근거로 사용할 수 있는 것이 기출의 현황인데, 기출에 있는 내용은 다 공부하여야 할 것이고, 현재까지는 없었지만 출제가 예상되는 내용도 공부하여야 할 것이다. "출제가 예상되는 내용"의 판정이 쉽지는 않은데, 이 범위를 너무 늘리면 학습량이 너무 늘어나기 때문이다. 그래서 범위의 확대는 출제와 무관하게 책을 구성하려면 필수적인 부분은 제외하고, 출제 가능한 내용 중 늘어나는 범위는 글자수 기준으로 기출내용의 10%를 넘지 않으려 했다. 따라서 가능성은 희박하지만 본서에 없는 내용이 향후의 시험에 출제될 수도 있다. 그러나 모르는 보기가 한 개 있다고 해서 그 문제를 꼭 틀려야 하는 것은 아니다. 어떤 시험이건 모르는 보기는 꼭 만나므로, 그런 상황에 대처할 수 있는 찍기 연습이 필요하다. 찍기 연습은 기출문제 해설서에 필요한 만큼 나와 있다.

머리말에서도 언급했지만 이 책은 H사 책을 기본으로 하여 집필하였는데, 특히 전작은 참고할 수 있는 서적이 거의 없어 도작보다 더 많이 참조되었다. 그러나 내용은 정말 다르다. 좋은 방향으로 다르게 하려고 많이 노력했고, H사 책의 모든 내용을 다 다루지 않은 것은 효율성의 관점에서 '당연 했음'에 이해와 동의를 바란다. 이 책을 다 이해한 다음 이 책이 참고한 서적을 보면 그때는(야) 많은 것들이 보이고 이해될 것이다. "그때는(야)"라는 말이 무슨 뜻인지는 해보아야만 안다.

2 전작물의 뜻과 범위

1 전작물의 뜻

밭(田)에서 재배되는 작물 중 식용작물을 관습적으로 전작물이라 부르고, 이들의 재배를 전작(田作)이라 한다.

2 전작물의 분류

① **맥류** : 보리, 밀, 호밀, 귀리
② **잡곡** : 옥수수, 메밀, 수수, 조, 기장, 율무, 피
③ **두류** : 콩, 땅콩, 강낭콩, 팥, 녹두, 동부, 완두
④ **서류** : 감자, 고구마

3 전작의 수익성

1 수익성 현황

우리나라 주요 전작물의 수확량과 가격을 미곡과 비교해 보면, 전작화곡(田作禾穀)의 경우 수확량과 가격이 모두 낮아서 수익성이 낮다. 콩과 같이 미곡보다 가격이 높은 것도 있으나 이런 경우는 수확량이 매우 적어서 역시 수익성이 낮다.

농작물의 전체 재배 면적에 대한 전작물의 재배 면적 비율은 약 19%인데, 호당 평균 농작물 조수입 중의 전작물 비율은 6% 정도에 불과하여 전작의 수익성이 다른 농작물보다 매우 낮다는 것을 알 수 있다.

2 전작의 수량이 낮은 이유

① 우리나라 밭은 산간 경사지에 많은데, 이런 곳에서는 토양침식이 많아 지력이 낮고, 기계작업이 불편하다. 즉, 생산기반이 불량한 곳이 많다.
② 우리나라 밭은 산성이 강하고, 작토가 얕으며, 부식이 적고, 비료성분이 부족한 곳이 많다. 즉, 지력이 일반적으로 약하다.
③ 봄에는 가뭄해, 여름에는 수해, 가을에는 한해 등의 기상재해가 심하다.
④ 재배 정도(精度) 및 노력의 투입이 적다.

3 전작 개선의 기술적 방향

① 침식으로부터의 토양보호   ② 지력 배양
③ 관개시설의 구축   ④ 생력 재배
⑤ 재배 정도를 높여 증수 재배

제**1**장 맥류

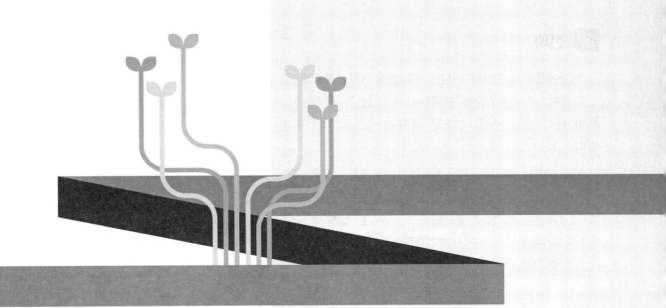

보 리

I 분류, 기원, 전파

1 분류

① **2조종 보리의 학명** : Hordeum distichum L.
② **6조종 보리의 학명** : Hordeum vulgare L.

2 기원

① **식물적 기원** : 2조종과 6조종이 별개의 야생원종에서 발생했다는 2원발생설이 다수설이다.
② **지리적 기원** : 2조종은 홍해로부터 카스피해에 이르는 지역, 6조종은 중국의 양자강 유원(流源) 지역을 원산지로 보고 있다.
③ **쌀보리의 분화** : 쌀보리는 껍질보리보다 내한성이 약한 것으로 보아 일본의 따뜻한 지역에서 분화한 것으로 보고 있다.

3 전파

동양에서 보리재배 역사는 기원전 2,700년경으로 중국 신농시대에 보리가 오곡에 포함되어 있었으며, 주로 6조종이 재배되었다고 한다. 우리나라의 경우는 기원전 600년경의 유적지에서 보리 탄화립이 출토된 것으로 보아 지금으로부터 약 3000년 전에 재배를 시작한 것으로 보고 있다.

- 2조종 보리의 학명 : Hordeum distichum L. **[225]**
- 6조종 보리의 학명 : Hordeum vulgare L. **[225]**
- 동양에서 보리 재배 역사는 기원전 2,700년경으로 중국 신농시대에 보리가 오곡에 포함되어 있었으며, 우리나라의 경우 보리는 중국으로부터 전파된 것으로 보고 있다. **[269]**

Ⅱ 생산 및 이용

1 생산

1) 세계의 생산

보리는 옥수수, 벼, 밀 다음가는 세계 4위의 곡물로 비교적 서늘하고 건조한 기상에 적응한 작물이다. 세계의 주산지는 30~60°N, 30~40°S의 지역으로, 연평균 기온은 5~20℃이며, 연평균 강수량은 1,000mm 이하이다. 보리는 밀이나 호밀보다 더위에 견디는 힘이 강하여 저위도 지대(북반구)에도 적응한다. 가을보리는 가을밀이나 가을호밀보다 추위에 약하여 고위도 지대에서는 재배가 어렵지만, 봄보리는 봄밀이나 봄호밀보다 생육기간이 짧아 아주 고위도에서도 재배가 가능하다. 따라서 지구상의 분포 가능 범위는 보리가 밀이나 호밀보다 크다. 보리의 생산량은 유럽(39%), 러시아(28%), 중·북아메리카(16%), 아시아(10%)의 순이다.

2) 우리나라의 생산

가을보리 중 껍질보리는 쌀보리보다 추위에 강하여 최저평균기온 −9℃까지 견디므로 남한 전역에서 재배가 가능하나, 쌀보리는 재배 북한선이 −5℃에 그치므로 충남과 경북의 중부 이상에서는 거의 재배하지 못한다.

3) 우리나라에서 보리재배의 이점

① 일부 산간지대를 제외하면 전국에서 재배가 가능하다.
② 동작물이므로 여러 종류의 하작물과 결합한 1년 2작이 가능하다.
③ 동작물 중에서는 수량과 품질면에서 주식량으로 가장 적합하며, 대량 생산이 되어도 소비가 가능하다.
④ 맥류 중에서 수확기가 가장 빨라 두류 등과의 2모작이나, 논에서 답리작을 할 때 안전하다.
⑤ 재배가 쉽고, 내도복성 품종은 기계화 재배가 가능하므로 생산비를 줄일 수 있다.
⑥ 건강을 위하여 쌀과 혼합하는 주식용 뿐만 아니라 사료용 또는 주정용으로도 활용할 수 있어 사용 용도가 다양하다.

2 이용

1) 성분

당질(전분)이 주성분(67%)이고, 단백질도 비교적 많으나(10%), 지질은 적고(2%), 비타민 B가 풍부하다.

2) 용도

구미에서는 주로 사료로 사용하고, 동양에서는 일부는 식량, 일부는 사료로 사용한다.

- 보리 생산지역은 30~60°N, 30~40°S의 지역이다. **[227]**
- 보리 생산지역의 연평균 기온은 5~20℃이다. **[227]**
- 보리 생산지역의 연평균 강수량은 1,000mm 이하이다. **[227]**
- 보리 생산량은 유럽 > 북아메리카 > 아시아의 순서이다. **[227]**

Ⅲ 형태

1 종실

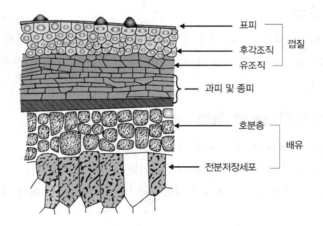

[보리 껍질의 내부 구조]

겉(껍질)보리에서는 자방벽으로부터 분비물질이 나와 내영과 외영이 입(粒)의 과피에 붙어 있어 종실이 껍질과 쉽게 분리되지 않는다. 그러나 쌀보리에서는 유착물질이 분비되지 않아 완숙, 건조 후에는 외부의 충격에 의해 종실이 껍질과 쉽게 분리된다.

종자의 크기는 1000립중으로 나타내는데, 우리나라 주요 품종은 껍질보리가 28~45g, 쌀보리가 22~40g이다. 즉, 껍질보리가 쌀보리보다 1ℓ 중의 무게가 가볍다.

껍질보리의 내부 구조는 위의 그림에서 보는 바와 같이 껍질은 표피, 후각 조직 및 유조직으로 되어 있고, 과피를 싸고 있다. 껍질보리의 껍질을 제거한 종실은 쌀보리에 해당하는 부분인데, 쌀보리에도 과피가 있으므로 보리는 식물학상 과실에 해당한다. 과피 아래의 종피부터가 종자에 해당하며, 밀과는 다르게 약 3층의 호분 세포로 된 두꺼운 조직의 호분층이 있고, 그 아래에 전분층 (전분저장세포)이 있다. 호분층에 청색 색소가 있으면 보리쌀이 청색이고, 그렇지 않으면 황갈색, 자색 등을 띈다.

2 뿌리

오른쪽의 그림에서 보듯이 뿌리에는 종자근과 관근이 있다. 종자근은 수 cm 이상 크면 지근을 발생시켜 전체 길이가 15~20cm로 신장됨으로써 작물체를 지지한다. 종자근은 유식물 시대부터 양, 수분을 흡수하고, 벼와 달리 등숙기까지도 활력이 유지된다고 한다. 종자근은 보통 5본 정도 발생하지만 저장 양분에 따라 그 수가 변한다.

한편 관근은 제1절 이상의 각 절에서 나오는 부정근을 말하는데, 이것이 뿌리의 주체이며 섬유근으로서 근군(根群)을 형성한다.

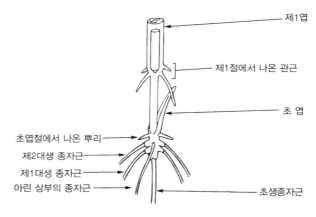

[종자근과 관근의 발생]

관근은 종자근보다 굵고 길게 발달하여 근계를 형성하며 하위절로부터 상위절로 발근이 진행하는데, 순차적으로 일정한 주기를 가지고 발근한다. 관근의 지근(枝根)은 비교적 짧고 뿌리의 선단 가까이에서는 근모가 발생하는데 뿌리 1mm당 1000본 정도가 발생한다.

아래의 그림은 뿌리의 내부 형태인데 표피, 피층, 내피, 내초 등과 그 내부의 중심주로 구성되어 있다.

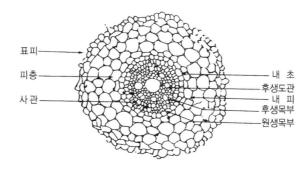

[밀 뿌리의 횡단면]

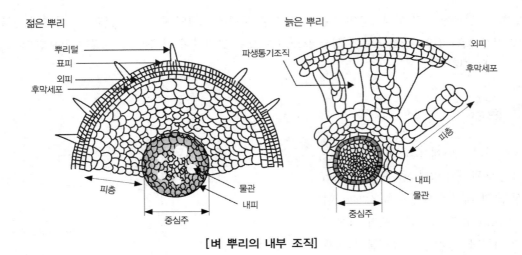

[벼 뿌리의 내부 조직]

종자근에는 중심주의 중앙에 1개의 굵은 후생도관이 있으나, 관근에는 이것은 없고 수(髓)의 둘레에 수개의 도관을 가지고 있음은 벼와 같다. 벼와 다른 점은 표피 밑의 외피와 후막세포가 없으며, 파생통기조직이 없이 유세포(柔細胞)가 충만되어 있다는 점이다.

뿌리의 발달과 환경조건을 볼 때, 토양이 습윤하면 호흡이 어려워 근계의 발달, 특히 지근의 발달이 지표 가까이에 한정되어 발생 빈도가 낮고, 근모도 감소하는데 그 감소의 정도는 수분이 같을 경우 쌀보리 > 껍질보리 > 밀의 순서이다. 즉, 수분이 많은 경우 쌀보리의 근모가 가장 적다. 토양이 건조하면 퇴비가 많은 부분에서 지근이 밀생하나 너무 건조하면 근계의 발달이 위축된다.

근계의 모양은 품종의 내한성에 따라 다른데, 내한성이 강한 품종은 종자근 및 관근이 깊은 곳까지 근계를 형성하여 심근성이 되고, 내한성이 약한 난지형 품종은 천근성이 된다. 종자를 2cm 이상으로 깊게 파종하면 위의 그림과 같이 배축부(胚軸部)의 상부에 있는 제2 또는 제3의 마디 사이가 신장하여 종자와 관부 사이에서 중경(地中莖)이 발생한다. 따라서 깊게 파종하는 경우 내한성이 약한 품종일수록 중경이 길어지고, 같은 깊이로 파종을 해도 토양수분이 많거나 그늘이 질 때도 중경은 길어지고 관부는 얕아진다. 한편 6조종보다 2조종의 중경이 길어진다. 중경이 발생하면 발아가 늦어져 분얼은 적지만 도복에 대한 저항성은 커진다.

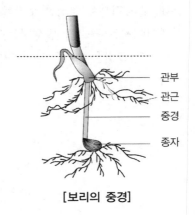

[보리의 중경]

3 줄기

벼와 보리 등 화곡류 줄기는 보통 어릴 때는 줄기라 하고 다 자란 다음에는 대(稈 집 간)라고 부르는데, 보리의 주간(主稈)에는 12~18개의 마디가 있다. 이 마디 중 상부의 4~6개의 마디는 마디 사이(節間)가 자라므로 신장절이라 부르고, 그 아래의 마디는 불신장절 또는 분얼이 발생한다 하여 분얼절이라 부른다.

4 잎

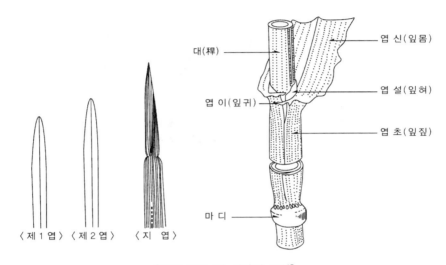

〈제1엽〉 〈제2엽〉 〈지 엽〉

[밀의 잎과 잎 선단의 모양]

종자가 발아할 때 맨 처음에 땅 위로 나타나는 잎은 뾰족한 원추형의 집(鞘 칼집 초)으로 되어 있는데, 이는 후에 나오는 정상엽을 보호하는 역할을 한다고 하여 초엽(鞘葉)이라 한다. 초엽 다음에는 정상엽인 본엽이 나오며, 이삭 바로 아래에 있는 마지막 잎을 지엽(止 멈출 지 葉)이라 한다.

정상엽은 위의 그림에서 보듯이 대(稈)를 싸고 있는 엽초(葉鞘)와 밖으로 뻗어 나온 엽신(葉身)으로 구성되며, 이 둘의 접속부에는 흰 막의 엽설(葉舌)이 있고, 그 양귀에 엽이(葉耳)가 있다. 엽초는 대를 싸고 있어 대의 강고성(强固性)을 보조하며, 엽설은 엽초 안으로 물이 들어가는 것을 막는다. 맥류에서 엽이의 크기는 보리 > 밀 > 호밀의 순서이고, 귀리에는 엽이가 없다. 엽신은 광합성의 주체이다.

5 이삭 및 화기

1) 이삭

벼와 귀리의 이삭에서는 종실이 수축(穗 이삭 수 軸)에서 뻗어 나온 긴 지경에 달리나, 보리, 밀, 호밀의 이삭에서는 종실이 수축에 직접 달린다. 보리 등의 이런 형상을 수상화서라 하는데, 보리의 경우 다음의 그림에서 보듯이 이삭의 길이는 3~12cm이고, 수축에 12~20개의 마디가 있으며, 각 마디에는 3개의 소수(小穗)가 달려 있다.

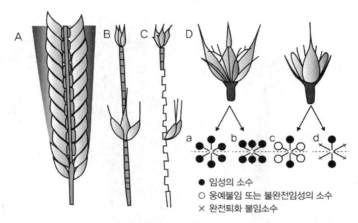

A: 6조종의 이삭 B: 수축과 소수의 착생 C: 측면도 D: 소수 착생에 대한 설명도
a: 6각종 b: 4각종 c: 중간종 d: 2조종

[보리의 이삭과 소수의 구조]

보리의 수형(穗型)은 아래와 같이 4가지로 분류된다.

① 1마디에 있는 3개의 꽃이 다 같이 크고 완전한 임성(稔 곡식 익을 임, 性)을 지니고 있는 것은 이삭이 6줄로 되어 있으므로 여섯줄보리(6조종)라고 한다. 6조종인데 3개의 종실 중 중앙의 종실이 밖으로 나와 전체가 6각인 것은 6각종이라 한다(그림의 a).

② 6조종인데 중앙의 종실이 밖으로 나오지 않아 전체가 4각인 것은 4각종이라 한다(그림의 b).

③ 3개의 꽃 중 2개의 곁꽃이 임성을 갖기는 했지만 형태가 작은 것이 있다. 따라서 이들도 6줄이기는 하나 정상적인 6조와는 달라 중간종이라 한다(그림의 c).

④ 3개의 꽃 중 2개의 곁꽃이 거의 퇴화하고 불임이며, 이삭의 단면이 두 줄로 되어 있는 것은 두줄보리(2조종)라 한다(그림의 d)

2) 꽃

보리의 꽃은 1쌍의 받침껍질에 싸여 있는데, 받침껍질은 다음의 왼쪽 그림에서 보는 바와 같이 보통은 가늘고 길지만, 밀처럼 받침껍질이 커서 껍질을 완전히 덮고 있는 품종도 있다. 꽃은 받침껍질 안에 바깥껍질과 안껍질이 있고, 그 안에 다음의 오른쪽 그림처럼 1개의 암술과 3개의 수술이 있다. 암술머리는 벼처럼 둘로 갈라져 깃털모양이며, 씨방의 기부에는 1쌍의 인피가 있어 개화 시 껍질을 벌린다.

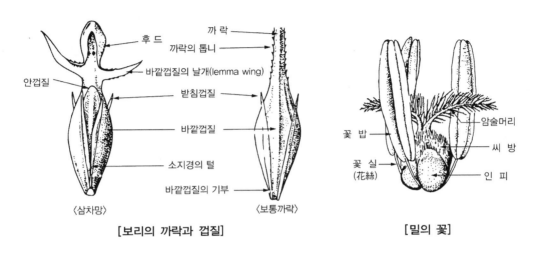

[보리의 까락과 껍질] [밀의 꽃]

3) 까락

바깥껍질의 끝에는 까락(芒 까락 망)이 있는데, 까락의 길이에 따라 장망, 중망, 단망, 무망 등으로 구분되며, 변형되어 3차망(冠 갓 관 形芒, hood)이라는 특이한 모양을 나타내는 것도 있다. 맥류의 까락은 벼보다 굵고 엽록소량이 많은데, 까락이 길수록 호흡량보다 광합성량이 많아지므로 유망종이 무망종보다 4~14%의 증수를 보이며, 까락을 제거하면 1000립중이 저하된다. 이 외에도 까락은 도복, 냉해, 고온, 가뭄 등의 장해가 있을 때 이를 완화시킨다고 한다.

- 껍질보리가 쌀보리보다 1ℓ 중의 무게가 가볍다. **[232]**
- 껍질보리와 쌀보리 모두에 종피(과피도)가 있다. **[232]**
- 겉보리의 종실은 영과로 외부의 충격에 의해 껍질과 쉽게 분리되지 않는다. **[525]**
- 보리, 벼, 밀의 공통점 : 양성화로서 자웅동숙이다. 자가불화합성을 나타내지 않는다. 호분층은 배유의 최외곽에 존재한다. **[226]**
- 맥류의 중경은 종자를 깊게 파종할 때 발생한다. **[228]**
- 맥류의 중경은 6조종보다 2조종이 대체로 길게 발생한다. **[228]**
- 맥류의 중경은 토양수분이 많을수록 길어진다. **[228]**
- 맥류의 중경은 추위에 약한 품종일수록 길어진다. **[228]**
- 보리는 수축의 각 마디에 3개의 소수가 착생하고, 꽃에는 1개의 암술과 3개의 수술이 있다. **[529]**
- 보리의 까락은 길수록 광합성량이 많아져 건물생산에 유리하다. **[2021 국9]**

- 보리의 까락은 제거하면 천립중이 감소한다. [2021 국9]
- 보리의 까락은 삼차망으로 변형될 수도 있다. [2021 국9]
- 보리의 까락은 흔적만 있는 무망종도 있다. [2021 국9]

Ⅳ 생리 및 생태

1 발아

1) 휴면

① 맥류의 휴면기간

휴면의 원인은 종자에 있는 저장물질이나 효소가 미숙상태이거나 발아억제물질이 존재하기 때문인데, 발아에 필요한 생리적 성숙이 일어나는 것을 후숙(後熟)이라 하고, 후숙이 일어나는 기간을 후숙 기간 또는 휴면 기간이라 한다. 휴면 기간은 맥류의 종류와 품종에 따라 큰 차이가 있는데, 수확 후 60~90일이 경과하면 밀과 보리의 모든 품종은 휴면이 끝난다. 한편 맥류에서의 발아억제물질은 물, 에테르, 메틸알코올 등에 녹는다.

② 휴면타파

맥류종자의 휴면은 건조종자의 경우는 고온에서 빨리 끝나고, 수분을 흡수한 종자는 저온에서 빨리 끝난다. 따라서 건조종자는 저온에서 휴면이 오래 가고, 흡수종자는 고온에서 휴면이 오래 간다. 예를 들어 밀의 경우는 실온에서 하루 동안 물을 흡수시킨 다음 5℃의 저온에 6시간만 처리해도 휴면이 거의 끝난다. 한편 밀 종자를 흡수상태로 20℃에 둔 결과 300일이 지나도 발아하지 않았다고 한다. 위에서 설명한 "건조종자는 저온에서 휴면이 오래 가고, 흡수종자는 고온에서 휴면이 오래 간다."는 말은 후숙이 끝나지 않은 종자(물이 많은 종자)는 저온에서 발아가 양호하지만, 후숙이 진전(건조)됨에 따라 발아 가능한 온도범위는 높아진다고 말할 수 있다.

③ 수발아

후숙 기간이 짧은 품종이 성숙기에 오래 비를 맞으면 종실이 수분을 흡수한 채로 낮은 온도에 처하게 되고, 발아억제물질은 비에 씻겨 내려가므로 포장에 서 있는 상태로 오른쪽의 그림처럼 발아하는 수발아(穗發芽) 현상이 나타난다. 밀의 수발아성은 독일(러시

[수발아]

아 포함) 품종이 일본 품종보다 크고, 백립종이 적립종보다 크며, 초자질인 것이 분상질인 것보다 크다. 또한 수확이 늦은 것이 장마철과 만날 수 있어 수발아의 위험이 크고, 이삭에 털이 많은 것이 빗물이 더디게 빠져 수발아가 조장된다.

따라서 수발아를 억제하려면 수발아성이 낮고, 우리나라에서는 조숙종인 품종을 재배하는 것이 가장 효과적이다. 수발아를 피하기 위하여 수확을 빨리 하려는 경우 작물건조제를 살포하면 효과적이고, 수발아의 응급대책으로 MH 등의 발아억제제를 살포하면 효과가 있다.

2) 종자의 수명

맥류의 종자는 콩이나 땅콩보다 지방의 양이 적으므로 산패가 적어 상온에서 보관하면 2년 정도 발아력이 유지되는 상명종자이다. 일반적으로 종자수명은 저장고의 온도와 상대습도에 반비례한다. 따라서 보관 시 온도와 종자수분 함량을 낮게 할수록 종자의 수명이 길어진다.

3) 발아 과정

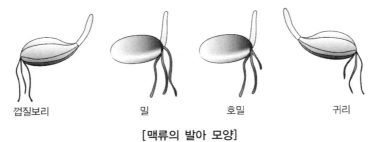

| 껍질보리 | 밀 | 호밀 | 귀리 |

[맥류의 발아 모양]

종자가 물을 흡수하고 온도, 산소 등의 조건이 맞으면, 배 전면의 과피가 터지고 종자근이 유아보다 먼저 출현한다. 위의 그림에서 보는 바와 같이 껍질을 쓰고 있는 겉보리와 귀리 종자의 경우 유근은 배단에서 나오고 유아는 배의 반대단에서 나온다. 한편 껍질이 없어 나출된 밀과 호밀 종자는 유근과 유아가 모두 배단에서 나온다.

종자가 발아할 때는 배유의 저장양분이 배에 이행하여 호흡재료나 식물체 구성 재료로 이용되는데, 대체로 종자가 큰 것이 출아력이 강하다.

4) 발아와 환경

① 온도

맥류의 발아온도는 일반적으로 최저 0~2℃, 최적 25~30℃, 최고 40℃ 정도이다. 온도가 낮으면 발아 기간이 길어진다.

② **수분 흡수**

쌀보리는 종자 무게의 50%를 흡수해야 발아하고, 밀은 30%를 흡수해야 발아하는데, 밀의 경우 40%의 수분 흡수 시 발아가 가장 좋다.

③ **토양수분과 공기**

맥류는 토양용수량의 60%의 수분을 가질 때 모두 발아가 양호하지만, 토양이 30%의 건조상 태인 경우 보리의 발아가 밀보다 늦다. 즉, 밀이 보리보다 토양의 수분환경(과건과 과습 모두)에 적응하는 힘이 강하다.

④ **광**

맥류는 광 무관계 종자이다. 다만 암흑 조건에서는 초엽과 제1절간이 현저히 신장한다.

⑤ **시비**

다량의 화학비료를 종자 부근에 시용하면 토양의 염류 농도가 높아져 발아 장해가 발생할 수 있다.

⑥ **출아력**

쌀보리는 종자가 큰 것이 출아력이 강하다. 파종 후 진압하면 보리에서는 출아력이 강해지는 데, 벼에서는 강해지지 않는다.

- 맥류에서 효소가 생리적으로 미숙할 경우에도 휴면이 일어난다. [228]
- 맥류에서 발아억제물질의 존재는 휴면의 한 원인이 된다. [228]
- 대부분의 품종은 수확 후 60~90일이 경과하면 휴면이 타파된다. [496]
- 맥류에서 발아억제물질은 물, 에테르, 메틸알코올 등에 녹는다. [228]
- 맥류에서 수분흡수 종자를 저온에 보관하면 휴면이 빨리 타파된다. [228]
- 건조종자는 고온에서, 흡수종자는 저온에서 휴면이 일찍 끝난다. [496]
- 맥류 종자의 휴면은 건조종자와 흡수종자에 따라 다르다. 건조한 종자는 고온에서 휴면이 빨리 타파되고, 수분을 흡수한 종자는 저온에서 휴면이 빨리 타파된다. [230]
- 밀에서 후숙기간이 긴 품종의 후숙을 빨리 완료시키려면, 1일간 고온에서 흡수시킨 후 저온에 6시간 처리하면 된다. [497]
- 밀에서 후숙이 끝나지 않은 종자는 저온에서 발아가 양호하지만, 후숙이 진전됨에 따라 발아 가능한 온도범위는 높아진다. [497]
- 후숙기간이 짧은 품종은 성숙기에 오래 비를 맞으면 수발아 현상이 나타난다. [497]
- 보리의 경우 휴면성이 없거나 휴면기간이 짧은 품종은 수발아가 잘된다. [253]
- 수확기에 가까운 보리가 비바람에 쓰러져 젖은 땅에 오래 접촉되어 있을 때 이삭에서 싹이 트는 현상
  : 수발아 [229]

- 수발아 현상은 품종 특성에 따라 다르며 백립종은 적립종에 비해 수발아가 잘 된다. [497]
- 맥류의 경우 우리나라에서는 수발아 억제 방법으로 조숙품종을 재배하는 방법이 있다. [246]
- 맥류의 종자수명은 콩이나 땅콩에 비하여 길다. [230]
- 맥류의 종자수명은 일반적으로 상온에 보존하면 2년 정도 유지된다. [230]
- 맥류의 종자수명은 저장고의 온도에 반비례하고 상대습도에 반비례한다. [230]
- 맥류의 종자수명은 5~14% 범위에서 종자수분 함량을 낮게 할수록 길어진다. [230]
- 겉보리 종자는 발아에 적합한 조건하에서 종자근이 유아보다 먼저 출현한다. [230]
- 겉보리 종자의 유근은 배단에서 나오고 유아는 배의 반대단에서 나온다. [230]
- 종자가 발아할 때 어린뿌리는 배의 끝에서, 어린싹은 배의 반대 끝에서 나오는 작물 : 껍질(겉)보리, 귀리 [231]
- 밀과 호밀 종자는 유근과 유아가 모두 배단에서 나온다. [230]
- 맥류의 발아 시 유근과 유아가 모두 배단에서 나오는 양상을 보이는 것 : 밀, 호밀 [231]
- 발아할 때 벼와 호밀은 배의 끝에서 유아가 나오고, 겉보리는 배의 반대편 끝에서 유아가 나온다. [287]
- 토양용수량이 30%의 건조 상태이면 보리의 발아가 밀보다 늦다. [496]
- 쌀보리의 경우 대체로 종자가 큰 것이 출아력이 강하다. [496]

2 발육

1) 발육과정의 개요

① 발아기

초엽(鞘葉)이 지상에 출현하여 발아하는 시기이다. 발아 기간은 온도와 토양수분의 영향을 받는다.

② 아생기(芽生期)

발아 후 주로 배유의 양분에 의하여 생육하는 시기이다. 이 시기에는 주간의 엽수는 증가하나 분얼은 아직 발생하지 않는다.

③ 이유기(離乳期)

주간의 엽수가 2~2.5장인 시기로 발아 후 약 3주일에 해당하며, 배유전분의 85% 정도가 소실된 시기이다. 이 시기에는 뿌리의 기능이 종자근으로부터 관근 위주로 이행한다.

④ 유묘기

이유기 이후 주간의 본엽수가 4매가 되는, 즉 엽령이 4매인 시기이다. 이 시기의 말기에는 분얼이 시작되고, 주간에서는 유수(幼穗)가 분화된다. 내한성은 이유기경에 가장 약한데 유묘기의 말기에는 다시 강해진다. 따라서 유묘기를 지나 추위를 맞아야 안전하다.

⑤ **분얼기**

분얼기는 엽령이 4~8매인 시기로, 이 중 분얼 최성기는 엽령이 7~8매 때인데, 분얼 최성기의 말기인 최고 분얼기는 보리의 경우 수원에서 4월 상순에 도달한다. 일반적으로 분얼 최성기의 전반까지 분얼한 것은 유효분얼이 되는데, 수원에서는 3월 하순이 이 시기이다.

⑥ **유수형성기**

일반적으로 좁은 의미의 유수형성기는 유수의 길이가 1.5~2.0mm로 자란 시기를 말하는데, 이때가 보리는 출수 전 30~35일이고, 밀은 출수 전 35~40일로 수원에서 보리는 3월 하순, 밀은 4월 상순에 해당한다. 이 시기부터 무효분얼기가 되며, 이때는 지상부의 신장은 급진적으로 커지는데, 새뿌리의 발생은 어려워진다. 따라서 이 시기부터는 토양의 비료분이 충분해야 하므로 이 시기는 추비의 지표가 된다. 한편 이 시기 이후에는 뿌리가 많이 끊기는 김매기 작업을 피해야 하고, 무효분얼을 억제하기 위하여 흙넣기, 밟기도 해야 한다. 제1회의 추비, 김매기, 흙넣기, 밟기의 적기는 유수형성기의 25일 전, 즉 수원에서는 3월 상순이다.

⑦ **신장기(절간신장기)**

절간신장이 개시되어 출수와 개화에 이르기까지 줄기 신장이 지속되는 시기이다. 하위 절간은 상당히 일찍(수원에서 보리는 3월 말) 신장을 시작하나 절간신장의 최성기는 유수형성기 이후이다.

⑧ **수잉기**

유수형성기 이후 이삭과 영화가 커지며 생식세포가 형성되는 시기를 말한다. 수잉기 말기에 암수의 생식세포가 완성된다.

⑨ **출수 · 개화기**

이삭이 지엽 밖으로 나오는 것을 출수라 하는데, 밀이 보리보다 약간 늦다. 한편 보리는 출수 후 곧 개화하여 수정이 이루어지지만, 밀은 출수 후 이삭목이 좀 더 자란 다음에야 개화하여 수정이 이루어지므로 수정은 밀이 보리보다 한참(?) 늦다. 그래서 결과적으로 출수에서 등숙까지 보리는 30~35일, 밀은 33~38일이 소요된다.

⑩ **등숙기(결실기)**

맥류의 등숙 과정은 아래와 같이 구분한다.
　㉠ 유숙기(乳熟期) : 배유의 내용물이 굳지 않아 우유(乳)의 상태이다.
　㉡ 황숙기(黃熟期) : 이삭이 황화되기 시작한다. 이 시기의 전반을 호숙기(糊熟期)라 한다.
　㉢ 완숙기(完熟期) : 종실이 거의 굳어 손으로 터트릴 수 없다.
　㉣ 고숙기(過熟期) : 종실이 쉽게 떨어지고, 입(粒)이 수축된다.

2) 분얼

① 분얼의 기호

분얼의 기호로 주간은 "O"로 표시하고, 주간 초엽절(맥류의 분얼은 벼와 달리 초엽절부터 발생)에서의 제1차 분얼은 "C"로 표시하며, 각 분얼의 전엽에서의 분얼은 "P"로, 정상엽절에서의 분얼은 엽위에 따라 Ⅰ, Ⅱ, Ⅲ, Ⅳ로 표시한다.

② 분얼의 규칙성(相似生育의 법칙)

맥류의 초기 생육은 분얼의 증가와 잎의 전개 및 신장에 의해 나타나는데, 맥류에서도 벼처럼 주간의 잎 또는 분얼은 모두 일정한 간격으로 나타나고, 모든 분얼의 출현도 모간(母稈)에서의 잎의 출현과 병행적, 규칙적으로 나타난다.

예를 들어 주간에 제3본엽("3/O"로 표시)이 나올 때, 주간의 초엽절에서 나온 제1본엽("1/C"로 표시)이 동시에 나타난다. 다시 주간의 잎이 1매 증가하여 4/O가 나올 때는 C대의 잎도 1매 증가하여 2/C가 나오게 되고, 동시에 1/I도 나오게 된다. 다시 주간의 잎이 1매 증가하여 5/O가 나올 때는 C대와 I대의 잎도 1매씩 증가하여 3/C와 2/Ⅰ가 나오며, 1/Ⅱ도 나오게 된다. 그리고 3/C가 나올 때 C대로부터 첫 번째 분얼(2차 분얼) 1/Cp가 나오고 그 후 나란히 잎이 1매씩 동시에 증가한다. 3/O·1/C 또는 4/O·2/C·1/Ⅰ처럼 동시에 나타나는 잎들을 동신엽(同伸葉)이라고 하는데, 어느 분얼 간이든 동신엽이 출현한 이후에 나타난 엽수는 같게 된다.

예를 들어 보자. 어느 대(稈)의 제3의 본엽이 나올 때 그 대에서의 첫 번째 분얼이 나타나므로, 주간에 4매의 잎이 있는 경우 주간의 첫째 분얼대에는 잎이 둘이고, 둘째 분얼대에는 잎이 하나이다. 이를 기호로 표시하면 4/O, 2/C, 1/I 가 되는데, 이 셋을 동신엽이라 한다. 앞에서 "어느 분얼 간이든 동신엽이 출현한 이후에 나타난 엽수는 같게 된다"고 했으므로 4/O, 2/C, 1/I가 나타난 다음에 주간의 엽수가 9개 늘었다면 둘째와 셋째 분얼대에서도 엽수는 각각 9개만 늘어난다. 따라서 이삭이 나오는 시기는 주간(O), 첫째(C), 둘째(I)가 거의 모두 같다. 이렇게 다른 분얼 간에서도 이삭이 나오는 시기는 큰 차이가 없게 되는데, 이는 숙성이라는 관점에서 매우 중요한 특성이 된다. 참고로 분얼 간의 엽수는 다르다. 위의 예에서 보면 O에는 13개, C에는 11개, I에는 10개의 엽이 있다.

이상을 정리하면 "분얼 간들의 총엽수는 다르게 되나, 이삭이 나오는 시기는 큰 차이가 없다"가 된다.

③ 분얼과 초형

분얼이 직립으로 자라면 직립형 초형, 분얼이 포복하여 자라면 포복형 초형, 그 중간을 중간형 초형이라 한다.

④ 분얼과 환경

밀에서 분얼의 발생은 품종과 환경에 따라 크게 다르나 일반적으로 말하면, 분얼의 수는 추파성의 만생종이 춘파성인 조생종보다 많고, 재배적으로는 조파, 소식, 비옥지의 경우가 만파, 밀식, 척박지의 경우보다 많다.

3) 유수의 분화와 발달

출제가능성이 작다고 판단되어 생략합니다. 벼만 이해합시다. 벼에서 유수의 분화와 발달은 중요하므로 꼭 해야 해요.

- 아생기 − 배유의 양분에 의하여 생육하는 시기(芽生期) [546]
- 이유기 − 주간의 엽수가 2~2.5장인 시기로 발아 후 약 3주일에 해당하는 시기 [546]
- 신장기 − 절간신장이 개시되어 출수와 개화에 이르기까지 줄기 신장이 지속되는 시기 [546]
- 수잉기 − 유수형성기 이후 이삭과 영화가 커지며 생식세포가 형성되는 시기 [546]
- 보리의 초기 생육은 분얼의 증가와 잎의 전개 및 신장에 의해 나타난다. [233]
- 주간의 잎 또는 분얼은 규칙적으로 일정한 주기로 나타난다. [233]
- 어느 분얼 간이든 동신엽이 출현한 이후에 나타난 엽수는 같다. [233]
- 분얼 간들의 총엽수는 다르게 되나, 이삭이 나오는 시기는 큰 차이가 없다. [233]

4) 출수

(1) 출수와 관련이 있는 성질

맥류의 출수기와 관련이 있는 생리적 요인은 파성, 감광성, 감온성, 협의의 조만성(벼의 기본영양생장성에 해당되는 성질), 내한성, 최소엽수 등이 있다.

① 파성

㉠ 춘파성과 추파성 : 보통 가을에 파종하는 맥류는 겨울에 저온을 받아 이듬해 정상적으로 출수하지만, 같은 종자를 이듬해 봄에 파종하면 경엽만 무성하게 자라고 출수하지 못하는 좌지현상이 발생하는데, 이와 같이 출수하기 위한 생육 초기의 저온요구도가 높은 맥류를 추파형이라고 한다. 그러나 늦은 봄에 파종해도 정상적으로 출수하여 결실하는 것도 있는데, 이와 같은 맥류를 춘파형이라고 한다. 한편 봄에 파종해도 결실할 수 있고, 가을에 파종해도 월동이 가능하여 결실하는 것도 있는데, 이들은 양절형(兩節型)이라고 한다. 추파형 맥류는 추파성이라는 성질이 있는데, 이 성질은 맥류의 영양생장만 지속시키고 생식생장으로의 이행을 억제하며 내동성을 증대시키는 성질로, 추파성은 유전적 특성이며 환경에 의해서도 영향을 받는다. 추파형 품종을 가을에 파종하면 월동 중의 저온, 단일

조건에 의해 추파성이 소거되므로 정상적으로 출수, 결실하지만 이듬해 봄에 파종하면 저온, 단일의 환경을 충분히 만나지 못하므로 추파성이 소거되지 못해 좌지하게 된다. 춘파형 품종은 추파성이 없으므로 봄에 파종해도 정상적으로 출수, 결실하는데, 이와 같이 추파성이 없는 것을 춘파성이라고 하며, 추파성이 낮은 품종은 따뜻한 지역이나 늦은 봄에 파종하기에 알맞다.

양절형 품종은 봄철의 저온, 단일 조건에서도 소거될 수 있는 정도의 추파성만을 가지고 있기 때문에 봄에 파종해도 결실할 수 있고, 가지고 있는 추파성에 의해 어느 정도의 내한성이 있으므로 가을에 파종해도 월동할 수 있다.

품종의 추파성 정도는 Ⅰ∼Ⅶ의 7등급으로 대별하는데, Ⅰ은 추파성이 없거나 아주 적고, Ⅶ로 갈수록 추파성은 점점 높아지는 것이며, Ⅰ∼Ⅱ를 춘파형으로, Ⅲ을 양절형으로, Ⅵ∼Ⅶ를 추파형으로 구분한다.

맥류 품종의 파성과 조만성과는 밀접한 관계가 있다. 즉 추파성이 낮고 춘파성이 높을수록 출수가 빨라지는 경향이 있다. 한편 추파성에 따른 품종의 출수일수(파종에서 출수까지의 소요일수)는 파종기에 따라 달라지는데, 월동 중에 추파성이 잘 소거되도록 가을 적기에 파종하는 것이 출수일수를 가장 많이 단축시킨다. 적기보다 일찍 파종하면 출수기는 빨라지지만 출수일수가 연장되고, 적기보다 늦게 파종하면 출수기도 늦어지고 출수일수도 연장된다. 즉, 적기파종이 아니면 출수일수가 연장된다. 파종의 적기는 추파성과 관련이 있는데, 추파성이 높은 것일수록 파종의 적기가 빨라지게 된다. 왜냐하면 추파성이 높은 것일수록 추파성의 소거에 필요한 월동기간이 길어져야 하기 때문이다. 보리 품종 중 올보리(제철보다 일찍 여물어 콩과의 이모작 가능)가 오월보리(남부지방의 따뜻한 답리작 지역에서 재배)에 보다 추파성이 높다.

Ⓛ 춘화 : 추파성을 춘파성으로, 즉 영양생장만 하려는 성질을 생식생장을 하게 하는 성질로 바꾸기 위하여 추파맥의 최아종자를 저온에서 일정기간 보관하는 방법이 사용되는데, 이를 춘화라 하며 버널리제이션 또는 저온 처리라고도 한다. 춘화의 방법은 다음과 같다.

ⓐ 종자춘화 : 종자춘화 처리는 추파형 종자를 최아시켜서 일정기간 저온에 처리하여 추파성을 제거하는 것으로, 종자를 물에 침지하더라고 바로 저온에 감응하는 것은 아니고 종자생중량 대비 65% 이상의 함수량을 가진 종자일 때 춘화 효과가 나타난다. 저온 처리에는 적당한 온도와 적당한 기간이 필요한데, 온도와 기간은 작물에 따라 다르다. 예를 들어 추파형 호밀의 경우 춘화 처리 적정온도는 1∼7℃의 범위로 0℃ 이하 및 8℃ 이상에서는 효과가 적어진다. 한편 춘파형 밀에서는 10℃ 정도가 최적이라고 한다. 저온 처리 기간은 품종의 추파성 정도에 따라 달라, Ⅰ∼Ⅲ급은 저온 처리를 하지 않아도 출수하고, Ⅳ급은 10∼20일, Ⅴ∼Ⅵ급은 50일, Ⅶ급은 60일 이상이 필요하

다. 저온 처리 기간 중에 종자가 건조하면 안 되고, 공기가 통하여 종자에 산소가 공급되어야 한다. 그러나 광의 유무는 저온춘화에 관계가 없다(고온춘화는 암흑에서 해야 함). 저온처리가 끝난 다음에 종자를 18℃ 이상에서 오래 보관하거나, 건조시키면 저온 처리의 효과가 없어지는 이춘화 현상이 발생한다.

ⓑ 녹체(綠體)춘화 : 녹체춘화란 맥류의 발아 후 어느 정도 생장한 녹체기에 저온으로 춘화하는 것을 말하는데, 이에는 1엽기 녹체춘화와 최아종자 녹체춘화의 2가지 방법이 있다.

ⓒ 단일춘화 : 단일춘화란 맥류의 유식물을 단일 조건에서 처리하여 추파성을 소거시킴으로써 유수분화를 촉진시키는 방법을 말한다. 따라서 추파형 호밀을 봄에 파종하여 유식물체 시기에 단일 처리를 하면 춘화가 되어 정상적으로 출수한다.

ⓓ 화학적 춘화 : 지베렐린이나 옥신과 같은 화학물질로 춘화하는 것을 말한다.

- 추파형 맥류는 봄 늦게 파종하면 좌지현상이 생긴다. [234]
- 추파성 맥류를 가을에 파종하면 이듬해 정상적으로 출수하나 봄에 파종하면 좌지현상이 나타난다. [235]
- 추파형 품종을 봄에 파종하였을 경우에 춘화가 이루어지지 않아 좌지현상이 발생한다. [244]
- 추파성이 강한 보리를 늦봄에 파종할 경우 예상되는 현상 : 출수되지 않는다. [234]
- 출수하기 위한 생육 초기의 저온요구도가 높은 것을 추파형이라고 한다. [234]
- 맥류는 장일식물로서 추파성이 소거되기 이전에는 장일에 의하여 출수가 촉진되지 않는다. [241]
- 추파성은 맥류의 생식생장을 억제하는 성질이다. [234]
- 추파성은 영양생장이 길고 생식생장으로 늦게 전환되는 성질이다. [237]
- 추파성은 영양생장을 지속시키는 성질로서 추파성이 큰 품종은 포장에서 출수가 늦다. [241]
- 추파성은 맥류의 생식생장을 억제시킴으로써 내동성을 증가시킨다. [237]
- 추파성은 영양생장만을 지속시키고 생식생장으로의 이행을 억제하며 내동성을 증대시키는 것으로 알려져 있다. [239]
- 추파성은 맥류의 내동성을 증가시키는 경향이 있다. [234]
- 추파성이 클수록 내동성이 증대된다. [238]
- 추파성 정도가 높은 품종이 내동성도 강한 경향이 있다. [236]
- 추파성이 강한 품종은 추위에 견디는 성질이 강하다. [236]
- 북부 지방의 내동성이 강한 품종들은 추파성이 높다. [237]
- 보리의 경우 내한성이 강할수록 대체로 춘파성 정도가 낮아서 성숙이 늦어진다. [253]
- 추파성 정도는 품종에 따라 차이가 크다. [234]
- 추파성은 유전적 특성이며 환경에 의해서도 영향을 받는다. [238]
- 추파성은 일장과 온도의 영향을 받는다. [239]
- 추파형을 가을에 파종하면 저온 단일 조건에서 추파성이 소거된다. [237]
- 추파형 품종을 가을에 파종할 때에는 월동 중의 저온·단일 조건에 의하여 추파성이 자연적으로 소거된다. [239]

- 추파성 품종을 가을에 파종하면 월동 중의 저온 단일 조건에 의하여 추파성이 제거된다. [2021 지9]
- 추파성이 낮은 품종은 따뜻한 지역이나 늦은 봄에 파종하기에 알맞다. [242]
- 우리나라는 파성을 Ⅰ~Ⅶ등급으로 나누며, Ⅰ등급은 추파성이 낮고 Ⅶ등급은 추파성이 높은 것을 의미한다. [235]
- 추파성이 높을수록 출수가 지연된다. [239]
- 추파성이 낮고 춘파성이 높을수록 출수가 빨라진다. [234]
- 추파성이 낮고 춘파성이 높을수록 출수가 빨라진다. [236]
- 추파성이 낮고 춘파성이 높을수록 출수가 빨라지는 경향이 있다. [239]
- 추파성이 낮고 춘파성이 높을수록 출수가 빨라지는 경향이 있다. [242]
- 추파성 정도가 높은 품종일수록 추파성 소거에 소요되는 월동기간이 길어진다. [236]
- 추파성이 높을수록 추파성 소거에 필요한 월동기간이 길다. [242]
- 추파성의 제거에 필요한 월동기간은 추파성이 높을수록 길어진다. [2021 지9]
- 맥류에서 추파성이 클수록 더 낮은 온도를 거쳐야 출수할 수 있다. [525]
- 추파성이 높은 품종은 일찍 파종할수록 월동 후 출수 및 성숙이 빨라진다. [237]
- 추파성 품종을 적기보다 빨리 파종하면 출수기는 빨라지지만 출수일수는 연장된다. [242]
- 추파성은 영양생장을 계속하려는 성질을 말하며, 추파형 종자를 최아시켜 저온 처리하면 추파성이 소거된다. [240]
- 보리 품종 중 올보리가 오월보리보다 추파성이 높다. [242]
- 추파성은 춘화 처리에 의해 소거될 수 있다. [238]
- 춘화처리는 추파형 종자를 최아시켜서 일정기간 저온에 처리하여 추파성을 제거하는 것이다. [2021 지9]
- 추파형 호밀의 춘화처리 적정온도는 1~7°C의 범위이다. [2021 지9]
- 가을보리를 저온 처리할 경우에는 암조건이 필요하지는 않다. [244]
- 종자를 저온처리 후 고온에 장기보관하면 이춘화가 일어난다. [236]
- 저온 처리가 끝난 종자도 고온처리하면 이춘화현상이 나타난다. [235]
- 녹체춘화는 맥류가 발아한 후 어느 정도 생장한 녹체기에 저온으로 처리하는 것이다. [235]
- 최아종자 때와 녹체기 때 춘화처리 효과가 있다. [236]
- 추파맥류는 최아종자 때와 녹체기 때 모두 춘화처리 효과가 있다. [244]
- 어린 식물을 단일처리로 추파성을 소거시켜 유수분화를 촉진시키는 것을 단일춘화라고 한다. [240]
- 추파형 호밀을 봄에 파종하여 유식물체 시기에 단일 처리를 하면 춘화가 되어 정상적으로 출수한다. [241]

② **감광성**

맥류의 경우 완전히 춘화된 식물은 고온·장일에 의해서 출수가 빨라지고, 저온, 단일에 의해서 출수가 지연된다. 즉, 춘화된 후의 출수의 빠름과 늦음은 춘파성이나 추파성과는 무관하고, 일장과 온도에 관계된다.

일장 중 장일에 의해 출수가 빨라지는 정도가 높은 것은 감광성이 높다고 한다.

③ 감온성

앞에서 "춘화된 후의 출수의 빠름과 늦음은 춘파성이나 추파성과는 무관하고, 일장과 온도에 관계된다."고 하였는데, 온도 중 고온에 의해 출수가 빨라지는 정도가 높은 것은 감온성이 높다고 한다. 그러나 감온성은 출수기 차이에 큰 영향을 미치지는 못한다. 즉, 맥류의 출수에 대한 감온성의 관여도는 매우 낮거나 거의 없다.

④ 최소 엽수

출수를 가장 빠르게 하는 환경을 부여했을 때, 이삭이 분화될 때까지 분화되는 주간의 엽수, 즉 환경조건에 의하여 감소시킬 수 없는 주간의 엽수를 최소엽수라고 한다. 밀이나 호밀의 최소 엽수는 5매이다.

- 추파성 정도가 낮은 품종은 대체로 남부지방에서 재배한다. [236]
- 답리작 겉보리의 재배북한선은 1월 평균 최저 기온이 −6.5℃선인 곳이다. 이보다 기온이 낮은 곳에서 답리작 겉보리를 재배할 경우 발생하는 문제점 : 출수가 늦어 맥후작 벼의 이앙기가 늦어진다. 얼어 죽을 수 있다. [243]
- 추파성이 낮은 품종은 늦은 봄에 파종하면 좌지현상이 발생하지 않는다. [242]
- 추파성이 높은 품종은 가을에 일찍 파종하면 안전하게 월동할 수 있다. [242]
- 추파성이 높은 품종은 가을에 늦게 파종하면 출수가 늦어진다. [242]
- 추파성 소거 후에는 고온 및 장일 조건이 출수를 촉진한다. [234]
- 추파성 소거 후 고온, 장일에서 출수가 촉진된다. [239]
- 춘화된 식물체는 고온 및 장일 조건에서 출수가 빨라진다. [236]
- 맥류에서 춘화된 식물은 고온·장일 조건에서 출수가 촉진된다. [115]
- 춘화된 식물체는 춘·추파성과 관계없이 고온·장일 조건에서 출수가 빨라진다. [538]
- 춘화처리가 된 맥류는 파성과 관계없이 고온과 장일 조건에서 출수가 빨라진다. [244]
- 완전히 춘화된 식물은 고온, 장일에 의해 출수가 빨라진다. [237]
- 완전히 춘화된 맥류는 고온·장일에 의하여 출수가 빨라진다. [238]
- 완전 춘화된 식물체는 파성과 관계없이 고온·장일 조건에서 출수가 빨라지고, 저온·단일 조건에서 출수가 지연된다. [240]
- 추파성이 완전히 소거된 다음, 고온에 의해 출수가 촉진되는 성질을 감온성이라고 한다. [237]
- 맥류의 추파성 소거에는 저온이 유효하지만 추파성이 소거된 이후에는 고온에 의하여 출수가 촉진된다. [241]
- 맥류의 출수에 대한 감온성의 관여도는 매우 낮거나 거의 없다. [538]
- 출수를 가장 빠르게 하는 환경을 부여했을 때, 이삭이 분화될 때까지 분화되는 주간의 엽수를 최소엽수라고 한다. [237]

(2) 자연포장에서의 출수

앞의 (1)항에서 출수에 영향을 미치는 요인 중 파성, 감광성, 감온성 및 최소 엽수에 대하여 알아보았는데, 감온성의 관여도는 매우 낮거나 거의 없었다. 여기에서는 맥류의 출수에 영향을 미치는 요인으로 단일 반응, 협의의 조만성 및 내한성에 대하여 알아보기로 한다.

단일 반응은 추파성을 소거한 후 고온, 단일 조건(20~25℃, 12시간 일장) 하에서 조사(검사)하는데, 파종부터 지엽전개까지의 일수가 짧은 것을 단일 반응이 짧다고 한다. 한편 협의의 조만성도 추파성을 소거한 후 고온, 장일 조건(20~25℃, 24시간 일장) 하에서 조사하며, 파종부터 지엽전개까지의 일수가 짧은 것을 협의의 조만성이 짧다고 한다. 협의의 조만성은 벼의 기본영양생장성에 해당하며, 추운 지방에서는 단일 반응처럼 맥류의 조숙화에 크게 기여하지만, 따뜻한 지방에서는 그 기여도가 다소 낮다.

이제 자연포장에서의 재배를 생각해보자. 재배 시의 품종선택에 있어서는 월동이 안전한 정도의 내한성을 가지면서, 춘파성 정도가 비교적 높아 월동 중에 추파성이 완전히 소거될 수 있고, 단일에 둔감하면서(단일 반응이 짧으면서), 협의의 조만성 정도가 낮은 것이 출수가 빠르다. 이를 달리 표현하면 '맥류의 포장출수기는 춘파성에는 부의 상관이 있고, 단일 반응, 협의의 조만성 및 내한성과는 정의 상관이 있다'고 말할 수 있다.

파성의 관점에서는 남부지방의 경우 월동에 큰 문제가 없으므로 춘파성이 높을수록 좌지현상이 발생하지 않고 출수가 빨라진다.

한편 답리작 겉보리의 재배북한선은 1월 평균 최저 기온이 −6.5℃선인 곳이므로 겉보리를 재배하거나 중부 이북에서 맥류를 재배하려면 어느 정도 추파성이 있어야 월동이 가능하다. 그런데 추파성이 너무 높은 것은 자연상태에서 알맞게 소거되지 못하거나 소거가 늦어져 주간출엽수가 증가하고 출수가 지연되므로 가을에 일찍 파종하여야 추파성이 충분히 소거되고, 식물체도 너무 어리지 않아 안전하게 월동할 수 있다.

- 협의의 조만성은 고온·장일 조건(20~25℃, 24시간 일장)에서 검정하며, 추파성을 소거한 후 파종부터 지엽출현까지의 일수로 나타낸다. [240]
- 협의의 조만성 정도가 낮은 것이 출수가 빠르다. [239]
- 협의의 조만성은 추운 지방보다 따뜻한 지방에서 조숙화에 대한 기여도가 낮다. [234]
- 밀의 포장출수기는 춘파성에는 부의 상관이 있고, 단일 반응 및 내한성과는 정의 상관이 있다. [538]
- 보리의 포장출수기는 단일 반응·협의의 조만성과 정의 상관이 있다. [538]
- 맥류에서 완전히 춘화된 식물은 고온·장일 조건과 협의의 조만성이 짧은 성질에 의하여 출수가 빨라지며, 춘화된 후에는 출수반응이 추파성이나 춘파성과 관계가 없다. [239]

5) 개화 및 수정

① 개화

발육과정에서 밀은 출수부터 개화까지 걸리는 시간이 보리보다 길다. 보리는 출수가 곧 개화이나, 밀은 출수 후 3~6일에 걸쳐 개화한다.

보리나 보통밀의 개화는 먼저 분얼한 대의 이삭부터 시작하는데, 한 이삭의 개화는 중앙부 부근의 꽃부터 시작하여 점차 상하로 진행한다. 밀은 1개의 소수 안에서는 맨 아래에 있는 제1소화로부터 개화해 올라간다. 보리, 밀 모두 1포기 전체 이삭의 개화일수는 약 8일이고, 한 이삭의 개화일수는 보리 4~5일, 밀 2~7일이다. 보리는 대부분 아침부터 개화하여 주로 오전 중에 개화가 끝나고, 밀은 오후에 개화하는 것이 많다.

② 수정

온도가 35℃ 이상이거나 9℃ 이하인 경우 수정되지 않는다.

③ 자연교잡

보리의 자연교잡은 0.15% 미만이고, 밀은 0.3~0.5%인 품종이 많다.

- 발육과정에서 밀은 출수부터 개화까지 걸리는 시간이 보리보다 길다. 보리는 출수가 곧 개화이나, 밀은 출수 후 3~6일에 걸쳐 개화한다. [245]
- 밀은 출수 후 3~6일에 개화한다. 보리는 출수와 동시에 개화한다. 벼도 그렇다. [271]
- 보리는 일반적으로 출수와 개화가 동시에 이루어진다. [249]
- 출수 후 보리가 밀에 비해 개화와 수정이 빨리 이루어진다. [246]
- 보리에서 한 이삭의 개화는 중앙부 부근의 꽃부터 시작하여 점차 상하로 진행한다. [245]
- 보리는 오전에 개화하고, 밀은 오후에 개화한다. [271]
- 보리(0.15% 이하)의 자연교잡률은 밀(0.3~0.5%)보다 낮다. [271]

3 장해

1) 한해(寒害)

(1) 동해

① 내동성의 증대 요인

㉠ 체내의 생리적 요인 : 맥류의 내동성을 증대시키는 체내의 생리적 요인에는 다음의 것들이 있다.

ⓐ 체내의 수분 함량이 적어야 한다.

ⓑ 식물체의 건물중이 커야 한다.

ⓒ 세포액의 친수교질이 많고 점성이 높아야 한다.

ⓓ 세포액의 삼투압이 높아야 한다.

ⓔ 체내의 당분 함량이 많아야 한다.

ⓕ 발아종자에서 아밀라제의 활력이 커야 한다.

ⓖ 체내의 단백질 함량이 많아야 한다.

ⓗ 세포액의 pH값이 커야 한다.

ⓘ 원형질 단백질에 −SH기가 많아야 한다.

ⓙ 체내 원형질의 수분 투과성이 커야 한다.

ⓚ 저온 처리 시 원형질 복귀시간이 빨라야 한다.

ⓛ 형태적 요인 : 맥류의 내동성을 증대시키는 형태적 요인에는 다음의 것들이 있다.

ⓐ 초기 생육이 포복성이다.

ⓑ 관부가 깊어서 초기 생장점이 흙속에 깊이 박혀 있다.

ⓒ 엽색이 진하다.

② **작물의 내동성**

일반적으로 맥류의 내동성은 호밀, 밀, 껍질보리, 쌀보리, 귀리 순으로 강하다.

③ **경화와 유화**

맥류를 저온에서 생육시키면 체내의 생리 및 생태가 세포동결을 힘들게 하는 방향으로 변화되는데, 이를 경화라 한다. 경화에는 2℃보다 5℃가 더 좋다. 한편 경화된 것이라도 다시 고온으로 생육시키면 내동성이 감소되는데, 이를 유화라 한다.

④ **동해의 유인**

파종기가 아주 늦어서 충분히 경화되기 전에, 즉 경화되지 않아 내동성이 약한 어린 시기에 월동기에 들어가면 동해가 심해지며, 파종기가 너무 빠르거나 따뜻한 날씨가 계속되어 월동 전에 도장하고 유수가 분화된 경우에도 동해가 심해진다. 내동성이 약하고 춘파성이 높은 품종을 가을에 만파하거나, 이듬해 봄에 조파해도 동해가 심해진다.

(2) 건조해

토양이 깊이 얼면 날씨가 따뜻해지더라도 표면만이 녹기 때문에 모세관 현상이 발생하지 않아 표토가 건조해지기 쉽다. 또한 월동 중에 땅이 얼어 갈라지는 곳에서 뿌리가 노출되거나, 식물체가 솟구쳐 뿌리가 노출되는 경우에도 건조해를 입는 경우가 많다.

(3) 상해(동상해)

조생품종의 재배 시 유수형성이 일찍 시작되므로 저온으로 유수가 죽거나(幼穗凍死型) 불임수(不稔穗)가 생기는 경우(不稔型)가 있는데, 이런 피해는 주로 맑고 바람이 없는 밤에 서리가 내리기 때문에 발생하므로 상해(霜 서리 상, 害)라 한다.

상해를 입은 보리는 수확기까지 아래의 보상작용으로 수량은 상당히 회복된다.

① 피해를 입은 후 무효분얼의 유효화
② 지연유효분얼의 발생
③ 입중(粒重) 및 입수의 보상적 증가

(4) 한해 대책

① 품종 : 내한성이 높은 품종의 사용이 가장 효율적인 대책이다. 껍질보리의 내한성이 쌀보리보다 높으므로 껍질보리의 재배 가능 지역의 위도가 쌀보리보다 높다.

② 파종기 : 과도한 조파 및 만파를 피하고 적기에 파종한다.

③ 파종량 : 파종기가 늦은 경우 파종량을 늘린다.

④ 파종법 : 파종기가 많이 늦은 경우 최아하여 파종하면 좋다. 토양이 건조하거나 겨울이 몹시 추운 지방에서는 이랑을 세우고 골에 파종하는 것(휴립구파)이 좋고, 서릿발이 많이 설 경우에는 광파재배가 좋다. 광파하면 토양수분이 감소하여 서릿발이 줄어든다.

⑤ 피복 : 파종 후 퇴비나 왕겨 등을 뿌려두면 월동에 도움이 된다.

⑥ 시비 : 특히 칼리질 비료를 충분히 시용한다.

- 내동성의 증대되려면 체내의 단백질 함량이 많아야 한다. [246]
- 작물체 내에 수분 함량이 감소하고, 단백질 함량이 증가하면 내동성은 증가한다. [247]
- 체내의 수분 함량이 적으면 내동성이 증가하나, 당분 함량이 적으면 내동성이 저하된다. [246]
- 체내 원형질의 수분 투과성이 커야 한다. [246]
- 세포액의 pH값이 커야 한다. [246]
- 초기 생육이 포복성인 것이 직립성인 것보다 내동성이 강하다. [248]
- 엽색이 진한 것이 내동성이 강한 경향이 있다. [248]
- 일반적으로 맥류의 내동성은 호밀, 보리, 귀리 순으로 강하다. [250]
- 호밀의 내동성은 보리나 귀리보다 강하다. [248]
- 껍질보리의 내한성은 쌀보리보다 크다. [249]
- 가을호밀은 가을밀이나 가을보리보다 추위에 강하다. [249]
- 맥류의 내동성 정도 : 호밀 > 밀 > 귀리 [248]
- 내한성은 호밀 > 밀 > 보리 > 귀리 순으로 강하다. [352]

- 맥류를 저온에서 생육시키면 체내의 생리 및 생태가 세포동결을 힘들게 하는 방향으로 변화된다. [250]
- 내동성이 약한 품종을 만파하면 동해가 늘어난다. [248]
- 토양이 깊이 얼면 날씨가 따뜻해지더라도 표면만이 녹기 때문에 표토가 건조해지기 쉬워 건조해를 입는 경우가 많다. [252]
- 껍질보리의 재배 가능 지역의 위도가 쌀보리보다 높다. [232]
- 동해방지를 위해서는 과도한 조파 및 만파를 피해야 하고, 파종기가 늦어졌을 때에는 최아하여 파종하면 좋다. [252]
- 맥류를 늦게 파종하거나 지력이 낮은 경우에는 파종량을 증가시킨다. [247]
- 맥류의 동해를 방지하려면 휴립구파를 하고 습해를 방지하려면 휴립휴파를 하는 것이 유리하다. [247]

2) 도복해

① 도복의 피해

맥류도 도복하면 감수를 가져오는데, 그 이유는 도복하여 잎이 엉키면 광합성이 감퇴되고, 대나 뿌리 등의 상처로 인하여 호흡이 증대되므로 저장 양분의 축적이 줄어들며, 대가 꺾여서 잎에서 이삭으로의 양분 전류가 감소되기 때문이다. 도복에 의한 감수는 일찍(출수 후 10일 경) 발생할 때가 가장 커서 40~50%의 감수를 가져온다. 황숙기의 도복은 별로 감수를 초래하지는 않으나, 기계수확을 하는 경우는 결정적인 불편을 가져온다.

도복은 품질도 저하시키는데, 도복으로 양분의 전류가 저해되면 종실의 비대가 불충분해져서 종실의 단백질 함량이 증대되므로 식미가 떨어진다. 이 외에도 도복하여 이삭이 땅에 닿으면 부패되거나 수발아가 일어나 품질이 떨어진다.

② 도복의 발생

도복을 조장하는 맥체(麥體)의 조건은 키가 크고, 대가 약하며, 이삭이 무겁고, 뿌리가 약한 것 등인데, 이 조건에 잘 부합하는 시기가 출수 후 40일 경이다. 도복의 발생은 기상조건의 영향이 매우 크고, 뿌리의 역할도 크다. 뿌리의 개장각도(開張角度)가 좁은 것이 도복에 약하므로 개장각도와 도복정도는 부의 상관이다.

③ 도복대책

⑦ 품종 : 내도복성 품종의 선택

⑥ 파종 : 파종은 약간 깊게 해야 중경이 발생하여 밑동을 잘 지탱하므로 도복에 강해진다. 밀식하면 수광이 적어 뿌리와 대가 연약해져서 도복이 발생한다.

© 협조파(狹 좁을 협, 條播)의 재배 : 협폭파 재배나 세조파 재배 등으로 뿌림골을 잘게 하면 수광이 좋아져 키가 작고, 대가 실하며, 뿌리의 발달이 좋아서 도복이 경감된다.

ⓐ 시비 : 질소 비료를 많이 사용하면 간장, 수수, 수중 등이 증가하여 도복을 조장한다. 수량 증대를 위한 질소의 추비기도 너무 빠르면 하위절간의 신장을 유발하여 도복되므로 추비(웃거름)는 절간신장개시기 이후 또는 유수형성기 25일 전에 주는 것이 도복을 경감 시킨다. 인산, 칼리, 석회는 줄기의 충실도를 증대시키고 뿌리의 발달을 조장하여 도복을 경감시키므로 충분히 주어야 한다.

ⓜ 흙넣기 및 북주기 : 대의 밑동이 고정된다.

ⓗ 밟기 및 진압 : 밟기 및 진압은 뿌리를 발달시켜 생육을 건실하게 하며, 흙을 다져 밑동을 잘 고정시킨다.

3) 습해

① 습해의 발생

습해는 동계와 춘계의 습해로 나눌 수 있다. 동계의 토양이 과습할 경우 통기가 저해되어 뿌리에 산소공급이 되지 않으므로 신진대사와 관계가 깊은 효소의 작용력이 약해진다. 또한 세포의 산화환원전위(Eh)가 낮아져서 뿌리조직의 괴사 또는 목화가 촉진되고 뿌리의 신장이 정지된다.

한편 춘계에 과습해지면 토양 미생물의 활동에 의하여 토양의 Eh가 점차 저하되고, 환원 조건에 의하여 황화수소와 유기산 등의 유해물질이 발생하므로 심한 경우 위조 또는 고사한 다. 따라서 춘계의 습해대책으로 미숙 유기물이나 황산근 비료를 시용하지 않아야 한다.

② 습해의 피해

맥류의 습해는 유수형성기로부터 출수기에 가장 심하다. 따라서 맥류 재배 시 답리작의 경우 생육 초기에 지하수위가 높은 것이 생육 후기에 높은 지하수위의 영향을 받는 것보다 감수가 크지 않다.

③ 습해 대책

㉠ 내습성 품종의 사용 : 보리의 습해 대책은 내습성 품종으로 까락이 긴 것과 어린 식물의 건물률(乾物率)이 높은 것이 적합하고, 습지에서는 보리보다 밀이, 쌀보리보다 껍질보리 가 유리하다.

㉡ 배수 : 습답에서는 이랑을 세워 파종하거나 지하배수를 꾀한다.

㉢ 휴립 : 높게 휴립하여 토양 용기량을 증대시킨다. 좋은 생육에 필요한 토양 용기량은 보리 15~20%, 밀 10~15%이다. 역시 밀의 환경적응성이 높다.

㉣ 경운 : 경운하면 공극량과 토양 용기량이 증가한다.

㉤ 토양개량 : 객토, 토양개량제 등을 시용하여 토양개량을 하고, 토양의 입단화를 통한 토양 통기를 증가시켜야 한다. 보리가 습해를 피하려면 토양공극량은 30~35%이어야 한다.

ⓗ 시비상의 주의 : 천층(淺層)시비로 뿌리의 분포를 천층으로 유도하고, 습해가 나타나면 엽면시비하여 활력을 회복시켜야 한다.

4) 한해(旱 가물 한, 害)

① 한해의 발생기작

한발(旱魃 가물귀신 발)의 피해는 토양수분의 감소로 뿌리세포의 삼투압이 떨어져 뿌리가 양, 수분을 흡수하지 못해 발생한다.

② 한해의 대책

충분한 관수의 여건이 못 되면 토양표면을 긁어 주어 모세관을 차단하고, 유기물의 피복, 토입 등으로 수분증발을 억제시키며, 답압으로 모세관 현상을 유발시켜 수분을 공급하여야 한다. 기타 재배대책으로는 뿌림골을 낮으면서도 좁게 하고 소식하며, 질소의 다용을 피하고 퇴비, 인산, 칼리를 증시하여야 한다.

- 맥류에서 도복으로 상처가 생기면 호흡이 증대되어 저장양분의 축적이 적어진다. [249]
- 맥류에서 도복되어 양분 전류가 저해되면 종실의 단백질 함량이 증대된다. [249]
- 맥류의 도복(524) : 광합성은 감소시키고 호흡은 증가시켜 생육이 억제된다. 일반적으로 출수 후 40일 경에 가장 많이 발생한다. 뿌리의 뻗어가는 각도가 좁으면 도복에 약하다. 잎에서 이삭으로의 양분전류가 감소된다.
- 맥류에서 파종을 다소 깊게 하면 도복방지에 효과가 있다. [249]
- 파종은 약간 깊게 해야 중경이 발생하여 밑동을 잘 지탱하므로 도복에 강해진다. [250]
- 맥류에서 중경(中莖)은 도복 발생을 줄인다. [249]
- 협폭파 재배나 세조파 재배 등으로 뿌림골을 잘게 하면 수광이 좋아져서 도복이 경감된다. [250]
- 질소의 웃거름은 절간신장 개시기 이후 또는 유수형성기 25일 전에 주는 것이 도복을 경감시킨다. [250]
- 질소질 비료를 많이 사용하면 도복을 조장하지만 수량 증대를 위해서는 절간신장 개시기 이후에 질소질 비료를 추비하면 안전하다. [252]
- 인산, 칼리, 석회는 줄기의 충실도를 증대시키고 뿌리의 발달을 조장하여 도복을 경감시키므로 충분히 주어야 한다. [250]
- 동계의 토양이 과습할 경우 세포의 산화 환원 전위가 낮아져서 뿌리조직의 괴사 또는 목화가 촉진되고 뿌리의 신장이 정지된다. [252]
- 보리의 습해대책으로 미숙 유기물이나 황산근 비료를 사용하지 않는다. [251]
- 맥류의 습해는 분얼기보다 수잉기에 피해가 더 크다. [250]
- 맥류 재배 시 토양의 조건에서 답리작의 경우 생육 초기에 지하수위가 높으면 생육 후기에 영향을 받는 것보다 감수가 크지 않다. [254]

- 맥류의 한경적응성(271) : 등숙기에 비 피해가 발생하면 단백질과 전분이 감소하여 품질이 손상된다. 유수가 형성되고 절간이 신장될 때 저온에 의해 상해(霜害)를 받을 수 있다. 답리작의 경우 절간신장 이후 지하수위가 높으면 피해가 크다.
- 보리의 습해 대책으로 내습성 품종으로 까락이 긴 것이 적합하다. (251)
- 보리 재배에서 습해가 우려되는 답리작의 경우 쌀보리보다 껍질보리가 유리하다. (253)
- 보리의 습해 대책으로 휴립하여 토양용기량을 증대시킨다. (251)
- 보리의 습해 대책으로 객토, 토양개량제 등을 시용한다. (251)
- 밭작물의 한해에 대한 대책으로 봄철 보리나 밀밭이 건조할 때에는 답압을 한다. (253)
- 밭작물의 한해에 대한 대책으로 뿌림골을 낮게 한다. (253)
- 밭작물의 한해에 대한 대책으로 뿌림골을 좁게 하고 소식한다. (253)
- 밭작물의 한해에 대한 대책으로 질소의 다용을 피하고 퇴비, 인산, 칼리를 증시한다. (253)

4 수분

1) 증산과 요수량

증산작용을 주관하는 기공은 잎의 이면에 70% 정도가 편중되어 있는데, 기공이 표면에 있으면 빛에 의하여 증산이 너무 많아지고 엽록소가 차지할 면적이 줄기 때문이다. 기공의 수는 고정된 것이 아니라 건조환경에서는 적어지고, 습윤환경에서는 많아진다.

맥류의 요수량은 수도(벼)와 비슷하다.

2) 흡수량

수분의 흡수량은 절간신장기에 급증하며, 출수기경에 최대에 달하고, 등숙기에는 급감한다. 따라서 맥류의 한발에 대한 관수 효과는 출수기에 가장 크다.

토양 중에 각종 양분이 결핍되면 흡수가 감소되는데, 특히 인산의 결핍 시에는 현저한 영향을 받는다.

5 광합성과 물질생산

겨울철의 광합성 산물은 새로운 기관의 형성에는 이용되지 못하고 뿌리, 엽초 등에 축적되는데, 이 축적분에 의하여 봄철에 급격한 생장을 한다.

한편 맥류에서는 이삭의 광합성 공헌도가 크다. 보리종실에서는 최대 55%, 밀은 12% 정도를 이삭의 광합성에 의존하고 있는데, 이삭에 있는 긴 까락의 표면적이 지엽의 표면적에 필적한 정도로 크기 때문이다.

6 영양

1) 양분 흡수

종자근의 양분 흡수는 절간신장기에 최대가 된다. 관근의 양분 흡수는 절간신장기부터는 종자근보다 많아지고, 출수기부터 유숙기에 최대가 된다.

2) 양분 요소

중요한 양분 요소는 질소, 인산, 칼리, 석회 등이다.

7 등숙

1) 등숙과 성분 집적

밀의 경우 조단백질과 글루텐은 출수 후 45일까지 영과에 집적되며, 전탄수화물 및 전분은 42일까지 영과에 집적된다.

2) 등숙과 기상

등숙기간이 고온(주온/야온이 30℃/25℃)이면 생장(등숙)기간이 단축되어 입중이 감소되고, 등숙기간이 저온(주온/야온이 15℃/10℃)이면 생장기간이 연장되어 입중이 증가한다. 광이 강해도 생장(등숙)기간이 단축된다.

- 맥류의 한발에 대한 관수 효과는 출수기에 가장 크다. **[250]**
- 보리는 고온에서 등숙기간이 짧아진다. **[2021 국9]**

V 분류 및 품종

1 분류

분류의 기준은 피과성(皮稞 보리 과, 性)에 따라 껍질보리(皮麥)와 쌀보리(裸麥)로 구분한다. 이 외에도 조성(條性) 및 수형, 춘파성 정도, 초형, 숙기, 간장의 크기, 입의 크기, 까락의 길이 등을 기준으로 구분한다.

2 품종의 특성

1) 형태적 특성

대, 잎, 이삭, 까락, 종실 등과 같은 형태를 기준으로 품종을 분류한다.

2) 재배적 특성

① 내한성 : 각 지방별로 월동이 안전한 정도의 내한성을 가지면서 춘파성 정도가 상대적으로 높은 품종이 월동에 안전하고 성숙도 빨라 좋다.

② 조숙성 : 조숙일수록 작부 체계상 유리하다.

③ 초형 : 맥류의 재배양식이 밀식, 다비, 세조파(細條播) 및 생력화의 방향으로 바뀌므로 키가 작은 직립형 품종이 알맞다. 그러나 추운 지방에서는 내한성이 강한 포복형 품종이 알맞다.

④ 내도복성 : 키가 작고 대가 충실하며 뿌리가 잘 발달하는 내도복성 품종이 좋다.

⑤ 내습성 : 습답이 많은 답리작 재배를 위해서는 내습성 품종이 필수적이다.

⑥ 내병성이 있어야 한다.

⑦ 수발아성이 작아야 한다.

⑧ 다수성이 좋다.

⑨ 내건성, 내산성 및 내충성이 있어야 한다.

⑩ 품질

　㉠ 영양의 관점 : 영양가(열량, 단백질, 필수 아미노산, 비타민, 무기물 등)가 높은 것은 용적중이 무겁고, 경도가 크며, 백도가 낮은 것이다.

　㉡ 식미의 관점 : 경도는 작고 백도가 높은 것, 물의 흡수율이 높은 것, 풍만도가 좋은 것, 호화온도가 낮은 것, 단백질과 아밀로스의 함량이 적은 것 등이 식미가 좋다.

- 보리의 식미를 향상시키기 위해서는 종실의 백도가 높은 것이 좋다. (254)
- 보리의 식미를 향상시키기 위해서는 종실의 호화온도가 낮아야 한다. (254)
- 보리의 식미를 향상시키기 위해서는 종실의 단백질 함량이 낮아야 한다. (254)
- 보리의 식미를 향상시키기 위해서는 종실의 아밀로오스 함량이 낮아야 한다. (254)
- 껍질보리 쌀의 단백질 함량(10%)은 쌀보리 쌀의 단백질 함량(10.6%)과 유사하다. (232)

Ⅵ 환경

1 기상

1) 온도

맥류는 비교적 서늘한 기후를 좋아하고 가을밀의 경우는 연평균 기온이 20℃ 이상인 지역에서는 거의 재배되지 않는다. 적산온도를 보면 봄보리 1,200℃, 봄밀 1,500℃, 가을보리 1,700℃, 가을밀 1,900℃ 정도인데, 벼의 3,500℃와 비교하면 차이가 크다. 생육에 필요한 최저 온도는 보리, 밀모두 3℃, 최고 온도는 보리 29℃, 밀 31℃, 최적 온도는 보리 20℃, 밀 25℃이다.

2) 일조

일조가 부족한 경우 유효분얼기에는 수수(穗數)가 감소되고, 화기발달기에서 유숙기에는 1000 립중이 감소하며, 등숙기에는 표피 세포의 규질화가 미흡하여 도복하기 쉽다.

3) 강수

밀의 경우 연강수량이 750mm인 지대의 수확량이 가장 많고, 400mm 이하이면 관개가 필요하다. 맥류의 등숙기에 과도하게 비가 내리면 아래의 우해(雨害)가 발생한다.

① 종실이 변색되므로 맥주맥에서는 큰 문제가 된다.
② 붉은 곰팡이병이 만연하여 종실이 부패한다.
③ 용적중, 1000립중, 배유율 등이 감소하므로 수량 및 제분율이 감소한다.
④ 밀의 경우 전분과 단백질 모두가 감소하고, 악변(惡變)한다.
⑤ 발아력이 저하한다.
⑥ 수발아가 발생한다.

2 토양

1) 토성과 토양구조

맥류 재배 시 토양의 조건에서 양토~식양토가 가장 알맞으며, 사질토는 수분과 양분의 부족을, 식토는 토양공기의 부족을 초래할 우려가 있다. 사질토, 점질척박토, 산성토 등 나쁜 토양에 대한 적응성은 보리, 밀, 호밀의 순으로 높다.

2) 토양의 수분과 공기

토양의 최적 수분 함량은 최대용수량의 60~70% 수준이다.

3) 토양반응

생육에 가장 적합한 pH는 보리 7.0~7.8, 밀 6.0~7.0, 호밀 5~6, 귀리 5~8이다. 즉 맥류 중 보리는 강산성 토양에 극히 약한데, 쌀보리는 껍질보리보다 더 약하다. 강산성 토양에 약하다는 의미는 알루미늄과 망간의 독해를 견디지 못한다는 것으로 이런 토양에서는 퇴비의 경우 10a당 1,000kg 이상 시용하고, 석회는 pH 6.5 정도로 토양을 중화시킬 수 있는 양을 시용하여야 한다. 한편 붕소의 결핍 시 불임(不稔 곡식 익을 임)이 되므로 붕소의 용해도가 낮은 산성 토양에서는 충분히 시용해야 한다. 위의 설명 다 이해하시지요? 암기법 '알철망구아'와 'MBC PM님은 KS야'에서 나오지요? 今時初聞이라고? 이거 모르는 사람, 난 今時初面

- 맥류 재배 시 토양의 조건에서 양토~식양토가 가장 알맞으며, 사질토는 수분과 양분의 부족을 초래할 우려가 있다. [254]
- 맥류 재배 시 토양의 조건에서 맥류의 생육에 가장 알맞은 토양의 pH는 보리 7.0~7.8, 밀 6.0~7.0 정도이다. [254]
- 보리는 산성 토양에 약하고 겉보리가 쌀보리보다 더 잘 견딘다. [507]
- 맥류 재배 시 토양의 조건에서 강산성 토양에는 퇴비의 경우 10a당 1,000kg 이상 시용하고, 석회는 pH 6.5 정도로 토양을 중화시킬 수 있는 양을 시용한다. [254]

VII 재배

1 종자

1) 선종

보통 비중선으로 선종한다.

2) 종자소독(꾀순(돌)아, 그냥 넘기지 말고 해요. 나중에 도움이 됩니다.)

① 내부 부착균의 소독

겉깜부기병의 병균은 종자 내부에 있으므로 다음의 방법을 써야 한다.

ⓒ 친환경 재배 시에는 냉수온탕침법 등을 사용한다.

ⓛ 상기 방법은 번거러워 다량의 카보람분재를 분의한다.

② **외부부착균의 소독**

병균이 종자 외부에 있는 속깜부기병, 붉은 곰팡이병, 줄무늬병 등에는 소량의 카보람분재를 분의한다.

3) 최아

최아하여 파종하면 발아를 2~3일 당길 수 있다. 토양이 너무 습한 경우나 종자가 비료에 직접 접할 염려가 있을 때도 최아하여 파종하면 좋다.

2 정지

1) 경운

지력이 높고 작토가 깊은 것은 맥작에서도 다수확의 기본 요소이므로 심경과 유기질 비료의 다용이 필요하다. 다만 답리작의 경우 심경하면 비효가 늦어져 맥류의 등숙률을 저하시킬 수 있고, 벼 재배 시에는 누수의 우려가 있다.

2) 이랑

맥작에서 이랑이란 종자가 뿌려지는 '골'과 그 사이에 비어 있는 '골 사이(畦 밭두둑 휴 間)'를 합한 한 단위를 말한다. 골 사이가 편평할 때는 평휴((平畦), 골 사이를 높게 할 때는 휴립(畦立)이라고 한다.

3) 작휴법과 맥작

① **이랑의 방향**

경사지에서는 침식방지를 위하여 등고선으로 이랑을 만들지만, 평지에서는 이랑을 남북향으로 내는 것이 수광량의 관점에서 유리하다. 남북 이랑은 동서 이랑에 비하여 겨울에는 수광량이 40% 정도 적지만, 봄과 여름의 수광량은 70% 정도 많고, 지온도 1~3℃ 높아진다.

② **이랑의 높이**

이랑너비와 골너비가 같을 때는 이랑이 높고 골이 깊어야 골의 지온이 높아져서 작물의 월동에 유리하며, 흡수량이 많은 등숙기에는 골의 수분 함량이 높아서 유리하다.

③ **이랑 너비와 골 너비**

관행 재배는 (이랑×골)이 (60×30) 또는 (60×18)이므로 국소적으로 밀식이 되나, 협폭파 (40×18)나 세조파(30×5) 등의 드릴파 재배를 하면 밀식이 완화된 균등 배치가 되므로 수광이 유리하게 되어 총수량이 많아지고 도복에 강해진다.

3 파종

1) 파종기

보리는 발아 후 잠시 동안은 추위에 강하지만, 묘령이 2~3엽기에 달한 이유기에는 약해지고, 그 후 분얼기, 특히 분얼 최성기에 최고로 강해지며, 유수분화기가 되면 저온의 피해가 심각하다. 따라서 분얼 최성기에 월동이 되도록 하여야 하는데, 이때의 주간엽수가 5~7개 있을 때이므로 월동 전에 주간엽수가 5~7개 나올 수 있도록 파종기를 정해야 한다. 주간엽수가 5~7매인 시기에 월동하면 유수의 발육은 아직 덜 되어 생식생장으로 안 가고, 뿌리도 토양의 동결층보다 깊게 뻗어 식물체도 강건하므로 유효분얼은 많아지고 무효분얼이 적어져 수량도 증대하고 성숙도 촉진된다. 이상에 근거한 적당한 파종기를 지역별 일자로 보면, 중부지방의 평야지는 10월 상순에서 중순, 남부지방의 평야지는 10월 중순에서 하순이 된다.

파종 적기보다 일찍 파종하면 월동 전에 유수의 발육이 진전되어 피해가 크지만, 우리나라에서는 작부 체계상 일찍 파종하는 일은 거의 일어나지 않는다. 한편 적기보다 늦게 파종하면 분얼이 발생하지 못한 채 이유기 근처에서 월동하므로 수량이 감소되고 어느 한계기를 지나면 수량이 급진적으로 감소하는데, 이 한계가 되는 파종기를 한계파종기라 한다.

파종기가 적기보다 한참 늦은 경우에는, 월동이 안전한 범위에서 추파성 정도가 낮은 품종을 택하고, 최아하여 파종량을 늘려 파종하며, 월동에 도움이 되도록 골을 낮추고, 부숙퇴비를 충분히 준 다음, 월동 중의 관리를 잘 하여야 한다.

할 일이 많은 것은 제 때 하지 않은 죄다. 공부도 그렇겠지!

2) 파종량

현재의 맥작은 세조파 재배이므로 작물의 상태가 균등 배치로 바뀌며, 시비량과 파폭률(이랑너비/골너비에서 골이 줄어듦)이 증가하므로 1주당 분얼수를 늘리기 보다는 1수당 입수와 1000립중의 감소가 적은 초기 분얼을 많이 확보하기 위하여 파종량을 늘리는 방향으로 발전하고 있다.

늦게 파종할 때에는 종자의 양을 기준량의 20~30%까지 늘려주고, 질소 시비량은 10~20% 줄여준다. 그리고 파종기가 한계파종기 정도로 늦어지는 경우, 초기의 생육 조건이 불리한 답리작의 경우, 시비량을 거의 2배 늘려 다수확을 시도하는 경우 등에서는 파종량을 30% 정도 늘리는 것이 좋다. 다만 파종량을 많게 하면 이삭수는 증가하지만 천립중은 가벼워진다. 또한 채종용이 아니고 청예용, 녹비용인 경우, 척박하고 시비량이 적은 경우, 조파보다 산파의 경우, 발아력이 감퇴한 종자의 경우, 분얼성이 적은 경우 등도 파종량을 적당히 늘려야 한다.

3) 파종법

퇴비는 종자 위에 덮어 주어야 발아가 고르고 빠르게 되며, 월동 중에는 관부 속의 생장점을 보호하여 월동에 도움이 된다. 맥류의 경우 복토는 건조와 추위, 발아와 분얼, 제초제(2,4-D 등)에 의한 약해 등의 관점에서 볼 때 파종 깊이 3cm 정도가 적당하다.

4 시비

1) 비료 3요소의 비효

무질소의 수량 감소가 가장 크고, 다음이 무인산이며, 무칼리의 감수 정도는 그리 크지 않다.

2) 시비량

질소와 칼리의 흡수율은 약 70%이고, 인은 20%이므로 이를 감안하여 시비량을 결정하여야 한다.

3) 시비

① 기비

질소를 전량 기비로 주면 작물의 생육 초기에 과다 현상이 나타나고, 유실량도 많아지며, 생육 후기에는 결핍 현상이 나타나므로 기비와 추비를 중부지방에서는 반씩 나누어 주고 남부지방에서는 기비로 40%를 준다. 남부지방에서 기비를 줄이는 이유는 월동 전에 생육을 촉진시켜야 할 이유가 없고, 따뜻하기 때문에 토양에서 질산화가 많이 이루어져 유실이 많기 때문이다. 한편 인산과 칼리는 보통 전량을 기비로 주는데, 산성토양인 경우 인산 성분은 염기성인 용성인비로 주는 것이 좋다. 또한 인산은 토양에서 불용태가 되는 경우가 많은데, 퇴비와 혼합하여 주면 킬레이트 효과에 의하여 토양의 인산 흡착과 고정이 감소되므로 불용태가 되는 것을 줄일 수 있다.

② 추비

추비는 일반적으로 2회로 나누어 주는 것이 좋다. 제1회의 추비는 분얼을 많게 하기 위한 것으로 남부지방에서는 2월 하순에 실시한다. 제2회의 추비는 소수 분화 후기에 시용하는데, 남부지방에서는 3월 하순에 실시한다. 다수확 재배의 경우에는 제3회 추비로 출수 후 10일경에 질소를 추비하는데, 이는 지엽의 질소 함량을 증가시킴으로써 녹엽기간이 연장되어 입중을 높일 수 있다.

③ 시비 방법

전면시비	땅 전체에 고르게, 간편하고 노력이 적음 일부 유실, 이용 효율이 떨어짐		
파종렬시비 (파구시비)	골에만 시비 – 흙으로 덮음 – 파종 이용 효율이 가장 높음, 작업 노력이 많음		
엽면시비	효과	미량요소의 공급	노후답, 벼 – 망간, 철분 사과 – 마그네슘 감귤류 – 아연
		뿌리 흡수력 약	노후답의 벼, 습해를 입은 맥류 – 요소, 망간
		급속한 영양 회복	동상해, 풍수해, 병충해
		품질 향상	출하 전 – 꽃, 수확 전 뽕, 목초 – 단백질 함량 높아짐
		비료분의 유실 방지	포트 재배 시
		노력 절약	비료와 농약 혼합 살포
		토양시비 곤란할 때	과수원의 초생재배 등
	요인	잎의 이면에서 더 잘 흡수됨	
		호흡작용이 왕성할 때 잘 흡수됨, 노엽보다 성엽, 밤보다 낮	
		미산성인 것	
		전착제 사용	
		생리작용이 왕성한 기상 조건	
		농도가 높을 때(작물에 피해가 나타나지 않는 범위 내에서)	
		석회 – 흡수억제로 고농도 피해 경감	

- 늦게 파종할 때 싹을 미리 틔워서 파종하면 싹이 나오는 일수를 2~3일 정도 앞당길 수 있다. [256]
- 맥류는 광파재배보다 드릴파 재배를 하는 것이 수광상태가 좋다. [255]
- 보리는 월동 전에 잎이 5~7장 정도 나올 수 있도록 파종하는 것이 그 지역에 알맞은 파종기이다. [256]
- 월동 전에 주간엽수가 5~7개 나올 수 있도록 파종기를 정한다. [506]
- 남부지방의 평야지는 10월 중순에서 하순이 파종 적기이다. [506]
- 춘파성이 강한 품종을 너무 일찍 파종하면 월동 전 어린 이삭이 형성되어 동해가 우려된다. [256]
- 보리를 적기보다 늦게 파종할 경우 적합한 재배기술[257] : 싹을 미리 틔워서 파종한다. 질소 시비량을 10~20% 줄인다. 적기 기준량보다 종자 파종량을 늘린다. 월동피해를 줄이기 위하여 퇴비를 시용한다.
- 보리의 파종기가 늦어졌을 때의 대책[258] : 파종량을 늘린다. 최아하여 파종한다. 골을 낮추어 파종한다. 추파성이 낮은 품종을 선택한다.
- 보리 파종이 적기보다 많이 늦은 경우 이를 보완하기 위한 재배적 조치[258] : 파종량을 늘린다. 추파성 정도가 작은 품종을 선택한다. 월동을 잘 하도록 골을 낮추어 파종한다. 종자를 최아하여 파종한다.
- 늦게 파종할 때에는 종자의 양을 기준량의 20~30%까지 늘려주고, 질소 시비량은 10~20% 줄여준다. [256]
- 파종량을 많게 하면 이삭수는 증가하지만 천립중은 가벼워진다. [506]
- 청예용, 녹비용 재배는 채종용보다 파종량을 늘려 준다. [256]

- 토양이 척박하고 시비량이 적을 때는 파종량을 늘려 준다. [256]
- 맥류는 조파보다 산파 시 파종량을 늘려 준다. [256]
- 발아력이 감퇴한 종자는 파종량을 늘려 준다. [256]
- 밭작물의 파종량을 결정할 때 고려사항[509] : 종자 발아율, 토양 비옥도, 재배방식
- 파종 깊이가 3cm 정도일 때 제초제의 약해를 피하는 데 적당하다. [506]
- 제초제로 사용되는 식물생장조절물질인 2,4-D, MCPA 등의 주요 활성 호르몬은 Auxin이다. [2021 국9]
- 보리의 시비에서 시비한 비료 3요소 중 일반적으로 인산의 흡수율이 가장 낮다. [258]
- 보리의 시비에서 소수 분화 후기의 질소추비는 이삭당 소수를 증가시키는 효과가 있다. [258]
- 보리의 시비에서 인산은 퇴비와 섞어주면 불용화되는 것을 경감시킨다. [258]
- 보리의 시비에서 출수 후 10일경의 질소추비는 지엽의 질소 함량을 증가시킨다. [258]
- 무경운 시비는 작업이 쉽지만 비료의 유실이 큰 편이다. [259]
- 전면 시비는 밭을 갈고 전체적으로 비료를 시비한 후 흙을 곱게 부수어 준다. [259]
- 파종렬 시비를 할 때는 종자에 비료가 직접 닿지 않게 해야 한다. [259]
- 엽면 시비는 미량 요소를 공급하거나 빠르게 생육을 회복시켜야 할 때 사용된다. [259]

5 관리

1) 김매기

① 김매기의 효과

김매기는 제초와 중경을 겸한 작업으로, 제초에 의한 효과는 절대적이다. 그러나 중경은 부정지파(不整地播)의 경우처럼 토양이 단단하고 토양통기가 나쁠 때는 효과가 있으나 보통의 경우는 효과가 없고, 토양수분의 증발을 막는 효과도 미미하며, 깊은 중경은 뿌리만 많이 절단하므로 큰 의미가 없다.

② 제초제에 의한 제초

제초제에는 파종 전 경엽처리형과 파종 후 토양처리형이 있는데, 전자는 파종 5~7일 전 잡초에 처리하여 잡초를 고사시킨 후 경운 후 파종하는 것이고, 후자는 파종 후 4~5일 이내에 토양에 처리하여 잡초 발생을 예방하는 것이다. 우리나라 맥류 포장에서 주로 발생하는 잡초는 광대나물, 괭이밥, 냉이, 둑새풀 등이다.

2) 흙넣기(土入)

흙넣기의 생육 상 효과는 다음과 같다.
① 잡초의 억제 : 골에 토입하면 잡초가 억제된다.
② 월동의 조장 : 생장점이 추위로부터 보호된다.

③ 월동 후의 생육조장 : 월동 직후 해빙기에 토입하면 겨울에 생긴 토양의 균열 부위가 메워져 생육이 조장된다.

④ 무효분얼의 억제 : 무효분얼기에 토입하면 무효분얼이 억제된다.

⑤ 도복방지 : 포기의 밑동이 고정되어 도복이 방지된다.

3) 북주기

북주기는 이랑의 흙을 긁어 사용하므로 비교적 단근이 적은 시기에 해야 하며, 도복경감, 무효분 얼 억제, 잡초 경감의 효과 등이 있다.

4) 밟기

밟기의 생육 상 효과는 다음과 같다.

① 월동의 조장

월동 전 생장이 과도할 때 밟아주면 유수의 분화가 늦어져 월동이 조장되고, 서릿발이 있는 경우에는 밟음으로써 맥체를 토양에 고정시킬 수 있다.

② 한해의 경감

밟아주면 뿌리가 발달하고 조직이 건생화(乾生化)되므로 내건성이 증대하고, 토양수분은 골 가까이로 유도되며, 토양의 균열도 메워져 한발의 피해가 경감된다.

③ 분얼의 조장과 출수의 균일화

밟아주면 먼저 발생한 분얼자(分蘗子)의 유수분화가 억제되고, 향후의 분얼이 조장되어 수수 가 증대되며, 출수도 균일해진다.

④ 도복과 풍식의 경감

밟아주면 뿌리가 발달한다. 밟아줄 때 주의할 점은 토양이 질지 않을 때 할 것, 이슬이 마른 다음에 할 것, 바람이 부는 방향으로 할 것 등이다. 절간신장이 시작된 이후와 생육이 불량한 때에는 밟기를 하면 안 된다.

6 병충해 방제

1) 병해

① 붉은곰팡이병

맥류와 옥수수에도 발생하는데, 출수기 이후 며칠 동안 비가 계속 오면 잘 발생한다. 방제법은 옥수수밭 주위에서 맥류재배를 피하고 콩과 작물과 윤작하는 것이다. 종실 수확 후 번지는 것을 막기 위해서는 수확 즉시 철저히 건조하여야 한다.

② 바이러스에 의한 병

바이러스의 병징은 모자이크 등의 반점, 줄무늬, 황화, 위축현상 등이며, 맥류에서의 종류는 다음과 같다.

ⓐ 맥류오갈병 : 맥류에 발생하며, 토양전염을 한다.

ⓑ 밀줄무늬오갈병 : 밀에 발생하며, 토양전염을 한다.

ⓒ 보리누른모자이크병 : 보리에 발생하며, 토양전염을 한다.

ⓓ 보리호위축병 : 보리에 발생하며, 토양전염을 한다.

ⓔ 맥류북지모자이크병 : 맥류에 발생하며, 충매(애멸구)전염을 한다.

③ 잎집눈무늬병

최근 발병이 확인된 토양전염성병으로, 잎집의 하위에 렌즈 모양의 병반이 생긴다. 심하면 도복되며 이삭은 마른 채 정상적으로 여물지 못한다.

④ 흰가루병

서늘하고 습한 기후에서 발병한다. 병원균은 대기습도가 낮아도 주변의 습기를 흡수해 생존하므로 균이 침입한 후에는 과습 조건보다 건조 조건에서 발병이 심해지는 특이한 병이다. 잎, 줄기, 이삭에 발생하며 밀가루를 뿌린 형상을 한다.

⑤ 녹병류

맥류의 녹병에는 줄기녹병, 좀녹병, 줄녹병이 있다.

⑥ 깜부기병

ⓐ 종류 : 겉깜부기병(검은 가루를 비산하여 감염시킴), 속깜부기병(수확 때까지 검은 가루 비산하지 않음), 비린깜부기병, 줄기깜부기병 등이 있다.

ⓑ 병원균의 위치 : 겉깜부기병의 병원균은 종자의 내부(배)에 있고, 다른 것은 종자의 표면이나 토양 등에 있다.

⑦ 줄무늬병

잎, 이삭에 줄무늬가 생긴다.

⑧ 맥각병

2) 충해

맥류의 해충으로는 땅강아지, 보리나방, 보리굴파기, 진딧물, 밀씨알선충 등이 있다.

7 수확·조제 및 저장

1) 수확 시기

① 수확 시기의 결정을 위하여 고려할 사항

㉠ 종실의 등숙 상태

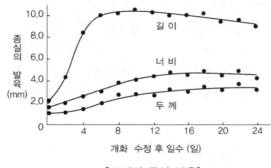

[보리의 종실 발육]

위의 그림에서 보듯이 보리(맥류)에서 종실의 길이가 최대가 되는 시기는 수정 후 7일째이다. 너비는 13일째에 최고에 달하고, 두께는 성숙기까지 증가하지만 그 후 약간 작아진다.

㉡ 종실 성분의 변화상태

㉢ 탈곡에서의 문제점

② 상기 고려사항을 종합적으로 검토한 수확 시기

맥류의 수확(예취) 적기는 종실의 무게면에서는 건물중과 입중이 최대가 되는 시기이다. 이 시기에는 종실 내의 각종 성분함량이 안정되고, 수분 함량은 기계수확이 가능한 35~40%가 되며, 이삭(穗首)의 색이 황화된 상태이다. 이 시기를 출수 후 일수로 말하면, 보리는 35~40일, 밀은 40~45일이 되고, 월력으로 말하면 보리는 남부지방의 경우 5월 말에서 6월 상순, 중부지방은 6월 상순에서 중순이 된다.

수확 시기에서 밀은 보리보다 한 순(10일) 정도 늦는데, 이것이 답리작으로 보리가 밀보다 많이 재배되는 이유이다. 보리가 밀보다 생육기간이 짧기 때문에 보리의 수확기가 빨라 두과작물 등과의 이모작이 가능하다. 따라서 보리의 경우 수량에 영향이 없는 한 조숙일수록 작부 체계상 유리하므로 보리 춘파재배 시 파종기는 월동 후 빠를수록 좋다. 한편 종실을 목적으로 수확할 경우 수확기는 밀이 호밀보다 빠르므로 종실을 목적으로 하는 호밀재배는 답리작에서는 불가능하다.

예취방법은 바인더 등 기계를 이용하거나 낫으로 하는데, 맥류에서 기계수확을 위해서 초장이 70cm 정도의 중간 크기가 알맞다.

2) 탈곡 및 조제

예취 후 현장에서 3일 정도 말려 수분 함량이 20% 이하가 되었을 때 묶어 회전탈곡기로 탈곡한다. 탈곡기의 회전속도는 식용의 경우는 650rpm, 종자용은 600rpm으로 한다. 탈곡한 보리는 선풍기로 조제하고 다시 2~3일 건조하여 수분 함량이 14% 이하가 되면 저장한다.

3) 저장

① 수분

곡물의 경우 곡립(穀粒)의 수분 함량이 적을수록 저장이 양호한데, 맥류는 14% 이하가 좋다.

② 호흡

저온일수록, 수분 함량이 적을수록 호흡이 적어진다.

③ 온도

곡립은 저장 시 수분과 온도가 올라갈수록 호흡이 증가하고, 이에 따라 발열이나 수분 발산이 많아져서 변질·소모가 늘어난다.

④ 해충 및 미생물

해충은 곡물의 온도가 12~13℃ 이하일 때에는 활동이 둔하지만 20℃ 이상일 때에는 생육과 번식이 왕성하다. 또한 곡물을 가해하는 미생물에는 곰팡이와 박테리아가 있는데, 곰팡이는 곡립의 수분 함량이 14% 이하이고, 보관온도가 15℃ 이하일 때는 생육과 번식이 억제된다. 박테리아는 이보다 약간 저온이고 다습인 것을 좋아한다.

- 맥류에서 흙넣기의 생육상 효과(260) : 잡초 억제, 도복 방지, 무효분얼 억제
- 우리나라 맥류 포장에서 주로 발생하는 잡초(523) : 광대나물, 괭이밥, 냉이, 둑새풀
- 맥류 감부기병 중 종자로만 전염하는 병해(260) : 겉감부기병
- 다음 중 우리나라에서 보리에 발생하는 병(261) : 흰가루병, 붉은곰팡이병, 줄무늬병, 호위축병
- 보리 등 맥류의 붉은곰팡이병의 분생포자는 비가 올 때 빗물에 튀거나 바람에 의해서 전파되므로 음습한 날씨가 계속되는 해에 많이 발생한다. (172)
- 맥류에서 종실의 길이가 최대가 되는 시기는 수정 후 7일째이다. (263)
- 맥류의 수확 적기는 종실의 무게면에서는 건물중과 입중이 최고가 되는 시기로, 수분 함량은 기계수확을 할 수 있는 수준인 건물중의 약 35~40%가 될 때이다 (263)
- 보리의 개화·수정 후 종실의 발육이 진행되는데 수확 적기는 종실의 건물중이 최댓값에 도달한 직후이다. (264)
- 보리의 종합적인 예취적기는 종실의 무게 면에서 건물중과 입중이 최고가 되는 시기로서 종실의 수분 함량이 기계수확을 할 수 있는 35~40%일 때이다. (264)

- 보리는 출수 후 35~45일 정도일 때 수확한다. [510]
- 맥류의 수확 적기는 종실의 수분 함량이 40% 이하로 떨어질 때이다. [263]
- 답리작으로 보리가 밀보다 많이 재배되는 이유[262] : 보리가 밀보다 생육기간이 짧기 때문이다.
- 종실의 건물중이 출수 후 최대에 이르는 시기는 보리가 밀보다 빠르다. 보리의 수확시기가 밀보다 빠르다. [278]
- 보리는 밀보다 수확기가 빨라 두과 작물 등과의 이모작이 가능하다. [283]
- 보리의 경우 수량에 영향이 없는 한 조숙일수록 작부 체계상 유리하다. [253]
- 보리 춘파재배 시 파종기는 월동 후 빠를수록 좋다. [283]
- 종실을 목적으로 수확할 경우 수확기는 밀이 호밀보다 빠르다. [283]
- 논에서 답리작으로 재배할 때 보리가 맥류 중 수확기가 가장 빠르다. [249]
- 보리는 수분 함량이 20% 이하가 되도록 한 후 탈곡한다. [263]
- 보리는 곡립의 수분 함량이 낮을수록 저장이 양호한데, 대체적으로 수분 함량은 14% 정도가 좋다. [457]
- 맥류의 기계수확에 알맞은 종실의 수분 함량은 35~40%일 때이다. 탈곡에 적합한 것은 20% 이하이고, 저장에 적합한 것은 14% 이하이다. [278]
- 보리의 저장 중 종실은 수분과 온도가 올라갈수록 호흡이 증가하고, 이에 따라 발열이나 수분 발산이 많아져서 변질·소모가 늘어난다. [264]
- 보리의 저장 중 해충은 곡물의 온도가 12~13℃ 이하일 때에는 활동이 둔하지만 20℃ 이상일 때에는 생육과 번식이 왕성하다. [264]
- 보리의 상온저장은 고온다습 하에서라면 곡물의 품질이 떨어질 위험이 크다. [533]
- 보리에 대한 설명[262] : ① 사료용, 주정용으로 활용할 수 있다. ② 내도복성 품종은 기계화 재배에 용이하다. ③ 맥류 중 수확기가 가장 빨라 논에서의 답리작에 유리하다. ④ 일부 산간지대를 제외하면 거의 전국에서 재배가 가능하다.

VIII 특수 재배

1 맥주맥 재배

1) 재배 및 생산

맥주맥은 전남과 경남에서 주로 재배되며, 맥주의 소비 증가로 맥주맥의 생산량도 아주 많다. 제가 맥주맥 생산에 많은 기여를 하고 있습니다. 합격자 파티장에서 만납시다. 거기서 맥주를…

2) 품질

맥아로 맥주를 만들므로 맥아의 품질은 중요하다.

① **양적 품질 조건**

　㉠ 종실이 굵을 것

　　종실이 굵어야 전분 함량이 많아 맥아수율(麥芽收率), 맥즙수량(麥汁收量), 맥주수율(麥酒收率)이 높아진다. 1000립중이 40g 이상이어야 좋다.

　㉡ 전분 함량이 많을 것

　　전분 함량은 58% 이상부터 65% 정도까지 높을수록 좋다. 이와 같은 경우에 맥즙수량이 많아진다.

　㉢ 곡피(곡피)가 얇을 것

　　곡피가 얇아서 주름이 많으면 내용물이 많으므로 맥주량이 많아진다. 곡피의 양은 8% 정도가 적당한데, 곡피가 두꺼우면 곡피 중의 어떤 성분이 맥주의 맛을 나쁘게 한다.

② **질적 품질 조건**

　㉠ 발아가 빠르고 균일할 것

　㉡ 효소력이 강할 것

　　아밀라아제(amylase)의 활성이 강해야 전분에서 맥아당으로의 당화작용이 잘 이루어진다.

　㉢ 단백질 함량이 적을 것

　　종실에 단백질이 많으면 다음의 이유로 맥주 제조에 불리하므로, 단백질 함량은 8~12%인 것이 적합하다.

　　ⓐ 전분 함량이 적고 곡피가 많다.

　　ⓑ 발아 시 발열이 많고, 불량한 발아로 맥즙수량이 적어진다.

　　ⓒ 초자질의 양이 많아 제맥(製麥)하기 어렵다.

　　ⓓ 맥주에 침전오탁(沈澱汚濁)이 생기기 쉽다.

　　종실에 단백질 함량이 증가하는 이유는 다음과 같다.

　　ⓐ 종실이 작거나 성숙이 덜 된 경우

　　ⓑ 질소 비료를 과다하게 주었거나, 추비회수를 늘렸거나, 추비를 늦게 준 경우

　㉣ 지방 함량이 적을 것

　　지방 함량은 약 1.5~3.0%인 것이 알맞으며, 그 이상이면 맥주의 품질이 저하된다.

　㉤ 색택이 양호할 것

　㉥ 향기가 좋을 것

　㉦ 건조, 숙도, 순도 등이 좋을 것

③ **품질조건의 확보를 위한 검사**

맥주보리의 검사항목에는 수분 함량, 정립률, 피해립의 비율, 발아세와 색택 등이 있다.

3) 재배 적지

① 기상

맥주맥의 기후적인 재배 적지는 해양성 기후이므로 전남, 경남에서 많이 재배된다.

② 토양

논에서는 질소의 유실이 밭보다 많으므로, 논에서 생산된 맥주맥의 단백질 함량이 적다.

2 기계화 생력 재배

1) 맥작 기계화의 효과

① 수량(收量) 증대

심경다비, 적기작업 등에 의하여 수량이 증대된다.

② 농지이용도의 증대

작업기간의 단축으로 전, 후작을 더 정밀히 할 수 있고, 인력으로는 힘든 경지도 활용할 수 있어 농지이용도가 증대된다.

③ 노력 절감

④ 농업수지의 개선

2) 기계화 적응 품종

기계화 재배에서는 수량 확보를 위하여 다비밀식재배를 하므로 우선 내도복성 품종을 식재하여야 하며, 다비재배에서는 수광자세가 좋아야 하므로 초형이 직립형이며 잎도 짧고 빳빳하게 일어서는 것이 알맞다. 또한 기계화 재배에서는 대체로 골과 골 사이가 편평하게 되므로 한랭지에서는 내한성이 강한 품종이 요구된다. 그 밖에 조숙성, 다수성, 내습성, 양질성 등도 요구된다. 기계수확을 위해서 초장이 70cm 정도의 중간 크기가 알맞다.

3) 세조파(드릴파) 재배

관행 재배에서는 60cm에 1줄이 파종되지만 세조파 재배에서는 60cm에 3줄이 파종되기 때문에 재식 양식이 균등 배치가 된다고 앞에서 설명했다. 이런 재배방법은 밭이나 질지 않은 논에서 기계파종을 할 때 이용된다.

세조파 재배는 관행 재배보다 수량이 증대되고 노력도 절감되는데, 수량이 증대되는 이유는 다음과 같다.

① 다비, 밀식, 균등 배치 등의 효과로 수수(穗數)의 증대

② 수수가 많아져도 입(粒)의 중량 감소가 저하
③ 수광자세의 개선으로 순동화율(단위 엽면적당 일정한 기간 동안 식물체의 건물생산능력)의 제고
④ 100%의 군락피도(群落被 이불 피 度)가 되는 시기가 관행 재배보다 40일 정도 빠르므로 총광합성량이 증가
⑤ 도복에 잘 견딤

4) 경운기를 이용한 휴립광산파 재배

경운기를 이용하여 파종 및 시비하는 경우 수량 증가 효과는 거의 없지만, 파종 및 시비 노력은 80% 정도 절감된다.

5) 전면전층파 재배

맥류의 종자를 포장 전면에 산파하고, 포장을 일정한 깊이로 갈아 종자가 전층에 있게 한 다음 적당한 간격으로 배수구를 설치하는 방법이다. 수량은 관행과 비슷하나 파종 노력이 많이 절감된다.

- 맥주용 보리의 품질 조건으로 가장 적합한 것(264) : 종실이 크고, 전분 함량이 높은 것
- 맥주보리의 품질 조건(266) : 충분히 건조한 것이어야 하고 숙도가 적당한 것으로 협잡물, 피해립, 이종립 등이 없어야 한다. 단백질이 많으면 발아 시 발열이 많고, 초자질의 양이 많아 맥주 제조에 불리하다. 곡피의 양은 8% 정도가 적당하며, 곡피가 두꺼우면 곡피 중의 성분이 맥주의 품질을 저하시킨다. 아밀라아제(amylase)의 활성이 강해야 전분에서 맥아당으로의 당화작용이 잘 이루어진다.
- 맥주보리의 품질 조건(267) : 발아가 빠르고 균일하여야 맥주의 품질이 좋아진다. 종실이 굵어야 전분 함량이 많아 맥주수율이 높아진다. 곡피가 얇아서 주름이 많으면 맥주량이 많아진다. 지방 함량이 3% 이상이면 맥주의 품질이 저하된다.
- 맥주보리의 품질 조건(543) : 전분 함량은 58% 이상부터 65% 정도까지 높을수록 좋다. 곡피의 양은 8% 정도가 적당하다. 단백질 함량은 12% 이하로 적을수록 좋다. 지방 함량은 3% 이하로 적을수록 좋다.
- 맥주맥의 품질 조건(265) : 아밀라아제 작용이 강해지면 당분 함량이 증가해 좋다. 종실의 단백질 함량이 8~12%인 것이 적합하다. 종실의 지방 함량이 1.5~3.0%인 것이 적합하다. 종실의 전분 함량은 58% 이상부터 65% 정도까지 높을수록 좋다.
- 맥주보리의 품질 조건(266) : 발아가 빠르고 균일해야 한다. 아밀라아제(amylase)의 작용력이 강해야 한다. 단백질 함량은 8~12%인 것이 알맞다. 지방 함량은 약 1.5~3.0%인 것이 알맞으며, 그 이상이면 맥주의 품질이 저하된다.
- 맥주용 보리의 품질은 단백질과 지방의 함량이 많은 것이 나쁘다. (278)
- 맥주보리는 단백질 함량과 지방 함량이 낮은 것이 좋다. (246)
- 맥주보리의 검사 항목에는 수분 함량, 정립률, 피해립의 비율, 발아세와 색택 등이 있다. (247)
- 맥류 : 기계수확을 위해서 초장이 70cm 정도의 중간 크기가 알맞다. (543)

02 밀

1 종의 분류

1 계의 분류

가장 대표적인 재배종인 보통밀의 학명은 Triticum aestivum L.이며, 밀속에는 4종류(A, B, D, G)의 게놈이 있다.

2 주요 종

밀은 2배체, 이질4배체, 이질6배체 종으로 구분되는데, 가장 널리 재배되고 있는 종은 보통계 이질6배체(AABBDD, 2n=42)인 보통밀(빵밀)이다.

2 생산 및 이용

1 생산

1) 세계의 분포 및 생산

밀은 서늘한 기후를 좋아하고 세계의 주산지는 25~60°N, 25~40°S의 지역으로, 연평균 기온이 3.8℃ 이하이거나 18℃ 이상인 곳에서는 재배가 곤란하다. 밀은 건조에 잘 견디므로 연강수량이 750mm 전후인 지역에서 생산량이 많다. 한편 보통밀의 원산지는 아프가니스탄에서 코카서스에 이르는 지역으로 추정되며, 밀은 쌀 이상 가는 세계의 주식량이다.

2) 한국의 분포 및 생산

가을밀의 재배북한은 1월 평균 최저 기온이 −14℃이므로 보리보다 넓어 평남까지가 재배 가능지이나, 정부가 밀은 수매하지 않으므로 국내 생산량은 매우 적다. 밀은 보리에 비해 숙기가 늦기 때문에 과거에도 많이 재배되지는 않았다.

2 이용

1) 성분

밀은 당질이 주성분으로서 약 70% 함유되어 있고, 단백질은 10~14% 함유되어 있는데 그 아미노산가가 쌀보다는 못하지만 양호한 편이다. 지질은 1.1~2.3% 있고, 비타민의 경우 A와 C는 없으나 B(비타민 B1이라 불리는 싸이아민, 비타민 B2로 불리는 리보플라빈, 비타민 B5로도 불리는 판토텐산 등)는 풍부하게 있다.

2) 용도

밀가루의 단백질은 부질(麩 밀기울 부 質, gluten)로서 빵, 면 등을 만들기에 알맞고 영양가도 우수하여 가장 많은 인구의 주식원이다.

3 형태

1 종실

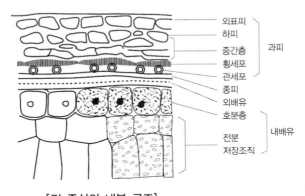

[밀 종실의 내부 구조]

밀의 종자는 식물학적으로 과실(영과)에 해당하고 엷은 과피(벼의 왕겨에 해당)에 종자가 싸여 있다. 과피는 외표피, 중간조직, 횡세포, 관세포(내표피) 등으로 되어 있고, 그 내부에는 종피가 있는데, 이것은 극히 얇은 2층의 세포로 되어 있다. 또한 종피에 접하여 대부분 퇴화된 외배유가 있는데, 이것은 주심의 표피에서 유래한 것이다. 한편 내배유는 호분층과 전분 저장 조직으로 나뉘는데, 전분 저장 조직에는 전분, 단백질, 판토텐산, 리보플라빈 및 무기질을 함유하고 있다. 우리나라 품종은 대체로 배유 비율이 80~88%로 낮기 때문에 제분율이 낮다.

2 뿌리, 줄기 및 잎

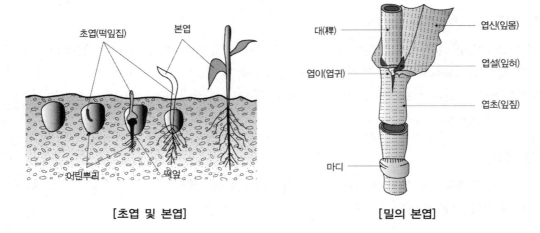

[초엽 및 본엽]　　　　　　　　[밀의 본엽]

① 뿌리 : 종자근은 보통 3본이지만 6본까지 나오는 종도 있다. 밀은 보리보다 더 심근성이므로 수분과 양분의 흡수력이 강하고 건조한 척박지에서도 잘 견딘다.

② 줄기 : 밀은 보리보다 줄기가 더 빳빳하여 도복에 잘 견딘다.

③ 잎 : 밀의 초엽(鞘葉)은 적자색의 줄이 있는 것도 있고, 정상엽도 보리보다 엽색이 더 진하며 그 끝이 더 뾰족하고 늘어진다. 한편 엽설과 엽이의 발달은 보리만 못하다.

3 이삭 및 꽃

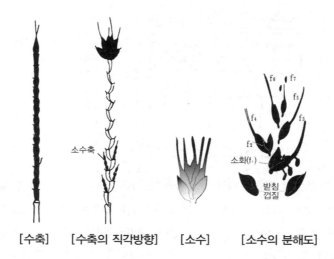

[수축]　　[수축의 직각방향]　　[소수]　　[소수의 분해도]

위의 그림에서 보듯이 밀의 꽃은 수축(穗軸)의 각 마디에 소수(小穗)가 호생하는 복수상(複穗狀) 화서이며, 수축에는 약 20개의 마디가 있고, 각 마디에 1개의 소수가 달린다. 소수에는 보리와 달리 1쌍의 넓고 큰 받침껍질(護 보호할 호, 穎 이삭 영) 속에 4~5개의 꽃(穎花)이 들어 있는데, 결실되는 것은 보통 3~4개이다.

4 생리 및 생태

밀의 개화온도는 20℃ 내외가 최적이며 70~80% 습도일 때 주로 개화한다. 기타는 "Chapter 01 보리" 참조

- 밀의 학명 : Triticum aestivum L. [268]
- 가장 대표적인 재배종인 보통밀의 학명은 Triticum aestivum L.이다. [531]
- 밀속(Triticum)에는 A, B, D, G 4종의 게놈이 있다. [531]
- 밀은 2배체, 이질4배체, 이질6배체 종으로 구분되는데, 가장 널리 재배되고 있는 종은 보통계 이질6배체(AABBDD, 2n=42)인 보통 밀이나 빵밀이다. [269]
- 밀은 서늘한 기후를 좋아하고 연강수량이 750mm 전후인 지역에서 생산량이 많다. [507]
- 단백질의 영양가를 나타내는 아미노산가는 쌀이 밀보다 높다. [513]
- 밀 종실의 부위별 영양 성분 중 전분, 단백질, 판토텐산, 리보플라빈 및 무기질을 함유하고 있는 부위 : 배유 [273]
- 밀은 보리보다 더 심근성이므로 수분과 양분의 흡수력이 강하고 건조한 척박지에서도 잘 견딘다. [270]
- 밀은 보리보다 심근성이어서 수분과 양분의 흡수력이 강하고 건조한 지역에서 잘 견딘다. [531]
- 밀은 보리보다 심근성이어서 건조하고 메마른 토양에서도 잘 견딘다. [525]
- 밀은 보리보다 줄기가 더 빳빳하여 도복에 잘 견딘다. [270]
- 밀은 보리보다 엽색이 더 진하며 그 끝이 더 뾰족하고 늘어진다. [270]
- 보리는 밀에 비해 엽설과 엽이가 더 잘 발달되어 있다. [270]
- 밀의 수축에는 약 20개의 마디가 있고, 각 마디에 1개의 소수가 달린다. [529]
- 밀의 개화온도는 20℃ 내외가 최적이며 70~80% 습도일 때 주로 개화한다. [246]

5 품질

1 재배환경과 곡립의 화학성분

① 시비와 단백질 함량

질소시비량이 많으면 단백질이 증가하는데, 출수기 전후의 만기추비가 단백질 함량을 가장 많이 증가시킨다.

② **토양수분과 단백질 함량**

수량 및 1,000립중은 토양수분이 75%일 때 최대이나 단백질 함량은 이때가 최소이므로, 수분이 75%보다 감소하거나 증가하면 단백질 함량은 증가한다. 가물어서 관개를 하면 일반적으로 토양수분이 75%에 근접하므로 관개 전에 증가했던 단백질 함량은 저하한다.

③ **기상환경과 단백질 함량**

냉량한 지역에서는 저단백질의 밀이, 고온 지역에서는 고단백질의 밀이 생산된다. 비가 자주 와도 고단백질의 밀이 생산된다.

④ **재배 시기와 단백질 함량**

춘파밀은 추파밀보다 비수용성인 글루테닌과 글리아딘 함량이 높다.

2 밀알의 품질

① **배유율(胚乳率)**

전입중(全粒重)에 대한 부피(麩皮), 배 등을 제외한 배유의 중량비를 배유율이라 한다. 밀알이 굵고 껍질이 얇은 것이 배유율이 높고 양조용으로도 유리하다.

② **제분율**

밀가루와 밀기울의 총중량에 대한 밀가루의 중량비를 제분율이라 한다. 밀알이 굵고 통통하여 1,000립중이 크고, 밀알이 단단하여 1리터중도 크며, 껍질이 얇아서 배유율이 높은 것일수록 제분율도 커지게 된다.

또한 제분을 할 때에는 밀알의 수분 함량은 일정하게 조정하므로 동일 중량의 원료밀에 대한 제분율은 밀알의 건조가 좋을수록 높아진다.

제분을 할 때에는 배유 중에서 밀기울로 묻어가는 전분이 있는데, 이를 잔분이라 한다. 밀의 호분층 바로 아래에는 전분저장세포가 있다(종실 그림 참조). 이 세포 중에는 단백질이 많으면서 전분을 싸고 있는 경질전분세포가 있는데, 이것은 호분층에 강하게 고착되어 있어 제분 시 밀기울로 묻어간다. 따라서 경질전분세포가 발달되어 있으면(잔분율이 높으면) 배유율에 비하여 제분율이 낮아진다.

③ **입질(粒質)**

밀 배유부의 물리적 구조를 입질이라고 하며, 이것은 초자질, 중간질, 분상질로 구분한다. 밀알을 횡단으로 자르면 반투명한 초자질부와 흰가루 바탕으로 보이는 분상질부가 보인다. 초자질부가 반투명으로 보이는 이유는 세포가 치밀하고 광선이 잘 투입되기 때문이며, 분상질부가 흰가루로 보이는 이유는 세포 간극이 많은데 그 간극에 공기가 함유되어 있어 광선이 난반사하기 때문이다. 품종의 입질은 초자율을 구하여 정하며 초자율이 70% 이상인 것을 초자질소맥이라 하고, 30% 이하인 것을 분상질소맥이라 하며, 그 사이(31~69%)는 중간질소맥이라 한다. 초자율이 높으면 치밀한 세포가 많은 것이므로 종자 저장 단백질 함량은 높은 편이고, 종자 저장 단백질 함량이 높으면 부질 함량도 높아진다. 전체 단백질의 80%가 부질이기 때문이다. 또한 초자질인 것은 분상질보다 질소가 더 많이 단백질로 전환되었으므로 조단백질 함량은 높고 무질소(전체 건물에서 조단백질, 조지방, 조섬유, 조회분을 빼고 난 나머지) 침출물은 낮다.

3 밀가루의 품질

① 단백질 및 부질의 함량

밀에는 7~15%의 단백질이 있는데, 이 단백질의 80%가 글루텐(부질)이다. 밀가루가 빵, 면, 과자 등의 원료로 적합한 것은 부질로 되어 있기 때문이며, 밀가루 반죽에 효모나 소다를 넣어 이산화탄소가 발생할 때 부질의 점성과 신축성에 의하여 반죽이 부풀어 다공질로 된다. 따라서 부질의 양과 질이 밀가루의 가공 적성을 지배한다. 앞의 "재배환경과 곡립의 화학성분"에서 보았듯이 글루텐의 양과 질도 환경에 따라 바뀐다.

- 질소시용량이 많을수록 단백질 함량이 증가한다. [277]
- 출수기 전후의 질소 만기추비는 단백질 함량을 증가시킨다. [280]
- 토양수분이 낮아지면 단백질 함량은 증가된다. [274]
- 춘파밀은 추파밀보다 글루테닌과 글리아딘 함량이 높다. [275]
- 밀 단백질 중 글루테닌과 글리아딘은 비수용성이다. [531]
- 밀알이 굵고 껍질이 얇으면 배유율이 높다. [277]
- 밀알이 굵고 껍질이 얇은 것이 배유율이 높고 양조용으로도 유리하다. [279]
- 제분율은 배유율이 높은 것일수록 높은 경향이 있다. [277]
- 동일 중량의 원료밀에 대한 제분율은 밀알의 건조가 좋을수록 높아진다. [275]
- 경질전분세포가 발달되어 있으면 배유율에 비하여 제분율이 낮아진다. [279].
- 밀의 제분율(製粉率)을 높이는 데 유리한 조건[272] : ① 1,000립중이 크다. ② 배유율이 높다. ③ 밀알의 건조가 좋을수록 높다. ④ 잔분율이 낮다.
- 입질은 밀 배유부의 물리적 구조를 말하며, 초자질, 중간질, 분상질 등으로 구분한다. [274]
- 초자질립은 밀 단면의 70% 이상이 초자질부로 되어 있다. [274]
- 밀알 단면의 70% 이상이 초자질부로 되어 있으면 초자질립이다. [279]
- 초자율이 30% 이하이면 분상질소맥이다. [279]
- 초자질소맥은 분상질소맥보다 단백질 함량이 높고, 지방 함량이 낮다. [279]
- 초자질인 것은 분상질인 것에 비하여 단백질 함량이 높고 지방과 전분의 함량이 낮다. [279]

- 입질이 초자질인 것은 분상질보다 조단백질 함량은 높고 무질소침출물은 낮다. **[280]**
- 밀에는 7~15%의 단백질이 함유되어 있는데, 단백질의 약 80%는 gluten으로 되어 있다. **[277]**
- 밀 종실의 단백질 중에서 글루텐이 80%를 차지하고 있다. **[274]**
- 밀의 종자 저장 단백질**[274]** : ① 글루텐이 차지하는 비율이 가장 크다. ② 초자율이 높으면 종자 저장 단백질 함량은 높은 편이다. ③ 글루텐의 양과 질은 환경에 따라 바뀐다. ④ 밀가루 반죽의 부풀기는 전분보다 종자 저장 단백질의 영향을 더 받는다.

② **분질**

분질은 경질, 반경질, 중간질, 연질 등으로 구분한다. 초자율이 높아 배유의 투명도가 높은 밀로 만든 경질분(硬質粉)을 손가락으로 비벼보면 거친 감이 있는데, 이는 단백질 등의 결정 입자가 있기 때문이다. 경질분은 단백질과 gluten 함량이 많고 장시간에 걸쳐 신전성이 있으므로 빵을 만들 때 잘 부풀어서 제빵용으로 적합하다.

연질분은 손가락으로 비벼보면 매우 매끄러운데, 연질분(박력분)은 단백질과 부질의 함량이 낮아서 신전성이 다소 강한 것은 가락국수로, 신전성이 약한 것은 카스텔라, 비스켓 같은 제과용이나 튀김용으로 알맞다.

반경질분은 결정입자 및 단백질과 부질의 함량이 경질분보다 다소 적으므로, 일반적으로 빵 배합용으로 적합하다.

중간질분은 단백질 함량이 연질분보다 다소 높고, 반경질분보다 다소 낮다. 따라서 중간질분 중 신장력이 강한 것은 가락국수용으로, 신장력이 약한 것은 제과용으로 알맞다.

밀가루의 분질과 용도 및 제품명(강력분 등)은 아래와 같다.

[원료 소맥 및 밀가루와 그 용도]

구분	품질	단백질 함량(%) 및 제품			용도
캐나다산 밀	경질	12 이상	→	강력분	제빵용
오스트레일리아산 밀	반경질	11~12.5			
아르헨티나산 밀	반경질	12	→	준강력분	빵 배합용
미국산 밀	반경질	11~12.5			
국산 밀	경질	11			
	중간질	10.5~11	→	중력분	국수용
	연질	8.5~9.5			
미국산 밀	연질	8.5~10	→	박력분	제과용

- 분질은 경질, 반경질, 중간질, 연질 등으로 구분한다. **[274]**
- 경질분은 단백질과 gluten 함량이 많고 장시간에 걸쳐 신전성이 있으므로 제빵용으로 적합하다. **[277]**

- 경질분은 단백질과 부질함량이 많고 장시간에 걸친 신전성이 우수하므로 제빵에 적합하다. [273]
- 배유의 투명도가 높은 밀가루일수록 신전성이 강하다. [276]
- 경질분은 단백질과 부질의 함량이 높아서 제빵용으로 적합하다. [278]
- 밀가루로 빵을 만들 때에는 단백질과 부질함량이 높은 경질분이 알맞다. [533]
- 단백질의 함량은 경질 밀가루가 연질 밀가루보다 많다. [278]
- 결정입자가 없는 연질밀은 경질밀보다 단백질 함량이 낮다. [274]
- 연질분(박력분)은 단백질과 부질의 함량이 낮아서 신전성이 다소 강한 것은 가락국수로, 신전성이 약한 것은 카스텔라, 비스켓 같은 제과용이나 튀김용으로 알맞다. [279]
- 연질분은 단백질과 부질의 함량이 낮고 카스텔라, 비스킷, 튀김용으로 적합하다. [278]
- 연질분은 단백질과 부질 함량이 적고 신전성이 약한 것은 비스킷 및 튀김용으로 적합하다. [273]
- 연질분은 경질분보다 단백질과 부질 함량이 적어 신전성이 약하므로 제과용으로 알맞다. [279]
- 반경질분은 결정입자 및 단백질과 부질의 함량이 경질분보다 다소 적다. [274]
- 반경질분은 일반적으로 빵 배합용으로 적합하다. [278]
- 중간질분은 단백질 함량이 연질분보다 다소 높다. [278]
- 중간질분은 단백질과 부질 함량이 경질분과 연질분의 중간 정도로 신전성이 있는 것은 국수용으로 적합하다. [273]
- 강력분은 박력분에 비해 부질(gluten) 함량이 높다. [277]
- 단백질 함량이 높은 강력분은 글루텐 함량도 높다. [274]
- 강력분은 반죽의 신전성과 점성이 모두 높다. [276] 경질, 반경질, 중간질, 연질을 제품으로 표시하면 강력분(단백질 함량 12% 이상), 준강력분(단백질 함량 11~12.5%), 중력분(단백질 함량 8.5~11%), 박력분(단백질 함량 8.5~10%)이라 한다.
- 강력분은 비스켓보다는 빵을 만드는 데 적합하다. [276]

③ 회분 함량

회분 함량은 품종적 특성과 토양 조건에 의해 지배되기도 하지만 제분율에 의하여 크게 영향을 받는다. 즉, 제분율을 높이려고 밀기울을 밀가루에 혼입하면 회분량은 크게 증가한다. 회분 함량이 높으면 부질의 점성이 낮아져 가공 적성이 낮아지고, 백도도 낮아지므로 회분 함량이 높을수록 나쁜 밀가루가 된다.

④ 분색

밀가루는 희고 맑은 것이 좋은데, 회분 함량이 많으면 분색이 검어지고 배유에 카르티노이드 색소가 많으면 누른빛이 난다.

4 가공 적성

가공 적성은 1차 가공 적성과 2차 가공 적성으로 구분한다. 1차 가공 적성은 제분 적성(適性)을 말하는데, 제분의 난이 및 제분 비율과 관계가 있는 성질, 즉 용적중, 입중, 수분, 회분, 피해립이나 협잡물의 양, 껍질의 두께, 제분 시 껍질이 벗겨지는 정도 등을 말한다.

2차 가공 적성은 가루의 적성으로서 단백질의 질이나 함유량에 관계된다. 밀가루를 물과 혼합하여 반죽을 만들 경우 단백질의 80% 정도가 탄력성과 점착성을 유발하는 부질(글루텐)을 형성하는데, 각종 Test를 통해 반죽의 점탄성, 신장성, 효소력, 단백질의 양과 질 등을 조사하여 평가하는 것이 2차 가공 적성의 평가이다. 제빵성은 일정한 기준으로 빵을 구어 평가한다.

6 품종

1 품종의 특성

품종의 특성은 보리에 준한다. 즉, 재배시기에 따라 봄밀, 가을밀로 나뉘고 초형에 따라 직립형, 중간형, 포복형 등으로 구분된다.

2 트리티케일

트리티케일은 밀과 호밀의 속간잡종으로 보통 밀에 호밀을 교배하여 육성한 8배체(AABB DDRR)와 듀럼밀과 호밀을 교배하여 육성한 6배체(AABBRR)가 있다. 트리티케일은 밀의 단간, 조숙, 양질성과 호밀의 내한성, 강한 생육력, 긴 수장(穗長), 내병성 등을 조합시킬 목적으로 만들어졌다.

- 밀가루에 회분 함량이 높으면 부질의 점성이 낮아져 가공 적성이 낮아진다. [280]
- 회분 함량이 많으면 부질의 점성이 경감되어 품질이 낮아진다. [275]
- 회분 함량이 많으면 부질의 점성이 낮아지는 경향이 있다. [276]
- 회분 함량이 많으면 gluten의 점성을 감소시켜 가공 적성이 낮아진다. [277]
- 회분 함량이 높을수록 나쁜 밀가루가 된다. [277]
- 밀가루 반죽의 탄력성과 점착성을 유발하는 주요 성분 : 글루텐 [276]
- 글루텐의 양과 질은 밀가루의 가공 적성을 결정하는 데 중요하다. [275]
- 밀 단백질의 약 80%는 부질로 되어 있고 부질의 양과 질이 밀가루의 가공 적성을 지배한다. [280]
- 밀가루의 단백질과 부질함량은 가공 적성을 지배하며 초자율이 높은 것이 부질함량이 높은 편이다. [273]
- 맥류의 최저적산온도는 가을밀이 봄밀보다 높다. [271]
- 밀에서 직립형 품종은 근계의 발달 각도가 좁고 포복형 품종은 그 각도가 크다. [441]
- 트리티케일은 밀과 호밀의 속간잡종으로 보통 밀에 호밀을 교배하여 육성한 8배체와 듀럼밀과 호밀을 교배하여 육성한 6배체가 있다. [269]
- 트리티케일(triticale)에 대한 설명 : 밀과 호밀을 인공교배하여 육성한 이질배수체이다. [269]

호 밀

1 기원

1 식물적 기원

호밀은 벼과의 월년생 작물로 학명은 Secale cereale L.이고, 염색체수는 보리와 같은 2n=14이다.

2 지리적 기원

호밀의 원산지는 트랜스코카서스, 터키 및 이란 북서부에 이르는 지역이다.

2 생산 및 이용

1 생산

① 세계의 분포 및 생산

호밀은 밀보다 추위에 훨씬 강하므로 그 주산지는 밀보다 북쪽에 있고, 토양적응성도 강해 밀을 재배할 수 없는 건조한 사질의 척박지에도 잘 적응한다.

② 한국의 분포 및 생산

종실용 호밀은 밀보다도 수확기가 늦고, 수량과 품질도 낮아 밀의 재배가 곤란한 산간 척박지나 사질인 하천부지 등에서 조금 재배하고 있다. 근래에는 녹비 및 청예사료로 정부가 권장하면서 논에서의 재배가 상당히 증가되고 있다.

2 이용

호밀의 성분은 밀과 거의 같다. 즉, 당질이 주성분으로서 약 70% 함유되어 있고, 단백질은

10~14%, 지질은 1.1~2.3%, 비타민의 경우 A와 C는 없으나 B는 풍부하게 있다. 호밀의 단백질은 부질이 형성되지 않으므로 빵이 부풀지 않고 빛깔도 검어 호밀로 만든 빵은 흑빵이라 한다.

3 형태

1 종실

밀의 종실과 유사하지만 좀 더 가늘고 길며 표면에 주름이 잡힌 것이 많다. 호밀(胡麥)은 다른 맥류와 달리 타가수정을 하므로 1이삭에 두 가지의 입색이 혼재하는 경우도 있다. 호밀은 왜 타가수정을 할까? 호밀(好密)이라서? 여러분도 好密 좋아하세요?

2 뿌리, 줄기 및 잎

아래 박스 안의 내용이 밀에 대한 설명이다. 비교하면서 공부하시길...
① 뿌리 : 종자근은 4본이다. 밀보다 더 심근성으로 2m까지 자란다.
② 줄기 : 밀보다 약하고 길어서 도복되기 쉽다.
③ 잎 : 지엽이 다른 잎보다 작다. 한편 엽설과 엽이의 발달은 밀만 못하다.

---

① 뿌리 : 종자근은 보통 3본이지만 6본까지 나오는 종도 있다. 밀은 보리보다 더 심근성이므로 수분과 양분의 흡수력이 강하고 건조한 척박지에서도 잘 견딘다.
② 줄기 : 밀은 보리보다 줄기가 더 빳빳하여 도복에 잘 견딘다.
③ 잎 : 밀의 초엽(鞘葉)은 적자색의 줄이 있는 것도 있고, 정상엽도 보리보다 엽색이 더 진하며 그 끝이 더 뾰족하고 늘어진다. 한편 엽설과 엽이의 발달은 보리만 못하다.

---

3 이삭 및 꽃

(이것도 밀과 비교하면서 공부하세요. 비교할 수 있으면 이해의 영역이 됩니다. 자신의 책에서는 맥류 전부 그리고 벼까지 비교하시면 정말 좋지요. 그렇게 한 사람 만나면 맥주 살게요.)

호밀의 꽃도 밀과 같은 수상화서로, 수축에는 25~30개의 마디가 있고, 각 마디에는 1개의 소수(小穗)가 착생한다. 소수는 3개의 소화(小花)로 되어 있으며, 이들은 1쌍의 받침껍질로 싸여 있다. 소화 중 최상부의 것은 보통 불임(不稔 익을 임)이므로, 1 이삭에 50~60립의 종자가 달린다.

꽃은 외영, 내영, 암술 및 3본의 수술(맥류는 3본, 벼는 6본)로 되어 있으며, 꽃밥은 크다(보리는 작다). 그리고 까락은 굵고 길다.

4 생리 및 생태

1 개화 및 등숙

호밀도 보리나 보통 밀의 개화처럼 먼저 분얼한 대의 이삭부터 개화가 시작되는데, 한 이삭의 개화는 중앙부 부근의 꽃부터 시작하여 점차 상하로 진행한다. 1개의 소수 안에서는 기부의 제1소화로부터 개화해 올라간다. 1포기 전체 이삭의 개화일수는 약 8~14일(보리 밀은 8일)이고, 한 이삭의 개화일수는 3~4일이다. 보리는 대부분 아침부터 개화하여 주로 오전 중에 개화가 끝나고, 밀은 오후에 개화하는 것이 많은데, 호밀은 풍매화이기 때문에 오전에 반쯤 개화하고 야간까지 하루 종일 개화한다.

호밀은 타가수정 작물이므로 자식하면 임실율(稔實率)이 현저히 낮아진다. 또한 호밀은 풍매화이므로 채종 시에는 품종유지를 위해 300~500m의 격리거리를 두어야 한다.

2 자가불임성

호밀을 자가수분시키면 화분이 암술머리에서 발아는 하지만 화분관이 난세포에 도달하지 못하므로 자가불임성이 매우 높은데, 품종의 자가임성 정도는 야생종보다 재배종에서 높고, 러시아에서는 남방보다 북방의 품종이 높다. 북방이 높은 이유는 나쁜 기상 때문에 정상적인 개화가 안 되므로 자가수분의 기회가 많았고, 그것이 유전된 때문으로 생각된다.

재배종이 높은 이유는? 고민해 보시라. 의문에 대한 치열한 고민이 도사를 만든다.

자가불임성의 유전은 우성이며, 개체 간에 유전적 변이는 있다.

3 결곡성

호밀에서 나타나는 불임현상을 결곡성(缺穀性)이라고 하는데, 결곡성이 나타나는 원인은 미수분(未受粉)이며 이는 유전된다. 미수분은 포장 주위의 개체나 바람받이에 있는 개체에서 발생되기 쉽고, 개화 전의 도복이나 강우 등에 의해서도 발생할 수 있다.

5 환경

타 맥류와 비교했을 때 호밀만의 환경적 특성은 다음과 같다.

① 저온발아성이 높다.

　발아 최저온도는 1~2℃이며, 저온에서 밀보다 발아가 빠르다.

② 내동성이 극히 강하여 밀보다 북쪽에서도 재배가 가능하다.

　-25℃에서도 월동할 수 있으며, 추파 시 조파나 만파에 대한 적응성이 보리나 밀보다 높다.

③ 다습한 환경을 꺼리고, 내건성이 극히 강하여 사질토에서도 재배가 가능하다.

④ 토양반응에 대한 적응성이 매우 높아 알카리성부터 산성까지 다 적응한다.

⑤ 척박지에 대한 적응성이 매우 높아 사질토양이나 점질(粘 끈끈할 점 質)의 척박지까지 재배가 가능하다.

⑥ 흡비력이 강하나, 강우, 바람 등에 의하여 도복이 잘된다.

6 재배

1 병충해 방제

호밀에서는 특이한 맥각병(麥角病)이 발생한다. 맥각병이란 이삭에 모가 난 검은 덩어리가 생기는 병으로, 맥각에는 유독 성분이 있어 인축에 해롭지만 에르고톡신이 있어 수축제나 혈압상승제 등의 약으로 이용되기도 한다.

2 수확, 탈곡 및 조제

호밀은 밀보다 등숙기간이 길기 때문에 종실을 목적으로 수확할 경우 수확기는 호밀이 밀보다 늦다. 탈곡 및 조제는 밀에 준하면 된다.

7 청예 재배의 이용성

1 사료로 이용

청예사료로 이용할 때는 먹기 좋고 양분도 풍부한 수잉기가, 엔실리지로 이용할 때는 발효에 적합한 수분을 가진 유숙기가 예취적기이다.

2 녹비로 이용

호밀은 논에서 녹비로 쓰면 지력증진은 물론, 누수방지의 효과가 커서 사질누수답에 매우 유리하다. 왜 누수방지의 효과가 클까요? 질문에 답변하셔야 합니다. 한편 호밀을 논에 재배해서 녹비로 갈아 넣을 때는 충분한 부숙을 위하여 이앙 전에 되도록이면 빨리 시용하는 것이 좋다.

3 토지이용도의 증대

종실생산을 위한 답리작은 어렵지만, 청예 재배를 하면 전국적으로 답리작이 가능하다. 정부에서 적극 권장 중.

- 호밀은 발아할 때 종근은 4개이다(보리의 종근은 보통 5개이나, 벼의 종근은 한 개이다). [281]
- 발아할 때 벼와 호밀은 배의 끝에서 유아가 나오고, 겉보리는 배의 반대편 끝에서 유아가 나온다. [287]
- 풍매수분을 주로 하는 작물 : 옥수수 – 호밀 [281]
- 호밀은 풍매화로 타가수정을 한다. [284]
- 호밀은 수상화서로서 타가수정을 하며, 자식의 경우에는 임실률이 현저히 낮아진다. [245]
- 호밀을 자가수분시키면 화분이 암술머리에서 발아는 하지만 화분관이 난세포에 도달하지 못한다. [282]
- 호밀은 풍매수분을 하며 자가불임성이 높다. [281]
- 품종의 자가임성 정도는 야생종보다 재배종이 높다. [282]
- 자가불임성의 유전은 우성이며, 개체 간 유전적 변이는 있다. [282]
- 결곡성(缺穀性)이 나타나는 원인은 미수분(未受粉)이며 이는 유전된다. [282]
- 불임현상으로 결곡성이라 하는 것은 호밀에서 미수분에 의한 불임이 유전되어 나타나는 현상이다. [288]
- 호밀의 결곡성은 호밀에 나타나는 불임현상을 말한다. [2021 국9]

- 호밀 결곡성의 직접적인 원인은 미수분에 의한 불임이다. [2021 국9]
- 호밀 결곡성은 유전된다. [2021 국9]
- 호밀 결곡성은 염색체의 이상으로 발생되기도 한다. [2021 국9]
- 호밀은 저온발아성이 밀보다 강하다. [281]
- 호밀은 발아 최저온도가 1~2℃ 정도로 저온발아성이 강하다. [285]
- 겨울에 −25℃ 정도의 저온지대에서도 월동이 가능하다. [283]
- 호밀은 내동성이 강하여 겨울에 −25℃의 저온으로 내려가는 지대에서도 월동할 수 있다. [285]
- 호밀은 맥류 중 내한성(耐寒性)이 커서 −25℃에서 월동이 가능하다. [525]
- 호밀은 내동성(耐凍性)이 강한 작물이다. [2021 국9]
- 호밀은 추파 시 조파나 만파에 대한 적응성이 밀이나 보리보다 높다. [283]
- 호밀은 내건성이 강하다. 호밀은 밀보다도 세다. [281]
- 호밀은 내건성도 매우 강하지만 사질토양에 대한 적응성도 높다. [283]
- 호밀은 산성 토양에는 잘 적응하지만 알칼리성 토양에 대한 적응성도 높다. [283]
- 호밀은 알칼리성 토양부터 산성 토양에 이르기까지 잘 적응하여 토양반응에 대한 적응성이 높다. [285]
- 호밀은 흡비력이 강하나, 강우나 바람에 의한 도복에는 약하다. [283]
- 척박지에는 강하나 다습한 환경에 대한 적응성은 낮고, 강우·바람 등에 의하여 도복이 잘된다. [285]
- 호밀은 다습한 환경에 대한 적응성이 작고, 바람 등에 의하여 도복이 잘 된다. [284]
- 종실을 목적으로 수확할 경우 수확기는 밀이 호밀보다 빠르다. [283]
- 호밀과 옥수수에서 사일리지 제조에 가장 적합한 수확 시기[285] : 호밀−유숙기, 옥수수−황숙기
- 호밀을 논에 재배해서 녹비로 갈아 넣을 때 이앙 전에 되도록이면 빨리 시용하는 것이 좋다. [507]

귀 리

1 기원

1 식물적 기원

귀리는 식물 분류학상 Avena 속에 속하며(학명, Avena sativa), 염색체수에 따라 2배종, 4배종, 6배종으로 구분한다. 2배종은 A. strigosa, 4배종은 A. abyssinica이며, 세계적으로 많이 재배되는 6배종은 A. sativa(oat)와 A. byzantia(red oat)이다. 기후가 나빠 다른 주맥류(보리, 밀)가 흉년이 되는 해에 호밀과 귀리는 풍년이 들기 때문에 식용으로 발전한 2차 작물이다. 우리나라에서도 흉년이 되면 상수리 열매가 많이 열린다고 한다. 흉년이 될지를 어떻게 알까요? 귀신이 붙어서? 에이, 농업직 공무원이 그런 비과학적 애기를...

2 지리적 기원

원산지는 중앙아시아 및 아르메니아 지역이다.

2 이용

당질, 단백질, 비타민 B 등은 밀과 유사하며, 지질은 5% 정도로 밀(2%)보다 많다. 밥으로 먹거나 오트밀을 만들어 조식용으로 하기도 한다.
귀리의 겉곡은 말의 사료로 좋다.

3 형태

1 종실

종실은 영과이고, 1,000립중은 보리나 밀과 비슷한 값으로 35~45g이다.

2 뿌리

종자근은 중앙의 1본 이외에도 2~4본 더 발생한다. 초엽절로부터 위로 각 마디에서는 관근이 발생한다.

3 줄기 및 잎

줄기에는 6~12마디가 있는데, 하위 3~6절간은 불신장부이다. 잎에 엽설은 있으나 엽이는 없다.

4 이삭, 소수 및 꽃

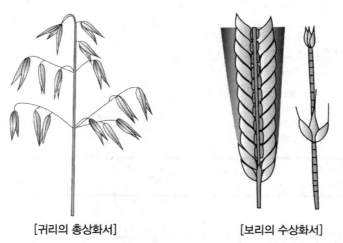

[귀리의 총상화서]　　　　　　[보리의 수상화서]

위의 그림에서 보듯이 귀리의 이삭에서는 벼처럼 지경이 길게 자라 복총상화서가 되는데, 이것은 다른 맥류(수상화서)와 기본적으로 다르다. 한 이삭에 20~40개의 소수가 착생하고, 이삭의 수형은 산수형과 편수형으로 구분된다. 소수는 넓고 긴 한 쌍의 받침겹질로 싸여 있고, 그 속에는 3개의 꽃이 들어 있는데 최상의 꽃은 주로 불임이다.

꽃의 기본 구조는 다른 맥류와 같이 안껍질(내영), 바깥겹질, 1개의 암술, 3개의 수술 및 1쌍의 인피가 있다.

4 생리 및 생태

1 개화

다른 맥류와 달리 선단의 꽃부터 개화하기 시작하여 점차 밑으로 진행하며, 1개의 지경 내에서는 선단의 소수로부터 꽃이 피므로 벼의 개화와 유사하다. 같은 복총상화서라 그런가? 이것도 질문입니다. 1개의 소수 내에서는 밀과 같이 하부의 소화로부터 꽃이 핀다. 귀리는 밀처럼 주로 오후에 개화한다. 또한 귀리는 자가수정을 원칙으로 하지만 타가수정도 이루어진다.

2 백수성

출수 시 수분이나 양분이 부족한 경우 및 주간에 소수화가 많거나 약소화(弱小花)일 경우에 꽃이 다 자라지 못하고 퇴색, 위축되어 떨어지는 백수가 된다. 발생률은 품종에 따라 2.3%에서 많은 것은 50% 이상 발생하기도 한다. 한 이삭 중의 백수의 분포는 상부 4%, 중부 20%, 하부 40%로 하부로 갈수록 수광이 어렵기 때문에 백수율은 증가한다.

5 환경

타 맥류와 비교했을 때 귀리만의 환경적 특성은 다음과 같다.

① 내동성이 약하여 우리나라에서는 가을귀리는 재배하지 않고 봄귀리만 재배한다.
② 내건성이 약하여 건조지역에서는 재배가 어렵다.
③ 냉습한 기후에 적응하므로, 한라산처럼 냉습한 산간지에서는 맥류 중 귀리만 재배할 수 있다. 따라서 여름철 기후가 고온건조한 지대보다 다소 서늘한 곳에서 잘 적응한다.
④ 내도복성이 약하여 다비재배 시 도복의 우려가 크다. 호밀도 그렇다.
⑤ 토양적응성이 강해 척박지와 산성토양에 대한 적응성이 큰데, 산성토양에 대한 적응성이 강한 순서는 귀리> 밀> 보리이다.

6	**청예 재배**

귀리도 호밀처럼 사료용이나 녹비용으로 청예 재배에 알맞다.

- 귀리는 식물 분류학상 Avena 속에 속하며, 세계적으로 많이 재배되는 것은 6배체인 A. sativa(oat)와 A. byzantia(red oat)이다. **[269]**
- 귀리는 염색체수에 따라 2배종, 4배종, 6배종으로 구분하며, 2배종은 A. strigosa, 4배종은 A. abyssinica, 6배종은 A. sativa이다. **[493]**
- 귀리의 주성분은 당질이고 단백질, 지질, 비타민 B와 같은 영양도 풍부하며 소화율도 높다. **[493]**
- 보리, 밀, 호밀 및 귀리의 종실은 모두 영과이다. **[287]**
- 벼, 보리, 밀, 호밀은 모두 엽설과 엽이를 가지고 있다. 그러나 귀리에는 엽설만 있고 엽이는 없다. **[287]**
- 귀리의 화서**[286]** : 복총상화서. 다른 맥류의 화서 : 수상화서
- 보리와 호밀의 이삭은 수상화서이고, 벼와 귀리의 이삭은 복총상화서이다. **[287]**
- 귀리의 꽃은 복총상화서로서 한 이삭에 20~40개의 소수가 착생하고, 이삭의 수형은 산수형과 편수형으로 구분된다. **[493]**
- 귀리는 한 이삭에 20~40개의 소수가 있으며, 꽃에는 1개의 암술과 3개의 수술이 있다. **[529]**
- 귀리는 복총상화서로서 자가수정을 원칙으로 하지만 타가수정도 이루어진다. **[245]**
- 귀리는 수분 및 양분의 보급이 부족한 경우 백수(白穗)가 발생하기 쉽다. **[284]**
- 귀리의 백수성**[288]** : 수분과 양분이 부족할 때 생긴다. 한 이삭 중의 백수 분포는 하부로 갈수록 많다. 약소화(弱小花)일 경우에 많이 발생한다.
- 귀리는 내건성(耐乾性)도 약하고 내동성(耐凍性)도 약하다. 그러나 여름철 냉습(冷濕)한 산간지대에서는 귀리만 재배할 수 있다. **[493]**
- 귀리는 여름철 기후가 고온건조한 지대보다 다소 서늘한 곳에서 잘 적응한다. **[507]**
- 귀리는 내동성과 내건성이 약하지만 척박지와 산성토양에 적응성이 크다. **[284]**
- 산성토양에 대한 적응성이 강한 순서는 귀리 > 밀 > 보리이다. **[2021 국9]**
- 귀리의 재배적 특성**[2021 지9]** : 내동성이 약하다. 내건성이 약하다. 냉습한 기후에 잘 적응한다. 토양적응성이 높아 산성토양에 강하다.

제2장 잡곡

옥수수

I 기원 및 전파

1 기원

1) 식물적 기원

옥수수는 벼과 작물로 학명은 Zea mays L.이고, 염색체수는 2n=20이다. 따라서 유전자의 연관 군 수는 10개다. 좀 생뚱맞지만 염색체 상에 고정되어 있지 않고 움직이는 유전자인 트랜스포존은 옥수수에서 처음으로 발견되었다.

2) 지리적 기원

원산지는 중앙아메리카설과 남아메리카설이 있는데, 원산지가 2개소 이상이라는 것이 정설이다.

2 전파

유럽에서는 컬럼버스 일행이 스페인에 가져간 것이 시초라 하며, 우리나라에는 이조 때 전파된 것으로 본다.

II 생산 및 이용

1 생산

1) 세계의 분포 및 생산

열대원산인 옥수수는 고온지대에서 재배하는게 알맞지만 품종의 분화가 다양하여 조생종을 선택하면 고위도나 고표고지대까지 재배할 수 있다. 즉, 재배북한은 유럽에서는 47~50°N이고, 표고한계는 칠레의 경우 3,500m이다.

2) 한국의 분포 및 생산

국내 생산은 전체 필요량의 3~4%에 불과하다.

2 이용

1) 직접 식용

옥수수의 주성분은 당질(70%)이며, 단백질(11%)과 지질(3.5%)도 적지 않고, 비타민 A가 풍부하다. 특히 종실용 옥수수의 배에는 전분보다 지방 함량이 높다. 그러나 옥수수를 주식으로 이용할 때, 그 영양 가치가 쌀이나 밀보다 떨어지는 가장 큰 이유는 필수 아미노산의 조성이 불량하기 때문이므로, 주식으로 사용 시 감자나 콩과 섞어서 이용하여야 한다. 식량으로 이용할 때는 주로 경립종을 사용한다.

2) 생식 및 가공식품

유숙기나 호숙기에 먹는 생식용으로는 단옥수수, 초당옥수수, 찰옥수수 및 경립종이 있으며, 가공식품으로는 통조림, 떡, 묵 등이 있다.

3) 공업용

제분하여 빵 등을 만들고, 전분으로 과자 등을 만들며, 배에서는 옥수수기름을 만든다.

4) 사료용

① **곡실** : 농후사료로 쓰인다.
② **청예사료** : 생으로 보다는 보통 사일리지로 이용한다. 단위면적당 에너지수율은 목초에 비하여 1.5배나 높다.

Ⅲ 형태

1 종실

종실의 형태와 크기는 아주 다양하다. 형태에서는 모진 것(마치종), 둥근 것(경립종), 방추형(폭열종) 등이 있고, 크기에서는 1,000립중이 400g 이상인 것(마치종)부터 100g 정도인 것(폭열종)도 있다. 종실은 영과로서 과피와 종피가 밀착해 있고 과육은 발달되지 않는다.

2 　뿌리

발아하면서 1개의 종근이 나오고 이어 그 부근에 2~3개의 부정근이 나와 초기의 흡수작용을 하며, 발아 7일 후부터 관근이 나오기 시작한다.

3 　줄기 및 잎

줄기는 굵고 둥글며, 단단한 껍질에 싸여 있고, 내부에 속(髓)이 차 있다. 옥수수는 벼·보리 등과 동일한 단자엽 식물의 특징을 가져 유관속이 분산되어 있으며, 벼과 식물의 특징을 가져 잎에 엽설 및 엽이가 있다.

4 　화서

옥수수는 줄기 끝에 숫이삭이 달리고 중간 마디에는 암이삭이 달리는 단성화이면서 자웅동주식 물이다. 그런데 웅성화서에 암꽃, 자성화서에 수꽃이 혼생하는 경우도 있다.

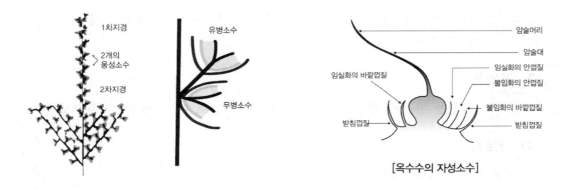

[옥수수의 자성소수]

(1) 숫이삭

위의 왼쪽 그림에서 보듯이 긴 수축에서 10~20개의 1차 지경이 분기하고, 다시 2차 지경이 분기하여 각 마디에 2개의 웅성소수가 착생하는데, 그 중 하나는 병이 긴 유병소수이고, 다른 하나는 병이 짧은 무병소수이다. 한 이삭에 보통 2,000개의 소수가 착생하여 약 2,000만 개의 화분립을 가진다고 한다. 웅성소수는 1쌍의 큰 받침껍질에 싸여 2개의 수꽃이 있으며, 수꽃은 바깥껍질과 안껍질에 싸여 있고, 그 안에 3개의 수술과 1개의 인피가 있다.

(2) 암이삭

보통 1개의 옥수수 줄기에 1~3개의 암이삭이 달리며, 기부에 수병(穗柄 자루 병)이 있고 7~12 매의 포엽(苞葉)으로 싸여 있다. 위의 오른쪽 그림에서 보듯이 자성소수의 구조는 1쌍의 받침껍질 에 싸인 2개의 암꽃으로 되어 있는데, 하나는 바깥껍질과 안껍질뿐인 불임화이고 다른 하나는 바깥껍질과 안껍질에 싸여서 1개의 암술이 있는 임성화이다.

암술의 자방에는 50cm에 달하는 수염이 달리는데, 이것이 숫이삭 개화보다 늦게 포엽 밖으로 나온다. 수염은 암술대와 암술머리 역할을 하며 수염 전체에 화분 포착 능력이 있다. 수염의 색은 담홍색, 자색, 홍색 등이 있으며 수염에 함유된 메이신(maysin)은 플라보노이드의 일종으로 항산화 기능이 있어 신장병약으로 쓰인다.

- 염색체 상에 고정되어 있지 않고 움직이는 유전자인 트랜스포존은 옥수수에서 처음으로 발견되었다. [318]
- 옥수수는 고온성 작물이지만 조생종을 선택하면 고위도 지대에서도 재배할 수 있다. [345]
- 유전자의 연관군 수는 10개다. [291]
- 종실용 옥수수의 배에는 전분보다 지방 함량이 높다. [307]
- 옥수수를 주식으로 이용할 때, 그 영양가치가 쌀이나 밀보다 떨어지는 가장 큰 이유는 필수 아미노산의 조성이 불량하기 때문이다. [291]
- 옥수수와 수수는 발아하면 1개의 종근이 먼저 나오고 이후 관근이 발생한다. [2020 7급]
- 옥수수는 유관속이 분산되어 있다. [361]
- 옥수수는 벼·보리 등과 동일한 특징으로 엽설 및 엽이가 있다. [488]
- 옥수수는 줄기 끝에 숫이삭이 달리고 중간 마디에는 암이삭이 달리는 자웅동주식물이다. [335]
- 일반적으로 옥수수는 숫이삭과 암이삭으로 구별되는 자웅동주식물이다. [292]
- 암이삭은 줄기의 중간 마디에 착생하고, 숫이삭은 줄기의 끝에 착생한다. [294]
- 숫이삭은 줄기의 꼭대기에, 암이삭은 줄기의 마디 부분에 달린다. [295]
- 단성화이며 자웅동주식물이다. [291]
- 웅성화서에 암꽃, 자성화서에 수꽃이 혼생하는 경우도 있다. [296]]
- 숫이삭의 2차 지경이 분기하여 각 마디에 2개의 웅성소수가 착생한다. [488]
- 2차 지경이 분기하여 각 마디에 착생하는 2개의 웅성소수는 하나는 병이 긴 유병소수이고, 하나는 병이 짧은 무병소수이다. [296]
- 보통 1개의 옥수수 줄기에 1~3개의 암이삭이 달리나 품종과 재배 환경에 따라서 여러 개가 달리기도 한다. [295]
- 자성소수의 구조는 1쌍의 받침껍질에 싸인 2개의 암꽃으로 되어 있다. [296]
- 암이삭의 자성소수에는 2개의 암꽃이 있는데, 하나는 불임화이고 하나는 임성화이다. [294]
- 수염이라고 부르는 부분은 암술머리 및 암술대의 역할을 한다. [294]
- 암이삭의 수염은 암술대와 암술머리의 역할을 한다. [295]
- 흔히 수염이라고 부르는 부분은 암이삭 중 암술머리 및 암술대에 해당한다. [295]
- 수염은 암이삭의 씨방 부위가 신장한 것으로 수염 전체 부위에서 꽃가루를 받는 능력이 있다. [293]
- 수염추출은 숫이삭 개화보다 늦게 일어나는데 수염이 포엽 밖으로 나와 수분이 이루어진다. [293]
- 자방에서 자란 수염은 암술대와 암술머리 역할을 하며 수염 전체에 화분 포착 능력이 있다. [488]
- 수염에 함유된 메이신(maysin)은 플라보노이드의 일종으로 항산화 기능이 있다. [293]
- 옥수수의 특징[541] : 단성화, 자웅동주, 웅예선숙, 타가수분

Ⅳ 생리 및 생태

1 발아

옥수수의 발아 최저온도는 6~11℃, 최적온도는 34~38℃, 최고온도는 41~50℃이다. 한편 발아에 필요한 최소흡수량은 전립(全粒)의 경우 30%이고, 최대흡수량은 종자 무게에 대하여 마치종은 74%, 감미종은 113%이다.

2 곁가지의 발생

줄기 기부의 엽액(葉腋)에서 자란 곁가지에는 암이삭이 달리지 않는 것이 보통이므로, 곡실용 옥수수는 곁가지의 발생이 많은 품종이 종실 수량이 적어서 재배에 불리하다.

3 출수 및 개화

우리나라 옥수수는 대체로 숫이삭의 출수 및 개화가 암이삭의 개화(수염추출)보다 앞서는 웅성선숙이다. 고온 조건에서 숫이삭의 개화는 주로 오전 10~11시에 이루어지며, 숫이삭의 개화 기간은 7~10일이다.

암이삭의 수염은 중앙 하부부터 추출(抽 뺄 추 出)되기 시작하여 상하로 이행되는데, 선단부분이 가장 늦다. 암이삭의 수염추출은 숫이삭의 개화보다 3~5일 정도 늦는 것이 보통이지만 재배 여건이 나쁠수록 암이삭의 수염추출이 늦어진다.

- 발아 시 최대흡수량으로 마치종은 74%, 감미종은 113%이다. **[488]**
- 곡실용 옥수수는 곁가지의 발생이 많은 품종이 종실수량이 적어서 재배에 불리하다. **[522]**
- 옥수수는 고온·단일 조건에서 출수가 촉진된다. **[305]**
- 옥수수는 단일 조건에서 출수가 촉진된다. **[2021 국9]**
- 우리나라 옥수수는 대체로 숫이삭의 출수 및 개화가 암이삭의 개화보다 앞서는 웅성선숙이다. **[292]**
- 숫이삭이 암이삭보다 빨리 성숙하는 경우가 많아 타식이 용이하다. **[298]**
- 일반적으로 숫이삭의 개화가 암이삭보다 앞선다. **[291]**
- 일반적으로 숫이삭의 개화가 암이삭보다 빠르다. **[503]**
- 옥수수는 일반적으로 숫이삭이 먼저 성숙하는 웅예선숙 작물이다. **[294]**
- 암이삭의 개화는 숫이삭의 개화보다 늦다. **[295]**

- 일반적으로 웅성선숙을 한다. [295]
- 암이삭과 숫이삭은 개화 시기가 다른 경우가 많은데 일반적으로 숫이삭이 먼저 핀다. [295]
- 암이삭과 숫이삭은 개화 시기가 서로 다른 경우가 많은데 숫이삭이 먼저 피는 웅예선숙 현상이 일반적이다. [296]
- 일반적으로 웅성선숙이다. [297]
- 일반적으로 숫이삭의 출수 및 개화가 암이삭의 개화보다 앞서는 웅성선숙 작물이다. [522]
- 고온조건에서 숫이삭의 개화는 주로 오전 10~11시에 이루어진다. [298]
- 숫이삭의 개화기간은 7~10일이다. [297]
- 암이삭의 수염은 중앙 하부로부터 추출되기 시작하여 상하로 이행된다. [297]
- 암이삭의 수염 추출은 암이삭의 중앙 하부에서 시작하여 상하로 이행한다. [292]
- 암이삭의 출사는 암이삭의 중앙 하부에서 시작하여 상하로 이행하는데, 선단부분이 가장 늦다. [291]
- 옥수수의 암이삭 수염은 중앙 하부로부터 추출되기 시작하여 상하로 이행되는데 선단부분이 가장 늦다. [334]
- 암이삭의 수염추출은 숫이삭의 출수보다 늦다. [305]
- 암이삭의 수염추출은 숫이삭의 개화보다 3~5일 정도 늦다. [297]
- 옥수수는 암술대가 포엽 밖으로 나오는 시기가 숫이삭의 개화보다 3~5일 정도 늦다. [296]
- 재배 여건이 나쁠수록 암이삭의 수염추출이 늦어진다. [298]

4 광합성 능력

옥수수는 재배작물 중에서 가장 다수성(多收性)에 속하는데, 그 가장 큰 이유는 옥수수가 C_4 식물이기 때문이다. C_4 식물은 C_3 식물에 비하여 광포화점은 높고, 이산화탄소 보상점은 낮다. 또한 유관속초세포(維管束鞘細胞)가 발달하였기 때문에 광호흡을 거의 하지 않으므로 고온·다조 환경을 선호한다. 한편 옥수수는 하위엽이 수평인 것, 상위엽이 직립한 것이 수광태세가 좋아 광합성 효율이 좋다.

- 옥수수는 광합성의 초기 산물이 탄소원자 4개를 갖는 C_4 식물로 온도가 높을 때 생육이 왕성하다. [522]
- 옥수수와 수수는 열대지방에서 유래한 작물이다. [2020 7급]
- 옥수수와 수수는 C_4 식물에 속한다. [2020 7급]
- 옥수수는 C_4 식물이며 고립상태에서의 광포화점은 벼보다 높다. [292]
- 옥수수는 콩보다 광포화점은 높고, 이산화탄소 보상점은 낮다. [298]
- 옥수수는 보리에 비하여 광포화점이 높다. [503]
- 옥수수는 CO_2 보상점이 보리보다 낮다. [503]
- 이산화탄소 이용효율이 높기 때문에 이산화탄소 농도가 낮아도 C_3 식물에 비해 광합성이 높게 유지된다. [522]

- 전형적인 C_4 식물로 유관속초세포(維管束鞘細胞)가 발달하였다. **[298]**
- 옥수수는 유관속초세포가 매우 발달하여 광합성 효율이 높으며 광호흡이 낮다. **[2021 국9]**
- C_4 작물이 C_3 작물보다 낮은 것은 이산화탄소 보상점, 광호흡, 증산율이다. **[299]**
- 옥수수와 비교하여 벼에서 높거나 많은 항목은 기본 염색체(n)의 수, 이산화탄소 보상점, 광호흡량이다. **[300]**
- 옥수수와 수수의 공통적인 특성**[301]** : ② 광호흡을 거의 하지 않는다. ④ 고온·다조환경을 선호한다. ③ 종실의 주성분은 전분이다.
- 옥수수는 하위엽이 수평인 것, 상위엽이 직립한 것이 수광태세가 좋다. **[255]**

5 수분, 수정 및 등숙

① 수분방법 및 거리

최대 수분거리가 800m에 달한다.

② 수분능력

꽃가루는 꽃밥을 떠난 뒤 24시간 이내에 사멸한다. 암이삭의 수염은 10~15일간의 수분능력을 갖는다.

③ 수정

옥수수는 자가수정을 하는 수수와 달리 타가수정을 원칙으로 하므로 자가(自家)채종을 통해 종자생산을 하면 수량이 감소한다. 한편 옥수수는 한 개의 수염에서 여러 개의 화분이 발아할 수는 있지만 씨방에 도달하는 것은 하나뿐이고, 수분 후 수정까지는 약 24시간이 걸린다.

④ 크세니아

종실의 배유에서 나타나는 현상으로 백립종(yy)에 황립종(YY)의 꽃가루가 수정되어 F_1 잡종의 배유가 황색이 되는 것이다.

⑤ 불임자수의 발현

옥수수를 지나치게 밀식하거나 수광량이 부족하면 불임자수(不稔雌愁)가 발현할 수 있다.

6 잡종강세와 교잡종

자웅동주이화(雌雄同株異化) 작물이고, 풍매수분을 하는 옥수수는 타화수정을 원칙으로 하므로 교잡이 용이하여 잡종강세를 효과적으로 이용할 수 있는 교잡종이 크게 발달하였다. 잡종강세는 두 교배친의 우성대립인자들이 발현하여 우수형질을 보이는 것이므로, 타식성 작물은 자가(自家)

채종을 통해 종자생산을 하면 잡종강세가 없어 수량이 감소한다. 잡종강세 육종법은 타식성인 옥수수에 이어서 자식성인 수수, 벼에도 적용되고 있다. 그러나 자식성 작물이 타식성 작물에 비해 잡종강세효과가 작다.

1) 자식열세와 잡종강세

방임수분품종이나 교잡종의 자식(自殖번성할 식)된 후대는 대의 길이나 암이삭이 작아지고 저항성도 떨어지게 되는데, 이것을 자식열세라 한다. 오른쪽의 그림에서 보는 바와 같이 자식열세는 자식을 반복할 때 5~10세대에 이르면 열세현상이 정지하게 되는데, 이유는 유전적으로 각 형질의 순도가 높아지기 때문이며, 이렇게 안정화된 것을 자식계통이라 한다.

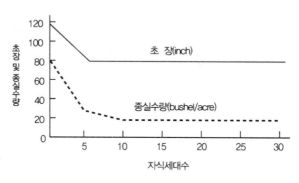

[자식계통에서의 열세정지]

자식계통 간에 교잡된 1대 잡종은 자식계통의 친품종(親品種, 1대 잡종의 부모)보다 생육과 생산력이 높고 저항성도 높아지는 잡종강세현상이 나타난다. 이를 달리 표현하면 "1대 잡종 종자는 잡종강세 효과가 크게 나타나 자식계통보다 수량성이 높다."가 되는데, 잡종강세는 고정될 수 없기 때문에 매년 새로 교잡된 종자를 이용해야 한다. 한편 1대 잡종 종자는 1회 교배당 결실종자수가 많고 단위면적당 파종에 필요한 종자수가 적어야 좋다.

2) 조합능력과 잡종강세

잡종강세를 나타내는 척도로서 조합능력이 있다. 다수의 자식계통과 교잡하였을 때 어느 자식계통에 대해서도 어느 정도의 잡종강세를 나타내는 자식계통을 일반조합능력이 높다고 말한다. 한편 특정한 자식계통에 대해서만 높은 잡종강세를 나타내는 자식계통을 특수조합능력이 높다고 한다. 우수한 교잡종을 만들기 위해서는 조합능력이 높고, 기타의 다른 형질도 우수한 자식계통을 육성해야 한다. 자식계통 또는 모집단을 개량하기 위한 옥수수의 육종법으로는 집단선발법, 계통육성법, 여교잡법, 순환선발법 등이 사용된다.

- 옥수수는 타가수정을 원칙으로 한다. [295]
- 옥수수와 수수는 화본과의 타식성과 자식성 작물이다. [2020 7급]
- 옥수수와 수수는 화본과 식물로서, 옥수수는 타가수정, 수수는 자가수정을 한다. [301]
- 옥수수는 타식성 작물이므로 자가(自家) 채종을 통해 종자생산을 하면 수량이 감소한다. [303]

- 타가수정 작물(350) : 옥수수, 메밀, 율무(그리고 호밀)
- 꽃가루는 꽃밥을 떠난 뒤 24시간 이내에 사멸한다. (298)
- 한 개의 수염에서 여러 개의 화분이 발아할 수는 있지만 씨방에 도달하는 것은 하나이다. (293)
- 옥수수의 크세니아 현상은 백립종에 황립종의 꽃가루가 수정되어 F_1 잡종의 배유가 황색이 되는 것이다. (301)
- 자식열세는 자식을 반복할 때 5~10세대에 이르면 열세현상이 정지하게 된다.
- 1대 잡종 종자는 잡종강세 효과가 크게 나타나 자식계통보다 수량성이 높다. (303)
- 1대 잡종 종자는 1회 교배당 결실종자수가 많고 단위면적당 파종에 필요한 종자수가 적어야 좋다. (303)
- 특정한 자식계통에 대해서만 높은 잡종강세를 나타내는 자식계통을 특수조합능력이 높다고 한다. (492)
- 잡종강세육종법에 대한 설명(2021 지9) : 두 교배친의 우성 대립인자들이 발현하여 우수형질을 보인다. 옥수수, 수수 등에 이어서 벼에도 적용되고 있다. 자식성 작물이 타식성 작물에 비해 잡종강세효과가 작다. 다양한 교배친들 간의 조합능력검정이 필요하다.
- 인공교배하여 F_1을 만들고 F_2부터 매 세대 개체선발과 계통재배 및 계통선발을 반복하면서 우량한 유전자형의 순계를 육성하는 육종법은 계통육종법이다. (2021 지9, 출제오류지요?)

7 기상생태형

조생종은 감온성이고, 만생종은 감광성이다.

V 분류 · 품종 및 채종

1 분류

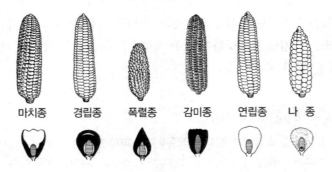

마치종   경립종   폭렬종   감미종   연립종   나 종

① **마치종**(馬齒種, 오목씨)

정부(頂部)가 연질이기 때문에 등숙되면서 오목하게 수축되어 말의 이빨처럼 굽어든다. 각질부가 비교적 적고 과피가 두꺼워 식용에는 적합하지 못하나, 이삭이 크고 다수성이어서 사료나 공업원료 등으로 이용된다.

② **경립종**(硬粒種, 굳음씨)

마치종 다음으로 굵고, 마치종보다 조숙이므로 고위도 및 고표고(高標高) 지대에서도 재배할 수 있다. 과피가 다소 얇고 대부분이 각질로 되어 있어 식용으로 많이 쓰이며, 사료 또는 공업원료로도 이용된다. 또한 종자가 단단하고 매끄러우며 윤기가 난다.

③ **폭열종**(爆裂種, 튀김씨)

종실이 작고 대부분이 각질로 되어 있으며 황적색인 것이 많다. 끝이 뾰족한 쌀알형(타원형)과 끝이 둥근 진주형(원형)으로 구별되며, 각질 부분이 많아 잘 튀겨지는 특성을 지니고 있으므로 간식으로 이용된다. 수량은 마치종(사료나 공업원료용으로 수량 최다)의 절반 정도이다.

④ **감미종**(甘味種, 단씨)

감미종은 종자가 성숙할 때 당이 전분으로 합성되는 것을 억제해 주는 유전인자를 가지고 있는 변이종으로 단옥수수와 초당옥수수가 있다. 종실은 성숙하여 건조되면 쭈글쭈글해지고 반투명하다. 당분 함량이 높고 섬유질이 적으며 껍질이 얇기 때문에 쪄 먹는 간식이나 통조림으로 이용된다.

⑤ **연립종**(軟粒種, 가루씨)

종실에 각질부가 없고 연질의 전분만으로 되어 있으며 모양이 둥글고 크기가 중간 정도이며 청자색이 많다.

⑥ **나종**(糯 찰벼 나, 種, 찰씨)

식물체의 모양이 경립종과 비슷하고, 종실의 전분도 각질이라는 점이 경립종과 비슷하지만 그림처럼 유백색(우윗빛)으로 불투명한 점은 경립종과 다르다. 보통 옥수수는 아밀로펙틴의 함량이 78%인데 반하여 찰옥수수는 100%에 가까우므로 찰성을 띄고, 요오드화칼륨을 처리하면 전분이 적색 찰반응을 나타낸다. 우리나라 재래종은 황색도 있지만 일반적으로는 백색찰옥수수가 가장 많다. 나종은 찰기가 있어서 풋옥수수로 수확하여 식용하며, 일반적으로 조숙성이다.

⑦ **아밀로스종**

전분에서 아밀로스 함량이 70~80%로 높아 과자의 포장용으로 이용되는 투명필름을 만든다.

- 마치종은 주로 사료용으로 재배되며 과피가 두꺼운 특성을 지니고 있다. [306]
- 마치종(馬齒種) : 이삭이 크고 다수성이어서 주로 사료나 공업원료 등으로 이용된다. [309]
- 사료용으로 많이 재배되는 옥수수의 종류는 마치종이다. [441]
- 마치종 옥수수는 껍질이 두껍고 주로 사료용으로 이용된다. [310]
- 경립종(硬粒種) : 과피가 다소 얇고 대부분이 각질로 되어 있어 식용으로 많이 쓰이며, 사료 또는 공업 원료로도 이용된다. [309]
- 경립종 옥수수는 종자가 단단하고 매끄러우며 윤기가 난다. [310]
- 폭렬종 [308] : 종실이 잘고 대부분이 각질로 되어 있으며 황적색인 것이 많다. 끝이 뾰족한 쌀알형(타원형)과 끝이 둥근 진주형(원형)으로 구별되며, 각질 부분이 많아 잘 튀겨지는 특성을 지니고 있어 간식으로 이용된다.
- 폭열종은 종자의 크기가 매우 작으며 수량은 마치종(사료나 공업원료용으로 수량 최다)의 절반 정도이다. [306]
- 튀김용 옥수수는 종자가 작고 대부분이 각질로 이루어져 있다. [307]
- 폭렬종(爆裂種) : 각질 부분이 많아 잘 튀겨지며 간식에 이용된다. [309]
- 감미종은 종자가 성숙할 때 당이 전분으로 합성되는 것을 억제해 주는 유전인자를 가지고 있다. [306]
- 단옥수수 및 초당옥수수의 종실은 성숙하여 건조되면 쭈글쭈글해지고 반투명하다. [307]
- 감미종(甘味種) : 당분 함량이 높고 과피가 얇기 때문에 간식이나 통조림으로 이용된다. [309]
- 단옥수수는 섬유질이 적고 껍질이 얇아 식용으로 적당하다. [310]
- 나종의 전분은 대부분 아밀로펙틴으로 구성되어 있다. [306]
- 찰옥수수의 전분은 대부분 아밀로펙틴으로 구성되어 있다. [310]
- 찰옥수수에서 전분의 대부분은 아밀로펙틴으로 구성되어 있다. [2021 지9]
- 우리나라 재래종 찰옥수수는 백색옥수수가 가장 많다. [2021 지9]
- 찰옥수수에 요오드화칼륨을 처리하면 전분이 적색 찰반응을 나타낸다. [2021 지9]
- 찰옥수수는 종자가 불투명하며 대체로 우윳빛을 띤다. [2021 지9]
- 종실전분의 아밀로펙틴 함량은 종실용 옥수수보다 찰옥수수가 많다. [307]
- 당분이 전분으로 전환되는 것을 억제시키는 유전자를 가진 옥수수종과 찰기가 있어서 풋옥수수로 수확하여 식용하는 종을 옳게 짝지은 것은 감미종-나종이다. [310]

2 품종의 분류

1) 방임수분 품종

방임수분 품종은 복합 품종이나 합성 품종에 비해 좋은 특성이 떨어지며, 재래종이 이에 해당한다. 방임수분종 및 교잡종들을 자식하게 되면 후대에서 대(稈)의 길이나 암이삭이 작아지는 자식열세 현상이 나타난다.

2) 복합 품종

다수의 방임수분 품종을 교잡하여 만든 집단을 말한다.

3) 합성 품종 [{(A×B)×(C×D) }×E×F×G]

합성 품종이란 다수의 자식계통을 교잡하여 방임수분시킨 것을 말하는데, 이는 1대 잡종 품종(아래의 자식계통 간 교배종)에 비해 잡종강세의 발현 정도가 낮고 개체 간의 균일성도 떨어진다. 그러나 합성 품종은 조합능력이 높은 여러 계통을 다계교배한 것이므로 세대가 진전되어도 이형 집합성이 높아서 비교적 높은 잡종강세를 유지한다. 또한 유전적 변이 폭이 넓어서 환경 변동에 대한 안정성이 높으므로 영양번식이 가능한 타식성 사료작물에 널리 이용된다. 합성 품종의 초기 육성 과정은 1대 잡종 품종과 유사하고, 후기 육성 과정은 방임 수분 품종과 유사하므로 초기 육성과정에 자식계통의 유지 및 증식, 격리포 채종, 일반 조합능력 검정 등의 조치가 필요하다.

4) 교잡종

① **자식계통 간 교배종 :** 단교배종[A×B], 3계교배종[(A×B)×C], 복교배종[(A×B)×(C×D)]
② **품종계통 간 교배종 :** 방임수분 품종과 합성 품종의 교배종, 복합 품종과 자식계통 간의 교배종
③ **품종 간 교배종 :** 방임수분 품종, 합성 품종, 복합 품종 간의 교배종

상기 분류 중 방임수분 품종, 합성 품종 및 복합 품종은 일반적으로 품종개량(교잡)용으로 쓰이지만 채종기술이 없는 개도국에서는 실용품으로 쓰이기도 한다.

한편 교잡종 중의 품종계통 간 교배종과 품종 간 교배종은 중진국(품종 개량 기술이 초기 단계) 정도에서 사일리지나 종실용으로 이용된다.

우리나라와 같은 초, 초일류(여러분이 곧 임용될 것이기에 "초"자 하나 더, 아첨 중임) 농업선진국에서 사용하는 교잡종이 상기의 자식계통 간 교배종이다. 이 중에서 웅성불임성을 이용하여 F$_1$ 종자를 생산해야 하는 등의 높은 기술이 필요하여 육성하기가 가장 어려운 것이 단교배종(이를 일반적으로 1대 잡종 품종이라 함)인데, 단교배종은 개체 간 유전적으로 차이가 적어 집단 내 개체들은 균일한 생육과 특성을 보인다. 또한 종자생산이 적어 종자값이 비싸지만 균일도나 생산력이 가장 높아서 단옥수수는 거의 모두가 이 방법으로 만든 종자로 생산되며, 경우에 따라서는 사일리지나 종실용으로도 이용된다. 종자회사에서 개발하여 상업적으로 판매하는 품종의 거의 대부분은 단교배종이다.

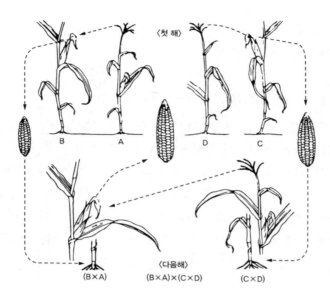

〈첫 해〉

B   A   D   C

〈다음해〉

(B×A)   (B×A)×(C×D)   (C×D)

[옥수수의 복교잡모식도]

복교배종의 종자는 위의 그림처럼 첫 해에 단교잡 2개를 만들고, 다음 해에 생산력이 높은 2개의 단교잡을 이용하여 종자를 생산하기 때문에 생산량이 많아 종자값이 싸기는 하지만 균일도나 생산력이 다소 떨어지고, 육종 과정도 복잡하기 때문에 이용이 줄어들고 있다. 3계교배종은 단교잡종과 복교잡종의 중간적 성격을 지닌다.

이상의 설명으로 기출문제의 범위는 충분히 커버되지만 혹시 심화되거나 확대되는 것에 대비하고, 어려운 내용이 출제되는 재배학에도 대비하기 위하여 상기 "① 자식계통 간 교배종"에 대하여 좀 더 구체적으로 알아본다.

5) 자식계통 간 교배종(단교배종, 3계교배종, 복교배종)

① 자식계통 간 교배를 통하여 생산된 종자를 일반적으로 1대 잡종 품종이라 하며, 1대 잡종 품종의 잡종강세는 이형접합성이 높을 때(양친 간의 유전거리가 멀 때) 크게 나타나므로 동형접합체인 자식계통(자식하면 동형접합체 증가)을 육성하여 잡종 종자 생산을 위한 교배친으로 사용한다.

② 자식계통 육성은 먼저 원집단(자연수분품종)에서 우량개체를 선발한다. 선발개체는 자가수분하여 계통재배를 하고 다시 개체선발하여 자가수분한다. 이와 같이 5~7세대 동안 자가수정을 거듭하면서 동형접합체의 자식계통 A_1, A_2, A_3 ...를 육성한다.

③ 육성한 자식계통은 자식 또는 형매교배(같은 기본 집단에서 유래한 자식계통 간 교배)에

의해 유지하며, 다른 우량한 자식계통과 교배하여 계속적으로 능력(조합능력 등)을 개량한다.

④ 자식계통으로 1대 잡종 품종을 육성하는 방법은 다음과 같다.

   ㉠ 단교배[A×B] : 관여하는 계통이 2개뿐이므로 우량한 조합의 선정이 용이하고, 교배친은 동형접합체이므로 F₁은 분명한 이형접합체가 되어 잡종강세현상이 뚜렷하다. 그러나 교배친(어버이식물)이 동형접합체이므로 생육(발아력 등)이 불량하여 종자의 생산량은 잡종강세육종법 중 가장 적다.

   ㉡ 3원교배[(A×B)×C] : 단교잡을 모본으로, 자식계통을 부본으로 한다. 종자의 생산량이 많고 잡종강세현상도 높으나 균일성이 떨어진다.

   ㉢ 복교배[(A×B)×(C×D)] : 여러 품종의 형질을 한 품종에 모으고자 할 때 사용하는 방법으로 단교배보다 생산성이 떨어지고 생산물의 품질도 균일하지 않으나, 채종량이 많고 환경에 대한 안정성이 크다. 따라서 사료처럼 균일성이 크게 문제되지 않으면 이들을 사용한다. 복교배를 통하여 개발된 종자는 앞에서 설명한 합성 품종이 될 수 있다.

- 방임수분품종은 합성 품종에 비해 개량의 효과가 다소 떨어진다. [304]
- 방임수분종 및 교잡종들을 자식하게 되면 후대에서 대(稈)의 길이나 암이삭이 작아지는 열세현상이 나타난다. [492]
- 합성 품종은 1대 잡종 품종에 비해 잡종강세의 발현 정도가 낮고 개체 간의 균일성도 떨어진다. [304]
- 합성 품종은 단교잡과 복교잡에 의한 F₁에 비하여 생산력이 떨어진다. [304]
- 합성 품종의 초기 육성과정은 1대 잡종 품종과 유사하고, 후기 육성과정은 방임수분 품종과 유사하다. [304]
- 합성 품종은 조합능력이 높은 여러 계통을 다계교배한 것이므로 세대가 진전되어도 이형집합성이 높아서 비교적 높은 잡종강세를 유지한다. [304]
- 합성 품종은 유전적 변이 폭이 넓어서 환경 변동에 대한 안정성이 높다. [304]
- 합성 품종은 영양번식이 가능한 타식성 사료작물에 널리 이용된다. [304]
- 옥수수의 합성 품종 종자생산과 관련이 있는 것 [306] : 자식계통의 유지 및 증식, 격리포 채종, 일반조합능력 검정
- 1대 잡종 품종은 개체 간 유전적으로 차이가 적어 집단 내 개체들은 균일한 생육과 특성을 보인다. [2020 7급]
- 단교잡종이 복교잡종과 비교하여 재배 시 생산력이 높고, 품질의 균일성이 높으며, 잡종강세가 크다. [302]
- 단교잡종자가 복교잡종자에 비하여 균일도가 우수하고 수량성이 높다. [303]
- 복교잡은 단교잡보다 잡종 종자의 균일도가 떨어진다. [311]
- 복교잡이 단교잡보다 종자생산량이 많다. [305]
- 단교잡은 복교잡보다 종자생산량이 적다. [311]

- 옥수수의 복교잡종에 대한 설명 [2021 국9] : 채종작업이 복잡하다(○), 교잡방법은 (A×B)×C이다(×), 채종량이 적다(×), 종자의 균일성이 높다(×).
- 종자회사에서 개발하여 상업적으로 판매하는 품종의 거의 대부분은 단교배종이다. [304]

3 채종

채종 시 열악유전자는 철저히 제거하면서, 잡종강세가 잘 발현되는 종자를 확보하여야 한다.

1) 방임수분품종의 채종

1수1열잔수법(一穗一列殘穗法)을 가미한 집단선발법이 사용되기도 하나 너무 번거롭기 때문에, 격리된 밭에서 우량개체만을 선발하는 집단선발법이나 지력의 불균일성에서 나오는 편향을 줄이기 위한 개량집단선발법이 사용된다. 합성 품종이나 복합 품종의 채종도 이에 준한다.

2) 교잡종의 채종

① 자식계통의 유지 및 증식

순도가 높은 자식계통을 유지하는 일과, 자식계통으로 대면적에서 교잡종자(1대 잡종종자)를 생산할 교배친(交配親)의 종자증식을 하는 일이 교잡종자 생산의 가장 중요한 기본이다. 순도가 높은 자식계통을 유지하기 위해서는 일수일렬법을 적용하여 열악형질의 개체와 이형주(타화수정된 개체 등)를 제거하여야 한다. 또한 자식계통 육성은 우량 개체를 선발해 5~7세대 동안 자가수정을 시키는 방법으로 하며, 자식계통의 유지에는 일반적으로 인공수분을 한다. 자식계통을 유지하는 중에 나타나는 심한 자식열세를 회복시키기 위한 가장 적절한 방법은 형매수분(교배)을 시키는 것이다.

② 채종포의 선정

채종포는 다른 옥수수 밭과 약 400m 이상 떨어져 있고(풍매화이므로), 건조해나 습해가 없는 비옥한 곳이어야 한다.

③ 재식방법

종자친의 비율은 화분친의 능력에 따라 결정되는데, 단교잡이나 3원 교잡처럼 화분친이 자식계통인 경우는 2 : 1 또는 4 : 2의 비율로 심고, 복교잡이나 품종 간 교배 및 단옥수수와 같이 화분친의 능력이 좋은 경우는 3 : 1 또는 6 : 2로 심는다. 화분친은 수분의 임무가 끝나면 역할이 끝나는 것이므로, 수분이 끝나는 대로 제거하는 것이 종자친의 공간을 넓혀서 등숙을 촉진하게 된다. 따라서 우리나라에서는 종자친을 전면적에 재식하고, 종차친의 2~3 열 사이에 화분친을 심고 수정 후 제거함으로써, 종자친의 채종량을 늘리는 웅주간파(雄株間

播)법을 이용하기도 한다.

④ **제웅**

제웅은 통상 숫이삭이 개화하기 전에 실시하는데, 숫이삭의 개화는 오전 10~11시에 가장 왕성하게 이루어지므로 아침 일찍 숫이삭을 제거하는 것이 유리하다.

⑤ **관리**

자식계통은 생육이 빈약하므로 충분한 시비, 배수, 제초, 병해충 방제 등의 관리에 힘써야 하고, 이형 개체는 빨리, 늦어도 개화 전에는 제거하여야 한다.

- 순도가 높은 자식계통을 유지하고 대면적에서 교잡종자를 생산할 교배친의 종자증식이 교잡종자 생산의 기본이 된다. [312]
- 순도가 높은 자식계통을 유지하기 위해 일수일렬법을 적용하여 열악형질 개체와 이형주를 제거한다. [312]
- 자식계통의 유지에는 일수일렬법을 적용하여 열악형질의 제거는 물론 타화수정된 개체를 제거해야 한다. [313]
- 자식계통의 유지에는 일반적으로 인공수분을 하게 된다. [313]
- 자식계통 육성은 우량 개체를 선발해 5~7세대 동안 자가수정을 시킨다. [311]
- 옥수수 자식계통을 유지하는 중 자식열세를 회복시키기 위한 가장 적절한 방법은 형매수분(sib pollination)을 시키는 것이다. [302]
- 자식열세가 심한 경우에는 형매수분을 하여 세력을 회복시키기도 한다. [312]
- 자식열세가 심한 경우에는 형매교배하여 세력을 회복시킨다. [313]
- 채종포는 다른 옥수수 밭과 약 400m 이상 떨어져 있고(풍매화이므로), 비옥한 곳이어야 한다. [313]
- 채종포는 다른 옥수수밭과 400m 이상 격리시키고, 건조하지 않고 습해가 없는 곳을 선택한다. [312]
- 품종의 특성 유지를 위해 다른 옥수수밭과는 400m 이상의 이격거리를 두는 것이 안전하다. [517]
- 웅성불임성을 이용하여 F_1 종자를 생산한다. [503]
- 우리나라 옥수수 보급종 생산방식은 종자친 2열마다 화분친 1열씩 파종하여 생산한다. [2021 지9]
- 단교잡에서 종자친과 화분친의 비율은 2 : 1로 심는다. [313]
- 복교잡에서 재식 시 종자친과 화분친의 비는 3 : 1 또는 6 : 2로 한다. [311]
- 단교잡에 비해 복교잡에서 종자친 계통의 재식비율을 높게 한다. [312]
- 화분친은 수분의 임무가 끝나면 역할이 끝나는 것이므로, 수분이 끝나는 대로 제거하는 것이 종자친의 공간을 넓혀서 등숙을 촉진하게 된다. [312]
- 제웅은 통상 숫이삭이 개화하기 전에 실시한다. [312]
- 자식계통은 생육이 빈약하므로 관리에 힘써야 하고, 이형개체는 빨리 제거하여야 한다. [312]

Ⅵ 환경

1 기상

35℃ 이상의 고온에서는 꽃가루가 12시간 내에 사멸한다. 한편 옥수수에서 가뭄에 의한 피해는 출수·개화기 전후 약 1개월간의 기간에 가장 심하다.

2 토양

옥수수는 토양적응성이 높아 사양토~식양토에서도 잘 자라며, 토양반응은 pH 5.5~8.0이 알맞지만, 산성과 알칼리성 토양 모두에 대한 적응성이 수수처럼 높다.

- 옥수수에서 가뭄에 의한 피해는 출수·개화기 전후 약 1개월간의 기간에 가장 심하다. [348]
- 옥수수 생육에 알맞은 토양은 대체로 pH 5.5~8.0이며, 산성과 알칼리성 토양에 대한 적응성이 높다. [323]

Ⅶ 재배

1 작부 체계

옥수수는 연작을 해도 기지현상이 크지 않으므로 윤작을 매년 실시할 필요는 없으나, 콩과 작물과 윤작하면 좋다.

2 종자

교잡종의 종자는 종자검사기관의 검사를 거친 것이다.

3 파종

① **경운 및 정지** : 심경의 증수 효과는 다비가 수반되어야 하며, 3년째부터 나타난다.

② **파종기** : 출아 직후의 어린 옥수수는 생장점이 지하에 있어 늦서리의 피해를 입더라도 재생하여 생육에 별 영향이 없으므로 일찍 심는 것이 좋다.

4 시비

옥수수는 흡비력이 강하고 거름에 대한 효과가 크므로 척박한 토양에서도 시비량에 따라 많은 수량을 올릴 수 있다. 인산과 칼리의 전량 및 질소의 반량은 기비로 사용하며, 질소의 나머지 반은 전개엽수가 7~8엽기(표고 50cm 정도)일 때 추비로 사용한다. 한편 토양의 비옥도나 양분 및 수분의 보유력을 크게 하기 위하여 유기질 비료를 충분히 사용해야 하고, 개간지에서는 특히 인산질 비료의 효과가 크므로 이를 많이 주어야 한다. 종실수량을 목적으로 한 교잡종 옥수수의 경우 질소시비량은 재래종에 비해 많아야 한다.

5 제초

광엽잡초에는 시마진, 화본과 잡초에는 라쏘 제초제가 효과적이다.

6 병해충 방제

① **병해**

㉠ 깜부기병 : 암이삭, 숫이삭, 줄기, 잎 등에 광택이 있는 흰 껍질로 싸인 혹 같은 것이 생기는데, 뒤에 터져서 검은 부분이 나출되고 검은 가루가 나온다.

㉡ 그을음무늬병 : 깨씨무늬병보다 서늘한 조건인 산간지대에서 많이 발생한다.

㉢ 깨씨무늬병 : 그을음무늬병과 깨씨무늬병은 진균병으로 7~8월에 많이 발생한다.

㉣ 검은줄오갈병 : 검은줄오갈병은 온도와 습도가 높은 곳에서 발생하는 바이러스병으로, 애멸구에 의해 매개되며, 식물체의 마디 사이가 짧아지고, 잎이 농록색으로 변하며, 초장이 작아지는 옥수수의 병이다.

② **충해**

㉠ 조명나방 : 조명나방 유충은 줄기나 종실에도 피해를 주며 침투성 살충제를 뿌려주면 효과적이다.

㉡ 멸강나방 : 멸강나방 유충은 떼를 지어 다니며 주로 밤에 식물체를 폭식하여 피해를 끼친다. (밤에 떼 지어 다니며 폭식하지 마세요. 중국발 비래해충인 멸강나방 닮아요.)

7 수확 및 조제

황숙기의 끝 무렵에 종실의 밑부분을 제거해 보면 검은 층이 발달되어 있는 것을 볼 수 있는데, 이 시기를 생리적 성숙기라 하며, 생리적 성숙기부터 양분의 이동이 차단되므로 생리적 성숙기가 지난 후에는 양분은 가지 않고 종실의 수분 함량도 감소하므로 건물중은 계속 감소한다.

따라서 빨리 수확할수록 수확량은 많을 것이나, 수분이 너무 많기 때문에 종실용 옥수수는 생리적 성숙기로부터 1~2주 지나서 수분 함량이 50% 정도일 때(황숙기 후반) 수확하는 것이 좋다. 그러나 풋옥수수로 이용하는 찰옥수수는 생리적 성숙기 1~2주 전인 유숙기(출사 후 20~25일경)에 수확하는 것이 적합하고, 사일리지용 옥수수는 황숙기 전반에 수확하는 것이 좋다. 수분 함량이 16% 이하가 되도록 건조하여 정선한 다음 작석(곡식을 섬에 담아서 한 섬씩 만듦)하여 보관한다.

- 옥수수는 연작을 해도 기지현상이 크지 않으므로 윤작을 매년 실시할 필요는 없다. [305]
- 단옥수수를 이랑사이 40cm, 포기 사이 25cm로 1개체씩 심고자 할 때, 10a당 개체 수[314] : $1,000\text{m}^2/(40\times25)\text{cm}^2$
- 옥수수는 흡비력이 강하고 거름에 대한 효과가 크다. [314]
- 옥수수는 거름에 대한 효과가 크므로 척박한 토양에서도 시비량에 따라 많은 수량을 올릴 수 있다. [532]
- 토양의 비옥도나 양분 및 수분의 보지력을 크게 하기 위하여 유기질 비료를 충분히 시용해야 한다. [314]
- 인산과 칼리의 전량 및 질소의 반량은 기비로 시용하며, 질소의 나머지 반은 전개엽수가 7~8엽기(표고 50cm 정도)일 때 추비로 시용한다. [314]
- 종실수량을 목적으로 한 교잡종 옥수수의 경우 질소시비량은 재래종에 비해 많다. [314]
- 그을음무늬병과 깨씨무늬병은 진균병으로 7~8월에 많이 발생한다. [315]
- 검은줄오갈병은 온도와 습도가 높은 곳에서 발생하는 바이러스병이다. [315]
- 애멸구에 의해 매개되며, 식물체의 마디 사이가 짧아지고, 잎이 농록색으로 변하며, 초장이 작아지는 옥수수의 병은 검은줄오갈병이다. [315]
- 조명나방 유충은 줄기나 종실에도 피해를 주며 침투성 살충제를 뿌려주면 효과적이다. [315]
- 멸강나방 유충은 떼를 지어 다니며 주로 밤에 식물체를 폭식하여 피해를 끼친다. [315]
- 옥수수는 생리적 성숙기부터 양분의 이동이 차단된다. [316]
- 생리적 성숙기 이후에 종실의 수분 함량이 감소하므로 건물중도 감소한다. [316]
- 종실용 옥수수는 수분 함량이 50% 정도일 때 수확한다. [510]
- 풋옥수수로 이용하는 찰옥수수는 생리적 성숙기 1~2주 전인 유숙기(출사 후 20~25일경)에 수확하는 것이 적합하다. [316]
- 엔실리지용 옥수수는 생리적 성숙기(황숙기)에 수확해야 한다. [316]
- 옥수수의 출사 후 수확이 빠른 순[532] : 단옥수수 → 사일리지용 옥수수→ 종실용 옥수수

VIII 특수 재배

1 사일리지용 옥수수 재배

① 품종

종실용으로 수량이 많은 품종은 사일리지용으로서도 수량이 많으므로 품종 선택에 큰 차이는 없으나, 사일리지용은 종실용보다 빨리 수확하므로 숙기가 다소 늦어도 무방하다. 또한 사일리지용은 종실용보다 밀식하기 때문에 도복과 병(특히 검은 줄 오갈병) 발생이 많아 불리하다.

② 파종기

종실용에 준하되 되도록 빨리 파종하는 것이 좋다.

③ 재식 밀도

일반적으로 보통 종실용보다 20~30% 밀식한다. 과도한 밀식은 도복과 병 발생을 유발한다.

④ 시비량

사일리지용 옥수수는 생육기간은 짧아도 밀식이므로 시비량은 종실용에 준하거나 10~20% 증비한다.

⑤ 수확기

생초 수량은 유숙기나 호숙기에 가장 높지만 건물수량(建物收量)이나 가소화 양분수량은 생리적 성숙 단계인 황숙기에 가장 많고, 이때의 수분 함량이 사일리지 제조에 적합하다.

2 단옥수수 재배

① 품종

일단 단옥수수와 초당형 옥수수로 크게 나눌 수 있다.

② 파종기 · 육묘 및 정식

옥수수는 이식 적응성이 낮으므로 이식 시에는 반드시 포트에서 키워 본엽이 4~5매일 때 정식해야 한다.

③ 곁가지 치기

곁가지가 양분을 손실시키지는 않으므로 따 줄 필요는 없다.

④ **수확**

단옥수수는 출사 후 20~25일경에 수확하는데, 너무 늦게 수확하면 당분 함량이 떨어지고, 너무 일찍 수확하면 알이 덜 찬다. 단옥수수는 온도가 낮은 아침 일찍 수확하여 출하해야 하고, 냉동저장을 하지 않는 경우에는 수확 후 30시간 이내에 식용으로 하거나 가공하는 것이 좋다.

단옥수수는 생리적 성숙기로부터 1~2주 전인 유숙기(양분 이동이 활발히 이루어지는 시기)에 수확하며, 초당옥수수는 단옥수수보다 단맛과 수분이 많으므로 단옥수수보다 2~3일 늦게 수확해도 된다.

- 사일리지용 옥수수는 종실용보다 빨리 수확하므로 숙기가 다소 늦어도 무방하다. **(317)**
- 사일리지용 옥수수는 종실용보다 밀식하기 때문에 병 발생이 많아 불리하다. **(317)**
- 사일리지용 옥수수도 종실용에 준하여 파종은 되도록 빨리 하는 것이 좋다. **(317)**
- 사일리지용 옥수수는 생육 기간은 짧아도 밀식이므로 시비량은 종실용에 준거나 10~20% 증비한다. **(317)**
- 단옥수수는 출사 후 20~25일경에 수확하는데, 너무 늦게 수확하면 당분 함량이 떨어진다. **(352)**
- 단옥수수는 출사 후 20~25일경에 수확한다. **(317)**
- 식용 단옥수수는 수확 적기가 지나면 당분 함량이 떨어진다. **(298)**
- 단옥수수는 온도가 낮은 아침 일찍 수확한다. **(317)**
- 단옥수수를 수확하여 냉동저장을 하지 않는 경우에는 수확 후 30시간 이내에 가공하는 것이 좋다. **(457)**
- 단옥수수는 생리적 성숙기로부터 1~2주 전인 유숙기에 수확한다. **(317)**
- 단옥수수는 양분이동이 활발히 이루어지는 유숙기에 수확한다. **(317)**

메 밀

1 기원

1 식물적 기원

메밀은 마디풀과이며, 잡곡류에 속하는 일년생 쌍떡잎식물이고, 학명이 Fagopyrum esculentum이다.

2 지리적 기원

바이칼호가 원산지이다.

2 생산 및 이용

1 생산

메밀은 서리에는 약하나 생육 온도가 20~25℃이므로 서늘한 기후에 알맞고, 생육 기간도 짧아 (60~80일) 고위도(70°N)와 고표고지대(히말라야에서는 4,300m)까지 적응한다. 우리나라의 경우 잡곡류 중 옥수수 다음의 재배면적을 가지고 있다.

2 이용

1) 일반 성분

메밀은 구황작물로 이용되어 왔던 쌍떡잎식물로, 종실의 주성분은 전분이지만 단백질도 많이 함유(12~15%)되어 있고 라이신(5~7%)을 포함한 아미노산 구성이 좋으며, 비타민도 많이 들어 있어서 훌륭한 식품이다. 특히 메밀의 영양 성분은 호분층을 가진 벼 등과 달리 열매 중에 영양

성분이 균일하게 분포하여 제분 시에 영양분 손실이 적은 것도 장점이다.

메밀 종실의 중심부만으로 가루를 만들면 가루 색깔이 희지만 가루를 많이 낼수록 검어지는데, 과거에는 제분기술이 미흡하여 검게 할 수밖에 없었지만, 그것이 관행이 되어 희게 만들 수 있는 지금도 검은 메밀국수를 진짜라고 생각해서 검은 것을 선호한다고 한다. 여하튼 메밀은 주로 가루를 만들어 이용하므로 품질요소 중 정립(整粒)이 중요한 것은 아니다. 따라서 현미, 콩, 팥, 옥수수(팝콘용) 등과는 달리 메밀에는 농산물 표준규격 항목에 정립이 없고, 쌀에서의 정립이란 피해립, 사미, 착색립, 미숙립, 뉘, 이종곡립, 이물 등을 제거한 낟알을 말한다.

2) 루틴

메밀에는 루틴도 들어있는데, 루틴은 항산화물질로 혈관벽을 튼튼히 하며 혈압강하제 등으로 쓰인다. 메밀에서 루틴 함량은 잎 > 줄기 > 뿌리의 순으로 많고, 개화가 되면 루틴의 68%가 꽃에 존재한다. 즉, 보통 메밀의 루틴 함량은 개화 시 꽃에서 가장 높다. 일반적으로 루틴 함량은 여름메밀이 가을메밀보다 높다. 특히 쓴메밀의 루틴 함량은 보통메밀에 비해 20~70배 정도로 매우 높다.

껍질 부분에 약간 유해한 물질(살리실아민, 벤질아민)도 있는데, 이는 무가 제독을 시키므로 막국수에는 무생채가, 메밀국수엔 무즙이 달려 나온다.

여러분이 잘난 체 할 수 있게 하려고 찾은 정보이다. 잘난 체 무지하시길...

3) 기타

메밀은 대파작물, 경관식물이며, 꽃에 밀선이 잘 발달되어 있어 밀원식물로도 이용된다. 어린잎은 채소로도 이용할 수 있고, 메밀깍지를 베갯속으로 이용하면 부부금슬이 좋아지고, 머리가 맑아지는 등 만병통치(?)라 한다. 메밀농사 지으려고 밑밥 놓는 중...

- 서리에는 약하나 생육기간이 짧으며 서늘한 기후에 잘 적응한다. [325]
- 생육온도는 20~25℃, 재배기간은 60~80일 정도이다. [328]
- 메밀은 마디풀과이며 쌍떡잎식물이다. [321]
- 메밀은 잡곡류에 속하는 일년생 쌍떡잎식물이다. [322]
- 메밀은 구황작물로 이용되어 왔던 쌍떡잎식물이다. [524]
- 종실의 주성분은 전분이지만 단백질도 많이 함유되어 있고 아미노산 구성이 좋아서 훌륭한 식품이다. [319]
- 종실 중에 영양 성분이 균일하게 분포하여 제분 시에 영양분 손실이 적다. [319]
- 현미, 콩, 팥, 옥수수(팝콘용), 메밀에 공통적으로 적용되는 농산물 표준규격 항목이 아닌 것 : 정립 [332]

- 메밀에는 루틴 성분이 함유되어 있어 혈압강하제로도 쓰인다. [341]
- 보통메밀의 루틴 함량은 개화 시 꽃에서 가장 높다. [549]
- 일반적으로 루틴 함량은 여름메밀이 가을메밀보다 높다. [329]
- 메밀 종실의 루틴 함량은 여름메밀 품종이 가을메밀 품종에 비하여 높다. [323]
- 가을메밀 품종보다 여름메밀 품종의 루틴 함량이 많다. [322]
- 메밀에서 루틴은 식물체의 각 부위에 존재하며 쓴메밀의 루틴 함량은 보통메밀에 비해 매우 높다. [349]
- 대파작물, 경관식물 및 밀원식물로도 이용된다. [319]
- 꽃에 밀선이 잘 발달되어 있는 밀원식물이다. [329]
- 대파작물로 유리하고, 루틴 함량이 높다. [330]
- 메밀꽃은 좋은 밀원이 되며, 어린 잎은 채소로도 이용할 수 있다. [329]

3 형태

1 종실

종실은 주로 곡물로 이용되나 식물학적으로 수과(瘦果)인 과실로, 대개 3각능형이다. 다음 그림에서 보듯이 종자는 과피로 싸여 있고, 그 속의 종자는 종피로 싸여 있는데, 종자는 배와 배유로되어 있다. 배에는 S자형으로 접혀진 자엽이 있다. 메밀은 지방도 적은데, 땅콩, 옥수수, 고추 등과같이 단명 종자이다.

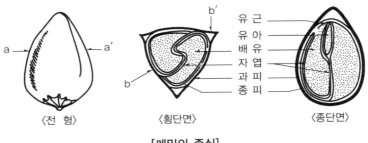

[메밀의 종실]

2 뿌리

발아할 때 1본의 유근이 발생한다.

3 줄기 및 잎

줄기는 속이 비어 있어 연약하다. 초생엽과 하부의 1, 2엽은 대생하지만 그 위의 잎은 호생한다.

4 꽃

메밀은 자웅동주이며 양성화를 가지는데, 오른쪽의 그림처럼 줄기 끝이나 엽액에서 짧은 기병이 나와 꽃이 착생한다. 쌍자엽식물이라 수술은 8개이고, 암술머리는 3갈래로 갈라졌으며, 암술과 수술의 기부에 밀선이 있어 꿀을 분비한다.

[메밀]

메밀꽃에는 암술대가 수술보다 긴 장주화와 암술대가 수술보다 짧은 단주화가 있으며, 드물게는 양자의 길이가 비슷한 자웅예동장화(雌雄蘂同長花)도 있다. 메밀의 꽃은 동일 품종이라도 장주화와 단주화가 반반씩 생기는 이형예 현상을 보이며, 메밀은 이형예 현상에 기반한 자가불화합성을 나타낸다. 자가불화합성은 타식을 확보하기 위한 식물의 현명한 꾀이므로 메밀은 당연히 타화수분이 원칙이다. 자식성 식물도 타식성 식물의 자가불화합성과 기본적으로 유사한 기능을 수행하는 무엇이 있는데 그게 뭐예요? 그리고 왜들 그래요? 타식에서는 자가불화합을 하고, 자식에서는 그것을 하는 이유가 뭐냐고요?

- 종자가 주로 곡물로 이용되나 식물학적으로는 과실(achene)이다. [319]
- 땅콩, 메밀, 벼, 옥수수 중에서 실온에 저장하는 경우 수명이 가장 긴 것은 벼이다. [2021 지9]
- 메밀은 자웅동주이며 양성화를 가진다. [322]
- 메밀의 꽃은 동일 품종이라도 장주화와 단주화가 반반씩 생기는 이형예 현상을 보인다. [335]
- 메밀은 동일한 품종에서도 장주화와 단주화가 섞여있다. [327]
- 메밀은 장주화와 단주화가 거의 반반씩 섞여 있는 이형예 현상을 나타낸다. [319]
- 메밀에는 암술대와 수술의 길이가 다른 이형예 현상(heterostylism)이 나타난다. [325]
- 동일품종에서도 장주화와 단주화가 섞여있는 이형예 현상이 나타난다. [325]
- 보통메밀은 대부분 자웅이형예화(雌雄異型蕊花)이다. [549]
- 메밀은 양성화이며, 자가불화합성을 나타낸다. [326]
- 장주화와 단주화가 공존하는 이형예형태이며 타화수분이 원칙이다. [320]

4   생리 및 생태

1 발아 온도

발아 온도는 최저 0~4.8℃, 최적 25~31℃ , 최고 37~44℃이다.

2 개화

메밀은 일반적으로 한 포기에서 위로 올라가며 개화하는데, 한 포기의 개화기간은 20~30일 정도이며, 온도가 높은 것이 수정에 불리하다. 일반적으로 오전에 개화하고, 수정되지 않은 꽃은 다음날 다시 개화한다.

3 기상생태형

메밀은 단일 식물이므로 개화는 12시간 이하의 단일에서 촉진되고, 13시간 이상의 장일에서 지연되며, 개화기에는 체내의 C/N율이 높아진다. 메밀의 생태형은 여름생태형, 가을생태형 및 중간형으로 구분한다. 생육기간이 짧은 북부나 산간지역에서는 주로 여름메밀을 재배하는데, 여름생태형은 일장보다 온도에 감응한다. 가을메밀은 주로 남부나 평야지에서 재배하며, 온도에 비해 일장에 민감하게 반응한다.

- 메밀은 일반적으로 한 포기에서 위로 올라가며 개화한다. **[325]**
- 한 포기의 개화기간은 20~30일 정도이며, 온도가 높은 것이 수정에 불리하다. **[320]**
- 메밀은 개화 후 수정되지 않은 꽃은 다음날 다시 개화한다. **[330]**
- 메밀의 개화는 12시간 이하의 단일에서 촉진되고 13시간 이상의 장일에서 지연된다. **[324]**
- 개화는 12시간 이하의 단일에서 촉진되며 13시간 이상의 장일에서는 지연된다. **[320]**
- 메밀은 단일조건에서 개화가 촉진되고, 장일조건에서 개화가 지연된다. **[322]**
- 메밀은 단일조건에서 개화가 촉진된다. **[323]**
- 메밀은 12시간 이하의 단일에서 개화가 촉진된다. **[326]**
- 메밀은 일장이 12시간 이하의 단일조건에서 개화가 촉진된다. **[339]**
- 메밀은 개화기에 체내의 C/N율이 높아진다. **[326]**
- 개화기에는 체내 C/N율이 높아진다. **[321]**
- 메밀의 생태형은 여름생태형, 가을생태형 및 중간형으로 구분된다. **[319]**
- 생육기간이 짧은 북부나 산간지역에서는 주로 여름메밀을 재배한다. **[320]**

- 서늘한 기후가 알맞으며 산간지방에서 많이 재배된다. [330]
- 여름메밀은 생육기간이 짧은 북부나 산간부에서 재배된다. [327]
- 여름생태형은 일장보다 온도에 감응한다. [321]
- 가을메밀은 주로 남부나 평야지에서 재배한다. [323]
- 가을메밀은 온도에 비해 일장에 민감하게 반응한다. [321]

4 수정 및 결실

1) 수분 및 수정의 일반 특성

메밀은 일반적으로 곤충에 의해 수분이 일어나는 타화수정을 하므로 보통은 잡종성인데, 자가불화합성을 가진다. 위에서 했지요? 답도 하셨어요?

2) 적법수분과 부적법수분

메밀의 수정은 장주화와 단주화, 즉 이형화 사이의 수분에서 잘 이루어지므로 이를 적법수분이라 하고, 동형화 사이의 수분에서는 수정이 잘 안 되어 부적법수분이라 한다.

3) 온도와 수정

고온에서는 임실이 나빠지고, 주, 야의 온도를 5℃ 이하로 하면 임실이 조장된다.

- 메밀은 일반적으로 곤충에 의해 수분이 일어나는 타화수정을 한다. [319]
- 메밀은 일반적으로 곤충에 의해 수분이 일어나는 타화수정을 한다. [325]
- 보통메밀(Fagopyrum esculentum)은 타가수정작물이다. [321]
- 수정은 충매에 의한 타화수정을 한다. [327]
- 메밀은 타가수정 작물이다. [321]
- 메밀은 타가수정 작물이다. [323]
- 타화수정을 원칙으로 하므로 보통은 잡종성이다. [329]
- 메밀은 자가불화합성을 가진 타식성 작물이다. [319]
- 메밀의 수정은 장주화와 단주화, 즉 이형화 사이의 수분에서 잘 이루어진다. [325]
- 메밀에서 장주화와 단주화 간 수분은 적법수분이다. [323]
- 장주화와 단주화 사이의 수분은 적법수분이 된다. [327]
- 수정은 타화수정을 하며, 이형화 사이의 수분을 적법수분이라고 한다. [325]
- 메밀은 타화수정을 하며 이형화 사이의 수분에서 수정이 잘된다. [326]
- 수정은 동형화보다는 이형화에서 잘된다. [328]
- 메밀은 이형화 사이의 수분에서는 수정이 잘 된다. [321]

5 환경

메밀의 생육적온은 20~31℃이지만 임실에는 17~20℃가 알맞고, 밤과 낮의 일교차가 클 때 수정 및 결실이 좋고, 고온다습한 환경에서는 착립과 종실 발육이 불량해진다. 메밀은 밤낮의 기온차가 큰 것이 임실에 좋고, 서늘한 기후가 알맞으며, 내건성도 강하고 새나 띠 등의 독성초에도 강하므로 산간 개간지에서 많이 재배된다.

메밀은 흡비력이 강하고 칼륨의 흡수량이 많으며 토양적응성이 높다. 또한 내건성이 높고, 병해충의 발생이 적다. 한편 재배에 알맞은 토양 산도는 pH 6.0~7.0이나, 산성 토양에 강하다.

6 재배

1 작부 체계

보통메밀은 우리나라 평야지대에서는 겨울작물이나 봄작물의 후작으로 유리하다. 메밀밭에서는 충해가 적어 무, 배추 등을 혼작하기도 한다.

2 병충해 방제

메밀에는 비교적 병충해가 적지만 흰가루병과 멸강나방의 피해가 발생하기도 한다.

3 수확 및 조제

메밀은 성숙하면 검어지고 굳어지는데, 여문 종실은 떨어지기 쉬우므로 70~80%가 검게 성숙하면 수확한다.

- 메밀의 생육적온은 20~31℃이지만 임실에는 17~20℃가 알맞다. [326]
- 메밀은 밤과 낮의 일교차가 클 때, 수정 및 결실이 좋다. [321]
- 낮과 밤의 일교차가 클 때 수정과 결실이 좋아진다. [328]
- 메밀의 임실적온은 17~20℃이고, 일교차가 큰 것이 임실에 좋다. [325]
- 고온다습한 환경에서는 착립과 종실발육이 불량해진다. [328]

- 메밀은 밤낮의 기온 차가 큰 것이 임실에 좋고, 서늘한 기후가 알맞으며 산간 개간지에서 많이 재배된다. [334]
- 메밀은 서늘한 기후를 좋아하고, 산간지방에서 재배하기에 알맞다. [329]
- 메밀은 생육 적온이 20~31℃이고 내건성이 강하여 가뭄 때의 대파작물로 이용된다. [296]
- 적산온도 : 벼 > 추파맥류 > 봄보리 > 메밀 [330]
- 잡곡에서 생육에 필요한 적산온도가 가장 낮은 작물은 Fagopyrum esculentum이다. [331]
- 보통메밀은 흡비력이 강하다. [549]
- 메밀은 칼륨의 흡수량이 많고 내건성이 강하다. [331]
- 메밀은 내건성과 흡비력이 강하고 병해충의 발생이 적다. [330]
- 메밀은 토양적응성이 높다. [500]
- 재배에 알맞은 토양 산도는 pH 6.0~7.0이나, 산성 토양에 강하다. [329]
- 메밀은 산성 토양에 강하다. [500]
- 토양의 pH와 이형예 현상은 아무 관련이 없다. [329]
- 보통메밀은 우리나라 평야지대에서는 겨울작물이나 봄작물의 후작으로 유리하다. [549]
- 여문 종실은 떨어지기 쉬우므로 70~80%가 성숙하면 수확한다. [329]
- 메밀은 종실의 75~80% 정도가 검게 성숙했을 때 수확한다. [510]

수 수

1 기원

1 식물적 기원

학명은 Sorghum bicolor이다.

2 지리적 기원

원산지는 아프리카의 이디오피아와 수단 부근이다.

2 형태

1 종실

종실은 영과이며, 단단하고 광택이 있는 호영으로 싸여 있고, 중간껍질에 종종 전분입자가 함유되어 있다.

2 뿌리

종근은 1본이고 제4엽이 신장할 때부터 최하위절에서 관근이 발달한다.

3 줄기 및 잎

줄기는 장간인 경우 6m에 달한다. 엽설은 있으나 엽이는 없다.

4 이삭

수경의 절수는 약 10마디인데, 각 마디에서 5~6개의 지경이 윤생하고, 다시 2~3차 지경이 착생하여 소수가 달린다. 한 이삭의 입수는 1,500~4,000립이다.

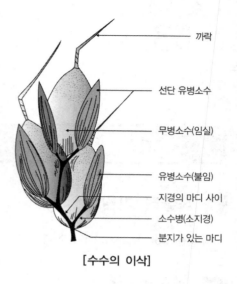

- 까락
- 선단 유병소수
- 무병소수(임실)
- 유병소수(불임)
- 지경의 마디 사이
- 소수병(소지경)
- 분지가 있는 마디

[수수의 이삭]

5 소수

수수의 작은 이삭에는 유병소수와 무병소수가 쌍을 지어 붙어 있으며, 무병소수에는 종자가 달리고, 유병소수에는 종자가 달리지 않는다. 무병소수는 1쌍의 큰 받침껍질에 싸여 바깥껍질만의 퇴화화와 임실되는 완전화가 들어 있어 종자가 달린다. 유병소수는 1쌍의 좁고 긴 받침껍질에 싸여 바깥껍질만의 퇴화화와 암술이 없는 수꽃이 들어 있어 임실하지 못한다.

6 꽃

수술은 3개이고 암술머리는 갈라져 있으며 1쌍의 인피가 있다.

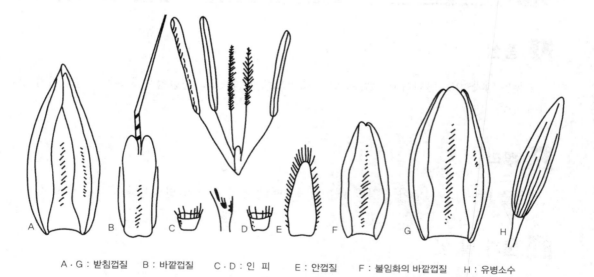

A·G : 받침껍질   B : 바깥껍질   C·D : 인 피   E : 안껍질   F : 불임화의 바깥껍질   H : 유병소수

[수수의 무병소수 세부구조 및 유병소수]

3 생리 및 생태

1 발아온도

발아온도는 최저 6~7℃, 최적 32~33℃, 최고 44~45℃이다.

2 분얼

청예전용 수수인 수단그라스나 존슨그라스를 제외한 수수는 분얼성이 작은데도, 분얼 간의 이삭은 대부분 결실하지 못한다. 따라서 분얼에서 수량을 기대할 수는 없다.

3 내건성

수수의 내건성은 극히 강한데 그 원인은 다음과 같다.
① C_4 식물이므로 내건성이 매우 강하다.
② 잔뿌리의 발달이 좋고 심근성이다.
③ 요수량이 300g 정도로 적다.
④ 잎과 줄기의 표피에 각질이 발달되어 있고 피랍(被蠟)이 많기 때문에 수분증산이 적다.
⑤ 기동세포가 발달하여 가뭄 시 엽신이 말려 수분증산이 억제된다.

4 개화 및 수정

출수 후 3~4일에 이삭 끝부분부터 개화하기 시작하여 4~6일에 개화성기에 달하고, 한 이삭의 개화에는 10~15일이 걸린다.
수수는 자가수정을 원칙으로 하지만 자연교잡률이 2~10% 정도 또는 그 이상인 경우도 있다.

5 웅성불임의 이용

수수는 유전적 및 세포질적 웅성불임을 이용한 1대 잡종의 재배가 가능하다.
앞(2장 메밀의 꽃)에서 물어본 질문("그게 뭐에요")에 대한 답이 여기(웅성불임) 있지요? "그것을 하는 이유가 뭐냐?"는 질문은 아직 해결되지 않았습니다. 답은 재배학(심화이론 과정)에 있는데, 좀 철학적 내용으로 시험에는 안 나옵니다. 저 같으면 찾아보지요.

- 수수-Sorghum bicolor [333]
- 옥수수와 수수는 발아하면 1개의 종근이 먼저 나오고 이후 관근이 발생한다. [2020 7급]
- 수수의 작은 이삭에는 유병소수와 무병소수가 쌍을 지어 붙어 있으며, 무병소수에는 종자가 달리고, 유병소수에는 종자가 달리지 않는다. [335]
- 수수는 분얼성이 작은데도 분얼 간의 이삭은 대부분 결실하지 못한다. [324]
- 수수는 C_4 식물이며 내건성이 매우 강하다. [524]
- 옥수수와 수수는 C_4 식물에 속한다. [2020 7급]
- 근계는 잔뿌리의 발달이 좋고 심근성이다. [338]
- 수수는 잔뿌리의 발달이 좋고 심근성이며 요수량이 적고 기동세포가 발달했다. [334]
- 수수는 뿌리의 발달이 좋고, 심근성이어서 요수량이 밀보다 적다. [340]
- 요수량이 300g 정도로 작아 가뭄에 견디는 힘이 강하다. [338]
- 잎과 줄기의 표피에 각질이 잘 발달되어 있고 피납이 많아 수분증산이 적다. [338]
- 기동세포가 발달하여 가뭄 시 엽신이 말려 수분증산이 억제된다. [338]

- 수수는 잎에 기동세포가 잘 발달하여 한발에 강하다. [340]
- 수수의 내건성을 강하게 하는 원인[336] : 잔뿌리의 발달이 좋고 심근성이다. 요수량이 적다. 잎과 줄기의 표피에 각질이 발달되어 있고 피랍(被蠟)이 많다. 기동세포가 발달하여 가뭄 시 엽신이 말린다.
- 수수는 자가수정을 원칙으로 하지만 자연교잡률이 2~10% 정도 또는 그 이상인 경우도 있다. [323]
- 수수는 자가수정작물이며, 자연교잡률이 5% 정도로 높다. 자가수정작물 중 제일 높다. [326]
- 옥수수와 수수는 화본과의 타식성과 자식성 작물이다. [2020 7급]
- 수수는 유전적 웅성불임을 이용한 1대 잡종의 재배가 가능하다. [339]

4 재배종 수수의 분류

① 곡용 수수 : 곡용 수수는 알곡 생산을 목적으로 한다.
② 당용 수수 : 줄기에 단 즙액이 풍부하여 사일리지나 청예용에 알맞고, 물엿의 생산에도 이용된다.
③ 청예용 수수 : 수단그라스와 존슨그라스가 이에 속한다.
④ 소경수수(장목수수) : 이삭의 지경이 특히 발달되어 빗자루를 만드는데 이용된다.

5 환경

수수는 열대원산으로 고온·다조한 지역에서 재배하기에 알맞고 내건성이 특히 강하다. 옥수수보다 저온에 대한 적응력이 낮지만 고온에 잘 견뎌 40~43℃에서도 수정이 가능하다. 한편 20℃ 이하에서는 생육이 늦으며, 무상기간 90~140일을 필요로 한다. 수수는 배수가 잘되고 비옥하며 석회 함량이 많은 사양토부터 식양토까지가 알맞다. 강산성 토양은 알맞지 않지만 산성과 알칼리 토양에 강하며 침수지에 대한 적응성이 높은 편이다. 따라서 생육 후기에 내염성이 높고, 알칼리성 토양이나 건조한 척박지에 잘 적응한다.

6 재배

1 이식 및 혼작

맥후작 콩밭에 수수를 혼작하는 경우가 있는데, 이때는 수수의 모를 키워 이식한다. 콩과 수수를 혼식하면 이들은 생리적으로 서로 생육을 조장하므로 콩의 수량을 저하시키지 않고 수수를 수확할 수 있다.

2 병충해 방제

수수 이삭의 개화가 끝나고 등숙이 시작할 때 이삭 끝에서부터 밑부분까지 망을 씌우면 왕담배나방의 피해를 예방할 수 있다.

7 청예 재배

단수수, 수단그라스 단수수×수단교잡종 등을 청예 재배하는 경우 보통 2~3회 예취하는데, 예취 시 밑동을 15~20cm 정도로 충분히 남겨야 재생력이 왕성하다. 청예사료는 어릴수록 청산 함량이 많지만 건조시키거나 사일리지로 만들면 무해하다. 따라서 가축에 건초나 사일리지를 다량 공급하여도 청산 중독은 일어나지 않는다.

- 곡용 수수는 알곡생산을 목적으로 하고, 당용 수수는 청예용으로 알맞다. [340]
- 옥수수와 수수는 열대지방에서 유래한 작물이다. [2020 7급]
- 수수는 고온·다조한 지역에서 재배하기에 알맞고 내건성이 특히 강하다. [337]
- 수수는 옥수수보다 고온, 다조환경을 좋아하고 내건성이 강하다. [345]

- 수수는 고온・다조인 환경에서 재배하기 알맞다. [500]
- 수수는 옥수수보다 저온에 대한 적응력이 낮지만 고온에 잘 견뎌 40~43℃에서도 수정이 가능하다. [337]
- 수수는 배수가 잘되고 비옥하며 석회 함량이 많은 사양토부터 식양토까지가 알맞다. [337]
- 수수는 산성과 알칼리 토양에 강하며 침수지에 대한 적응성이 높은 편이다. [337]
- 수수는 생육 후기에 내염성이 높고, 알칼리성 토양이나 건조한 척박지에 잘 적응한다. [532]
- 수수는 건조에 강하고 내염성이 강하다. [500]
- 수수는 내건성이 강하고 내염성도 강하다. [331]
- 수수의 재배적 특성[338] : 심근성이며 요수량이 작다. 옥수수보다 고온에 대한 적응성이 높다. 알칼리성 토양에 대한 적응성이 강하다. 고온과 건조한 환경에 잘 견딘다.
- 수수 이삭의 개화가 끝나고 등숙이 시작할 때 이삭 끝에서부터 밑부분까지 망을 씌우면 왕담배나방의 피해를 예방할 수 있다. 이와 같은 방법 : 황색 끈끈이 트랩으로 꽃매미를 방제하였다. [503]
- 가축에 건초나 사일리지를 다량 공급하여도 청산 중독은 일어나지 않는다. [340]

CHAPTER 04 조

1 기원

1 식물적 기원

조는 Setaria 속(屬)에 속하며, 학명이 Setaria italica Beauvois이다.

2 지리적 기원

원산지는 중앙아시아이다.

2 생산 및 이용

1 생산

전세계적으로 생산량이 극감하였으며, 조류의 먹이 정도로 생산하고 있다.

2 이용

주성분은 당질(72%)이며 단백질(10%)과 지질(3%)도 많고 비타민도 많다.

3 형태

1 종실

1,000립중은 2.5~3g이고, 1리터의 입수는 21~26만 입(粒)이다.

공부하기 싫어요? 그럼 1리터만 세세요. 틀리는 수만큼 꿀밤 맞기로 하면 당장 몰입해서 공부할걸...

2 뿌리

1개의 종근이 있고 관근이 다수 발생하지만 비교적 천근성이다. 다른 잡곡은 심근성인데 조는 천근성이다.

3 줄기(대)

조의 줄기는 속이 차 있으며, 일반적으로 분얼이 적고(1~2본), 분얼 간의 이삭은 발육이 떨어져 단위면적당 이삭수가 적고 수량이 낮다.

4 잎

수수처럼 엽설은 있지만 엽이는 없다.

5 이삭

조는 지경이 짧아 이삭이 뭉뚝하다.

6 소수 및 꽃

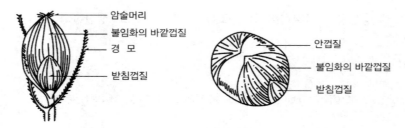

[조의 소수와 종실]

조의 작은 이삭(소수)에는 한 쌍의 크고 작은 받침껍질에 싸여 있는 2개의 꽃이 있는데, 상위의 꽃은 종자가 달리는 임실화이고 하위의 꽃은 퇴화하여 종자가 달리지 않는다. 임실화에는 바깥껍질과 안껍질에 싸여 있는 1개의 암술과 3개의 수술 및 1쌍의 인피가 있다. 불임화는 바깥껍질과 작은 막편(膜片)인 안껍질만 있으며 암술과 수술은 퇴화되었다.(옥수수의 자성소수 참조)

4　생리 및 생태

1　발아온도

발아온도는 최저 4~6℃, 최적 30~31℃, 최고 44~45℃이다.

2　개화 및 결실

출수 후 1주일 후부터 개화하기 시작하여 약 10일 이내에 개화한다. 개화 순서는 이삭의 선단 1/3이 거의 동시에 개화하기 시작하여 아래로 내려간다.

3　자연교잡

조는 자가수정 작물이나 자연교잡률(0.2~0.7%)이 비교적 높다.

4　기상생태형

조의 품종은 조파(단작)에 알맞은 봄조와 만파(후작)에 알맞은 그루조로 나눌 수 있으며 그 중간형도 있다. 봄조는 감온형이고 그루조는 단일감광형인데, 우리나라에서는 고온기가 단일기보다 먼저 오므로 파종기의 조만에도 불구하고 봄조는 그루조보다 먼저 출수하여 성숙한다. 한편 만파(후작)에 알맞은 그루조는 만파에 의한 출수촉진의 정도가 봄조보다 크다. 봄조는 그루조보다 조숙성이므로 건조에 강하여(우리나라의 봄에는 비가 적다), 산간부의 단작지대에서 재배하며 충분한 관개가 필요 없다.

5　환경

조는 천근성이지만 요수량이 적고, 수분 조절 기능이 높아 한발에 강하므로 고온, 다조(多照) 기상 조건이 생육에 가장 알맞다. 그러나 내냉성은 약한 편이므로 저온, 다습이 가장 나쁜 영향을 끼친다. 조는 저습지를 제외한 모든 토양에 적응하고, 산성토는 물론 알칼리성 토양에서도 잘 생육한다.

6 수확 및 조제

줄기, 잎 등이 황변하면 수확해야 하는데, 봄조는 9월에, 그루조는 10월에 수확한다.

- 조는 Setaria 속(屬)에 속한다. [341]
- 조의 학명 : Setaria italica Beauvois [346]
- 조는 관근과 부정근이 발생한다. [341]
- 조는 천근성이고, 다른 잡곡은 심근성이다 [504]
- 조는 일반적으로 분얼이 적어(1~2본) 단위면적당 이삭수가 적고 수량이 낮다. [339]
- 조의 작은 이삭에는 한 쌍의 받침껍질에 싸여 있는 2개의 꽃이 있는데, 상위의 꽃은 종자가 달리는 임실화이고 하위의 꽃은 퇴화하여 종자가 달리지 않는다. [335]
- 조는 자가수정을 원칙으로 한다. [341]
- 조는 자가수정 작물이나 자연교잡률이 비교적 높다. [524]
- 조는 자가수정을 원칙으로 하지만 타식률이 비교적 높은 편이다. [341]
- 봄조는 그루조에 비하여 조파에 알맞다. [343]
- 조에서 봄조는 감온형이고 그루조는 단일감광형인데 봄조는 그루조보다 먼저 출수하여 성숙한다. [349]
- 봄조는 감온형이고 그루조는 단일감광형이다. [344]
- 봄조는 감온형이다. [343]
- 그루조는 감광형이다. 감광형 중 단일감광형이다. [343]
- 그루조는 봄조보다 나중에 출수, 성숙한다. [343]
- 그루조는 만파(후작)에 알맞으며 만파에 의한 출수촉진의 정도가 봄조보다 크다. [344]
- 봄조는 그루조보다 조숙성이지만 건조에 강하여 충분한 관개가 필요 없다. [324]
- 봄조는 그루조보다 조숙성이므로 산간부의 단작지대에서 재배한다. [344]
- 봄조는 그루조보다 저온이나 건조에 강하다. [344]
- 봄 조의 기상 생태형(342) : 감온형 작물, 고온에 출수 촉진, 만파에 불리, 내건성 작물
- 조는 천근성으로 요수량이 적고, 수분조절기능이 높아 한발에 강하다. [532]
- 조는 수분 조절 능력이 높아 고온, 다조(多照) 기상조건이 생육에 가장 알맞다. [345]
- 조는 내건성이 강하다. [341]
- 조는 천근성이지만 한발에 강하다. [500]
- 조는 내냉성이 약하고, 요수량이 적어 내건성이 강하다. [331]
- 조는 알칼리성 토양에서 잘 생육한다. [500]
- 수수와 조의 공통적 특성(345) : 1개의 암술과 3개의 수술이 있다. 한발에 견디는 힘이 비교적 강하다. 곡실의 성분 함량은 탄수화물, 단백질, 지질 순으로 높다. 자가수분을 원칙으로 하지만, 자연교잡을 하는 경우도 있다.

기 장

1 기원

1 식물적 기원

옥수수, 수수, 기장은 모두 C_4 식물이다. 기장의 학명은 Panicum miliaceum L.이다.

2 지리적 기원

원산지는 중앙아시아이다.

2 생산 및 이용

1 생산

기장은 고온, 건조한 기후를 좋아하여 열대부터 온대에 걸쳐 재배되고 있다. 그러나 생육기간이 짧고 조생종은 70일 내외로 성숙할 수 있으므로 상당히 고위도 지대에서도 재배되고 있다. 참고로 옥수수도 고온성 작물이지만 조생종을 선택하면 고위도지대에서도 재배할 수 있다.

다만 기장은 수량성이 낮고 주식으로 이용하기에도 우수하지 못한 작물이어서 많이 재배하지는 않는다.

2 이용

기장의 주성분은 당질(65%)이며, 단백질(11%)과 지질(5%)의 함량도 적지 않고 비타민 A가 많이 함유되어 있다.

3 형태

1 종실

기장의 종실은 영과로 소립이고 방추형이다. 1리터의 입수는 12~13만 립이다.

2 뿌리

기장의 종근은 1개이고 지표에 가까운 지상절에서는 부정근이 발생한다(벼의 종근은 1본, 보리나 밀은 3본 이상이다).

3 줄기 및 잎

기장의 줄기는 지상절의 수가 10~20마디이고, 둥글며 속이 비어 있다(옥수수는 속이 차 있다). 엽설은 극히 짧고 엽이는 없다.

4 이삭

기장은 이삭의 지경이 대체로 길어 조·피와 다르고 벼나 수수와 비슷하다.

5 소수 및 꽃

그림에서 보듯이 소수는 큰 받침껍질과 작은 받침껍질에 싸여서 임실화(상위화)와 불임화(하위화)가 1개씩 들어 있는데, 불임화에는 암술과 수술이 없고 바깥껍질이 커서 그것만 보인다. 임실화에서는 1개의 암술과 3개의 수술 및 1쌍의 인피가 바깥껍질과 안껍질에 싸여 있다.

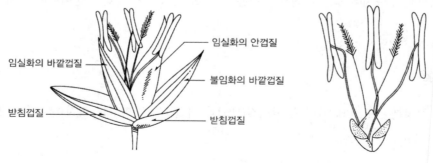

[기장의 소수와 꽃 〈BECKER〉]

4 생리 및 생태

1 발아온도 및 분얼

발아온도는 최저 6~7℃, 최적 30~31℃, 최고 44~45℃이다. 기장은 분얼이 적어 줄기 기부로부터 2~3개의 분얼만 발생하지만 모두 이삭을 맺는다.

2 개화 및 수정

출수 후 7일경부터 개화한다. 기장은 자가수정을 원칙으로 하지만 자연수분도 이루어진다.

3 기상생태형

조와 같이 감온형인 봄기장과 감광형인 그루기장이 있다.

4 버널리제이션과 옥신 처리

기장은 고온에 의한 춘화처리로 출수가 촉진되고, NAA 처리로 이삭무게 증대가 가능하다.

5 환경

기장은 개화기에 고온이 유리하고, 등숙기에는 약간 저온이 유리하다. 기장은 심근성이고, 요수량이 적어 내건성이 강하며, 생육기간이 짧아 산간 고지대 재배에 적합하다.

토양에는 적응성이 강해 척박지, 신개간지 등에도 적응하며, 토양산도는 조와 비슷하게 산성과 알카리 모두에서 강하다.

- 옥수수, 수수, 기장은 모두 C_4 식물이다. [504]
- 기장은 생육기간이 짧아 열대부터 상당히 고위도 온대까지의 재배도 가능하다. [347]
- 기장은 고온, 건조한 기후를 좋아하여 열대로부터 온대에 걸쳐 재배되고 있다. [345]
- 기장은 수량성이 낮고 주식으로 이용하기에도 우수하지 못한 작물이다. [341]

- 기장의 단백질 함량은 8% 이상으로 지질 함량보다 높다. **[524]**
- 기장의 종실은 영과로 소립이고 방추형이다. **[546]**
- 기장의 종근은 1개이고 지표에 가까운 지상절에서는 부정근이 발생한다. **[546]**
- 기장의 줄기는 지상절의 수가 10~20마디이고, 둥글며 속이 비어 있다. **[546]**
- 기장은 이삭의 지경이 대체로 길어 조·피와 다르고 벼나 수수와 비슷하다. **[546]**
- 기장은 줄기 기부로부터 2~3개의 분얼이 발생하여 모두 이삭을 맺는다. **[324]**
- 기장은 기부로부터 2~3개의 분얼이 발생하여 모두 이삭을 맺는다. **[339]**
- 기장은 고온에 의한 춘화처리로 출수가 촉진된다. **[347]**
- 기장은 고온 버어널라이제이션에 의해 출수가 촉진된다. **[323]**
- 기장은 NAA 처리로 이삭무게 증대가 가능하다. **[347]**
- 기장은 개화기에 고온이 유리하다. **[500]**
- 기장은 등숙기에 약간 저온이 유리하다. **[500]**
- 기장은 심근성이고, 요수량이 적어 내건성이 강하다. **[331]**
- 기장은 생육기간이 짧아 산간 고지대 재배에 적합하다. **[347]**
- 기장은 요수량이 작아서 건조한 지대에서 잘 자란다. **[348]**
- 기장은 심근성으로 내건성이 강하고 생육기간이 짧아 산간 고지대에도 적응한다. **[349]**
- 기장은 내건성이 강하고, 수수는 내염성이 강하다. **[504]**
- 기장은 한발과 산성 토양에 강하다. **[347]**

율무, 피

CHAPTER 06

1 지리적 기원

율무의 원산지는 동남아시아의 열대지방이고, 피의 원산지는 인도이다.

2 생산 및 이용

1 생산

1) 율무

우리나라에서는 과거 약용으로 재배하였다.

2) 피

피는 불량 환경에 대한 적응성이 높아 동양에서는 예로부터 구황작물로 재배되어 왔으나 현재는 종실용으로는 재배하지 않고, 사료작물 또는 새모이로 조금 재배된다.

2 이용

1) 율무

단백질(10.3%)과 지질(5.5%)이 풍부하여 훌륭한 건강식품이 되고 있으며, 자양강장제, 건위제 등의 약용으로 이용된다.

2) 피

핍쌀은 다른 화곡류처럼 당질이 주성분이지만 단백질과 지질이 쌀보다 풍부하여 영양가가 높다. 새 모이용으로도 조보다 우량하다.

3 형태

1 종실

1) 율무

종실은 두껍고 단단한 총포로 싸여 있다. 내부의 입(粒)은 염갈색, 박피상의 호영(護穎)에 싸여 있으며, 내·외영을 가진 영과가 다시 그 속에 들어 있다. 얼마나 귀하면 3중 포장을 했겠는가? 1,000립중이 100g이다. 보리, 밀, 귀리의 1,000립중은 35~45g, 조의 1,000립중은 2.5~3g이다. 이러면 1,000립중이 외워지지요? 제대로 된 책을 선택하신 겁니다. 또 자기 자랑! 율무의 전분은 찰성이고 아래에서 설명하는 염주의 전분은 메성이다.

2) 피

1,000립중은 3g 정도이다. 피도 메성과 찰성으로 구분된다.

2 뿌리

1) 율무

종근은 맥류와 비슷하게 4본이며, 근군이 다수 발생하여 옥수수와 비슷하게 발달한다.

2) 피

종근은 벼와 같이 1본이고, 심근성이고 흡비력이 강하다.

3 줄기 및 잎

1) 율무

율무 엽신의 길이는 30~50cm이고 엽설은 매우 짧고 엽이는 없다.

2) 피

재배종 피의 잎은 형태적으로 벼잎과 비슷하지만 침엽일 때에는 가늘고, 엽설과 엽이가 없다.

4 이삭

1) 율무

염주는 이삭이 성숙한 후 빳빳하게 서지만 율무는 벼이삭처럼 늘어진다.

2) 피

한 이삭에 3000립 정도가 붙으므로 조처럼 보인다.

5 소수 및 꽃

1) 율무

율무는 유한화서로 상위 6~9절에 이삭이 착생한다. 대부분 타가수분을 하는 율무의 꽃은 암수로 구별되고 그림에서 보듯이 암꽃은 총포에 싸여 있으며, 수꽃은 총포 밖으로 자라서 5~8개의 웅성소수가 달린다. 율무의 자성화서는 보통 3개의 소수로 형성되지만 2개는 퇴화되고 1개만이 발달한다.

[율무의 암수꽃]

2) 피

소수 및 꽃의 구조는 조와 같다. 즉, 1쌍의 큰 받침껍질에 싸여 임실화와 불임화가 1개씩 들어 있다.

4 생리 및 생태

1) 율무

발아적온은 25~30℃이고 20℃ 이하에서는 발아가 늦어진다. 율무(잡곡 중 옥수수, 메밀도)는 타가수정 작물이다. 출수는 줄기 윗부분의 이삭으로부터 시작하여 아래로 진행하는데, 출수기간이 매우 길다. 율무와 형태가 비슷한 염주는 율무와 교잡이 잘 되며, 율무는 일년생이고 야생종 염주는 다년생 숙근성이다. 염주는 곡피가 두껍고 단단하여 염주알의 원료이다.

2) 피

발아온도는 조와 비슷하고, 분얼수는 조보다 많다. 피는 자가수정 작물인데 불임률이 높다. 절반 이상의 품종에서 불임률이 20%를 넘는다고 한다.

5 환경

1) 율무

율무는 열대원산이므로 따뜻한 기후에 알맞다. 또한 토양에 대한 적응성이 넓어서 논·밭을 가리지 않고 재배할 수 있으며 산성 토양에도 강하다.

2) 피

피는 내냉성이 강하여 냉습한 기상에 잘 적응하지만, 너무 비옥한 토양에서는 도복의 우려가 있다. 토양은 양토~식양토가 알맞고 사질토나 중점습지에도 적응한다.

6 재배

1) 율무

재식거리는 이랑 60cm, 포기 사이 10cm 정도에 1본으로 하거나 포기 사이 20cm에 2본으로 한다. 과숙하면 탈립이 심하므로 메밀처럼 종실이 흑갈색으로 변했을 때 바로 수확한다.

2) 피

청예 재배를 하면 재생력이 강하여 한 해에 2~3회 예취할 수 있다. 피의 이삭은 밑에서부터 점차 성숙하며 완숙립은 탈립되기 쉬우므로 이삭의 대부분이 성숙하면 빨리 수확해야 한다.

- 피는 불량 환경에 대한 적응성이 높아 동양에서는 예로부터 구황작물로 재배되어 왔다. [351]
- 율무는 자양강장제, 건위제 등의 약용으로 이용된다. [2021 국9]
- 핍쌀은 다른 화곡류처럼 당질이 주성분이지만 단백질과 지질이 쌀보다 풍부하여 영양가가 높다. [351]
- 율무의 전분은 찰성이며 염주는 메성이다. [350]

- 율무의 전분은 찰성이고 염주는 메성이다. [351]
- 율무 엽신의 길이는 30~50cm이고 엽설은 매우 짧고 엽이는 없다. [350]
- 재배종 피의 잎은 형태적으로 벼잎과 비슷하지만 침엽일 때에는 가늘고, 엽설과 엽이가 없다. [351]
- 벼에는 잎집과 줄기 사이 경계부위에 있지만 잡초인 피에는 없는 조직[352] : 엽설과 엽이
- 염주는 이삭이 성숙한 후 빳빳하게 서지만 율무는 벼이삭처럼 늘어진다. [351]
- 율무의 꽃은 암수로 구별되고 암꽃은 총포에 싸여 있다. [341]
- 율무의 꽃은 암·수로 구분되며, 대부분 타가수분을 한다. [2021 국9]
- 율무의 출수는 줄기 윗부분의 이삭으로부터 시작한다. [2021 국9]
- 율무의 자성화서는 보통 3개의 소수로 형성되지만 2개는 퇴화되고 1개만이 발달한다. [350]
- 율무의 자성화서는 보통 3개의 소수로 형성되지만 그 중 2개는 퇴화하고 종실 전분은 메성이다. [349]
- 율무는 타가수정 작물이다. [350]
- 잡곡 중 옥수수, 메밀, 율무는 타가수정이다. [504]
- 율무는 일년생이고 야생종 염주는 다년생 숙근성이다. [351]
- 염주는 율무와 교잡이 잘 된다. [351]
- 피는 자가수정을 하며 불임률은 품종에 따라 변이가 심한데 20% 이상인 품종이 반수 이상이다. [352]
- 율무는 토양에 대한 적응성이 넓어서 논·밭을 가리지 않고 재배할 수 있으며 산성 토양에도 강하다. [334]
- 피는 내냉성이 강하여 냉습한 기상에 잘 적응하지만, 너무 비옥한 토양에서는 도복의 우려가 있다. [532]
- 피의 토양은 양토~식양토가 알맞고 사질토나 중점습지에도 적응하나 너무 비옥한 토양에서는 도복의 우려가 있다. [351]
- 율무의 재식거리는 이랑 60cm, 포기 사이 10cm 정도에 1본으로 하거나 포기 사이 20cm에 2본으로 한다. [2021 국9]

MEMO

제**3**장 두류

콩

I 기원

1 식물적 기원

염색체 수는 2n=40이고, 학명은 Glycine max이다.

2 지리적 기원

여러 설이 있는데, 남만주지방의 어느 분지로 생각하는 것이 공부에 도움이 된다.

II 생산, 이용 및 재배상의 이점

1 생산

우리나라의 경우 두류 총재배면적의 78%를 콩이 차지하고 있는데, 수확량은 재배기술이 떨어져 세계평균의 77%에 불과하다.

2 이용

우리나라 장려품종의 단백질 함량은 42%로 높은 편이고, 지질 함량은 18%로 낮은 편이며, 비타민 A, B, D, E가 풍부하다. 콩의 단백질은 메티오닌이나 시스틴과 같은 황을 함유한 단백질이 육류에 비해 적기 때문에 육류의 단백질만은 못하지만, 식물성 단백질 중에서는 가장 우수하다. 따라서 이용면에서 볼 때 콩은 단백질이 풍부하고 그 질이 우수하여 곡류를 주식으로 하는 우리나라에서 영양상 중요하다. 당류(라피노오스, 수크로오스, 스타키오스 등), 전분, 지질, 단백질 중에서 콩에 가장 적은 성분은 전분이다.

3 재배상의 이점

① 식용만으로도 다양한 용도(장류 등)를 가지고 있으므로 판매에 문제가 없다.

② 재배 시 비료를 많이 필요로 하지 않으며, 강산성 토양을 제외하면 전국 어디서나 재배가 가능하다.

③ 콩은 작부 체계 면에서 윤작의 전작물로 알맞고, 맥류와 1년 2작 체계가 가능하며, 수수, 고구마 등과의 혼작에도 좋고, 채소밭이나 과수원 등의 주위작으로도 알맞은 특성을 지니고 있다.

④ 지력의 유지, 증진 면에서도 다음과 같은 유리한 특성을 지니고 있다.

　　㉠ 뿌리혹박테리아가 콩이 흡수하는 질소성분의 1/3~2/3를 공급한다.

　　㉡ 토양표면에 염기가 증가하여 토양 pH가 높아진다.

　　㉢ 무효태(Al형이나 Fe형)가 되기 쉬운 인산을 유효태(Ca형)로 유지한다.

　　㉣ 뿌리의 질화작용이 강하므로 재배 후 질산태 질소가 증가한다.

　　㉤ 뿌리가 굳은 땅을 뚫어 토양을 부드럽게 한다.

- 콩의 학명 : Glycine max [355]
- 종자에는 메티오닌이나 시스틴과 같은 황을 함유한 단백질이 육류에 비해 적다. [521]
- 이용면에서 볼 때 콩은 단백질이 풍부하고 그 질이 우수하여 곡류를 주식으로 하는 우리나라에서 영양상 중요하다. [385]
- 라피노오스(raffinose), 전분(starch), 수크로오스(sucrose), 스타키오스(stachyose) 중에서 콩에 가장 적은 성분은 : 전분 [356]
- 당류, 전분, 지질, 단백질 중에서 콩에 가장 적은 성분은 : 전분 [355]
- 검정콩의 주요 기능성 물질[357] : isoflavone, anthocyanin, saponin
- 날콩의 비린 맛을 나게 하는 것 : lipoxygenase [359]
- 콩의 보존성 감소와 미각 저하에 관련이 있는 종자단백질 : lipoxygenase [360]

Ⅲ 형태

1 종실

　종실의 모양은 그림과 같다. 꼬투리에 접착했던 부분을 배꼽이라 하고, 다소 튀어나온 부분을 배부라 하며, 이들 사이에는 주공이 있고, 배꼽의 주공 반대쪽에는 합점이 있다. 배꼽의 빛깔에 따라 백목(白目), 다목(茶目), 적목, 흑

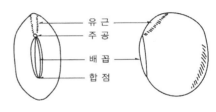

[콩의 종실형태]

목 등으로 구분한다.

콩은 종자의 발육과정에서 배유부분이 퇴화되고 배가 대부분을 차지하기 때문에 무배유종자라고 한다. 종자중에 대하여 종실 각 부분의 비율은 자엽이 91%, 종피가 7%, 배가 2% 정도 차지한다.

2 뿌리 및 뿌리혹

발아 시 1본의 뿌리가 발생하여 이것이 주근이 되고, 이 주근으로부터 많은 지근이 발생하며, 여기서 다시 세근이 발생한다. 즉, 콩(쌍떡잎식물)의 뿌리계는 곧은 뿌리와 곁뿌리로 구성되어 있고 기능면에서 물과 무기염류를 흡수하는 데 효과적이다. 북주기를 하면 많은 부정근도 발생한다.

콩의 뿌리에는 많은 뿌리혹이 착생하며, 뿌리혹 속의 뿌리혹박테리아는 공중질소를 고정하여 콩에 공급하므로, 근류균(뿌리혹박테리아)의 착생이 좋아야 콩의 생육과 수량이 증대한다.

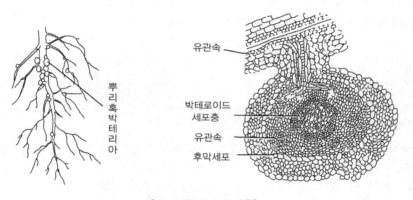

뿌리혹박테리아

유관속

박테로이드
세포층

유관속

후막세포

[콩의 뿌리와 뿌리혹]

위의 그림에서 보듯이 뿌리혹은 외부에 표피세포가 있고, 그 안쪽에 후막세포층이 있으며, 그 안에 유관속(관다발)이 있어서 뿌리의 유관속과 연결된다. 중심부에는 박테로이드 세포층이 있어서 여러 개의 박테로이드 세포를 포함하고 있으며, 박테로이드 세포 내에는 수천 개의 뿌리혹박테리아가 서식하며 공중질소를 고정한다. 이를 좀 간략히 줄이면 '뿌리혹의 중심부에는 여러 개의 박테로이드를 포함하고 있으며, 그 안에서 질소를 고정한다.'고 말할 수 있다. 콩에 뿌리혹이 착생하는 기작은 콩의 뿌리는 플라보노이드를 분비하고, 이에 반응하여 뿌리혹세균의 nod 유전자가 발현되는 것이다.

뿌리혹박테리아는 호기성이고 식물체 내의 당분을 섭취하며 생장하는데, 호기성이기 때문에 뿌리 기부에 굵은 뿌리혹이 많이 착생하고 인공접종도 가능하다. 뿌리혹은 콩이 어릴 때에는 식물체로부터 당분을 흡수하여 어린 식물의 생육을 억제하기도 한다. 그러나 뿌리혹박테리아의 질소고정은 개화기부터 왕성하게 이루어져 많은 공중질소를 암모니아태인 알란토인질소로 바꾸어 콩에 공급하고, 성숙기에는 뿌리혹의 내용이 비어 기주식물인 콩으로부터 떨어진다.

근류균의 최적 활성은 25~30℃의 온도와 산성이 아닌 pH 6.45~7.21 범위이다. 또한 토양수분이 넉넉하며, 토양통기가 잘 되고, 토양 중에 질산염이 적으며, 석회·인산·칼리가 풍부하고 부식이 많은 토양 조건에서 근류균의 생육과 질소고정이 왕성하다. 질산염이 적어야 하므로 토양 내 질소 성분이 많거나 질소 비료를 많이 시비하면 근류균의 활성이 떨어진다. 그러나 개간지에서는 뿌리혹 착생이 불량하므로 질소 비료를 시용해야 한다. 개간지에서 콩을 재배할 때 근류균을 접종하면 수량과 단백질 함량이 증가하는 효과가 있고, 개간지 등에서 콩을 재배하면 많은 뿌리가 심층에서 흡수한 염기를 토양표면에 내어놓기 때문에 pH가 높아져 토양반응을 좋게 하는 효과도 있다.

- 콩은 무배유종자이다. [360]
- 콩은 종자의 발육과정에서 배유부분이 퇴화되고 배가 대부분을 차지하기 때문에 무배유종자라고 한다. [384]
- 쌍떡잎식물의 뿌리계는 곧은뿌리와 곁뿌리로 구성되어 있고 기능면에서 물과 무기염류를 흡수하는 데 효과적이다. [361]
- 콩(쌍떡잎식물)의 뿌리계는 곧은 뿌리와 곁뿌리로 구성되어 있다. 수염뿌리가 아니다. [361]
- 뿌리혹의 중심부에는 여러 개의 박테로이드를 포함하고 있으며, 그 안에서 질소를 고정한다. [549]
- 뿌리혹 속의 박테로이드 세포 내에서 공중질소 고정이 일어난다. [2021 지9]
- 콩의 뿌리는 플라보노이드를 분비하고, 이에 반응하여 뿌리혹세균의 nod 유전자가 발현된다. [549]
- 뿌리혹박테리아는 호기성이고 식물체 내의 당분을 섭취하며 생장한다. [549]
- 근류균은 호기성 세균으로 지표면 가까이에 많이 분포한다. [391]
- 근류균은 호기성이다. [390]
- 근류균은 호기성으로 인공접종이 가능하다. [390]
- 뿌리혹은 콩이 어릴 때에는 식물체로부터 당분을 흡수하여 어린 식물의 생육을 억제하기도 한다. [380]
- 콩에서 뿌리혹박테리아의 질소고정은 개화기부터 왕성하게 이루어지며, 성숙기에는 콩으로부터 떨어진다. [388]
- 근류균에 의한 질소고정은 유묘기보다 개화기에 훨씬 왕성하다. [389]
- 근류균에 의한 질소고정은 유묘기보다 개화기에 훨씬 왕성하다. [549]
- 근류균은 콩의 생육기 중 개화기가 초기 어릴 때보다 생육에 효과가 크다. [390]
- 뿌리혹박테리아는 공중질소를 알란토인질소로 바꾸어 콩에 공급하는 질소고정을 수행한다. [388]
- 근류균은 공중질소를 암모니아태 질소로 고정한다. [391]
- 근류균의 최적활성은 25~30℃의 온도와 pH 6.45~7.21 범위이다. [391]
- 근류균은 토양온도 25~30℃의 범위에서 번식과 활동이 왕성하다. [390]
- 콩 뿌리혹박테리아의 활동적온은 25~30℃이다. [386]
- 근류균의 번식과 활동이 가장 알맞은 토양산도는 pH 6.5~7.2이다. [390]

- 근류균은 토양산도 pH 6.45~7.21 범위에서 질소고정이 왕성하다. [390]
- 중성토양에서 생육이 좋고 뿌리혹박테리아의 활력이 높아져 수확량이 증가한다. [387]
- 토양 중 질산염이 풍부한 곳에서 생육이 억제된다. [390]
- 뿌리혹박테리아는 호기성 세균으로 질산염이 적은 토양에서 생육이 왕성하다. [388]
- 근류균은 호기성 세균의 특성을 가지고 있다. [2021 지9]
- 근류균은 토양 중에 질산염이 적은 조건에서 질소고정이 왕성하다. [2021 지9]
- 뿌리혹박테리아의 질소고정은 석회·인산·칼리가 풍부하고 부식이 많은 토양 조건에서 왕성하다. [388]
- 근류균의 접종효과는 토양통기가 양호하고 인산, 칼리, 석회, 부식이 풍부한 경우 효과가 크다. [389]
- 근류균은 부식이 많은 토양조건에서 질소고정이 왕성하다. [390]
- 질소비료를 많이 시비하면 근류균의 활성이 떨어진다. [391]
- 토양 내 질소성분이 많으면 뿌리혹의 착생과 질소고정력이 감소한다. [389]
- 뿌리혹박테리아의 활성에 유리한 조건[391] : 온도는 25~30℃, 토양산도는 pH 6.5~7.2, 질산염이 많지 않은 토양, 석회, 칼리, 인산 및 부식이 풍부한 토양
- 개간지에서는 뿌리혹 착생이 불량하므로 질소 비료를 시용해야 한다. [380]
- 개간지에서 콩을 재배할 때 근류균을 접종하면 수량과 단백질 함량이 증가하는 효과가 있다. [389]
- 콩을 재배하면 많은 뿌리에 의해 토양표면에 염기가 증가하여 pH가 높아지므로 토양반응을 좋게 한다. [385]
- 콩을 재배하면 토양 표면에 염기가 증가하여 pH가 높아지는 경향이 있어 토양반응을 좋게 한다. [380]

3 줄기

콩의 주경은 둥글고 속이 차 있으며 목질화되어 외부가 단단하고, 분지는 보통 6~9마디에서 발생한다. 그림에서 보는 바와 같이 콩(쌍떡잎식물)의 줄기 관다발은 1개의 원통형이지만, 외떡잎식물의 줄기 관다발은 복잡하게 산재배열되어 있다.

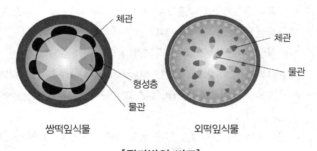

[관다발의 비교]

콩의 신육형(伸育型)은 일반적으로 유한신육형, 무한신육형, 반무한형(또는 중간형)의 3가지로 구분한다. 유한신육형 콩은 꽃이 핀 후에는 줄기의 신장과 잎의 전개가 거의 중지되고, 개화기간이 짧으며, 개화가 고르고, 가지가 짧으며, 꼬투리가 조밀하게 붙는다. 한편 무한신육형은 개화 후에도 영양생장이 계속되어 주경과 분지의 신장 및 잎의 전개가 계속되고, 개화기간이 길며, 가지가 길고, 꼬투리가 드문드문 달린다.

미국이나 중국에서는 무한신육형을 많이 재배하지만, 우리나라에서는 대부분 유한신육형을 재배한다.

4 잎 및 털

자엽이 전개된 후에는 엽병이 길고 단엽인 초생엽이 나오는데 이는 제2마디에서 대생하고, 그 윗마디부터는 보통 3매의 소엽을 가지는 정상복엽이 호생한다. 자엽, 초생엽 및 제1복엽이 큰 것은 대체로 콩알이 굵고, 장엽인 것은 꼬투리당 종실수가 많다. 콩잎은 낮에는 위로 구부러지고, 아침과 저녁에는 수평으로 되는 취면운동을 한다.

쌍떡잎식물의 주된 잎맥은 그물맥으로 되어 있는데, 외떡잎식물의 주된 잎맥은 평행맥이다.

5 꽃 및 꼬투리

메밀, 콩, 녹두, 고구마 등 쌍떡잎식물의 꽃잎 등은 주로 4나 5의 배수로 구성되어 있고, 외떡잎식물의 꽃잎 등은 주로 3의 배수로 구성되어 있다. 콩의 꽃은 접형화(蝶 나비 접, 形花)로서 화관은 1매의 기판, 2매의 익판, 2매의 용골판으로 되어 있다. 수술은 10본인데, 9본은 합착되어 있고 1본은 분리되어 2생웅예(二生雄蕊)를 이루고 있으며, 암술보다 약간 짧다.

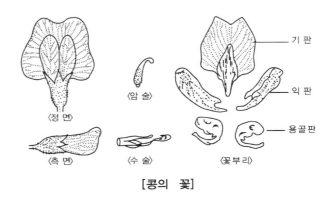

[콩의 꽃]

암술은 암술머리, 암술대 및 씨방으로 구성되는데, 아래 그림처럼 씨방 속에는 꽃에 따라 몇 개의 배주(난핵과 극핵을 지닌 기관)가 미리 만들어지므로, 한 개의 열매(일반으로 한 개의 꽃은 한 개의 열매를 맺는데 콩은 꼬투리가 열매에 해당) 안에 여러 개의 씨앗이 만들어진다.

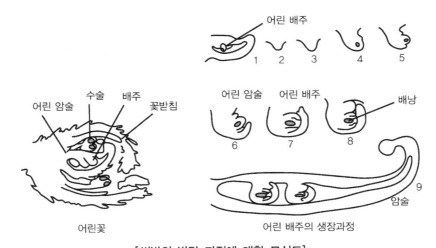

[씨방의 발달 과정에 대한 모식도]

이들 배주가 각각의 꽃가루와 독립적으로 수정하며, 수정된 배주가 자라 씨앗이 된다. 강낭콩이나 팥의 경우는 씨방 안에 6~12개의 배주가 있고(강낭콩은 3~5개), 콩의 경우 꼬투리는 2~7cm이지만 보통 4cm 내외로 2~3립의 종실이 들어 있다. 품종에 따라 꼬투리당 평균종자수의 차이가 나는 것은 수정된 배주의 수가 다르기 때문이다.

- 쌍떡잎식물의 줄기 관다발은 1개의 원통형이며, 외떡잎식물의 줄기 관다발은 복잡하게 산재배열되어 있다. [362]
- 콩의 신육형은 일반적으로 유한신육형, 무한신육형, 반무한형(또는 중간형)의 3가지로 구분한다. [380]
- 신육형에 따라 무한신육형, 중간형, 유한신육형으로 구별한다. [382]
- 우리나라의 콩 품종은 대부분 유한신육형이다. [396]
- 유한신육형 콩은 꽃이 핀 후에는 줄기의 신장과 잎의 전개가 거의 중지된다. [379]
- 유한신육형 콩은 영양생장기간과 생식생장기간의 중복이 짧다. [379]
- 유한신육형 콩은 개화기간이 짧고 개화가 고르다. [379]
- 유한신육형 콩은 가지가 짧고 꼬투리가 총총히 달린다. [379]
- 유한신육형은 무한신육형에 비해 가지가 짧고, 꼬투리는 조밀하게 붙는다. [380]
- 무한신육형이 유한신육형에 비해 꽃 피는 기간이 상대적으로 길다. [380]
- 우리나라에서는 개화 후에도 주경과 분지의 신장 및 잎의 전개가 계속되는 무한신육형이 알맞지 않다. [380]
- 미국이나 중국에서는 무한신육형을 많이 재배하지만, 우리나라에서는 대부분 유한신육형을 재배한다. [380]
- 외떡잎식물의 주된 잎맥은 평행맥이며, 쌍떡잎식물의 주된 잎맥은 그물맥으로 되어 있다. [362]
- 쌍떡잎식물은 잎맥이 망상구조이고 줄기의 관다발이 1개의 원통형으로 배열되어 있다. [361]
- 그물맥의 잎을 가지고 있으며, 뿌리는 원뿌리와 곁뿌리로 구분할 수 있다. 중복수정의 과정을 통해 종자가 만들어진다. : 콩, 메밀 [540]
- 외떡잎식물에는 보리, 벼 등이 포함되고, 쌍떡잎식물에는 콩, 녹두, 고구마 등이 포함된다. [362]
- 외떡잎식물의 꽃잎은 주로 3의 배수이며, 쌍떡잎식물의 꽃잎은 주로 4~5의 배수로 구성되어 있다. [362]
- 품종에 따라 꼬투리당 평균종자수의 차이가 나는 것은 수정된 배주의 수가 다르기 때문이다. [384]

Ⅳ 생리 및 생태

1 콩의 일생

일반적으로 여름콩의 파종기는 4~5월이며 생육일수가 짧고, 가을콩은 파종기가 6~7월이고 생육일수가 길다. 콩의 일생을 출아기부터 성숙기로 나눌 수도 있지만, 일반적으로 아래의 표와 같이 발육시기로 표시한다.

[콩의 발육시기 표시방법]

영양생장			생식생장		
발육시기	약호	발육상태	발육시기	약호	발육상태
발아	VE	자엽이 지상에 나타났을 때	개화시	R_1	원줄기 상에 첫꽃이 피었을 때
자엽	CV	초생엽이 전개 중인 때	개화성	R_2	완전 전개엽을 착생한 최상위 2마디 중 1마디에 개화했을 때
초생엽	V_1	초생엽이 완전히 전개되었을 때	착협시	R_3	완전 전개엽을 착생한 최상위 4마디 중 1마디에서 5mm에 달한 꼬투리를 볼 수 있을 때
제1복엽	V_2	제1복엽까지 완전히 전개되었을 때	착협성	R_4	완전 전개엽을 착생한 최상위 4마디 중 1마디에서 2cm에 달한 꼬투리를 볼 수 있을 때
제2복엽	V_3	제2복엽까지 완전히 전개되었을 때	입비대시	R_5	완전 전개엽을 착생한 최상위 4마디 중 1마디의 꼬투리에서 종실이 3mm에 달했을 때
⋮	⋮	⋮	입비대성	R_6	완전 전개엽을 착생한 최상위 4마디 중 1마디의 꼬투리의 공극에 푸른콩이 충만되었을 때
			성숙시	R_7	원줄기에 착생한 정상 꼬투리의 하나가 숙색을 나타났을 때
제(n-1)복엽	V_n	제(n-1)복엽까지 완전히 전개되었을 때	성숙	R_8	95%의 꼬투리가 숙색을 나타냈을 때

2 발아

발아온도는 최저 2~7℃, 최적 30~35℃(실제로 포장에서는 15~17℃), 최고 40~44℃이다. 콩은 건조 적응성이 약해 발아에 필요한 요수량이 비교적 큰 편으로, 발아 시에 필요한 흡수량은 풍건중의 1.2배 정도이며, 최적 토양수분량은 최대용수량의 70% 내외이고, 적어도 50% 이상이어야 한다. 한편 점질토에서 과습하면 출아가 나쁘고 고르지 못하다.

3 개화 및 결실

개화적온은 25~30℃이고, 일반적으로 7~9시에 대부분이 개화하여 오전 중에 개화가 끝난다. 수분은 개화 직전 또는 직후에 이루어지는데, 자식을 주로 하며, 타식률은 보통 1% 미만으로 낮다.

4 화기 탈락과 종실의 발육 정지

콩은 착화수가 매우 많지만 정상적으로 결실, 성숙하는 것이 심히 적어 결협률이 20~45%에 불과하고, 낙뢰(落蕾 꽃봉우리 뢰), 낙화, 낙협(落莢 열매 협) 등으로 화기가 탈락하거나, 종실의 발육이 정지된다. 이와 같은 화기 탈락의 70% 이상, 그리고 발육 정지의 15% 이상은 배의 발육 정지가 원인이 되어 꼬투리와 종실의 발육을 정지시키기 때문에 일어나는 것으로 보고 있다. 즉, 배의 발육 정지는 콩에서 화기 탈락의 주요 원인인데, 배의 발육 정지는 영양 부족에서 발생하며, 영양 부족을 유발하는 양상들은 다음과 같다.

① 낙화율은 대립품종에서 높다.
② 먼저 개화한 것의 꼬투리가 비대하는 시기에 개화하는 것이 낙화하기 쉽다. 따라서 전기에 개화한 것을 제거하면 후기에 개화한 것의 결협률이 증가한다.
③ 발육정지립은 기립(基粒)일수록 그 비율이 높다.
④ 착협수(着莢數)는 경엽중(莖葉重), 총절수, 분지수 등과 정의 상관이 있어 왕성하게 생육한 것이 결협수가 많다.
⑤ 수분이나 광선 및 각종 비료분의 부족 등은 결협률을 떨어뜨린다.
⑥ 온도가 15℃ 이하로 낮으면 냉해를 입어 결협률이 떨어진다.
⑦ 곤충의 식상(喰傷)은 화기의 탈락 및 종실의 발육 정지를 조장한다.

따라서 다음과 같이 하면 어느 정도 결협율을 증대시킬 수 있다.
① 이식·적심 재배에 의하여 2단 개화를 조절한다.
② 개화기에 요소를 엽면살포한다.
③ 건조하지 않게 충분한 관수를 실시한다.
④ 배토를 한다.
⑤ 질소 비료를 알맞게 시용하여 과도한 영양생장을 억제시킨다.
⑥ 노린재류 등의 해충 방제를 철저히 한다.

콩은 일반적으로 영양생장에 필요한 영양단백은 주로 질소질 비료에 의존하고, 생식생장에 필요한 저장단백의 구성은 주로 근류균에 의하여 고정되는 알란토인 질소에 의존한다. 예를 들어 콩의 V_2 시기(제1복엽기로, 제1복엽까지 완전히 전개된 때)는 영양생장시기이므로 알란토인 질소보다 질소질 비료에 의존한다. 이런 특성을 잘 활용하면 질소질 비료를 알맞게 균형 시비하여 과도한 영양생장을 억제할 수 있고, 뿌리혹의 착생을 좋게 하여 알란토인 질소 농도를 높여 생식생장을 조장시킴으로써 결협과 결실을 향상시킬 수 있다.

- 영양생장기(vegetative period) [364, 365]

  CV : 자엽·초생엽이 전개 중인 때(자엽 : cotyledon)

  V_1 : 초생엽·초생엽이 완전 전개 되었을 때

  V_2 : 제1복엽·제1복엽까지 완전히 전개된 때

  VE : 발아·자엽이 지상에 나타났을 때

  V_3 : 제2복엽·제2복엽까지 완전히 전개된 때

- 생식생장기(reproductive growth period) [364, 365]

  R_3 : 착협 시(着莢始) → 5mm 크기의 꼬투리가 보일 때(최상위 4마디 중 1마디에서)

  R_4 : 착협성(着莢盛) → 2cm 크기의 꼬투리가 보일 때(상동)

  R_5 : 입비대시(粒 알 립, 肥大始) → 꼬투리 안에 있는 종실(알)이 3mm일 때(상동)

  R_1 : 개화시(開花始) → 원줄기 상에 첫꽃이 피었을 때

  R_7 : 성숙 시(成熟始) → 원줄기에 착생한 정상 꼬투리의 하나가 숙색을 나타냈을 때

- 종자크기가 최대에 도달한 시기를 생리적 성숙기라고 하는데 이 시기를 R6로 표기한다. [384]
- R_8 : 95%의 꼬투리가 성숙기의 품종고유색깔을 나타내었을 때 [2021 국9]
- 콩은 건조 적응성이 약해 발아에 필요한 요수량이 비교적 큰 편이다. [495]
- 발아 시에 필요한 흡수량은 풍건중의 1.2배 정도이며, 최적 토양수분량은 최대용수량의 70% 내외이다. [521]
- 발아에 필요한 수분요구량이 크기 때문에 토양수분이 부족하면 발아율이 크게 떨어진다. [387]
- 콩은 자식을 주로 하며, 타식률은 보통 1% 미만으로 낮다. [326]
- 콩은 착화수가 매우 많지만 결협률이 20~45%에 불과하다. [416]
- 배의 발육정지는 콩에서 화기 탈락의 주요 원인이다. [367]
- 콩의 화기손실에 영향을 주는 조건 [368] : 수분이나 광선 및 각종 비료분의 부족 등은 결협률을 떨어뜨린다. 발육정지립은 기립(基粒)일수록 그 비율이 높다. 낙화율은 대립품종이 높다. 온도가 15℃ 이하로 낮으면 냉해를 입어 결협률이 떨어진다.
- 먼저 개화한 것의 꼬투리가 비대하는 시기에 개화하게 되는 후기 개화의 것이 낙화하기 쉽다. [375]
- 콩은 건조한 토양조건에서 발아가 잘되지 않으며, 개화기 전후에 건조한 조건에 놓이면 화기탈락 현상이 커진다. [366]
- 콩의 결협률 증대 방안 [370] : 이식·적심 재배를 실시한다. 개화기에 요소를 엽면살포한다. 배토를 한다. 질소 비료를 알맞게 시용하여 과도한 영양생장을 억제시켜 준다. 노린재류 등 해충방제를 철저히 한다. [371]
- 콩의 알란토인 질소 형성은 뿌리혹박테리아가 관여한다. [373]

- 알란토인 질소는 콩 저장단백의 구성 물질에 이용된다. [373]
- 콩의 V₂ 시기(제1복엽기로, 제1복엽까지 완전히 전개된 때)는 영양생장시기이므로 알란토인 질소보다 질소질 비료에 의존한다. [373]
- 콩은 알란토인 질소의 농도가 높으면 결협과 결실이 조장된다. [373]

5 생육, 개화 및 결실에 미치는 온도와 일장의 영향

1) 온도의 영향 및 감온성

원줄기 길이는 고온일수록 길어지며 25℃ 전후에서 최고에 달한다. 한편 어린 콩 식물에 고온 처리를 하면 고온 버널리제이션에 의해 영양 생장이 짧아지고 개화가 촉진된다. 즉, 콩에서는 고온 버널리제이션의 효과가 인정되며, 그 효과는 아래에서 설명하는 감온성에서 유래하는 것이 아니므로 효과의 정도는 조생종보다 생육기간이 긴 만생종에서 더 크다.

한편 콩은 생육적온까지는 온도가 높을수록 생육이 조장되고 개화가 빨라지는데, 이런 성질을 감온성이라 한다. 감온성 정도의 품종 간 차이는 다른 작물(특히 벼)에서와 같이 크지는 않지만, 일반적으로 조생종이 만생종보다 큰 경향이다. 한편 생육적지를 볼 때 조생종인 하대두형은 만생종인 추대두형보다 일장에 둔감하고 생육기간이 짧아 저위도보다 고위도 지역에 적합하다.

또한 꽃눈이 형성되는 시기부터 개화가 시작되는 시기까지는 대체로 15℃ 이상으로 유지되는 것이 좋고, 25℃까지는 온도가 높을수록 화아분화 및 개화가 촉진되는데, 온도가 1℃ 상승하면 개화는 2.6일 촉진된다. 그런데 고온에 의하여 개화일수가 단축되는 조건에서는 개화기간도 단축되고 개화수도 감소한다. 한편 개화기 이후의 온도가 20℃ 이하로 낮아지면 폐화수가 늘어 개화수가 감소되고 개화기간이 연장된다. 또한 밤의 온도가 30℃ 이상으로 높은 경우에도 폐화가 많이 생기므로 25℃ 전후가 가장 좋다. 개화기 이후의 고온은 또한 결실일수도 단축시키는데, 온도가 1℃ 상승하면 결실일수는 4일 단축되며, 고온에 의한 종실 발달 촉진 정도는 종실 발달 전기보다 후기가 크다.

2) 일장의 영향 및 감광성

일장이 길수록 원줄기의 길이가 길어지고 극단의 경우에는 만화된다. 콩은 전형적인 단일 식물로서 화아분화·발달·개화 및 결협과 종실비대는 단일조건, 즉 한계일장 이하에서 촉진된다. 한계일장은 하대두형이 16시간, 중간형이 14시간, 추대두형이 12시간이므로, 자연포장에서 화성 및 개화가 유도·촉진되는 한계일장이 긴 품종일수록 시기적으로 일장반응이 빨라 개화가 빨라진다. 따라서 하대두형은 추대두형보다 일찍 개화하여 성숙한다.

최적일장조건에서 자연상태에 비하여 화아분화 및 개화가 빨라지는 성질을 감광성이라 하고, 그 촉진되는 정도를 감광성 정도라고 하는데, 대체로 만생종일수록 감광성 정도가 크다. 추대두형은 하대두형에 비해 개화시기가 온도보다 일장에 민감하게 반응하므로, 저위도지대에서는 만생이며 감광성이 높은 품종이 재배된다. 따라서 우리나라의 남부지역에 알맞은 품종은 만생종이고 감광성이 높은 가을콩이 좋다. 한편 일장감응의 최저조도는 온도와 관련된 조생종이 빛과 관련된 만생종보다 높으며(조생종이 빛에 둔감하며), 부위별 감응도는 정상복엽 > 초생엽 > 자엽 순으로 높은데, 자엽에서는 일장감응이 거의 일어나지 않는다. 감광성 정도는 재배지역, 재배법 및 파종적기를 결정하는 중요한 요인으로, 재배지역에서 하대두형은 고위도, 추대두형은 저위도인 것은 앞에서 설명했다. 또한 조생종이 만생종보다 만파에 있어 개화일수의 단축률이 낮으므로 파종기 지연에 따르는 수량저하는 여름콩이 가을콩보다 크다. 이는 벼에서 조생종(감온형)의 재배지역이 북쪽인 이유, 만파 시 만생종(감광형)을 심어야 하는 이유, 파종기 지연에 따르는 수량저하가 조생종이 큰 이유와 같다. 그거 모른다고요? 모른다면 어쩔 수 없고요...

벼재배 Chapter 5의 "3. 품종의 주요 특성"에서 '조만성', 무지 중요합니다. 다시 한 번 더 보세요. 말 잘 듣는 사람은 예쁘기도 해요. 여러분 다 미남, 미녀, 맞지요?

- 어린 콩 식물에 고온 처리를 하면 고온 버널리제이션에 의해 영양 생장이 짧아지고 개화가 촉진된다. [531]
- 콩은 생육적온까지는 온도가 높을수록 개화가 빨라진다. [296]
- 콩에는 생육기간 중 고온을 통과하면 개화가 빨라지는 감온성 품종(조생종)이 많다. [378]
- 고위도지대에서는 일장에 둔감하고 생육기간이 짧은 여름콩이 재배된다. [376]
- 하대두형은 추대두형보다 일장에 둔감하고 생육기간이 짧아 저위도보다 고위도 지역에 적합하다. [374]
- 고위도일수록 일장에 둔감하고 생육기간이 짧은 하대두형이 재배된다. [378]
- 꽃눈이 형성되는 시기부터 개화가 시작되는 시기까지는 15℃ 이상으로 유지되는 것이 좋다. [366]
- 개화기 이후의 고온은 결실일수를 단축시킨다. [366]
- 콩은 고온에 의하여 개화일수가 단축되는 조건에서는 개화기간도 단축되고 개화수도 감소되는 것이 일반적이다. [375]
- 고온에 의하여 개화일수가 단축되는 조건에서는 개화기간도 단축되고 개화수도 감소한다. [373]
- 개화기 이후 온도가 20℃ 이하로 낮아지면 폐화가 많이 생긴다. 또한 밤의 온도가 30℃ 이상으로 높은 경우에도 폐화가 많이 생기므로 25℃ 전후가 가장 좋다. [531]
- 화아분화·발달·개화 및 결협과 종실비대는 단일조건에서 촉진된다. [374]
- 콩은 한계일장 이하에서 개화가 촉진된다. [2021 지9]
- 콩의 한계일장은 12시간 이상이다. [2021 지9]
- 야간에 가로등 불빛이 닿는 부분이 꽃이 피지 않고 잎이 무성해지는 것이라는 답변을 받았다. 귀농인 이정국 씨는 빛이 꽃이 피는 것을 억제할 수 있다는 것을 알게 되었는데, 어떤 작물인가? : 단일작물인 콩 [545]
- 추대두형은 하대두형에 비해 개화시기가 온도보다 일장에 민감하게 반응한다. [377]
- 저위도지대에서는 만생이며 감광성이 높은 품종이 재배된다. [376]
- 콩에서 만생종은 상대적으로 감광성이 크다. [2021 지9]
- 우리나라의 남부지역에 알맞은 품종은 감광성이 높은 가을콩이 좋다. [382]
- 콩에서 단일조건은 결협 및 종실 비대를 촉진한다. [376]

- 한계일장이 긴 품종일수록 일장반응이 빨라 개화가 빠르다. [373]
- 자연포장에서 화성 및 개화가 유도·촉진되는 한계일장이 긴 품종일수록 개화가 빨라진다. [374]
- 자연포장에서 한계일장이 짧은 품종일수록 개화가 늦어지고 한계일장이 긴 품종일수록 개화가 빨라진다. [375]
- 한계일장이 긴 품종일수록 개화가 빨라지고 짧은 품종일수록 개화가 늦어진다. [396]
- 추대두형은 한계일장이 짧고 감광성이 높은 품종군으로 늦게 개화하여 성숙한다. [531]
- 일장감응의 최저조도는 조생종이 만생종보다 높으며, 감응도는 정상복엽 > 초생엽 > 자엽 순으로 높다. [374]
- 콩에서 일장효과를 나타내는 최저조도는 만생종이 조생종보다 낮다. [376]
- 일장감응도는 정상복엽 > 초생엽 > 자엽 순으로 높다. [531]
- 자엽에서는 일장감응이 거의 일어나지 않는다. [2021 국9]
- 콩에서 조생종이 만생종보다 만파에 있어 개화일수의 단축률이 낮다. [376]
- 조생종이 만생종보다 만파에 있어서 개화일수의 단축률이 낮다. [378]
- 파종기 지연에 따르는 수량저하는 여름콩이 가을콩보다 크다. [376]

6 기상생태형

포장조건에서 개화, 결실의 조만은 주로 품종의 감온성과 감광성에 지배된다. 즉, 한계일장(16시간)이 길고 감온성이 높은 품종군은 일찍 개화, 성숙하며 이것을 하대두형(여름콩)이라고 하는데 감광성은 낮다. 한편 한계일장(12시간)이 짧으며 감광성이 높은 품종군은 가을콩(만생종)이라고 하는데, 이것은 감온성이 낮다. 이들의 중간적 성질을 지니고 있는 품종군은 중간형이라고 한다.

그런데 우리나라에서 하대두형은 주로 평야지대에서 봄에 단작으로 파종하여 늦여름이나 초가을에 수확하는 품종으로 올콩 또는 유월두로 불리어 왔으며, 이들은 대체로 대립, 연질이어서 밥밑콩 또는 콩장 등으로 이용되어 왔다. 한편 추대두형은 맥후작의 형식으로 재배되는 그루콩이 그 주체를 이루는 품종으로서 가을콩형과 중간형이 있다. 이들을 같은 시기에 파종하면 가을콩형의 성숙이 중간형보다 늦으므로 가을콩형은 북부지방이나 산간지대에서는 안전하게 재배할 수 없고, 남부의 평야지대에서 재배한다. 가을콩은 생육 초기의 생육적온이 높고 토양의 산성 및 알칼리성 또는 건조 등에 대한 저항성이 큰 경향이 있지만 일반적으로 생육기간이 불충분하여 소출이 적은 편이다. 여하튼 우리나라는 하대두형에 비하여 추대두형의 콩이 많이 재배된다.

기타 콩에서 기상생태형의 세밀한 분류를 위하여 사용하는 성숙군은 출아일부터 성숙기까지의 생육일수를 토대로 분류하기도 하는데, 생육일수는 온도와 일장에 따라 다르지만 여름콩은 생육일수가 짧고 가을콩은 길다.

- 한계일장이 짧으며 감광성이 높은 품종군은 가을콩(만생종)이라고 한다. [378]
- 개화에서 한계일장은 추대두형(12시간)이 하대두형(16시간)보다 짧다. [373]

- 화성에 대한 최장일장은 조생종(24시간)보다 중(16시간), 만생종(14시간)이 더 짧다. **[373]**
- 여름콩은 가을콩에 비하여 감광성이 작다. **[376]**
- 남부의 평야지대에서 맥후작의 형식으로 재배하기에는 추대두형이 적합하다. **[377]**
- 가을콩은 남부지방 평야지대에서 맥후작 형식으로 재배된다. **[376]**
- 가을콩은 생육 초기의 생육적온이 높고 토양의 산성 및 알칼리성 또는 건조 등에 대한 저항성이 큰 경향이 있다. **[375]**
- 우리나라는 하대두형에 비하여 추대두형의 콩이 많이 재배된다. **[377]**
- 콩에서 성숙군은 출아일부터 성숙기까지의 생육일수를 토대로 분류한다. **[377]**
- 생육일수는 온도와 일장에 따라 다른데 여름콩은 생육일수가 짧고 가을콩은 길다. **[521]**

7 수량 구성 요소와 증수 재배 기술

대두의 수량 구성 요소는 1m²당 개체수, 개체당 꼬투리수, 꼬투리당 평균입수, 100립중 등으로 이루어지고, 개체당 꼬투리수는 개체당 마디수와 마디당 꼬투리수에 의하여 결정된다. 이들 중에서 입중은 품종의 특성으로서 환경조건에 따른 변동이 비교적 적다. 따라서 증수를 위해서는 1m²당 꼬투리수를 많이 확보하는 것이 중요하므로 단위면적당 개체수를 충분히 확보하는 동시에 꼬투리수를 증가시켜야 한다.

꼬투리수가 결정된 다음에는 후기의 양분 공급 조건 및 수광태세를 좋게 하여 불임립을 적게 하고, 꼬투리당 입수를 증가시켜 임실비율(稔實比率)을 향상시켜야 한다. 즉, 꼬투리당 임실비율은 생육 후기의 양분 공급 조건과 수광태세에 의해 크게 영향을 받는다. 그런데 각 수량 구성 요소에는 아래 그림에서 보듯이 각종 규제요인이 작용하기 때문에 규제요인들을 제거하거나, 그 작용을 적게 해야 다수확을 할 수 있다.

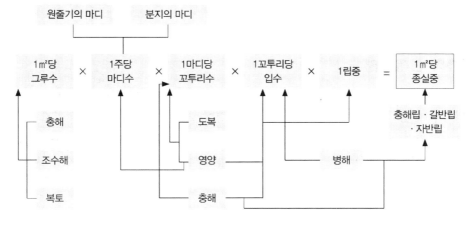

[콩의 수량 구성 요소와 규제 요인]

1) 면적당 개체수의 규제요인과 그 확보기술

면적당 개체수의 확보는 단순히 재식밀도를 높이면 되겠지만 초밀식의 경우에는 도복이 발생하고 꼬투리수도 감소하여 수량이 저하되므로 적정한 재식밀도를 확보하는 기술이 필요하다.

적정재식밀도의 확보를 규제하는 요인으로는 토양의 건조, 파종의 정도(精度), 복토의 정도, 해충 및 조수의 해 등을 들 수 있다. 즉, 파종 시 토양수분 함량이나 복토의 정도는 적정 재식밀도의 확보에 제한요인이 될 수 있다.

2) 개체당 꼬투리수의 확보 기술

일정 면적당 꼬투리수는 1차적으로는 마디수와 밀접한 관계가 있는데, 이는 파종기, 재식밀도, 시비량 등 개체의 생육량을 지배하는 기술 요소와 밀접한 관련이 있다. 적파는 만파보다, 재식밀도가 낮을 때는 높을 때보다 개체당 마디수가 많다. 한편 $1m^2$당 마디수는 재식밀도가 높을수록 증가하지만 일정 밀도 이상으로 증대되면 생육량이 급격히 떨어져 오히려 감소한다. 따라서 마디수는 경엽중(莖葉重) 등 생육량과 관계가 있고 특히 경중(莖重)이 증가할수록 많아진다.

한편 꼬투리수는 생육 중기 이후에 결정되므로 수량을 크게 지배한다. 대체로 재식밀도를 늘리면 꼬투리수가 증가하여 종실중도 증가하지만, 만파하거나 토양이 건조한 경우에는 꼬투리수의 증가 및 종실의 비대가 저하된다. 따라서 수량의 증대를 위해서는 꼬투리수를 충분히 확보하는 동시에 꼬투리당의 입수와 100립중의 증대가 필요하다.

꼬투리수의 확보는 앞에서 설명한 바와 같이 마디수의 증가에 의해 확보될 수 있지만 확보된 꼬투리의 유효화 또한 중요하다. 즉, 화기 또는 어린 꼬투리의 생리적 탈락이나 냉해에 의한 결협률의 감소, 도복에 의한 줄기의 손상, 해충에 의한 꼬투리의 식해 등은 유효 협수를 떨어뜨려 수량을 감소시킨다. 상기 감소 요인 중 어린 꼬투리의 생리적 탈락은 생육 후기(비대 초기)의 양, 수분 부족에 기인하므로 이들을 충분히 공급하여야 한다. 특히 칼리, 석회, 마그네슘 등이 부족하지 않게 공급해야 한다.

3) 입중의 증대기술

입중의 차이는 경장, 분지수, 협수 등에 비해 환경변이가 작은 편이지만, 개체의 생육량, 생육 후기의 영양상태 등의 환경에 의해서 적지 않은 영향을 받는다. 대체로 재식밀도 증대에 따른 개체의 생육량 저하는 입중을 떨어뜨리므로 입중의 증대를 위해서는 적정 재식밀도로 개체의 생육량 증대가 필요하다. 또한 퇴비의 시용 등 양분공급도 중요한데, 특히 생육 후기의 양, 수분공급량 증가는 종실의 비대를 촉진한다.

8 엽면적 및 광합성과 수량

다수확을 위한 최적 엽면적 지수는 재배 조건에 따라 다르지만 대체로 4~6 정도이다. 군락으로서의 광합성 능력을 높이려면 하위엽까지 상당량의 광이 투과되어야 하므로 수광태세가 중요한데, 이에 대해서는 뒤(특수재배 항)에서 알아본다.

- 콩의 수량 구성 요소는 1㎡당 개체수, 개체당 꼬투리수, 꼬투리당 평균입수, 100립중으로 이루어진다. [372]
- 수량={(1㎡당 개체수×개체당 꼬투리수×꼬투리당 평균입수×100립중)/100}×면적(㎡) [368]
- 증수를 위해서는 단위면적당 꼬투리수를 많이 확보하여야 한다. [369]
- 단위면적당 꼬투리수는 1차적으로 마디수와 밀접한 관계가 있다. [369]
- 꼬투리당 임실비율은 생육 후기의 양분공급조건과 수광태세에 의해 크게 영향을 받는다. [369]
- 파종 시 토양수분 함량이나 복토의 정도는 적정 재식밀도의 확보에 제한요인이 될 수 있다. [372]
- 입중의 차이는 경장, 분지수, 협수 등에 비해 환경변이가 작은 편이다. [372]
- 재식밀도 증대에 따른 개체의 생육량 저하는 입중을 떨어뜨린다. [372]
- 입중의 증대를 위해서는 적정 재식밀도로 개체의 생육량 증대가 필요하다. [372]
- 생육 후기의 양분공급량 증가는 종실의 비대를 촉진한다. [372]
- 입중의 증대를 위해서는 적정 재식밀도로 개체의 생육량을 증대시키고, 결실 중·후기에 양분과 수분이 충분히 공급되어야 한다. [372]
- 다수확을 위한 최적 엽면적 지수는 재배조건에 따라 다르지만 대체로 4~6 정도이다. [369]

V 분류 및 품종

1 분류

콩을 용도에 따라 일반용, 혼반(混飯)용, 유지용, 두아(豆芽)용, 청예용으로 분류되고, 종실의 크기에 따라 왕콩, 굵은콩, 중콩, 나물콩으로 분류된다. 종피의 빛깔에 따라 흰콩, 누렁콩, 청태, 밤콩, 우렁콩, 아주까리콩으로, 줄기의 생육습성에 따라 정상형, 대화(帶化)형, 만화형으로 분류된다. 신육형에 따라서는 무한신육형, 중간형, 유한신육형으로, 생태형에 따라 올콩, 중간콩, 그루콩으로, 종실 배꼽의 빛깔에 따라 백목(白目), 적목, 흑목 등으로 구분할 수 있다.

2 품종의 특성과 선택

1) 용도에 따른 품종의 선택

① 일반용 : 일반용은 장류나 두부 등의 제조에 쓰이는 품종으로 우리나라 콩의 주체를 이룬다. 수량이 많고, 단백질이 풍부하며, 종실이 굵고, 입색이 황백색 내지 황색인 것이 알맞다.

② 밥밑콩 : 종실이 굵고, 껍질이 얇으며, 물을 잘 흡수하고, 알칼리 붕괴도가 높아 취반 시 잘 물러야 하며, 환원당 함량이 높아야 한다.

③ 장콩 : 장콩(두부콩)은 황백색 또는 황색 껍질을 가진 대립으로서 100립중이 17g 이상인 것이 알맞고, 무름성이 좋으며 단백질 함량이 높은 것이 좋은데, 두부용은 수용성 단백질이 높을수록 품질이 좋아진다. 대표 품종으로 대원콩이 있다.

④ 나물콩 : 나물콩은 빛이 없는 조건에서 싹을 키워 콩나물로 이용하기 때문에 소립종을 주로 쓴다. 소출(생산량)이 많고, 콩나물 생산에 용이해야 하며, 품질이 우수해야 한다. 대표 품종으로 은하콩이 있고, 기름콩, 쥐눈이콩이 많이 이용된다.

⑤ 콩기름용 : 소출이 많고, 지방 함량이 높으면서, 지방산 조성이 영양학적으로도 유리한 것이 좋다.

2) 재배를 고려한 품종의 선택

① 단작인 경우 서리가 내리기 전에 성숙할 수 있고, 맥후작인 경우는 맥류의 파종에 지장이 없어야 한다.

② 수량이 많고 품질이 우수해야 한다.

③ 내병충성이 강해야 한다.

④ 토양적응성이 강해야 한다.

⑤ 도복에 강해야 한다.

⑥ 간작을 할 경우 이에 대한 적응성이 높아야 한다.

⑦ 습해와 건조에 강해야 한다.

⑧ 성숙기에 탈립이 없어야 한다.

- 콩을 분류할 때 백목(白目), 적목(赤目), 흑목(黑目)으로 분류하는 기준 : 종실 배꼽의 빛깔 [383]
- 밥밑콩은 껍질이 얇고 물을 잘 흡수하며 당 함량이 높은 것이 좋다. [382]
- 밥밑콩 : 종실이 굵고 취반 시 잘 물러야 하고, 환원당 함량이 높아야 한다. [381]
- 밥밑콩 : 종실이 굵고 취반 시 잘 물러야 하고, 환원당 함량이 높아야 한다. [550]
- 밥밑콩으로 이용되는 것은 종실이 크며 알칼리 붕괴도가 높다. [382]

- 장콩 : 씨껍질색은 황백색 또는 황색인 것이 좋으며, 대립으로서 백립중이 17g 이상인 것이 알맞다. [381]
- 장콩(두부콩)은 보통 황색 껍질을 가진 것으로 무름성이 좋고 단백질 함량이 높은 것이 좋다. [382]
- 장콩 : 대표 품종으로 대원콩이 있고, 두부용은 수용성 단백질이 높을수록 품질이 좋아진다. [550]
- 나물콩은 빛이 없는 조건에서 싹을 키워 콩나물로 이용하기 때문에 소립종을 주로 쓴다. [382]
- 나물콩 : 소출(생산량)이 많고, 콩나물 생산에 용이해야 하며, 종실이 극히 작고, 품질이 우수해야 한다. 기름콩, 쥐눈이콩이 많이 이용된다. [381]
- 콩나물용은 종실이 극히 작고, 품질이 우수해야 한다. [382]
- 나물콩 : 대표 품종으로 은하콩이 있고, 종실이 극히 작아야 콩나물 수량이 많아진다. [550]
- 기름콩 : 지방 함량이 높으면서 지방산 조성이 영양학적으로도 유리한 것이 좋다. [550]
- 기름콩 : 지방 함량이 높으면서 지방산 조성이 영양학적으로도 유리한 것이 좋다. [381]
- 기름콩 : 지방 함량이 높으면서 지방산 조성이 영양학적으로도 유리한 것이 좋다. [382]

VI 환경

1 기상

콩은 생육기간 중에 따뜻하고, 일조가 많으며, 수분도 넉넉해야 생육이 왕성하고 수량이 많다.

1) 온도

극조생종이더라도 최저 2,000℃의 적산온도가 필요하고, 일평균기온이 12℃ 이상인 일수가 120일 이상이어야 한다. 파종과 발아기에는 15~17℃ 이상이 좋고, 근류균을 위한 최적온도와 생육적온은 25~30℃이며, 결실기에는 야온이 20~25℃이어야 알맞다. 개화기의 저온(13~15℃)은 임실에 장해를 일으키고 꼬투리 내의 배주수를 떨어뜨리며, 결실기(성숙기)의 고온은 결협률을 떨어트리고, 아래의 좌측 그림처럼 지유 함량은 증가시키는데 단백질 함량은 오히려 감소시킨다.

우리나라 중부지방의 경우 5~6월의 생육 초기에는 온도와 생육 정도 간에 높은 정의 상관이 있지만, 8월의 최고온도는 아래 우측 그림에서 보는 바와 같이 결협률과 부의 상관이 있다.

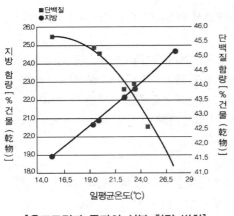

[온도조건과 종자의 성분 함량 변화]

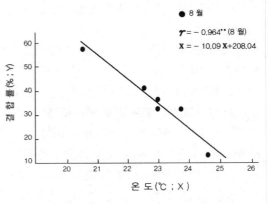

[6년간의 결합률과 8월 평균기온과의 상관]

한편 온도가 너무 낮으면 냉해를 유발하는데, 냉해에는 결실의 지연이나 종실의 소립화 등을 초래하는 지연형 냉해와 수분, 수정과 관계되는 장해형 냉해 그리고 생리기능의 저하를 가져오는 생육불량형 냉해가 있다.

2) 일조

일사량은 한해를 입지 않는 한 많을수록 좋다. 그러나 콩은 포장에서도 최대일사량의 60% 이하에서 광포화점에 도달하므로 어느 정도의 응달에서도 생육이 강하여 혼작이나 간작에 적응한다.

3) 강수

최대용수량의 30% 이상이면 발아가 가능하지만 요수량은 비교적 큰 편이다. 따라서 토양수분이 넉넉할 때 생육이 왕성하므로 넉넉히 비가 내려야 한다.

2 토양

재배 면에서 볼 때 콩은 생육이 왕성하며 토양적응성도 강한 편이지만, 콩을 다수확하려면 뿌리혹의 착생 및 뿌리혹박테리아의 활동이 왕성한 토양조건이 필요하다. 그런 좋은 조건 및 나쁜 조건의 토양에 대하여는 앞의 뿌리 및 뿌리혹에서 알아보았고 여기서는 그 외의 사항들을 알아본다.

콩의 최적 토양 함수량은 최대용수량의 70~90%이고, 100% 이상이면 습해를 입는다. 그러나 콩은 근권에서의 산소요구량이 비교적 적고, 뿌리의 질산 환원 작용에 의하여 산소를 공급받으므로 비교적 다습한 통기 부족 상태에서도 견딜 수 있다.

콩의 생육에 알맞은 토양 산도는 근류균의 번식과 활동에 적합한 pH 6.5 내외이다. 그런데 우리나라 밭토양의 70%가 pH 5.9 이하의 산성 토양이므로 석회를 시용하여 중화해야 한다. 한편 염분에는 매우 약하여 토양 염분 농도가 0.03% 이상이면 생육이 크게 위축된다. 벼는 염분 농도 0.3%까지는 재배가 가능하다.

- 결실기의 고온은 결협률을 떨어뜨리고 지유 함량을 증가시킨다. **[495]**
- 성숙기에 고온상태에 놓이면 종자의 지방 함량은 증가하나 단백질 함량은 오히려 감소한다. **[366]**
- 성숙기에 고온상태에 놓이면 종자의 지방 함량은 증가하나, 단백질 함량은 오히려 감소한다. **[384]**
- 성숙기에 고온 상태에 놓이면 종자의 지방 함량은 증가하나 단백질 함량은 감소한다. **[387]**
- 콩은 응달에서 생육이 강하여 혼작 및 간작의 적응성이 높다. **[495]**
- 재배면에서 볼 때 콩은 생육이 왕성하며 토양적응성도 강한 편이다. **[385]**
- 콩의 최적 토양 함수량은 최대용수량의 70~90%이다. **[495]**
- 강우가 많은 우리나라 기후에 적응된 작물이라도 강산성 토양에서는 잘 자라지 않는다. **[521]**
- 토양 염분 농도가 0.03% 이상이면 생육이 크게 위축된다. **[387]**

VII 재배

1 작부 체계

① 윤작

밭작물의 작부 조직에는 거의 모든 경우에 콩이 조합되어 있는데, 이것은 콩재배로 경지의 이용도를 높이고 화곡류의 재배로 인한 지력소모를 회복하려는 것이다. 즉, 콩, 알파파 등 콩과 작물은 토양의 입단 형성을 조장하여 구조를 좋게 한다. 한편 콩도 연작하면 석회의 집중수탈, 토양비료성분의 불균형, 병해의 증가 등 연작장해가 발생하므로 콩도 다음과 같은 윤작이 필요하다.

㉠ 1년 1작 방식 : 맥류재배가 곤란한 북부에서 실시하는 단작(單作) 방식으로, 콩을 조, 옥수수, 감자 등과 매년 바꾸어 재배하는 방식이다.

㉡ 2년 3작 방식 : 추파 소맥지대인 서부지방을 중심으로 2년에 걸쳐 밀 – 콩간작 – 조 등 3가지 작물을 재배하는 방식이다.

㉢ 1년 2작 방식 : 중남부의 평야지대에서 실시하는 방식으로 콩과 맥류의 윤작이 가장 많은데, 작부 체계 면에서 볼 때 콩은 윤작의 전작물로 알맞고 맥류와 1년 2작 체계가 가능하다.

② 간작 및 후작의 경우 노동력 부족 등의 이유로 간작은 감소하고, 단작이나 맥후작의 방향으로 바뀌고 있다.

③ 콩은 응달에서도 생육이 강하므로 수수 및 옥수수와 합리적으로 혼작할 수 있다.

④ 교호작 및 주위작에도 적당하다.

2 종자 준비

콩은 분얼이 없으므로 분얼이 많은 화곡류에 비하여 우량종자의 중요성이 더욱 크다.

3 파종

1) 파종 시기

가장 많은 수량을 나타내는 생리적 파종 적기는 단작의 경우 도장이나 만화(蔓 넝쿨 만 化)가 없는 한도 내에서 가장 이른 시기이며, 이보다 파종이 늦어지면 수량이 줄어드는데, 파종기의 지연에 따른 수량저하 정도는 추대두형보다 하대두형이, 난지보다 한지(寒地)에서 크다.

가을콩의 경우는 감광성이 커서 일정 일장에 도달하지 많으면 꽃눈이 분화되지 않으므로 너무 조파하면 과번무를 유발하여 감수되며, 만파하면 영양생장기간이 단축되어 착협수가 크게 감소된다.

2) 파종량

조숙종 등 생육기간이 짧은 경우나 단지형 품종 및 척박지 재배와 같은 경우는 밀식하는 것이 증수 상 유리하다.

3) 정지 및 파종

조파할 때는 건조하기 쉬운 시기이므로 평이랑으로 하여 출아와 초기 생육을 조장하고, 출아 후 장마철까지 북주기를 함으로써 이랑을 세워 배수와 통기를 도모해야 한다. 그러나 맥후작의 경우, 파종 후가 바로 장마철이므로 처음부터 이랑을 세워 이랑 위에 파종하는 것이 배수와 통기에 좋다.

4 시비

1) 비료 요소의 흡수와 효과

콩은 근류균의 도움을 받고 흡비력도 강하기 때문에 비료를 별로 주지 않아도 상당한 수량을 얼을 수 있으므로 '콩은 다른 작물에 비하여 지력 의존도가 높고 시비 효과가 낮은 작물이다.'라고 말할 수 있다. 그러나 많은 수량을 확보하려면 역시 알맞게 시비하여야 한다.

근류균에 의한 질소 고정 이전인 생육 초기에 질소를 시용하는 것은 특히 조생종에 효과적이며, 인산 및 칼리는 토양에서 무효화되는 양이 많아 다량의 시용량을 필요로 한다. 한편 산성토, 개간지, 화산회토 등에서는 인비로서 용성인비의 효과가 크게 나타나는데, 용성인비에는 마그네슘도 다량 들어있기 때문이다.

2) 시비량 및 엽면시비

석회 및 퇴비는 기비위주의 시비를 하며, 개화기 전후에 질소 비료를 엽면시비하면 수량과 단백질 함량을 높일 수 있다.

5 관리

1) 솎기, 보식, 김매기

발아 후 초생엽이 전개하면 필요한 솎기 및 보식을 실시하고, 김매기를 해야 한다. 김매기의 효과는 매우 큰데, 제초제를 사용할 경우에는 라쏘(Alachlor의 상품명) 입제 등을 파종 직후나 파종 2~3일 후에 살포하되 종자가 3cm 이상 묻히도록 균일하게 복토하고 살포하여야 한다.

한편 작물과 잡초 간의 경합에 대해 알면 김매기 작업을 줄일 수 있을 것인데, 콩의 초형에서는 분지수가 적고 직립형인 품종이, 분지수가 많고 LAI가 높은 품종보다 잡초에 대한 경합력이 낮다. 재배방법에서는 재식밀도가 높고 적기 파종한 경우가, 재식밀도가 낮고 만파한 경우보다 잡초에 대한 작물의 경합력이 높다.

2) 북주기

북주기는 김매기와 겸하여 실시하는 것이 보통이며, 북을 주면 배수와 통기가 조장되고, 지온조절 및 도복방지의 효과가 있으며, 부정근의 발생을 조장함으로 생육과 결실을 좋게 한다. 북주기는 줄기가 목화되기 전에 실시해야 부정근 발생에 효과가 크고, 만생종은 북주기 횟수를 늘리는 것이 좋으나 늦어도 꽃피기 10일 전까지는 마쳐야 한다.

3) 순지르기 및 생장조절제의 처리

생육이 왕성할 때 적심(순지르기)을 하면 뿌리가 굵어져 근계가 발달하고 근류균의 착생을 촉진한다. 또한 지상부의 분지수는 적어지지만, 분지(곁가지)가 다시 나거나 왕성하게 자라며, 쓰러짐을 어느 정도 줄일 수 있어 수량을 높일 수 있다. 콩 재배에서 과도생장 억제와 도복 경감을 위한 순지르기는 제5엽기 내지 제7엽기 사이에 하는 것이 효과적이다. 즉, 생육이 왕성할 때(제5엽기 내지 제7엽기 사이) 적심을 하면 남은 가지의 발육이 양호하여 수량이 증가되고, 키도 크지 않고, 분지수도 줄기 때문에 도복이 경감된다.

그러나 만파한 경우나 생육이 불량할 때 또는 생육기간이 짧아서 순지르기에 의한 생육 억제작용이 충분히 회복될 수 없을 때 순지르기를 하면 분지의 발육이 나빠져서 수량을 감소시킨다.

- 콩, 알파파 등 콩과 작물은 토양의 입단형성을 조장하여 구조를 좋게 한다. [363]
- 작부 체계면에서 볼 때 콩은 윤작의 전작물로 알맞고 맥류와 1년 2작 체계가 가능하다. [385]
- 콩은 다른 작물에 비하여 지력 의존도가 높고 시비 효과가 낮은 작물이다. [386]
- 콩은 산성토, 개간지, 화산회토 등에서 용성인비의 효과가 크게 나타나는 작물이다. [386]
- 콩에 석회를 많이 시용하면 철분 결핍 증상이 나타날 수 있다. [386]
- 콩은 기비위주의 시비를 하며, 개화기 전후에 질소 비료를 엽면시비하면 수량과 단백질 함량을 높일 수 있다. [372]
- 콩과 옥수수 재배지에서 사용되는 토양처리형 제초제 : Alachlor [388]
- 콩에서 분지수가 적고 직립형 품종은 분지수가 많고 LAI가 높은 품종보다 잡초에 대한 경합력이 낮다. [378]
- 재식밀도가 높고 적기 파종한 경우가 재식밀도가 낮고 만파한 경우보다 잡초에 대한 작물의 경합력이 높다. [378]
- 키가 크고 무성한 작물, 초관 형성이 빨라 차광 능력이 높은 작물은 잡초와의 광에 대한 경합에서 유리하다. [378]
- 조파작물과 산파작물 교대 윤작 시 경운작업의 형태와 피복되는 시기의 차이 등으로 인해 잡초 생육이 억제된다. [378]
- 콩 재배에서 북주기는 줄기가 목화되기 전에 하는 것이 효과적이며 만생종에는 북주기의 횟수를 늘리는 것이 좋다. [392]
- 콩 재배에서 북을 주면 지온조절 및 도복방지의 효과가 있을 뿐만 아니라 새로운 부정근의 발생을 조장한다. [392]
- 북주기를 하면 물빠짐과 토양 속의 공기 순환이 좋아지고 도복을 줄일 수 있다. [393]
- 북주기의 횟수에 따라 수량이 약간 증가하는 효과가 있으나 늦어도 꽃피기 10일 전까지는 마쳐야 한다. [393]
- 생육이 왕성할 때 적심을 하면 근계의 발달과 근류균의 착생을 촉진한다. [393]
- 순지르기를 하면 곁가지가 다시 나거나 왕성하게 자라며, 쓰러짐을 어느 정도 줄일 수 있어 수량을 높일 수 있다. [393]
- 생육이 왕성할 때 적심을 하면 지상부의 분지수는 적어지지만 분지(가지)의 발육은 양호하다. [393]
- 콩 재배에서 과도생장 억제와 도복 경감을 위한 순지르기는 제5엽기 내지 제7엽기 사이에 하는 것이 효과적이다. [392]
- 생육이 왕성할 때(제5엽기 내지 제7엽기 사이) 적심을 하면 남은 가지의 발육이 양호하여 수량이 증가되고, 키도 크지 않고 분지수도 줄기 때문에 도복이 경감된다. [393]

- 콩 재배에서 만파한 경우나 생육이 불량할 때 순지르기를 하면 분지의 발육이 나빠져서 수량을 감소시킨다. [392]
- 생육량이 적거나 늦게 심었을 경우 순지르기를 하면 수량이 감소된다. [393]]
- 생육이 떨어질 때 적심을 하면 수량이 적어진다. [393]

6 병충해 방제

1) 병해

① 바이러스병 : 잎에 모자이크 모양의 무늬가 생기고, 주름이 잡히며, 식물체가 왜소해지고, 생육이 위축된다. 콩의 바이러스병은 진딧물에 의해 매개된다.

② 흑점병(검은점병) : 흑점병은 곰팡이 병으로 습도가 높을 때 발생하며, 꼬투리나 종실에 감염 후 하얗게 변색되고 흑색 소립(小粒)이 생겨 상품가치를 저하시키는 병해이다.

③ 탄저병(炭 숯 탄, 疽 악성 종기 저, 病) : 콩의 탄저병은 곰팡이병으로 꼬투리를 중심으로 줄기, 잎 등에 발생하여 흑색 소립이 생기며, 종자 및 토양으로 전파된다.

④ 자줏빛무늬병(자반병) : 자반병은 장마기에 주로 잎에서 발생하며 다각형의 적갈색 병반이 발생한다. 이 병은 수량에는 별 영향을 끼치지 않지만 품질을 떨어뜨리며, 종자전염을 한다.

⑤ 불마름병

⑥ 노균병

⑦ 세균성점무늬병

⑧ 더뎅이병

2) 충해

① 선충 : 뿌리의 발달을 저해하여 생육이 심히 억제되는데, 유충이 다년간 토양에서 생존하므로 연작하면 피해가 심하다.

② 기타 : 콩나방, 콩잎말이나방, 풍뎅이류, 진딧물, 뿌리굴파기 등이 있다.

7 수확 및 조제

1) 수확 및 건조

콩은 잎이 황변, 탈락하고 종자의 수분 함량이 18~20% 정도가 되어 꼬투리와 종실이 단단해진

시기에 수확하는 것이 좋다.

2) 탈곡 및 조제

꼬투리의 수분 함량이 20% 이하가 되어야 탈곡이 쉽다. 탈곡한 것은 깍지 등을 제거하여 조제하는데, 조제한 다음에는 안전저장을 위하여 종자수분 함량이 14~16%가 되도록 건조한다.

- 습도가 높을 때, 꼬투리나 종실에 감염 후 하얗게 변색되어 상품가치를 저하시키는 콩의 병해는 흑점병(검은점병)이다. [394]
- 콩의 탄저병은 꼬투리를 중심으로 줄기, 잎 등에 발생하며, 종자 및 토양으로 전파된다. [172]
- 콩은 잎이 황변, 탈락하고 꼬투리와 종실이 단단해진 시기에 수확하는 것이 좋다. [536]
- 콩은 종자의 수분 함량이 18~20% 정도일 때 수확한다. [510]
- 콩의 안전저장을 위한 종자수분 함량은 14~16%이다. [459]

Ⅷ 특수재배

1 이식적심 재배

육묘하여 이식하고 순지르기와 북주기를 하면 개화는 다소 늦어지지만 성숙기는 오히려 빨라지고, 분지수가 증가되며, 낙화 및 낙협율이 감소되어 증수된다. 그러나 이식재배는 많은 노력과 높은 재배기술 그리고 적절한 품종이 필요하므로 쉬운 일은 아니다. 이식재배용 품종으로는 생육기간이 길고 분지수가 많으며 생육이 왕성한 가을콩이 알맞다.

2 밀식재배

1) 밀식재배의 의의 및 효과

과거 우리나라에서는 다분지형(多分枝型)의 품종을 소식하여 개체의 생육량을 증대시킴으로써 다수확을 도모했었지만, 미국 등 선진국에서는 분지수는 비교적 적고 원줄기에 수량을 의존하는 품종을 육성하여 밀식하는 방향으로 발달해 왔다. 그런데 우리나라에서도 맥후작의 경우에는 생육기간이 충분하지 못하므로 개체의 생육량을 증대시키는 것보다는 일정 면적당의 생장량을 증대시키는 밀식재배가 유리할 것이라는 생각을 하게 되었다. 즉, 맥후작의 경우 충분한 개체수를 확보해야만 수량을 늘릴 수 있으므로 밀식재배가 유리하다. 한편 기계화재배가 늘어나면서 밀식재배가 일반화되었고, 밀식적응성 품종도 개발되면서 밀식에 의한 다수확이 가능하게 되었다.

밀식에 의한 증수의 주요인은 광에너지의 이용이 높아지는 것이며, 밀식적응성 품종이란 광에너지의 이용이 높아진 품종을 의미한다.

2) 밀식적응성 품종의 특징

밀식적응성 품종은 광에너지의 이용을 높이기 위하여 밀식조건에서 동화기관인 잎의 공간적 배열이 작물군락의 수광에 유리하고 효율적이어야 한다. 따라서 분지수가 적고 분지의 길이가 짧으며, 잎은 가늘고 작으며 두텁고, 분지각도 및 엽병각도가 작은 협초폭(狹草幅)형이 밀식에 유리하다. 또한 어느 정도 키가 크면서도 원줄기의 밑부분까지 꼬투리가 달리어 소위 주경의존도(主莖依存度)가 크고, 줄기에 탄력성이 있어 도복에 강하며 병해에도 강해야 한다.

3) 산파밀식재배

맥후작 만파 시에 생력(省 덜 생 力)을 위한 기계화재배의 한 방법으로 산파밀식재배법이 사용되는데, 토양 전면에 비료와 종자를 산파한 후 10cm 깊이로 트랙터 로터리경을 하는 재배법이다. 이 방법은 92%의 노력 절감과 14%의 증수 효과가 있다고 하는데, 배수가 양호한 곳에서는 전면산파를 하고, 배수가 불량한 곳에서는 부분산파를 한다.

3 기계화재배

콩을 기계화재배하면 관행재배에 비하여 50~80%의 노력이 절감되고, 수량도 떨어지지 않는다.

기계화재배를 하는 품종은 탈립이 잘 되지 않으며, 밀식적응성이 크고, 도복하지 않는 것이 알맞고, 맨 아래 꼬투리의 착생 높이가 10cm 이상이어야 한다.

4 풋콩 조기재배

보통재배의 경우라도 아직 녹협(綠莢)일 때 수확하면 풋콩이 되지만 조기출하를 하려면 조기재배를 해야 하므로 풋콩은 일반적으로 조생종이고, 조기재배는 중부지방에서도 답전작이 가능하다. 한편 풋콩은 꼬투리 채 쪄서 양념 없이 먹으므로 당 함량이 높고 무름성이 좋아야 한다.

5 논콩재배

논콩은 성숙기가 늦기에 전후 작물을 고려하여 품종을 선택하되 내습성과 내도복성이 강한 품종을 재배하는 것이 유리하고, 흑색뿌리썩음병에 대한 내병성이 강한 품종을 재배하여야 한다. 논콩

재배에서도 키가 작고 조숙성인 품종은 필요한 엽면적의 확보를 위하여 밀식하는 것이 유리하다.

- 풋콩 조기재배는 중부지방에서도 답전작이 가능하다. [395]
- 풋콩은 일반적으로 조생종이며 당 함량이 높고 무름성이 좋다. [441]
- 이식재배용 품종으로는 생육기간이 길고 분지수가 많으며 생육이 왕성한 가을콩이 알맞다. [395]
- 맥후작의 경우 충분한 개체수를 확보해야만 수량을 늘릴 수 있으므로 밀식재배가 유리하다. [395]
- 밀식적응성 콩 품종의 초형은 분지수가 적고 짧아야 한다. [394]
- 밀식적응성이 높은 품종은 대체로 분지수가 적고 잎이 작고 두터우며 분지 각도와 엽병 각도가 작은 것이 유리하다. [396]
- 밀식적응성 콩 품종의 초형은 잎이 가늘고 작으며 두터워서 수광태세가 좋아야 한다. [394]
- 밀식적응성 콩 품종의 초형은 꼬투리가 주경의 하부까지 많이 달려야 한다. [394]
- 콩은 키가 크고 가지가 적으면 수광태세가 좋아진다. [255]
- 밀식적응성 콩 품종의 초형은 줄기에 탄력성이 있어 도복에 강해야 한다. [394]
- 기계화재배를 하는 품종은 탈립이 잘 되지 않으며 밀식적응성이 크고 도복하지 않는 것이 알맞다. [395]
- 기계화재배 품종은 맨 아래 꼬투리의 착생 높이가 10cm 이상이어야 한다. [396]
- 콩의 콤바인 수확을 위해서는 최하위 착협고가 10cm 이상인 품종이 알맞다. [543]
- 논콩 재배[387] : 내습성과 내도복성이 강한 품종을 재배하는 것이 유리하다. 흑색뿌리썩음병에 대한 내병성이 강한 품종을 재배한다. 키가 작고 조숙성인 품종은 밀식하는 것이 유리하다. 논콩은 성숙기가 늦으므로 전후작물을 고려하여 품종을 선택한다.
- 논콩 재배[534] : 뿌리썩음병에 강한 품종을 선택한다. 내습성이 강한 품종을 선택한다. 내도복성이 강한 품종을 선택한다.

IX 형질 전환

형질 전환에 대한 이론은 재배학을 참조하세요.

- 라운드업 레디(Roundup ready) 콩 : 제초제 저항성 [396]
- 플라브르-사브르(Flavr-Savr) 토마토 : 보관성(무르지 않음) [396]
- Bt-면화 : 내충성 [396]
- 형질 전환 작물은 외래의 유전자를 목표 식물에 도입하여 발현시킨 작물이다. [398]
- 도입 외래 유전자는 동물, 식물, 미생물로부터 분리하여 이용 가능하다. [398]
- 형질 전환으로 도입된 유전자는 식물의 핵내에서 염색체 내부에 존재하면서 발현된다. [398]
- 형질 전환 방법에는 아그로박테리움 방법, 입자총 방법 등이 있다. [398]

CHAPTER 02 땅 콩

1 기원

1 식물적 기원

학명은 Arachis hypogea L.이다. (암기법 : 어라 키스하네!)

2 지리적 기원

남아메리카의 중부 산악지대가 원산지이다.

2 생산 및 이용

1 생산

땅콩은 고온작물이므로 고랭지나 고위도지대에서는 재배하기 어렵다. 땅콩은 사질토에 잘 적응하고 침수에도 비교적 강하여 강변의 사질토지대에서 많이 재배되고 있는데, 낙동강을 끼고 있는 경북지방과 한강이 있는 경기지방에서 많이 재배된다.

2 이용

땅콩은 식용 두류 중에서 종실 내 지질 함량(43~45%)이 가장 높으며, 단백질 함량(28%)도 높고 비타민 B의 함량도 높다.

3 형태

1 종실

종실은 2매의 두꺼운 황백색의 자엽이 대부분을 차기하고 있으며, 100립중은 소립종이 45g,

중립종이 60g, 대립종이 70g 이상이다. 복습 하나 할까요? "3중 포장을 한 율무의 1,000립중이 100g이다. 보리, 밀, 귀리의 1,000립중은 35~45g, 조의 1,000립중은 2.5~3g이다."

감이 잡히지요? 그래요, 합격의 감도 잡으세요.

2 뿌리 및 뿌리혹

발아할 때 1본의 직근이 나와서 주근이 되고, 여기서 측근이 발달한다. 배축과 분지의 기부에서 부정근이 발생하며, 측근의 분기점에 뿌리혹이 많이 착생한다.

3 줄기 및 잎

땅콩의 줄기는 가는 편이고 단면이 다각형이며 표면에 털이 있고 녹색 또는 적자색이다. 한 개체에서 보통 20~25개의 분지가 발생하는데, 첫째 마디의 분지는 대생하며, 둘째 마디의 분지는 첫째 마디와 90°의 각도로 대생하고, 그 이상의 마디는 호생한다. 한편 줄기는 가지의 발생각도나 신장상태에 따라 입성(立性), 포복형 및 중간형으로 초형을 구분한다. 가지에는 영양지와 생식지가 있는데, 영양지는 생육이 왕성하고 잎과 가지를 발생하는 보통가지이므로 이로부터 다시 영양지와 생식지의 착생이 반복된다. 한편 생식지는 짧으며 생육이 빈약하고 가지가 없다. 영양지는 보통 저차 및 저위절일수록 생육이 왕성하므로 자엽절에서 나온 양분지(兩分枝)는 엄청 크고, 양분지에서 나온 생식지의 결협수는 매우 많아 포기 전체 결협수의 35~40%를 차지한다. 따라서 이들 양분지가 건전하게 발육할 수 있도록 생육 초기 환경을 조성하는 일이 매우 중요하다.

4 꽃 및 꼬투리

꽃은 보통 기부에 가까운 생식지의 각 마디에서 핀다. 꽃은 비교적 크고 그림에서 보듯이 황색의 접형화(蝶形花)로 무병(無柄 자루 병)이며 긴 꽃받침통이 있다. 땅콩은 쌍떡잎식물이므로 꽃잎은 5매이며, 수술은 10개이다.

수정이 이루어지고 꽃이 떨어지면 씨방의 기부조직인 자방병이 급속히 신장하여 땅속 3~5cm까지 뻗어 들어가 꼬투리를 형성한다. 자방병이 지상에서 신장하는 길이는 약 16cm 정도이므로 이보다 높은 곳에서 신장하는 자방병은 땅속에 도달하지 못하고 말라 죽는다. 한편 햇볕이 내리쬐면 자방병의 신장이 억제되고, 토양이 건조되어 빈 꼬투리 발생이 많아진다.

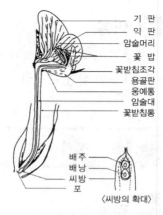

기 판
익 판
암술머리
꽃 밥
꽃받침조각
용골판
웅예통
암술대
꽃받침통

배주
배낭
씨방
포

〈씨방의 확대〉

[꽃의 모식도]

- 땅콩은 자가수정을 하는 콩과 작물로서 남미가 원산지이다. **[507]**
- 땅콩은 식용 두류 중에서 종실 내 지질 함량(43~45%)이 가장 높다. **[403]**
- 땅콩의 주성분은 지질로 43~45%가 함유되어 있고 단백질 함량도 높다. **[2021 지9]**
- 땅콩종실의 주성분은 지방질이고 종자수명이 1~2년 정도인 단명종자이다. **[507]**
- 땅콩 줄기의 경우 첫째 마디의 분지는 대생하며, 둘째 마디의 분지는 첫째 마디와 90°의 각도로 대생하고, 그 이상의 마디는 호생한다. **[399]**
- 땅콩 줄기의 경우 영양지는 생육이 왕성하고 잎과 가지를 발생하는 보통가지이다. **[399]**
- 땅콩 줄기의 경우 생식지는 짧으며 생육이 빈약하고 가지가 없다. **[399]**
- 땅콩 줄기의 경우 영양지는 보통 저차 및 저위절일수록 생육이 왕성하다. **[399]**
- 땅콩 꼬투리는 수정 후에 자방병이 급속히 신장하여 땅속 3~5cm로 뻗어 들어간다. **[487]**
- 땅콩 씨방은 지상에서 수정이 완료된 후에 자방병이 신장되어 지중으로 들어간다. **[403]**
- 햇볕이 내리쬐면 자방병의 신장이 억제되고 토양이 건조하면 빈 꼬투리 발생이 많아진다. **[507]**

4 생리 및 생태

1 발아

땅콩은 단명 종자이며 발아온도는 최저 12℃, 최적온도는 소립종 23~25℃, 대립종 25~30℃로 발아적온은 대립종이 소립종보다 높다. 발아시간에서 보면 꼬투리째 파종하는 것이 종실만 파종한 것보다 발아소요일수가 길고, 고온보다 저온에서 길다.

땅콩의 종실은 휴면성이 있으며, 휴면기간은 대체로 소립종은 9~50일이고, 대립종(버지니아형)은 110~210일에 달하는 것도 있다. 즉, 종실은 대체로 대립종에 비해 소립종의 휴면기간이 짧다.

2 개화 및 수정

땅콩은 7월 초부터 개화를 시작하여 가을까지 지속하는데, 수확 60일 전까지 개화한 것만이 성숙할 수 있으므로 이 시기를 유효개화한계기라 한다. 개화는 보통 오전 4시경에 시작하여 이른 새벽에 종료되고, 정오에 오므라든다. 땅콩은 자가수정을 원칙으로 하지만 자연교잡도 0.2~0.5% 정도는 이루어진다. 수정된 씨방은 암흑 조건에서 종실의 발육이 조장되므로 씨방이 땅속에 들어가지 못하면 말라 죽어 완전히 결실하는 것은 총 꽃수의 10% 정도에 불과하다.

3 결협 및 결실

자방병이 땅속에 들어온 후 5일 정도 지나면 향지성(向地性)이 없어지고 땅속에서 수평으로 되어 땅속 3~5cm 깊이에서 씨방이 비대하여 꼬투리를 형성하며, 꼬투리의 생체중은 자방병이 땅속에 들어간 후 3주일 경에 최대가 된다. 협실(莢實, 꼬투리)의 비대를 위한 가장 기본적 환경조건은 암흑과 토양수분이다. 즉, 광의 조사(照射)는 결실과 자방병의 신장을 억제하고, 토양의 건조는 공협(空莢)의 생성을 많게 한다.

또한 결협 및 결실에 있어서는 석회의 효과가 크게 인정되는데, 특히 씨방이 있는 결실권(結實圈)에 석회가 부족하면 공협(빈 꼬투리)이 많이 생긴다. 따라서 다른 비료 요소는 근권에만 사용하면 되지만, 석회는 결협권에 사용해야 효과적이다. 좋은 결협을 위해서는 질소의 사용을 적절히 하고 석회를 늘려야 한다.

- 땅콩은 단명 종자이며 발아온도는 최저 12℃, 최적온도는 소립종 23~25℃, 대립종 25~30℃에 해당한다. **[400]**
- 땅콩의 종자 발아에서 발아적온은 대립종이 소립종보다 높다. **[400]**
- 땅콩의 종자는 단명종자로서 수명이 1~2년이다. **[400]**
- 땅콩은 꼬투리째 파종하는 것이 종실만 파종한 것보다 발아소요일수가 길다. **[400]**
- 땅콩의 종실은 휴면성이 있으며, 휴면기간은 대체로 소립종은 9~50일이고, 대립종은 110~210일에 달하는 것도 있다. **[400]**
- 종실은 대체로 대립종에 비해 소립종의 휴면기간이 짧다. **[487]**
- 땅콩의 종자 발아에서 휴면기간은 대체로 대립종이 소립종보다 더 길다. **[400]**
- 개화는 보통 오전 4시경에 시작하여 이른 새벽에 종료되고, 정오에 오므라든다. **[402]**
- 땅콩은 자가수정을 원칙으로 하지만 자연교잡도 0.2~0.5% 정도는 이루어진다. **[400]**
- 땅콩은 타식률이 0.2~0.5%이다. **[403]**
- 자가수정을 주로 하며 암흑 조건에서 종실의 발육이 조장된다. **[402]**
- 땅콩은 총 꽃수의 10% 정도가 완전한 결실을 한다. **[420]**
- 땅콩 꼬투리의 지중 착생 위치는 보통 3~5cm 부위가 된다.
- 땅콩 꼬투리의 생체중은 자방병이 땅속에 들어간 후 3주일 경에 최대가 된다.
- 결실부위에 석회가 부족하면 빈 꼬투리가 많이 생긴다. **[487]**
- 결협을 위하여 질소의 사용을 적절히 하고 석회를 늘린다. **[402]**

5 분류 및 품종

1 분류

땅콩은 초형에 따라 포복형, 중간형, 직립형으로, 종실의 크기에 따라 대립형, 중립형, 소립형으로 분류되며, 여러 가지 형질의 종합적인 기준에 따라서 아래와 같이 스페니쉬형, 발렌시아형, 버지니아형, 사우두이스트러너형 등으로 구별한다.

[땅콩의 종합적 분류]

구분	스페니쉬형	발렌시아형	버지니아형	사우드이스트러너형
분지의 수	적다	적다	많다	많다
내병성	약하다	약하다	강하다	강하다
초형	입성	입성	입성·포복성	포복성
종실의 크기	작다	작다	크다	작다
지유 함량	많다	많다	적다	많다
휴면성	약하다	약하다	강하다	강하다

- 땅콩 스페니쉬형의 초형은 입성이고, 종실의 크기는 작으며, 지유 함량은 많다. **(401)**
- 땅콩 발렌시아형의 초형은 입성이고, 종실의 크기는 작으며, 지유 함량은 많다. **(401)**
- 땅콩 버지니아형의 초형은 입성·포복형이고, 종실의 크기는 크며, 지유 함량은 적다. **(401)**
- 땅콩 사우스이스트러너형의 초형은 포복성이고, 종실의 크기는 작으며, 지유 함량은 많다. **(401)**

2 품종의 특성

용도면에서 볼 때 유지용인 경우는 유지 함량이 많은 소립종이 좋고, 식용으로 할 때는 단백질 함량이 많은 대립종이 좋다.

6 환경

1 기상

땅콩은 고온작물로 생육적온은 25~27℃이고, 3,600℃의 적산온도를 필요로 한다. 그러나 땅콩의 소립종은 대립종에 비하여 발아 및 생육적온이 다소 낮고 생육기간도 짧아 적산온도가 낮다.

또한 씨방의 발육은 지온이 34~35℃까지는 온도가 높을수록 촉진되고, 결실기간의 온도가 높을수록 종실 중의 지방 함량이 증가하는 경향이 있다. 결협부위의 토양이 건조하면 빈 꼬투리가 많이 생기고 종실이 작아지며, 단백질 함량은 증가되는 반면 지방 함량은 감소한다.

2 토양

땅콩은 내건성(耐乾性)이 강한 편으로 모래땅에도 잘 적응하는 장점이 있지만 가장 좋은 토양은 배수가 잘 되고 석회가 풍부하며 부식이 적지 않은 사질양토 또는 양토이다. 토양수분은 최대용수량의 50~70%가 알맞고, 침수에는 강하지만 과습에는 약하다. 한편 건조에는 강한 편이지만 너무 건조하면 빈 꼬투리가 많아진다. 알맞은 토양 산도는 pH 6~8이므로 산성 토양에 대한 적응성이 약하고, 척박지에서도 생육이 나쁘다.

- 땅콩의 소립종은 대립종에 비하여 발아 및 생육적온이 다소 낮고 생육기간도 짧아 적산온도가 낮다. [416]
- 땅콩에서 결실기간의 온도가 높을수록 종실 중의 지방 함량이 증가하는 경향이 있다. [402]
- 땅콩의 결실기간 중 온도가 높을수록 종실의 지방 함량이 증가하는 경향이 있다. [507]
- 땅콩은 내건성(耐乾性)이 강한 편으로 모래땅에도 잘 적응하는 장점이 있다. [403]
- 토양수분은 최대용수량의 50~70%가 알맞다. [487]
- 강낭콩은 척박지에서 생육이 나쁘고 산성 토양에 대한 적응성이 약하다. [407]
- 토양 산성화의 원인[408] : 비에 의한 염기성 양이온의 용탈, 식물의 뿌리에서 배출되는 수소 이온, 토양 중 질소의 산화

7 재배

1 작부 체계

땅콩은 연작하면 기지현상이 심하기 때문에 1~2년 정도 윤작을 해야 한다. 땅콩을 연작하면 대체로 2년째에는 첫해 수량의 20~50%, 3년째에는 30~70%의 감수를 나타내기도 한다. 이와 같은 연작장해의 주된 원인은 뿌리혹선충의 피해증가와 검은 무늬병, 갈색무늬병 등의 발생조장 그리고 석회 등의 감소에 의한 것으로 생각된다. 또한 작물의 유체 또는 생체에서 나오는 물질이 동일종이나 유연종의 작물 생육에 피해를 주는 일이 있는데, 연작을 하면 이 유독물질이 축적되어 기지현상을 일으키기도 하고, 특정 비료성분의 수탈이 이루어지기 쉬워 기지의 원인이 되기도 한다.

- 땅콩은 연작하면 기지현상이 심하기 때문에 1~2년 정도 윤작을 해야 한다. [522]
- 땅콩은 연작할수록 결협과 결실이 나빠진다. [403]
- 땅콩 재배에서 기지현상[406] : 땅콩은 석회를 많이 흡수하므로 연작을 하면 토양 중에 석회가 감소한다. 대체로 연작 2년째에는 첫해의 수량보다 20~50% 정도 감수된다. 검은무늬병 및 갈색무늬병 등의 발생이 조장된다. 뿌리혹선충의 피해가 증가한다.
- 연작을 하면 나타나는 기지현상의 원인[404] : 연작을 하면 토양 중의 특정 미생물이 번성하고, 그중 병원균이 병해를 유발하기 때문에 기지의 원인이 된다. 연작을 하면 토양선충이 증가하여 작물에 직접적인 피해를 끼치고, 2차적인 병원균의 침입도 많아져 병해를 유발함으로써 기지의 원인이 된다. 작물의 유체 또는 생체에서 나오는 물질이 동일종이나 유연종의 작물 생육에 피해를 주는 일이 있는데, 연작을 하면 이 유독물질이 축적되어 기지현상을 일으킨다. 연작을 하면 비료 성분의 일방적 수탈이 이루어지기 쉬워 기지의 원인이 된다.
- 윤작[405] : 윤작은 원래 농경에 의한 지력감소를 방지하기 위하여 시작되었다. 우리나라의 윤작체계는 매우 단순하고 단기적이다. 윤작은 토양의 물리성을 개선하는데 탁월한 효과가 있다. 연작 시 발생하는 병해충을 윤작에 의해 경감시킬 수 있다.

2 종자 준비

땅콩을 최아하여 심으면 불량종자를 제거할 수 있고, 발아기간을 줄임으로써 발아기간 중의 조수의 피해 등을 줄일 수 있다.

3 파종

대체로 결실기에 15℃ 이상의 유효적산온도가 500℃ 이상 되도록 파종기를 결정해야 한다.

4 시비

땅콩도 콩처럼 시비반응이 둔감한 작물이지만 많은 수량을 얻으려면 비료를 충분히 시용해야 한다. 질소를 가장 많이 흡수하고, 다음이 칼리, 그 다음이 인산인데, 석회도 많이 흡수한다. 질소는 보통 전량 기비로 시용하지만 분시하는 것이 효과적인 경우가 있고, 석회는 반을 경운 전에 살포하고, 나머지 반은 개화 초기에 포기 밑에 살포한 후 북을 주는 것이 좋다.

5 관리

발아 후 필요한 만큼의 솎기, 보식, 김매기 등의 관리를 하여야 한다. 땅콩은 자방병의 지중침입을 조장하기 위하여 개화 초기와 그 후 15일 정도의 간격으로 한두 차례 북주기를 해야 하는데, 직립성인 것은 포기 바로 밑의 양쪽이 두둑해지도록 북을 주고, 포복성인 것은 포기 밑으로부터 주변

전체가 다소 두툼해지도록 북을 준다.

6 수확 및 조제

땅콩 소립종의 등숙일수는 70~80일이고 대립종은 100일 정도인데, 잎과 줄기가 황변하고 대부분의 꼬투리에 그물무늬가 뚜렷이 형성되면 수확한다. 땅콩은 꽃이 일시에 피지 않으므로 너무 일찍 수확하면 수량과 품질이 떨어지고, 너무 늦게 수확하면 과숙한 꼬투리가 많아져 땅속에서 탈협(脫莢)되는 것이 많아 감수된다. 탈협은 늦은 수확 이외에도 자방병 조직의 약화나 부패에 의해서 조장되기도 한다.

상품으로 할 것은 잘 씻어 말리거나 표백분으로 표백하여 희고 깨끗해 보이도록 하면 좋다.

> • 땅콩 소립종의 등숙일수는 70~80일이고 대립종은 100일 정도이다. **(403)**
> • 땅콩에서 성숙한 꼬투리의 수확 시 탈협은 감수의 원인이 되고, 자방병 조직의 약화나 부패에 의해서 조장되기도 한다. **(400)**

8 특수 재배

1 육묘이식 재배

땅콩은 본엽이 2~3매가 될 때까지 육묘하여 이식재배를 하기도 한다. 단점은 노력이 많이 소요되는 것인데 장점으로는 아래의 것들이 있다.

① 직파 시 생기기 쉬운 결주와 출아과정에서의 피해를 막을 수 있다.
② 생육기간이 연장되어 증수된다.
③ 맥후작으로도 안전하게 재배할 수 있어 작부 체계상 유리하다.
④ 종자를 절약할 수 있다.

2 멀칭 재배

땅콩은 처음 10일 동안에 개화한 것은 85% 정도가 완숙협이 되지만 그 후에 개화한 것은 성숙시간이 모자라 완숙협이 되지 못한다. 따라서 생육기간을 늘리기 위한 멀칭 재배가 실시되는데, 이로 인하여 조파가 가능하며, 보온에 의해 생육이 조장되고 개화가 촉진됨으로써 유효개화기간이 길어져 증수 효과가 크다. 이 외에도 발아 중의 피해를 막을 수 있고, 토양수분이 유지되어 한해를 경감시키는 효과도 있다.

강낭(남)콩

1 기원

1 식물적 기원

염색체수는 2n=22로 팥이나 녹두와 같고, 학명은 Phaseolus vulgaris이다.

2 지리적 기원

인도설도 있지만 중남미와 남아메리카설이 유력하다.

2 생산 및 이용

1 생산

강낭콩은 팥과 비슷한 용도로 쓰이나 품질이 팥보다 떨어지고, 콩에 비해 질소 고정 능력이 낮아 질소 비료를 많이 요구하며, 습해에 약해 많이 재배하지 않는다.

2 이용

종실은 팥처럼 밥에 넣어 먹거나 떡, 과자의 속으로 이용되며, 어린 녹협(錄莢)은 채소로 이용되고, 잎과 줄기는 사료로 이용된다. 종실 내 단백질 함량(콩은 38%, 강낭콩은 21%)은 콩보다 낮지만 탄수화물 함량은 콩보다 높다.

3 　형태

1 종실

대체로 콩보다 굵다.

2 뿌리 및 뿌리혹

뿌리의 형태는 콩과 유사하며, 뿌리혹의 착생과 질소 고정 능력은 콩보다 못한 팥보다도 떨어진다.

3 줄기 및 잎

줄기는 직립성(矮 키 작을 왜, 性), 만성(蔓 덩굴 만, 性), 반만성으로 구별되며 왜성은 50cm 내외지만, 만성은 3m에 달하는 것도 있다. 출아하면 1쌍의 자엽과 초생엽은 대생하고, 그 다음부터는 정상복엽이 발생한다.

4 꽃 및 꼬투리

엽액에서 꽃송이가 나와 꽃이 달리는데 콩꽃보다 다소 크다. 꼬투리는 콩보다 길고 크며 한 꼬투리에 보통 3~5개의 종실이 들어 있다.

4 　생리 및 생태

1 발아

강낭콩은 상명종자이다. 발아온도는 최저 10℃, 최적 26~37℃, 최고 38~42℃이다.

2 개화 및 수정

왜성종은 동일 개체 내에서는 거의 동시에 개화하지만, 만성종은 6~7마디에서 먼저 개화하고 점차 위로 개화해 올라간다. 자가수정이 원칙이나 간혹 자연수분도 있다.

5 환경

1 기상

콩이나 팥보다 약간 낮은 온도에서 재배하기에 알맞다. 그렇다면 고향은 고산지대이다.

2 토양

강낭콩은 질소 고정 능력이 약하며, 척박지에서 생육이 나쁘고 산성 토양에 대한 적응성이 두류 중 가장 약하다. 염분에 대한 저항성도 약하다. 즉, 강낭콩은 배수가 잘되고, 표토가 비옥한 양토나 식양토가 알맞으며, 과습과 건조에 모두 약해서 적지가 아니면 생육이 현저히 떨어진다.

완전 공주네!

6 재배

1 작부 체계

강낭콩은 생육기간이 짧아(조생종은 90일, 만생종은 130일) 작부 체계상 유리하여 중남부 평야지대에서는 가을채소의 전작으로 알맞고, 고위도나 산간지역에서는 화곡류와 윤작에 알맞다. 그러나 환경을 타는 공주라서 혼작이나 주위작으로 소량 재배하는 경우가 대부분이다.

공부할 때도 심하게 환경 타는 사람 있지요? 공주라서가 아니고 몰입이 안 되어 그렇습니다. 왜 몰입이 안 될까요? 생각을 안 해서지요. 즉, 깊은 생각이 필요한 예술이나 기술은 하지 않고, 생각이 필요 없는 또는 생각하면 안 되는 예능이나 기능만 하기 때문입니다.

2 파종

강낭콩은 다량의 양분을 흡수하므로 심경해야 하고, 과습에 약하므로 배수가 잘 되도록 이랑을 세워 이랑 위에 파종하여야 한다.

3 시비

강낭콩은 다른 두류에 비해 근류균에 의한 질소 고정 능력이 낮고, 많은 양의 질소 비료를 요구하며, 질소 시용의 효과도 크다. 마그네슘의 시용 효과도 크다.

4 병충해 방제

콩에 준하여 방제한다.

5 수확 및 조제

강낭콩은 꼬투리의 70~80%가 황변하고 마르기 시작할 때 수확하는 것이 좋다.

- 강낭콩은 콩에 비해 질소 고정 능력이 낮고 종실 내 단백질 함량(콩은 38%, 강낭콩은 21%)은 낮지만 탄수화물 함량은 높다. **(406)**
- 강낭콩은 콩에 비해 질소 고정 능력이 낮으며 종실 내 당질 함량이 높다. **(410)**
- 강낭콩은 질소 고정 능력이 약하며, 산성 토양에도 약하다. **(416)**
- 강낭콩은 척박지에서 생육이 나쁘고 산성 토양에 대한 적응성이 약하다. **(407)**
- 강낭콩은 다른 두류에 비해 질소 고정 능력이 낮아 질소시용의 효과가 크다. **(522)**
- 강낭콩은 꼬투리의 70~80%가 황변하고 마르기 시작할 때 수확하는 것이 좋다. **(536)**

팥

1 기원

1 식물적 기원

학명이 Vigna angularis이다.

2 지리적 기원

중국 남부이다.

2 생산 및 이용

1 생산

팥은 콩에 비해 수량이나 이용면에서 떨어지지만 늦심기에 잘 적응하며, 밀의 후작으로도 안전하게 재배할 수 있고, 지력유지에도 도움이 되므로 전국적으로 재배된다.

2 이용

혼반, 팥죽, 떡이나 빵의 속 또는 고물 등으로 이용된다. 팥 종자 속에는 전분이 34~35% 정도, 단백질도 20% 정도 들어있지만 영양가는 콩에 비해 현저히 떨어진다. 팥의 전분은 세포섬유에 싸여 있어 혀에 닿으면 독특한 감촉을 주고 삶아도 전분이 풀리지(호화되지) 않는 장점을 지니고 있지만 소화 효소 디아스타제의 작용을 받기 어려워 소화는 다소 떨어진다.

3 형태

1 종실

배꼽이 크고 배꼽의 중앙에 흰 줄이 있으며, 100립중은 13~16g이다.

2 뿌리 및 뿌리혹

뿌리의 형태는 콩과 비슷하지만, 뿌리혹의 착생과 공중질소의 고정은 콩보다 떨어진다.

3 줄기 및 잎

팥의 줄기도 콩과 비슷하지만 콩보다 줄기가 다소 가늘고 길며 만화되는 경향이 있어 연약하므로, 비옥한 토양에서는 쓰러지기 쉬워 늦게 심거나 넓게 심는 것이 좋다. 잎도 콩과 비슷하다.

4 꽃 및 꼬투리

콩과 팥의 꽃에는 암술은 1개, 수술은 10개가 있으며, 기타 꽃의 기본 구조도 콩과 팥은 비슷하다. 꼬투리는 콩과 달리 가늘고 길며 둥글다. 1개의 꼬투리에는 보통 4~8립의 종실이 들어 있으며, 성숙한 꼬투리는 터져서 탈립되지만, 그 정도는 콩과 녹두의 사이에 있다.

4 생리 및 생태

1 발아

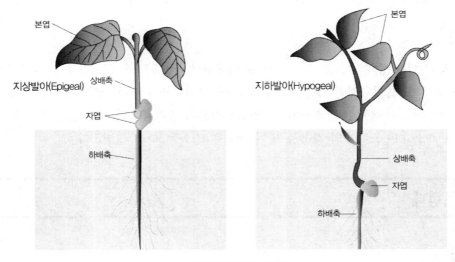

[작물의 발아 형태]

팥은 종자수명이 3~4년으로 장명종자로 구분되며, 콩(상명종자로 2년)보다 상대적으로 길지만, 6년인 녹두보다는 짧다. 발아온도는 최저 6~10℃, 최적 32~34℃, 최고 40~44℃이다.

위의 그림에서 보듯이 콩은 발아할 때 떡잎이 지상부로 올라오고, 팥은 떡잎이 땅속에 남아 있는 지하자엽형이다. 따라서 팥은 발아 시 자엽이 땅위로 올라오지 않고 초생엽이 바로 출현한다. 콩은 떡잎과 배축 부분이 지상부에 있는 에피길(epigeal)이고, 팥은 떡잎과 배축 부분이 지하부에 있는 하이포길(hypogeal)이다.

팥은 발아 시 소요되는 흡수량은 대체로 종자무게의 100% 내외로 콩(130% 내외)보다 작아 토양수분이 적어도 발아할 수 있지만 콩처럼 과습에 견딜 수 있는 기능이 없어 과습에 대한 저항성은 콩보다 약하다. 염분에 대한 저항성은 콩도 아주 약한(0.03%에서 해를 입음)데, 팥은 콩보다 더 약하다고 한다. 염분에 강한 두류는 동부뿐이다.

2 개화 및 결실

팥은 보리처럼 대부분 자가수정을 하고 자연교배는 드물다. 팥은 꼬투리나 종실이 균일하게 성숙하지 않는 특성이 있어 못난이 삼형제처럼 종실의 크기가 제각각이다.

3 기상생태형

팥은 콩보다 감광성과 감온성이 둔하기는 하지만(그럼 무지 둔하겠군) 여름팥, 가을팥 및 중간형 으로 생태형을 구별할 수 있다. 다른 작물(벼나 콩)과 마찬가지로 조생종은 일장의 영향은 적고 온도에 감응하는 성질이 큰 감온형으로 저온에서는 성숙이 늦어진다. 반면 만생종은 온도보다는 단일에 감응하는 성질이 큰 감광형이다. 우리나라에서는 대체로 북부지방은 조생종, 남부지방은 만생종을 재배한다.

- 팥 종자 속에는 전분이 34~35% 정도, 단백질도 20% 정도 들어있다. [544]
- 두류에서 땅콩(지질), 콩(단백질) 이외는 탄수화물 덩어리이다. [410]
- 팥 종실 내의 성분은 콩에 비해 탄수화물 함량이 높고 지방 함량은 낮다. [411]
- 팥은 콩보다 탄수화물 함량이 더 높다. [414]
- 팥은 콩보다 근류균의 착생과 공중질소의 고정이 더 잘 안 일어난다. [2021 지9]
- 팥은 콩보다 줄기가 연약하여 비옥한 토양에서는 쓰러지기 쉬우므로 늦게 심거나 넓게 심는 것이 좋다. [412]
- 콩과 팥의 꽃에는 암술은 1개, 수술은 10개가 있다. [411]
- 팥은 종자수명이 3~4년으로 콩보다 상대적으로 길다. [414]

- 팥은 장명종자로 구분된다. [544]
- 콩은 팥보다 종자의 발아력이 짧게 유지된다. [413]
- 팥은 장명종자이고 발아할 때 자엽이 지상에 나타나지 않는 지하자엽형에 속한다. [522]
- 콩은 발아할 때 떡잎이 지상부로 올라오고, 팥은 떡잎이 땅속에 남아 있다. [411]
- 팥은 콩과 달리 발아 시 떡잎은 지하자엽형이다. [414]
- 팥은 출아할 때 자엽이 지상으로 나타나지 않는다. [420]
- 팥은 포장 발아 시 자엽이 땅위로 올라오지 않고 초생엽이 바로 출현한다. [410]]
- 팥은 떡잎이 땅속에 남고 첫 잎이 땅 위로 출현한다. [415]
- 팥은 쌍떡잎식물로 첫 잎이 출현한다. [415]
- 콩은 떡잎과 배축 부분이 지상부에 있는 에피길(epigeal)이고, 팥은 떡잎과 배축 부분이 지하부에 있는 하이포길(hypogeal)이다. [412]
- 팥은 발아 시 소요되는 흡수량은 대체로 종자무게의 100% 내외이다. [415]
- 팥은 콩보다 토양수분이 적어도 발아할 수 있다. [413]
- 팥은 콩보다 토양수분이 적어도 발아할 수 있지만 과습과 염분에 대한 저항성은 콩보다 약하다. [512]
- 팥은 콩보다 당질 함량이 높고, 근류 착생이 적으며, 습해에 약하다. [410]
- 팥은 종자의 수분 흡수 속도가 느리고 파종할 때 발아 최적온도는 32~34℃이다. [415]
- 팥은 종실이 균일하게 성숙하지 않는 특성이 있다. [544]
- 팥은 콩보다 감광성과 감온성이 둔하다. [413]

5 환경

1 기상

팥은 콩보다 더 따뜻하고 축축한 기후를 좋아하며, 냉해에 대한 적응성이 약하여 고랭지에서 콩보다 재배상의 안정성이 적다. 따라서 팥은 생육기간 중에는 고온, 적습 조건이 필요하며 결실기에는 약간 서늘하고 일조가 좋아야 한다.

팥은 생육기간 중 건조할 경우에는 초장이 작아지며 임실이 불량해지고 오갈병이 발생하기 쉽고, 반대로 과습할 경우 생육이 불량해지며 잘록병이 발생하기 쉽다.

2 토양

팥의 경우 토양은 배수가 잘되고 보수력이 좋으며 부식과 석회 등이 풍부한 식토 내지 양토가 알맞지만, 토양적응성이 커서 극단적인 척박지나 과습지 이외에서는 어디서나 재배할 수 있다. 토양산도는 pH 6.0~6.5가 알맞고, 강산성 토양에는 잘 적응하지 못한다.

6 재배

1 작부 체계

팥을 연작하면 콩의 경우처럼 토양 내에 선충이 증가하며 병도 많아지므로 윤작해야 한다. 늦심기, 간작, 혼작, 주위작에 모두 적합하여 작부 체계 구성에 유리하며, 개간지에도 잘 적응한다.

2 수확 및 조제

팥은 잎이 황변하여 탈락하지 않더라도 꼬투리가 황백색 또는 갈색으로 변하고 건조하면 수확하는 것이 좋다. 팥의 탈립 정도는 콩과 녹두의 사이에 있으므로, 팥은 전체의 70~80%가 성숙하면 수확해야 하고, 녹두는 불편하게도 수차례 수확해야 한다.

- 팥은 콩보다 더 따뜻하고 축축한 기후를 좋아하며, 냉해에 대한 적응성이 약하여 고랭지에서 콩보다 재배상의 안정성이 적다. [407]
- 팥은 콩보다 고랭지나 고위도 지대에서 재배상의 안정성이 적다. [413]
- 팥은 콩보다 고온다습한 기후에 잘 적응하는 반면에 저온에 약하다. [411]
- 팥은 콩보다 더 고온다습한 기후에 잘 적응하는 반면에 상대적으로 저온에 약하다. [412]
- 팥은 콩보다 고온다습한 기후에 잘 적응한다. [414]
- 팥은 생육기간 중에는 고온, 적습조건이 필요하며 결실기에는 약간 서늘하고 일조가 좋아야 한다. [512]
- 팥은 생육기간 중 건조할 경우에는 초장이 작아지며 임실이 불량해지고 오갈병이 발생하기 쉽다. [512]
- 팥은 파종기에 과습할 경우 잘록병이 발생하기 쉽다. [348]
- 팥은 토양은 배수가 잘되고 보수력이 좋으며 부식과 석회 등이 풍부한 식토 내지 양토가 알맞다. [512]
- 팥은 토양산도는 pH 6.0~6.5가 알맞고, 강산성 토양에는 잘 적응하지 못한다. [544]
- 팥을 연작하면 콩의 경우처럼 토양 내에 선충이 증가하며 병도 많아진다. [412]
- 팥은 잎이 황변하여 탈락하지 않더라도 꼬투리가 황백색 또는 갈색으로 변하고 건조하면 수확하는 것이 좋다. [536]

CHAPTER 05 녹두

1 기원

1 식물적 기원

학명이 Vigna radiata이다.

2 지리적 기원

원산지는 인도북부와 히말라야 산맥의 저지대이다.

2 생산 및 이용

1 생산

녹두는 생산성이 심히 낮고, 튀는 성질 때문에 수확에 노력이 많이 들며, 용도면에서도 제약이 있어 많이 심지는 않는다. 그러나 팥보다도 늦심기에 유리하고, 메마른 땅에서도 잘 자라며, 비료를 요하지 않고, 생육기간이 짧은 등의 유리한 점이 있어 많지는 않지만 전국적으로 고르게 재배된다.

2 이용

녹두의 주성분은 당질이고 그 주체는 전분이며, 단백질도 26%로 많아 영양가가 높다. 녹두로 만든 식품은 혀의 감촉이 팥과 비슷하지만 향미가 높고 독특한 맛이 있어 귀한 음식으로 대접받는다.
녹두는 녹두묵, 떡고물, 빈대떡 등에 쓰이며 숙주나물로도 이용된다. 공업용으로는 우수한 당면의 원료가 된다.

3 형태

1 종실

형태적으로는 팥과 비슷하지만 100립중이 대체로 3~6g(팥은 13~16g)으로 작아 녹두장군이란 말이 생겼다.

2 뿌리, 줄기 및 잎

뿌리는 팥과 비슷하고 줄기는 팥보다 가늘다. 잎은 콩처럼 1쌍의 자엽과 초생엽이 전개한 다음 정상복엽이 나온다.

3 꽃 및 꼬투리

꽃은 팥처럼 엽액에서 꽃자루가 나오고 그 끝에 몇 개의 마디가 있으며, 각 마디에서는 꽃이 대생하여 꽃송이를 이룬다. 꼬투리의 길이는 6~10cm이며, 한 꼬투리에 종실이 10~15개 들어있다.

4 생리 및 생태

녹두 종자의 수명은 두류에서 가장 긴 6년 이상으로 장명종자이다. 팥보다 발아 가능 온도의 범위가 넓다. 녹두의 일장형에도 봄녹두, 그루녹두, 중간형 등이 분화되어 있으므로, 봄녹두는 고온에 의해, 그루녹두는 단일에 의해 화아분화가 촉진된다.

5 환경

1 기상

따뜻한 기후가 생육에 알맞지만 생육기간이 길지 않으므로 조생종을 선택하면 고위도지방에서도 재배할 수 있다. 녹두는 건조에는 상당히 강한 편이지만 다습을 꺼리며 성숙기에 비가 많이 내리면 밭에서 썩는 경우가 있다.

2 토양

토양은 배수가 잘 되는 양토나 식양토를 좋아하므로 중점질 토양에서는 잘 자라지 않고, 척박지에 대한 적응성이 강하다.

---

6 재배

1 작부 체계

녹두는 4월 상순부터 7월 하순까지 파종할 수 있으므로 파종기간이 여름작물 중에서 가장 길다. 따라서 조파에도 잘 적응하지만 맥류(특히 밀)의 후작으로 재배하기에도 알맞다. 녹두는 음지에서도 생육이 좋지만, 심한 그늘은 좋아하지 않으므로 콩과는 달리 수수 또는 옥수수와의 혼작에는 알맞지 않다. 그리고 연작에 의한 피해가 크므로 윤작이 필요하다.

2 수확

녹두는 성숙하면 튀어 탈립이 심하므로 꼬투리가 열개(裂開)하여 튀기 전에 수확해야 한다. 한 개체 내에서도 하위 꼬투리로부터 흑갈색으로 변하면서 성숙해 올라가므로 몇 차례에 걸쳐 수확하면 소출이 많다. 아침에는 점잖아 아침나절에 수확하면 덜 튄다.

- 녹두 원산지는 인도북부와 히말라야 산맥의 저지대이다. [417]
- 녹두의 주성분은 당질이고 지질 함량은 1.3%로 낮다. [2021 지9]
- 녹두 종자의 수명은 6년 이상으로 장명종자이다. [417]
- 녹두는 고온과 단일조건에서 화아분화가 촉진된다. [417]
- 녹두는 조생종을 선택하면 고랭지나 고위도 지방에서도 재배할 수 있다. [522]
- 녹두는 다습한 환경을 싫어하고 건조에 강하며 척박지에 대한 적응성이 강하다. [407]
- 녹두는 중점질 토양에서 잘 자라지 않고, 연작에 의한 피해가 크다. [417]
- 녹두는 음지에서도 생육이 좋지만, 심한 그늘은 좋아하지 않으므로 수수 또는 옥수수와의 혼작에는 알맞지 않다. [416]
- 녹두는 하위 꼬투리로부터 흑갈색으로 변하면서 성숙해 올라가므로 몇 차례에 걸쳐 수확하면 소출이 많다. [536]

CHAPTER 06 동 부

1 기원

1 식물적 기원

학명이 Vigna unguiculate이다.

2 지리적 기원

원산지는 아프리카 동부이다.

2 이용

주성분은 당질이고, 단백질도 많은 편이며, 비타민 B도 풍부하다. 혼반, 떡고물, 죽 등에 이용하고 녹협은 채소로 많이 이용한다.

3 형태

1 종실

100립중이 9~15g으로 중, 대립의 팥 정도이다.

2 꽃 및 꼬투리

엽액 부위에서 길이 12~16cm의 긴 꽃자루가 나와 그 선단부에 여러 개의 꽃이 달린다. 꽃의 구조는 콩꽃과 비슷한데, 크기가 훨씬 크다.

꼬투리의 길이는 8~23cm로 두류 중 가장 길고, 그 속에 두류 중 가장 많은 6~21(콩은 1~4, 강낭콩은 3~5, 완두는 5~6, 팥은 4~8, 녹두는 10~15)개의 종실이 들어 있다.

4 생리 및 생태

동부는 45℃에서 발아하는 것이 있으므로 콩(발아 최고 온도는 44℃)에 비하여 고온발아율이 높은 편이며, 생육기간 중 35℃ 이상의 고온에도 잘 견딘다. 동부는 개화일수(파종 후 40~60일)에 비하여 결실일수가 상대적으로 매우 짧은 편이며, 한 꼬투리의 결실기간은 15~30일이다.

동부도 다른 두류처럼 단일 식물이며, 대체로 자가수정을 하지만 자연교잡률이 비교적 높은 편이다.

5 환경

1 기상

동부는 두류 중 가장 높은 45℃의 고온에서도 생존이 가능하다.

2 토양

동부는 재배 시 배수가 잘 되는 양토가 알맞고 산성토양에도 잘 견디며 염분에 대한 저항성도 큰 편이다. 산성토양에도 잘 견디며 염분에 강한 것이 어찌 두류야?

6 재배

1 작부 체계

대부분의 재래종은 만화(蔓化)형이라서 지주를 세워야 하므로 울타리에 심거나, 간작 또는 혼작 형태로 다른 작물에 의지하여 재배한다.

2 수확

꼬투리가 황색 또는 갈색으로 변하면 성숙한 것이므로 성숙하는 대로 3~4회 수확한 후, 줄기를 베어 말린 다음 탈곡한다. 수확이 늦어지면 병이 심하게 발생하고 품질이 급격히 떨어진다.

- 한 꼬투리에 들어 있는 종실수는 동부가 가장 많다. [420]
- 동부는 콩에 비해 고온 발아율이 높고 생육기간 중 35℃ 이상의 고온에도 잘 견딘다. [406]
- 동부는 고온에서도 잘 견딘다. [2021 지9]
- 동부는 콩에 비하여 고온발아율이 높은 편이다. [418]
- 동부는 개화일수에 비하여 결실일수가 상대적으로 매우 짧은 편이며 한 꼬투리의 결실기간은 15~30일이다. [418]
- 동부는 단일 식물이며 대체로 자가수정을 하지만 자연교잡률도 비교적 높은 편이다. [418]
- 동부는 재배 시 배수가 잘 되는 양토가 알맞고 산성토양에도 잘 견디며 염분에 대한 저항성도 큰 편이다. [418]

CHAPTER 07 완 두

1 기원

1 식물적 기원

학명이 Pisum sativum이다.

2 지리적 기원

원산지는 유럽의 오스트리아이다.

2 생산 및 이용

1 생산

완두는 만화 품종이 많아 지주를 세워야 하고, 강산성 토양에 극히 약하며, 기지현상이 심하여 많이 재배되지 않는다.

2 이용

완두의 주성분은 당질이며 그 주체는 전분이고, 단백질도 풍부하며, 지질도 아래의 표에서 보듯이 팥 등에 비하여 적지 않다. 그런데 "완두의 주성분은 당질이고, 단백질과 지질도 풍부하다."라는 선지가 틀린 것으로 출제된 적이 있다. 따라서 지질의 양은 팥과 비교하면 안 되고 땅콩과 비교하여야 하나 보다. 문제가 좀 이상하지요? 완두도 팥이나 강낭콩처럼 밥에 넣어 먹거나 떡 등의 속으로 이용되고, 성숙하기 전의 푸른 종실은 통조림을 만들거나 삶아서 이용한다.

[두류의 성분 비교]

작물명	종실 주요 성분		
	탄수화물	단백질	지방
팥(adzuki bean)	72.2	22.3	0.7
녹두(mung bean)	69.2	25.6	1.3
강낭콩(common bean)	69.4	24.7	1.7
완두(pea)	70.0	25.6	23.

3 형태

1 종실

배꼽이 가늘고 길며, 100립중은 25~50g이다.

2 뿌리, 줄기 및 잎

발아할 때 1본의 직근이 나와서 주근이 되고, 여기서 측근이 발달한다. 줄기는 둥근 편으로 속이 비어 있으며, 엽은 복엽으로 호생한다. 엽축의 끝은 덩굴손으로 되어 있다.

3 꽃 및 꼬투리

꽃의 형태는 콩꽃과 비슷하며, 한 꼬투리에는 5~6개의 종실이 들어 있다.

4 생리 및 생태

1 발아

완두는 4년 정도의 발아력을 지닌 장명 종자이다. 두류 중에서 기장 발아온도가 낮아 최저 1~2℃, 최적 25~30℃, 최고 35~37℃이다. 또한 완두에서는 저온 버널리제이션의 효과가 인정되어 최아 종자나 유식물을 0~2℃에서 10~15일 처리하면 개화가 촉진된다.

출아 시 완두도 팥처럼 자엽이 지상으로 나타나지 않고 땅 속에 남아있는 지하자엽형이다. 완두는 거의 자가수정을 하며 자연교잡률이 매우 낮기 때문에 채종 상 유리하여 멘델이 연구에 이용하였다.

2 개화 및 결실

대체로 줄기나 꽃송이의 아랫부분부터 개화하는데, 일반적인 환경에서는 아침 4시부터 개화하기 시작하여 12시부터 오후 3시 사이에 개화 성기를 이룬다. 꽃은 저녁에 시들었다가 다음 날 다시 피며, 한 개체의 개화 기간은 14~16일 정도이다.

5 환경

1 기상

완두는 서늘한 기후를 좋아하고 추위에 강하므로 추파가 가능하며 답전작으로도 재배할 수 있다. 같은 이유로 밀이나 보리의 후작으로 하면 기온이 높아 알맞지 않고, 춘파 시 팥보다 파종기가 빠르다.

한편 완두는 두과작물이므로 보리나 밀 등의 맥류보다 요수량이 2배나 높은 작물이다.

2 토양

건조와 척박한 토양에 대한 적응성이 낮고, 강산성 토양에는 극히 약하다.

6 재배

1 작부 체계

완두는 추파 또는 춘파한다. 연작하면 기지현상이 심하며, 심한 경우 식물체가 왜화되어 수량이 많이 감소한다. 산성 토양에서 기지현상이 더욱 심해지므로 석회를 시용해야 한다. 답리작의 경우는 연작을 해도 피해가 심하지 않으므로, 답리작으로는 연작이 가능한 두류이다. 즉, 완두는 연작하면 기지현상이 심하지만 답리작이 가능한 두류이다.

2 수확

연협종(軟莢種)을 재배하여 꼬투리째 식용으로 하는 경우에는 종실이 굵어지기 전인 개화 후 14~16일경부터 수확하고, 푸른 종실을 식용으로 할 때는 꼬투리가 변색되어 완전히 마르기 전에 수확해야 한다. 수확 후 저장해 두었다가 이용할 경우는 꼬투리가 변색되고 건고(乾固)해진 후에 수확한다.

- 완두의 학명은 Pisum sativum이다. **[2021 국9]**
- 완두의 주성분은 당질이고, 단백질은 풍부하나 지질은 적다. **[2021 국9]**
- 완두는 두류 중에서 발아 최저온도가 낮은 편이다. **[419]**
- 완두는 최아종자나 유식물을 0~2℃에서 10~15일 처리하면 개화가 촉진된다. **[352]**
- 자엽이 지상으로 출현하지 않는 두과작물 : 팥−완두 **[415]**
- 벼, 귀리, 완두, 고구마 중에서 협채류인 것은 완두이다. **[2021 국9]**
- 완두는 서늘한 기후를 좋아하고 추위에도 비교적 강하다. **[419]**
- 완두는 서늘한 기후에서 잘 자란다. **[2021 지9]**
- 완두는 남부지방에서 답리작으로 추파가 가능하다. **[419]**
- 완두는 밀이나 보리의 후작으로 알맞지 않다. **[419]**
- 완두는 팥보다 서늘한 기후에서 생육이 좋으며 춘파 시 파종기가 빠르다. **[410]**
- 완두는 보리나 밀보다 요수량이 높은 작물이다. **[348]**
- 완두는 서늘한 기후를 좋아하고 강산성 토양에 약하다. **[2021 국9]**
- 완두는 연작하면 기지현상이 심하며, 심한 경우 식물체가 왜화되어 수량이 심히 감소한다. 산성 토양에서 더욱 심해진다. **[420]**
- 완두는 연작하면 기지현상이 심하지만 답리작이 가능한 두류이다. **[406]**
- 완두는 연작하면 기지현상이 매우 심하게 나타난다. **[419]**
- 완두는 서늘한 기후를 좋아하며 연작에 의한 기지현상이 많다. **[407]**
- 완두는 기지현상이 심하여 널리 재배되지 않는다. **[2021 국9]**

MEMO

제**4**장 서류

감 자

I 기원

1 식물적 기원

감자의 학명은 Solanum tuberosum L.이고, 가지목 가지과(茄子科)에 속하며, 재배종은 동질 4배체로 염색체수는 2n=48이다.

2 지리적 기원

남아메리카 안데스 산맥의 중부 고지대가 원산지이다.

II 생산 및 이용

1 생산

1) 세계의 생산

감자는 서늘한 기후에 알맞고 생육적온은 12~21℃이며, 23℃ 이상은 생육에 부적당하다. 따라서 냉량(冷凉)지대에서 재배하기 알맞기 때문에 거의 지구의 남북 극지에서도 재배되고 있다.

2) 우리나라의 생산

주산지는 강원도와 경북이지만 벼나 보리와 같은 우수 식용작물의 재배가 힘든 산간부에서는 어디에서나 많이 재배되고 있다.

2 이용

감자의 주성분은 전분(17~18%)이고, 단백질은 2% 정도이며, 비타민 B와 C가 함유되어 있는데 특히 비타민 C가 많다. 우리나라에서는 감자를 대부분 식용으로 이용하였지만 근래에는 가공식품 용, 공업용, 사료용 등으로 이용하고 있다.

- 감자 학명 : Solanum tuberosum L. **(423)**
- 감자**(2021 국9)** : 학명은 Solanum tuberosum이고, 장일식물이며, 품종에는 남작, 하령 등이 있다.
- 감자는 가지과이며, 고구마는 메꽃과에 속하는 식물이다. **(446)**
- 감자는 가지목 가지과에 속하고, 고구마는 가지목 메꽃과에 속한다. **(460)**
- 감자 재배종은 동질 4배체이다. **(424)**
- 동질배수체 작물의 특성**(425)** : 세포가 커지고 영양기관의 발육이 왕성하여 거대화한다. 작물의 생육, 개화, 성숙이 늦어지는 경향이 있다. 임성이 저하하며 높은 것은 70%, 낮은 것은 10% 이하가 된다. 종자번식작물보다 영양번식작물에서 이용성이 높다.
- 콜히친, 아세나프텐 등의 인위적 처리를 통하여 작물에 변이를 유도하는 육종법은 배수성육종법이다. **(425)**
- 전분작물 : 옥수수, 감자 **(426)**
- 감자는 지하줄기가 비대한 부위를 식용으로 한다. **(424)**

Ⅲ 형태

1 뿌리

쌍떡잎식물인 고구마와 감자의 뿌리는 원뿌리와 원뿌리에서 파생된 곁뿌리로 구성되어 있고, 양분을 흡수하는 데 효과적이다. 종자가 발아할 때는 1본의 직근(원뿌리)이 나오고, 거기서 많은 측근(곁뿌리)이 나와 섬유근(纖 가늘 섬, 維 밧줄 유, 根)을 형성하지만, 괴경에서 발아할 때는 땅속줄기에서 섬유상의 측근만이 발생한다. 감자의 뿌리는 비교적 천근성으로 처음에는 수평으로 퍼지다가 나중에는 수직으로 뻗는다.

2 복지 및 괴경

줄기의 지하절에는 복지가 발생하고 그 끝이 비대하여 괴경을 형성한다. 복지는 1포기당 20~30본이 발생하는데, 괴경이 달리지 않는 것은 요절(夭 어릴 요, 折 꺾을 절)하는 것이 많다.

괴경에는 눈이 많이 있는데 특히 기부보다 정부에 많다. 눈의 다소(多少)와 심천(深淺)은 품종에 따라 차이가 심하며, 눈이 적고 얕은 것이 품질이 좋은 것으로 인정된다. 눈에는 아군(芽群)이 있고 2/5의 개도(開度)로서 나선상으로 배열되어 있다. 아군은 단축된 측지(側枝)에 해당하며 몇 개의 싹으로 구성

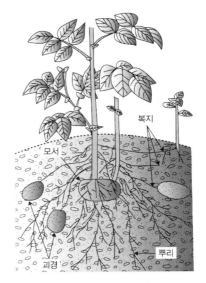

[감자의 괴경과 잎]

되어 있는데, 싹이 틀 때는 정단부의 중앙에 위치한 눈의 세력이 가장 왕성하므로 그것만이 발육하고, 측아는 보통 발육하지 않는다.

괴경의 단면(斷面)색, 즉 육색(肉色)은 백색 또는 황색으로 다른 색이 섞인 것은 좋지 않다. 찐 괴경의 육질은 점질, 중간질, 분질(粉質) 등으로 구분되며, 분질인 것이 기호성이 높다.

괴경의 단면구조는 아래 그림에서와 같이 최외부에 주피(周皮, 외피)가 있다. 주피는 코르크화된 얇은 막으로 그 속에 함유된 색소에 따라 서색(薯色)이 결정된다.

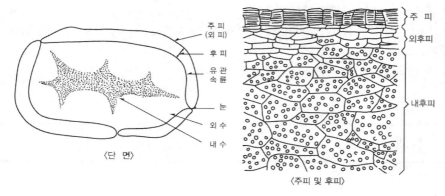

[감자 괴경의 단면구조]

주피와 유관속륜(維管束輪) 사이의 다소 두꺼운 부분을 후피(厚皮)라고 하며, 이것은 전분립이 적은 외후피와 전분립이 많은 내후피로 구분된다. 유관속륜은 복지와의 접착점에서 시작하여 뚜렷한 윤상(輪狀)으로 후피와 수심부의 경계를 이루고 있으며 눈에서는 주피에 도달되어 있는데, 이것은 괴경의 비대에 필요한 물질의 전달로가 되고, 한편으로는 균류 등 병균의 침입로도 된다. 괴경의 대부분을 차지하는 수심부는 외수피와 내수피로 구분되며, 내수피는 성형(星形)을 이루고 수분 함량이 많으며 투명도가 높다.

3 줄기 및 잎

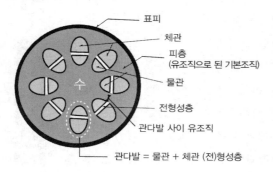

[쌍떡잎식물 줄기 구조와 관다발 배열]

	외떡잎 식물	쌍떡잎 식물
잎	떡잎이 1장이고, 나란히맥이다.	떡잎이 2장이고, 그물맥이다.
줄기	관다발이 흩어져 있으며, 형성층이 없어 줄기가 굵어지지 않는다.	관다발이 규칙적으로 배열되어 있으며, 형성층이 있어서 부피생장을 한다.
뿌리	수염뿌리다.	원뿌리에 곁뿌리가 붙는다.

줄기는 모가 있는 원통형으로 품종에 따라 분지수가 다르다. 앞의 좌측 그림에서와 같이 줄기 내부는 원형의 관다발로 이루어져 있고, 두 부분의 기본 조직계(수, 피층)로 나누어져 있다. 감자의 잎은 모양이 대체로 둥글며 잎자루와 잎몸으로 구성되어 있고, 잎몸에는 그물맥이 있다.

4 꽃

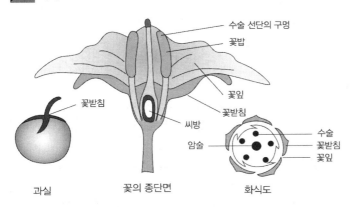

수술 선단의 구멍
꽃밥
꽃잎
꽃받침
수술
꽃받침
꽃잎
씨방
암술
꽃받침

과실　　　　　꽃의 종단면　　　　화식도

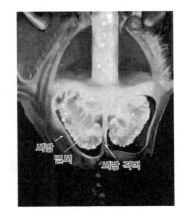

씨방
밑씨
씨방 격벽

감자는 줄기의 끝에 꽃송이(花總)가 달리고, 꽃자루가 2~4본으로 갈라지며, 지경(枝梗)에 몇 개의 꽃이 달린다. 감자는 화본과의 영과와 달리 예쁜 꽃잎을 가지는데, 꽃은 기부가 합착한 5장의 꽃잎 끝이 얕게 5조각으로 갈라진 모양이며, 5개의 수술과 1개의 암술로 되어 있고, 씨방은 2개 또는 여러 개의 방으로 나누어져 있다. "씨방은 2개 또는 여러 개의 방으로 나누어져 있다."의 해석이 어려운데, 이는 씨방은 2실(위의 우측 그림에서 씨방 격벽에 의해 구분된 공간이 2개)이고, 각 실 안에 다수의 배주가 있다는 말로, 좀 이상하게 출제했지요? 지존(기출)에게는 따지거나 욕하면 안 돼요. 그냥 수용하는 겁니다.

5 과실 및 종자

감자의 과실은 토마토의 과실을 소형화한 모양으로 장과(漿 마실 것 장, 果)에 속하고 지름이 3cm 정도이다. 1개의 과실에는 200~300립의 종자가 들어 있고, 종자의 모양은 토마토의 종자와 아주 비슷하다.

- 고구마와 감자의 뿌리는 원뿌리와 원뿌리에서 파생된 곁뿌리로 구성되어 있고, 양분을 흡수하는 데 효과적이다. [427]
- 괴경에서 발아할 때는 땅속줄기에서 섬유상의 측근이 발생한다. [2021 국9]
- 감자의 뿌리는 비교적 천근성으로 처음에는 수평으로 퍼지다가 나중에는 수직으로 뻗는다. [430]

- 줄기의 지하절에는 복지가 발생하고 그 끝이 비대하여 괴경을 형성한다. **[430]**
- 괴경에는 눈이 많이 있는데 특히 기부보다 정부에 많다. **[430]**
- 괴경의 눈(目)은 기부(基部)보다 정부(頂部)에 많다. **[431]**
- 감자 괴경의 눈은 기부(基部)보다 정부(頂部)에 눈이 많다. **[431]**
- 괴경에는 많은 눈이 있는데, 특히 기부보다 정단부에서 많다. **[2021 국9]**
- 감자는 정부에, 고구마는 두부에 눈이 많이 착생한다. **[446]**
- 눈의 다소(多少)와 심천(深淺)은 품종에 따라 차이가 심하다. **[431]**
- 괴경의 눈이 많고 적음은 품종에 따라 차이가 심하다. **[431]**
- 괴경의 품질은 눈이 적고 (깊이가)얕은 것이 좋다. **[431]**
- 눈이 적고 얕은 것이 품질이 좋다. **[431]**
- 눈에는 아군(芽群)이 있고 2/5의 개도(開度)로서 나선상으로 배열되어 있다. **[431]**
- 감자의 눈은 기부보다 정단부쪽에 많이 분포되어 있으며 싹이 틀 때 정단부의 중앙에 위치한 눈의 세력이 가장 왕성하다. **[429]**
- 고구마와 감자의 줄기 내부는 원형의 관다발로 이루어져 있고, 두 부분의 기본조직계(수, 피층)로 나누어져 있다. **[427]**
- 고구마와 감자의 잎은 모양이 대체로 둥글며 잎자루와 잎몸으로 구성되어 있고, 잎몸에는 그물맥이 있다. **[427]**
- 밭작물 중 꽃잎을 가지고 있는 것은 감자이다. **[428]** 벼과는 영을 가진다.
- 감자의 꽃은 5장의 꽃잎 끝이 얕게 5조각으로 갈라진 모양이며, 5개의 수술과 1개의 암술로 되어 있다. **[429]**
- 감자의 꽃송이는 줄기의 끝에 달리고 꽃은 5개의 수술과 1개의 암술로 구성되어 있다. **[2021 국9]**
- 고구마와 감자는 1개의 꽃 속에 암술 1개와 수술 5개가 있고, 씨방은 2개 또는 여러 개의 방으로 나누어져 있다. **[427]**
- 감자의 과실은 장과에 속하고 지름이 3cm 정도이다. **[430]**
- 감자의 과실은 장과이며 종자는 토마토의 종자와 모양이 비슷하다. **[2021 국9]**

Ⅳ 생리 및 생태

1 생육과정

1) 출아기

출아기는 파종부터 출아까지의 기간으로서 씨감자의 저장 양분으로 싹이 자라는 시기이며, 보통 30~40일이 소요된다.

2) 개엽기(開葉期)

개엽기는 출아부터 꽃봉오리가 형성될 때까지의 기간으로서 뿌리의 발생과 신장이 진행(5~6매의 잎이 전개되어 최대엽면적의 20%가 됨)되며, 씨감자의 저장양분에 주로 의존하는 시기이다. 따라서 출아 직후에 씨감자를 제거하면 생육을 지속하지 못하는 것이 많으며 수량이 1/3 정도로 감소된다.

3) 괴경 형성기

괴경 형성기는 착뢰기(着蕾 꽃봉우리 뢰, 期)부터 개화 시기(開花始 처음 시, 期)까지의 10~15일의 기간으로서 복지의 선단이 비대하여 괴경 형성이 시작되는 시기이다. 이때 잎은 제7~8엽까지 전개되는데, 개화 종기 쯤에 최대엽면적에 도달하게 된다.

4) 괴경비대기

괴경이 비대하기 시작하는 괴경비대기는 개화 시기부터 경엽황변시기(莖葉黃變始期)까지의 기간(약 25~30일)으로서 양·수분 흡수, 동화, 전류 등의 작용이 모두 왕성하며, 신장생산으로부터 축적생장으로 전환한다.

5) 괴경완성기

괴경완성기는 경엽황변기부터 경엽고조기(莖葉枯 마를 고, 凋 시들 조 期)까지 7~15일의 기간이다.

- 출아기는 파종부터 출아까지의 기간으로서 씨감자의 저장 양분으로 싹이 자라는 시기이다. [433]
- 개엽기는 출아부터 꽃봉오리가 형성될 때까지의 기간으로서 뿌리의 발생과 신장이 진행되며 씨감자의 저장양분에 주로 의존하는 시기이다. [433]
- 괴경 형성기는 착뢰기부터 개화시기까지의 기간으로서 복지의 선단이 비대하여 괴경 형성이 시작되는 시기이다. [435]
- 괴경 형성기는 착뢰기부터 개화시기까지 10~15일의 기간이다. [438]
- 괴경 형성기는 착뢰기부터 개화시기까지의 기간이다. [432]
- 괴경 형성기는 착뢰기부터 개화시기까지의 기간으로서 복지의 선단이 비대하여 괴경 형성이 시작되는 시기이다. [433]
- 괴경이 비대하기 시작하는 시기는 괴경비대기이다. [432]
- 감자의 괴경비대기는 개화시기(開花始期)부터 경엽황변시기(莖葉黃變始期)까지의 기간(약 25~30일)으로서 양·수분 흡수, 동화, 전류 등의 작용이 모두 왕성한 시기이다. [464]
- 괴경비대기는 개화시기부터 경엽황변시기까지의 기간으로서 양·수분 흡수, 동화, 전류 등의 작용이 모두 왕성한 시기이다. [433]
- 경엽황변기부터 경엽고조기까지는 괴경완성기이다. [432]

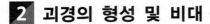

2 괴경의 형성 및 비대

1) 괴경의 형성과 유인

감자의 괴경이 형성될 때는 복지의 신장이 정지되고 전분립이 정부(頂部)에 축적되어 비대가 시작된다. 따라서 괴경이 형성되려면 복지의 선단부에 생장이 정지된 휴면아가 형성되고, 이에 당이 전류하여 전분으로 합성, 축적되어야 하는데, 이때는 전분합성효소인 포스포릴라제의 활성이 왕성해진다.

감자의 괴경 형성은 고온, 장일조건에서는 이루어지지 않고, 저온과 단일조건에서 조장되는데, 저온조건으로는 18~20℃ 이하의 야온(夜溫), 특히 10~14℃가 알맞고, 단일조건으로는 8~9시간의 일장이 알맞다. 이와 같이 단일에 의하여 괴경 형성능력을 얻게 되는 것을 감응이라 하며, 감응에 의해 일단 괴경이 형성되면 장일조건에 옮겨져도 비대가 계속된다.

2) 괴경 형성과 생장조절물질

감자의 괴경이 형성될 때에는 체내의 GA(지베렐린, 식물의 뿌리와 종자의 세포신장과 분열 및 개화를 촉진시키는 호르몬) 함량이 저하되고, 단일조건에 두거나 노화종서를 심을 경우에도 GA(gibberellic acid)를 처리하면 복지만 왕성하게 신장할 뿐 괴경이 형성되지 않으며, GA는 괴경의 휴면을 깨는 효과가 있다는 사실들에 근거하여 괴경의 형성과 GA 사이에는 밀접한 관련이 있다는 것을 알 수 있다. 위의 관련사항을 간략히 줄이면 'GA의 함량(활성)이 높으면 괴경 형성이 억제된다'이고, 더 줄이면 '지베렐린은 감자의 괴경 형성을 억제한다'가 된다. 아래에서 설명하는 바와 같이 단일조건이면 괴경 형성이 촉진되는데, 단일조건이라도 GA를 처리하면 괴경 형성이 억제된다.

감자의 괴경에는 괴경 형성을 조장하는 일종의 생장억제물질이 있다고 추정되는데, 이 추정물질의 물질적 본체는 인히비터-복합체로 생각되고 있다. 인히비터-복합체는 휴면성 호르몬인 ABA이거나, 아니면 ABA와 어떤 페놀성 생장억제물질의 혼합물질일 것으로 추정되고 있다. 그런데 GA는 이런 생장억제물질의 축적을 막기 때문에 괴경이 형성되지 않으며, 고온, 장일 조건에서도 GA 함량이 증대되어 괴경이 형성되지 않는다.

GA 함량이 감소되면 인히비터의 축적을 조장하여 괴경이 형성되는데, 저온과 단일조건이 GA 함량을 감소시키고, CCC, B-9 등의 생장억제물질도 GA 함량을 감소시킨다. 즉, CCC, B-9 등을 처리하면 이들이 체내에서의 GA 생합성을 저해하여 GA 함량을 감소시키기 때문에 괴경 형성이 조장된다.

에틸렌을 처리해도 옥신의 농도는 낮아지고 ABA는 늘어나므로, 괴경 형성이 조장된다. 또한 시토키닌류나 쿠마린, 고농도의 2,4-D, NAA 등도 괴경 형성에 도움이 된다.

3) 괴경의 비대

형성된 괴경은 세포분화에 의하여 세포수가 증가하고, 세포도 커지면서 전분 등을 축적하여 비대하게 되는데, 장일조건에서도 비대는 계속된다. 괴경이 둥근 것은 길이와 나비가 병행하여 증대하지만, 길이가 긴 괴경은 길이가 먼저 증가하고 이어서 너비가 비대해진다.

괴경의 비대에도 단일조건과 야간의 저온이 좋으며, 비료 3요소가 다 넉넉해야 한다. 다만 질소의 경우 과다하면 엽면적이 너무 커지고, 지상부의 성숙이 지연되어 괴경의 형성과 비대를 저하시킨다. 괴경의 비대는 엽면적지수 3~4가 알맞다.

GA는 괴경의 형성을 저해할 뿐만 아니라 괴경의 비대도 저해한다. 괴경이 형성된 다음에는 성숙한 잎에서 만들어진 동화물질의 80% 정도가 괴경으로 전류되어야 하는데, GA가 많으면 지상부를 성장시키려고 괴경으로의 전류량이 감소되기 때문이다. 또한 GA는 아밀라아제의 합성을 조장하여 전분의 분해를 촉진하므로 가용성 당이 많아지고 전분의 축적을 줄여 괴경의 형성과 비대를 저해한다고 한다. 따라서 괴경을 비대시키려면 아밀라아제의 합성이 잘 되지 않도록 생장억제제(B-9 등)를 처리하여야 한다. B-9, 시토키닌 등을 처리하면 아밀라아제의 부족으로 지상부의 생육이 억제되어 괴경의 비대를 조장한다.

4) 아서와 기중괴경

저장이 잘못 되었거나 병에 걸려 노화된 씨감자에서 파종 후 싹이 트기 전에 모서(母薯)의 저장물질이 이행하여 새로운 괴경을 형성하는 것을 아서(芽薯)라 한다. 한편 감자의 순을 토마토의 대목에 접목하거나 하여 지하부의 괴경 형성을 곤란하게 하면 기중괴경이 형성된다.

5) 괴경의 2차 생장

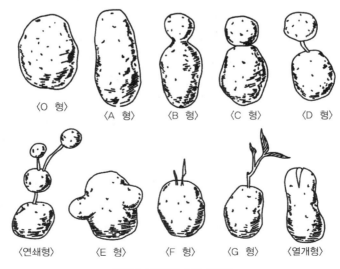

〈O 형〉 〈A 형〉 〈B 형〉 〈C 형〉 〈D 형〉

〈연쇄형〉 〈E 형〉 〈F 형〉 〈G 형〉 〈열개형〉

[감자 괴경의 2차 생장]

　　포장이 매우 건조하거나 하여 괴경의 비대가 일단 정지되고 주피가 굳어진 다음, 비가 오는 등의 환경이 개선되어 굳은 주피의 약한 부분에서 새로운 주피가 만들어지면서 작은 돌기가 생기는데, 이를 2차 비대생장(앞 그림의 B~E)이라 한다. 한편 생육 도중에 고온, 장일, 건조, 통기불량 등으로 인해 괴경의 비대가 저하될 경우에는 줄기에 달린 채로 괴경의 정부에서 싹이 자라는 것을 2차 생장(앞 그림의 F, G)이라 한다. 2차 생장이 이루어지려면 괴경의 전분은 일부 당화되어 발아하기 쉽게 되어 있어야 한다.

- 괴경이 형성될 때는 복지의 신장이 정지되고 전분립이 정부(頂部)에 축적되어 비대가 시작된다. [435]
- 괴경의 형성과 더불어 복지의 신장은 정지된다. [432]
- 괴경은 복지의 신장이 정지된 후 전분립이 정부에 축적되어 비대하기 시작한다. [436]
- 고온과 장일조건에서는 감자의 괴경이 형성되지 않는다. [437]
- 감자는 저온·단일 조건에서 덩이줄기가 형성된다. [115]
- 감자의 괴경 형성은 저온, 단일조건에서 조장된다. [464]
- 감자의 괴경 형성에 유리한 환경조건 : 저온-단일 [433]
- 괴경의 형성과 비대 모두에 저온과 단일조건이 좋다. [434]
- 감자 덩이줄기를 비대시키려면 온도가 10~23℃ 정도인 저온기에 재배한다. [439]
- 괴경 비대는 야간의 온도가 10~14℃에서 가장 양호하다. [438]
- 낮길이가 8시간인 경우가 16시간인 경우보다 괴경 형성에 유리하다. [438]
- 식물의 뿌리와 종자의 세포신장과 분열 및 개화를 촉진시키는 호르몬 : 지베렐린 [437]
- 지베렐린은 감자의 괴경 형성을 억제한다. [437]
- 단일조건이라도 gibberellic acid(GA)를 처리하면 괴경 형성이 억제된다. [486]
- 감자 괴경에서 괴경 형성을 조장하는 물질적 본체는 인히비터-복합체로 생각되고 있다. [435]
- ABA는 괴경 형성을 촉진하는 주요 물질이다. [486]
- 고온·장일 조건에서는 GA 함량이 증대되어 괴경이 형성되지 않는다. [438]
- 고온·장일 조건에서는 GA 함량이 증대되어 괴경 형성이 억제된다. [434]
- 생장억제물질인 CCC를 처리하면 괴경 형성이 조장된다. [436]
- cytokinin을 처리하면 괴경 형성이 촉진된다. [486]
- 고농도의 2,4-D와 naphthalene acetic acid(NAA)는 괴경 형성을 촉진한다. [486]
- 형성된 괴경은 세포수가 증가되고, 세포가 커지면서 비대하게 되는데, 장일조건에서도 비대가 계속된다. [443]
- 형성된 괴경은 세포수가 증가되고, 세포가 커지면서 비대하게 되는데, 장일조건에서도 비대가 계속된다. [435]
- 길이가 긴 괴경은 길이가 먼저 증가하고 이어서 너비가 비대해진다. [437]
- 괴경의 비대에는 단일조건과 야간의 저온이 유리하다. [437]
- 저온과 단일조건에서 생육할 때 괴경의 비대가 촉진된다. [435]

- 감자 덩이줄기를 비대시키려면 아밀라아제의 합성이 잘 되지 않도록 생장억제제(B-9 등)를 처리한다. [439]
- B-9를 처리하면 지상부의 생육을 억제하여 괴경의 비대를 조장한다. [435]
- GA 처리는 괴경 형성과 비대를 억제시키며, B-9은 괴경 비대를 촉진시킨다. [431]
- 병에 걸려 노화된 씨감자에서 파종 후 싹이 트기 전에 모서(母薯)의 저장물질이 이행하여 새로운 괴경을 형성하는 것을 아서(芽薯)라 한다. [435]
- 아서(芽薯)란 노화된 씨감자를 파종하였을 때 싹이 트기 전에 모서(母薯)의 저장물질이 그대로 이행되어 형성되는 작고 새로운 괴경을 말한다. [436]
- 감자의 순을 토마토의 대목에 접목하면 기중괴경이 형성된다. [436]
- 괴경의 이차 생장은 생육 중의 고온, 장일, 건조, 통기불량 등으로 인해 발생하며, 괴경의 전분은 일부 당화되어 발아하기 쉽게 되어 있어야 한다. [434]

3 휴면 및 발아

1) 감자의 휴면과 그 필요성

감자의 괴경에는 수분이 충분하므로 온도가 맞고 산소가 공급되면 발아할 수 있고, 만약 발아하면 이용품질은 극도로 나빠진다. 따라서 냉장저장으로 발아를 막아야 하는데, 냉장저장을 하지 않아도 발아를 막을 수 있다면 금상첨화일 것이다. 그 "금상첨화"를 만들어 주는 것이 휴면이며, 휴면기간이 긴 품종은 자연보관해도 되므로 매우 유리하다. 즉, 장기간 저장할 때는 휴면이 강한 것이 유리하다. 그러나 휴면기간이 너무 길어 이듬해 파종기까지도 휴면이면 재배 상 지장이 있으므로, 이듬해 파종기에는 휴면에서 벗어나는 품종이 진짜 좋은 품종이다.

2기작으로 가을재배를 할 경우 휴면기간이 긴 종서가 재배적으로 불리하다. 좀 쉽게 말해 2기작으로 추작할 경우 춘작으로 생산된 거의 휴면이 없는 품종은 발아가 쉬워 재배적으로는 유리하겠지만, 이용면에서 볼 때 가을까지 발아 없이 보관하기가 어려워 차라리 휴면기간이 긴(재배적으로 불리한) 품종을 인위적으로 최아하여 사용한다.

일반적으로 휴면에는 전기, 중기, 후기의 3단계가 있고, 휴면의 깊이는 중기가 전기나 후기보다 깊다고 하는데, 감자에서는 전기는 없고 중기부터 시작된다고 한다. 휴면기간에는 괴경의 호흡량이 작아 저장양분의 소모도 적으므로, 휴면기간 중 괴경의 전분 함량은 거의 변화가 없다. 그러나 휴면이 끝나면 당분이 증가하고, 전분 함량은 감소한다.

2) 휴면기간 및 휴면타파방법

감자의 휴면기간은 아래 요인 중 품종에 따라 가장 변이가 심하지만, 아래의 다른 요인들에 의해서도 당연히 영향을 받는다.

① **품종**

휴면이 거의 없는 것으로부터 7~8 개월이나 되는 것까지 있는데, 2기작용 감자 품종들은 괴경의 휴면기간이 최대 50일 정도이다.

② **성숙도**

미숙한 감자는 성숙한 감자에 비하여 눈 부분의 싹 조직의 분화가 덜 되어 있으므로 휴면기간이 길어진다.

③ **저장온도**

저장온도 범위가 10~30℃일 경우에는 온도가 높을수록 휴면이 빨리 타파된다. 따라서 이른 봄에 씨감자의 휴면타파를 위해서는 저온저장고에서 꺼낸 후 보온이 유지되는 시설에서 햇볕을 쪼여주는데, 이를 산광최아(散光催芽)라 한다. 산광최아를 하면 싹이 웃자라지 않고 튼튼해져 흑지병 등 토양병에 강해지며 초기생육이 좋아진다.

한편 강제휴면이 유발되는 4℃ 이하에서는 자발휴면이 별로 진행되지 않으므로, 수확 후에 2~4℃의 저온에 저장하면 이듬해 봄까지 거의 싹이 트지 않는다.

④ **저장고의 공기 및 온도상태**

감자의 휴면타파를 위해서는 저장고의 산소와 이산화탄소 농도를 4% 내외로 조절하고 온도를 10℃ 정도로 유지시킨다. 또는 4℃의 저온에서 2주 동안 저온 처리를 한 후 18~25℃의 고온으로 변온 처리를 하여 어두운 곳에 저장해도 휴면이 타파된다.

⑤ **화학물질**

㉠ 수확 전에 MH, NAA, 2,4-D 등의 약제를 처리하거나 방사선을 조사하면 휴면기간이 연장된다.

㉡ 종서를 지베렐린 2ppm 용액에 30~60분간 침지하면 휴면이 타파된다.

㉢ 감자의 휴면타파를 위해서는 저장 중에 지베렐린 약제를 처리한다.

㉣ 지베렐린(GA)은 비대화를 억제하고 휴면타파에도 도움이 된다.

㉤ 감자에 지베렐린, 티오요소(thiourea) 등을 처리하면 휴면이 단축된다.

- 장기간 저장할 때는 휴면이 강한 것이 유리하다. [442]
- 2기작으로 가을재배를 할 경우 휴면기간이 긴 종서가 재배적으로 불리하다. [440]
- 2기작으로 추작(秋作)하는 경우 거의 휴면하지 않는 품종이 재배적으로 유리하다. [443]
- 2기작으로 추작을 할 경우에는 휴면기간이 긴 품종을 인위적으로 최아시켜 추작하는 방식이 유리하다. [441]
- 일반적으로 휴면에는 전기, 중기, 후기의 3단계가 있고, 휴면의 깊이는 중기가 전기나 후기보다 깊다. [441]
- 휴면기간에는 괴경의 호흡량이 작아 저장양분의 소모도 적다. [442]
- 수확 후 휴면기간 중 괴경의 전분 함량은 거의 변화가 없다. [444]

- 괴경의 휴면이 끝나면 당분이 증가하고, 전분 함량은 감소한다. **(444)**
- 2기작용 감자 품종들은 괴경의 휴면기간이 최대 50일 정도이다. **(441)**
- 미숙한 감자는 성숙한 감자에 비하여 눈 부분의 싹 조직의 분화가 덜 되어 있으므로 휴면기간이 길어진다. **(441)**
- 저장온도 범위가 10~30℃일 경우에는 온도가 높을수록 휴면이 빨리 타파된다. **(442)**
- 10~30℃ 사이의 저장온도에서는 온도가 높을수록 휴면이 빨리 타파된다. **(441)**
- 감자의 휴면은 온도가 10~30℃ 사이에서는 온도가 높을수록 빨리 타파된다. **(511)**
- 감자의 휴면타파를 위해서는 저온 저장 후 보온이 유지되는 시설에서 햇볕을 쪼여준다. **(511)**
- 수확 후에 2~4℃의 저온에 저장하면 이듬해 봄까지 거의 싹이 트지 않는다. **(440)**
- 감자의 휴면타파를 위해서는 저장고의 산소와 이산화탄소 농도를 4% 내외로 조절하고 온도를 10℃ 정도로 유지시킨다. **(511)**
- 수확 전에 MH, NAA, 2,4-D 등의 약제를 처리하면 휴면기간이 연장된다. **(440)**
- 종서를 지베렐린 2ppm 용액에 30~60분간 침지하면 휴면이 타파된다. **(440)**
- 감자의 휴면타파를 위해서는 저장 중에 지베렐린 약제를 처리한다. **(511)**
- 지베렐린(GA)은 비대화를 억제하고 휴면타파에도 도움이 된다. **(443)**
- 감자에 지베렐린, 티오요소(thiourea) 등을 처리하면 휴면이 단축된다. **(442)**

4 저장물질

1) 전분

① 전분 함량

감자 괴경의 건물 중 70~80%가 전분이며, 감자 이용의 주목적도 전분의 이용이다.

② 전분의 품질

괴경의 전분 함량이 같더라도 전분립 크기가 클수록 전분 제조 시 빨리 침전되어 유실량이 적으므로 전분수율(收率)이 높다.

③ 전분 함량의 소장

형성된 괴경이 비대함에 따라 당분은 점차 감소하고 전분 함량은 점차 증가한다. 즉, 괴경이 비대함에 따라 아스코르브산(ascorbic acid) 함량이 증가하여 일정량 이상이 되면 아밀라아제(amylase) 활성을 감소시켜 당 함량이 저하되며, 또 포스포릴라제(phosphorylase)의 활성이 증가하여 전분합성이 왕성하게 되므로 전분 함량이 증가한다.

수확 후 휴면 중에는 전분이나 당분의 함량 변화는 별로 없고, 휴면이 끝나면 아밀라제의 활성이 높아져 전분이 당화되므로 당분은 늘고 전분은 감소한다.

④ 전분 함량의 산출

전분 함량과 당분함량을 합한 것을 전분가라 하는데, 전분가는 건물합량이나 전분 함량과 상호관계(전분가=건물합량-5.752)가 있고, 비중과도 밀접한 관계가 있으므로 화학분석 대신 비중을 측정하여 전분 함량 등을 간접적으로 간편하게 산출한다.

2) 당분

감자의 당분에는 환원당(glucose, fructose 등)과 비환원당(sucrose 등)이 있는데, 괴경이 비대하기 시작할 때는 거의 환원당만 있고, 비환원당은 아주 적다. 그러나 비대와 더불어 환원당은 줄고 비환원당은 점차 증가하므로 휴면 중에는 비환원당이 많아진다.

3) 솔라닌

감자에는 아린 맛이 있으며, 아린 감자를 많이 먹으면 중독되기도 하는데, 이는 솔라닌이라고 하는 알칼로이드 때문이다. 솔라닌의 함량은 일광에 쬐어 녹화된 괴경의 피부에서는 현저하게 증가하며, 품종, 부위, 괴경의 크기 등에 따라 다르다. 부위별 함량은 보면 괴경(0.01%)보다 지상부(화기는 0.6%, 미숙 과실은 1%)가 현저히 높고, 괴경에서는 내부보다 껍질과 눈 부위에 많이 함유되어 있다. 따라서 괴경의 껍질을 벗기면 많은 양의 솔라닌이 제거된다. 한편 괴경의 크기에서 보면 괴경이 클수록 전체의 함량은 많아지지만, 단위중량당 솔라닌 함량은 적어지므로 큰 것은 아린 맛이 적어진다.

4) 비타민 C

감자에는 비타민 A보다 비타민 B와 C가 풍부하게 함유되어 있다. 특히, 신선한 채소 섭취가 어려웠던 선원들에게 감자의 비타민 C는 괴혈병의 예방 및 치료에 효과가 있어 대항해시대를 여는 데 크게 기여하였다. 비타민 C는 괴경의 비대와 더불어 환원형이 급증하고, 수확 후 저장기간이 경과함에 따라 산화형으로 바뀐다. 재배토양의 토성은 비타민 C의 함량에 미치는 영향이 적지만, 무비구에서는 비타민 C의 함량이 매우 저하된다.

- 감자 괴경의 건물 중 70~80%가 전분이다. **(443)**
- 괴경의 건물 중 70~80%가 전분이다. **(444)**
- 괴경 건물의 70~80%가 전분이다. **(445)**
- 괴경의 전분립 크기가 클수록 전분제조 시 전분수율이 높다. **(444)**
- 전분제조용에서는 전분립이 작고 조밀한 것이 전분수율이 낮다. **(445)**
- 형성된 괴경이 비대함에 따라 당분은 점차 감소하고, 전분 함량은 점차 증가한다. **(444)**
- 괴경이 비대함에 따라 전분 함량이 증가한다. **(444)**

- 감자의 괴경이 비대하는 과정 중에 일어나는 현상(439) : 당 함량 감소와 전분 함량 증가, 아스코르브산(ascorbic acid) 함량 증가, 아밀라아제(amylase) 활성 감소, 포스포릴라제(phosphorylase) 활성 증가
- 괴경이 비대하기 시작할 때는 환원당이 비환원당보다 많고 휴면 중에는 비환원당이 많아진다. [434]
- 괴경이 비대하기 시작할 때에는 환원당 함량이 비환원당보다 많다. [444]
- 괴경이 비대하기 시작할 때에는 대부분 환원당만 있고 비환원당은 극히 적다. [445]
- 괴경의 비대와 더불어 환원당은 감소되고 비환원당이 증가한다. [443]
- 감자에 함유된 솔라닌은 아린 맛을 낸다. [445]
- 감자의 솔라닌 함량은 햇빛을 쬐어 녹화된 괴경의 표피 부위에서 현저하게 증가한다. [533]
- 일광에 쬐어 녹화된 괴경의 피부에서는 솔라닌이 현저하게 증가한다. [444]
- 괴경을 일광에 쬐어 녹화시키면 솔라닌이 현저히 증가한다. [445]
- 감자는 수확 후 직사광선을 오랫동안 쬐면 녹변하고 식미가 불량해진다. [493]
- 솔라닌 함량은 괴경(0.01%)보다 지상부(미숙 과실은 1%)가 현저히 높다. [445]
- 많이 먹었을 때 중독을 일으키는 솔라닌은 주로 괴경보다 지상부의 함량이 현저히 높다. [443]
- 감자의 솔라닌은 내부보다 껍질과 눈 부위에 많이 함유되어 있다. [443]
- 괴경의 껍질을 벗기면 많은 양의 솔라닌이 제거된다. [445]
- 괴경이 클수록 단위중량당 솔라닌 함량은 적어진다. [445]
- 비타민 A보다 비타민 B와 C가 풍부하게 함유되어 있다. [443]

5 종자번식

일반재배에서는 종자파종이 필요 없지만, 교잡육종을 하거나 계통분리를 할 경우에는 종자번식이 필요하다.

1) 개화 및 결실

감자는 고랭지(高冷地)에서는 자연상태에서 개화, 결실하기 쉽지만, 자연상태의 평난지에서는 개화는 하나 결실하기는 어렵다. 왜냐하면 25℃ 이하에서 장일상태에 놓이면 개화하지만, 임성(稔性)화분은 15~20℃에서만 형성되므로 20℃ 이하에서 개화해야 수정되어 결실하기 때문이다.

2) 교배

감자꽃에는 밀선이 없어 곤충이 접근하지 않으므로 거의 자가수정을 한다. 따라서 곧 개화하게 된 꽃을 골라 꽃가루가 날기 전에 제웅하고, 1~2일 후 개화했을 때 인공수분한다.

3) 종자채취

개화 후 4~6주가 지나면 과실이 성숙한다.

4) 실생육성

감자종자를 봄에 온실에 파종하여 종상기(終霜期)가 지난 다음, 수확한 작은 괴경을 포장에 정식한다. 실생 1년째의 괴경은 작지만 2년째에는 거의 정상적인 괴경이 달린다. 가을에 채종하여 그 해 겨울에 온실에서 실생을 육성하면 육종연한이 반년 단축된다.

- 개화를 위해 감자는 장일조건이, 고구마는 단일조건이 필요하다. **(446)**
- 장일상태에서 화성이 유도·촉진되는 작물 : 밀-보리-감자 **(447)**
- 감자, 고구마 모두 실생 번식이 가능하다. **(446)**

V 품종

1 재배 유형 및 요구되는 특성

1) 평지춘작

조숙, 다수성이 알맞고, 바이러스, 둘레썩음병 등에 대한 내병성이 요구되며, 휴면기간이 길어야 한다.

2) 평지답전작

조기수확이 목적이므로 조숙성이 필요하며, 조기수확해도 다수확이 될 수 있는 밀식적응성도 요구된다. 내병성은 물론 필요하고, 저장기간이 장기이므로 휴면기간도 길어야 한다.

3) 추작

추작 초기에는 기온이 높고 비가 많으므로 부패성이 적어야 하며 내병성이 강해야 한다.

4) 산간지춘하작

단작형식으로 재배되므로 만숙형도 무관하고, 휴면기간은 평지의 것보다 짧아도 된다.

5) 난지동작

저온에 잘 적응하여야 한다.

2 이용에 따라 요구되는 특성

1) 식용

관습적 기호상으로 굵직하고, 표피가 매끄러우며, 표피색이 백색~황색이고, 육색은 백색이며, 모양이 둥글고, 목부(目部)는 얕으며, 육질이 분상질인 것이 알맞다. 감자품종 중 홍영, 자심 등은 샐러드나 생즙용으로 이용이 가능하고, 적색과 보라색 감자는 안토시아닌 색소 성분이 있어 항산화 기능성이 높다.

2) 전분용

전분의 품질이 좋고, 전분수율이 높아야 한다.

3) 가공식품용

원료 감자의 환원당 함량이 낮아(0.5% 이하) 제품이 갈변되지 않으며 밝은 색을 유지해야 하고, 제품이 바삭바삭한 감촉을 가져야 한다. 감자칩용 품종은 모양이 원형이어야 하고 저장온도는 7~10℃가 좋다(뒤의 "저장" 참조). 제품수율도 높아야 하겠지요.

- 감자품종 중 홍영, 자심 등은 샐러드나 생즙용으로 이용이 가능하다. [2021 지9]
- 적색과 보라색 감자는 안토시아닌 색소성분이 있어 항산화 기능성이 높다. [2021 지9]
- 가공용 품종은 건물함량이 높고 환원당 함량이 낮아야 한다. [2021 지9]
- 감자칩용 품종은 모양이 원형이어야 하고 저장온도는 7~10℃가 좋다. [2021 지9]

Ⅵ 환경

1 기상

감자의 생육온도는 10~23℃에서 알맞고, 10℃ 이하에서는 생장이 억제되며, 23℃ 이상은 생육에 부적합하다. 감자 괴경의 형성과 비대에는 9~11시간의 단일상태가 좋으며, 단일에 의한 성숙촉진은 감온성이 큰 조생종보다 감광성이 큰 만생종에서 더욱 현저하다.

2 토양

부식이 많고 경토가 깊은 사양토가 가장 좋지만 사양토에서는 한해의 우려가 있다. 한편 점질토에서는 습해가 염려된다. 알맞은 토양수분은 최대용수량의 80% 정도이고, 비교적 수분이 넉넉해야 생육이 좋으나, 토양의 과습은 매우 해롭기 때문에 배수가 잘 되어야 한다. 토양산도는 pH 6.5가 가장 알맞지만 산성토양에 대한 적응성이 아주 높다.

그런데 중성토양에서는 더뎅이병이, 강산성토양에서는 검은점박이병이 많이 발생한다. 알카리토양에서는 아주 많은 병이 발생하겠지요. 아~ 어쩌란 말이냐? 여기서 더뎅이병과 검은점박이병을 인터넷 검색해서 자세히 공부해요. 그렇게 하는 것이 "바쁠수록 돌아가라"에서 돌아가는 방법입니다.

- 감자는 10℃ 이하에서는 생장이 억제되며, 23℃ 이상은 생육에 부적합하다. [474]
- 감자는 단일에 의한 성숙촉진은 조생종보다 만생종에서 더욱 현저하다. [474]
- 감자 흑지병은 검은점박이병이라고도 하며 산성토양에서 발생한다. [525]

VII 재배

1 작부 체계(재배작형)

1) 봄재배

우리나라 봄감자는 이모작 시 앞그루 작물로 주로 재배되는데, 봄재배의 재배면적이 총 재배면적의 60%를 차지할 만큼 가장 큰 작형이다. 파종기는 남부지방은 2월 하순부터, 중부지방은 4월 중순까지로 길고, 수확기간도 5월 하순부터 7월 중순까지이다. 봄재배는 주로 논 앞그루재배로 이루어지기 때문에 경지이용면에서 유리하다. 봄감자 재배방법으로는 중남부지방의 조기재배와 중산간지방의 일반재배를 들 수 있다. 조기재배는 싹을 틔워 아주심기를 하거나, 직파 후 비닐멀칭을 하여 재배하는 것이다.

2) 여름재배(산간지춘하작)

여름재배는 주로 고랭지에서 이루어지며 보통 5월 상순까지 파종하여 10월 상순경에 수확하므로, 재배기간이 비교적 긴 작형이다. 고랭지는 여름에도 기후가 선선하고 주야간 온도격차도 커서 괴경의 비대가 잘 되고 품질도 좋은 편이다.

3) 가을재배

우리나라 가을은 기온이 고온에서 점차 저온으로 떨어지며, 주야간의 온도차가 점차 커지고, 일장도 단일조건으로 변화되므로 감자 생육에 매우 유리하다. 특히 남부지방에서는 9~11월이 감자생육에 아주 좋은 기상조건이라서 괴경의 비대가 빨라진다. 또한 가을감자는 수확기에 날씨가 건조하며, 수확 후 기온이 낮아 자연저장이 가능하다. 그러나 가을재배는 봄재배에 이어 곧바로 감자를 재배해야 하므로 휴면기간이 짧은 품종을 선택해야 한다. 또한 파종기인 7월말경은 고온이고 다습한 환경이므로 씨감자의 부패가 많아 주의해야 한다.

4) 겨울재배

겨울재배는 주로 기온이 온난한 제주도를 비롯한 중남부 지방에서 이루어지고 있다. 제주도의 경우에는 2기작 품종으로 가을재배를 한 후 겨울에 수확하지 않고 노지에서 월동시킨 다음 이듬해 이른 봄에 수확하는 재배방법이고, 중남부지방의 겨울재배는 시설 하우수에서 비닐멀칭으로 재배하는 방식이다. 따라서 중남부지방의 경우 저온기에 감자를 파종하므로 휴면이 잘 타파된 씨감자를 사용해야 한다.

- 봄재배는 이모작 시 앞그루 작물로 주로 재배되는데 재배면적이 가장 큰 작형이다. (530)
- 봄재배는 주로 논 앞그루재배로 이루어지기 때문에 경지이용면에서 유리하다. (447)
- 여름재배는 주로 고랭지에서 이루어지며, 재배기간이 비교적 긴 작형이다. (530)
- 여름재배는 주로 고랭지대에서 이루어지며 재배기간이 상대적으로 길다. (447)
- 가을재배는 주야간의 온도차가 점차 커지고 일장도 단일조건으로 변화되므로 감자 생육에 유리하다. (447)
- 가을재배는 봄재배에 이어 곧바로 감자를 재배해야 하므로 휴면기간이 짧은 품종을 선택해야 한다. (530)
- 겨울재배는 주로 기온이 온난한 제주도를 비롯한 중남부지방에서 이루어지고 있다. (447)
- 겨울재배는 중남부지방의 경우 저온기에 감자를 파종하므로 휴면이 잘 타파된 씨감자를 사용해야 한다. (530)

2 채종

1) 씨감자의 퇴화의 원인

씨감자의 퇴화의 주인은 바이러스이다. 고랭지에서는 바이러스를 매개하는 진딧물 등의 발생이 적고, 서늘한 기온도 바이러스의 전염에 억제적이기 때문에 바이러스병의 발생이 적다. 따라서 씨감자를 생산하는 지역은 병리적 퇴화를 일으키는 매개 진딧물 발생이 적은 고랭지가 적합하다.
또한 감자의 생리적 퇴화는 수확한 후 저장하는 동안 호흡작용에 의하여 일어나는데, 평난지에서
생산, 저장한 씨감자가 고랭지산 씨감자보다 호흡이 많았기 때문에 퇴화의 정도가 심하다.

2) 채종재배 방식

① 고랭지 채종

앞에서 설명한 바와 같이 고랭지는 평난지보다 병리적으로나 생리적으로 퇴화가 억제되기
때문에 채종지로 유리하다. 채종지로서 알맞은 고랭지 조건은 무상기간이 140일 이하이고,
8월 평균기온이 21℃ 이하인 곳으로, 우리나라에서는 대관령 일대가 이 조건을 가지고 있다.
고랭지 채종의 경우에도 당연히 씨감자의 이병(罹 걸릴 이, 病)을 막아야 하며, 바이러스병이
나 둘레썩음병 등의 병에 걸린 것은 사용하지 말아야 한다. 이를 위하여 우리나라의 고랭지
시험장에서는 씨감자(봄감자용)를 생산할 기본 종은 건전한 감자의 식물체로부터 조직(생장
점)배양을 통해 무병적으로 생산한다.

고랭지 채종이 씨감자 생산에 가장 바람직하기는 하지만 문제점도 있다. 즉, 재배 시 3~4년의
윤작을 해야 하고, 씨감자는 증식 비율이 10배에 불과하므로 채종면적이 넓어야 한다. 또
대량의 씨감자를 저장했다가 재배지까지 수송해야 하는 불편도 있다. 이런 문제들을 해결하
기 위하여 추작재배에 의한 채종 등이 보조적으로 실시되고 있다.

② 추작재배 채종

여름에 파종하여 가을에 수확한 것(추작물)을 이듬해 춘작의 씨감자로 쓴다면 저장 중의
소모가 적어, 전해 여름에 수확한 것을 쓰는 것(춘작물)보다 생육이 왕성하다. 즉, 추작재배로
생산된 씨감자는 춘작재배로 생산된 것보다 이듬해 파종할 경우 생육이 왕성하다. 또한 추작
재배는 벼 조기재배 후작으로 추작 시 논의 이용도를 높일 수 있다.

해풍이 늘 불어오는 해안지대는 바이러스병을 매개하는 진딧물이 적으므로, 이런 곳에서
고랭지 채종에 준하여 무병의 씨감자를 생산했다가 온장을 하여 파종하면 고랭지산 씨감자에
필적할 만한 높은 생산력이 나타난다.

③ 평난지춘작 채종

평난지춘작채종은 씨감자의 생산방식으로는 적합하지 않으나 농가에서 부득이 이 방식으로
자가채종하는 경우가 아직도 있다. 좀 개선된 방법으로 평난지에서 재배할 경우 육아재배(특
수재배 참조)를 하면 수확기가 빨라 진딧물에 의한 바이러스병 전염과 둘레썩음병의 만연이
억제되므로 씨감자의 생산방식으로 장려되고 있다.

④ 소립 씨감자의 이용과 채종

소립 씨감자는 절단하지 않고 파종하기 때문에 기계파종이 용이하고, 절단노력이 절약되며,

결주가 생기지 않고, 절단하여 심는 것에 비하여 둘레썩음병 등의 병해 발생이 적다. 또한 소립 씨감자는 절단이 없는 옹근 채로 심기 때문에 세력이 왕성한 정아만을 이용할 수 있어 같은 중량의 절단한 씨감자보다 생산력이 높다. 따라서 진딧물 발생성기에 지상부를 절단해도 작은 씨감자 정도는 생산할 수 있고, 또 수확기를 빠르게 해도 생산할 수 있으므로 바이러스병의 이병률을 낮게 할 수 있다.

소립 씨감자를 생산하려면 밀식하고 싹 솎기(除蘖)를 하지 않아야 한다.

⑤ **진정종자의 채종**

대부분의 감자 바이러스병은 종자전염을 하지 않으므로 진정 종자를 이용하면 바이러스 이병률이 낮아지고, 고비용이 요구되는 씨감자의 생산이 불필요하므로 생산비용도 절감된다.

- 씨감자를 생산하는 지역은 병리적 퇴화를 일으키는 매개 진딧물 발생이 적은 고랭지가 적합하다. [450]
- 씨감자의 생리적 퇴화는 수확한 후 저장하는 동안 호흡작용에 의하여 일어난다. [450]
- 고랭지는 평난지보다 병리적으로나 생리적으로 퇴화가 억제되기 때문에 채종지로 유리하다. [452]
- 씨감자를 생산할 기본종은 건전한 감자의 식물체로부터 조직배양을 통해 생산한다. [450]
- 인공 씨감자는 조직배양을 통해 생산된다. [424]
- 감자에서 생장점 배양으로 무병주 개체를 획득할 수 있다. [450]
- 식물의 조직배양[450] : 약배양은 육종년한을 단축시키는 장점이 있다. Pomato는 세포융합과 조직배양법으로 육성되었다. 조직배양을 이용하여 2차 대사산물 생산이 가능하다.
- 식물조직배양의 목적과 응용[451] : 기내배양 변이체를 선발할 때 이용한다. 유전자변형 식물체를 분화시킬 때 이용한다. 식용작물의 영양체를 보존할 때 이용한다. 번식이 어려운 식물을 기내에서 번식시킬 때 이용한다.
- 추작감자는 저장 중에 노화의 우려가 적다. [448]
- 추작재배로 생산된 씨감자는 춘작재배로 생산된 것보다 이듬해 파종할 경우 생육이 왕성하다. [449]
- 감자의 추작재배는 벼 조기재배 후작으로 추작 시 논의 이용도를 높일 수 있다. [448]
- 평난지에서 재배할 경우 육아재배를 하면 수확기가 빨라 진딧물에 의한 바이러스병 전염과 둘레썩음병의 만연이 억제되므로 씨감자의 생산방식으로 장려되고 있다. [452]
- 감자 채종재배에서 춘작재배 시 육아재배를 하면 바이러스병의 전염을 줄일 수 있다. [449]
- 소립 씨감자는 진딧물 발생성기에 지상부를 절단해도 생산할 수 있고, 또 수확기를 빠르게 해도 생산할 수 있으므로 바이러스병의 이병률을 낮게 할 수 있다. [452]
- 소립 씨감자는 밀식하고 싹 솎기(除蘖)를 하지 않는다. [449]
- 대부분의 감자 바이러스병은 종자전염을 하지 않으므로 진정 종자를 이용하면 바이러스 이병률이 낮아진다. [452]
- 진정종자를 이용할 경우 바이러스 발병률이 낮아진다. [450]
- 감자의 진정 종자를 이용한 채종재배 시 바이러스 이병율은 낮아지고 생산 비용도 절감된다. [449]

3 파종

1) 파종기

춘하작의 경우 늦서리에 의한 지상부의 냉해가 없는 한계에서 일찍 파종할수록 좋다. 추작의 경우는 기온이 다소 낮아진 다음에 파종하는 것이 좋으나, 충분한 생육기간을 확보하기 위하여 대체로 고온기에 파종한다.

2) 재식밀도

남부 평야지대의 재식밀도는 60×20cm로 하고, 산간지대는 75×20~30cm로 한다.

3) 씨감자의 처리

씨감자는 바이러스병이 없고, 저장이 잘 되어 세력이 좋고 싱싱해야 한다. 잘 저장된 씨감자는 정아의 세력이 가장 왕성하여 옹근 채로 심는 것이 가장 좋지만, 씨감자가 너무 많이 소요되므로 한쪽 당 무게가 30~40g 정도가 되도록 보통 작은 것은 종절(縱切)하고 큰 것은 종횡으로 4절하여 사용한다. 감자를 자를 때에는 눈을 고르게 가지도록 잘라야 하며, 절단 시 감자 눈(맹아)이 상하지 않게 나누어야 한다.

씨감자는 절단면의 치유를 위하여 파종 2~3일 전에 절단해 사용하여야 하며, 절단은 병의 전염을 막는 데 효과적이지 않으므로, 절단용 칼은 1,000~5,000배의 물에 푼 수용액(승홍수)이나 끓는 물에 소독해 사용해야 바이러스병, 둘레썩음병 등을 방제할 수 있다.

4) 파종법

감자는 생육 초기에 북주기를 해야 하므로 보통 골에 파종하는데 골의 깊이는 1회 북주기를 한 후에도 다소 골이 지거나 편평해질 정도로 한다. 감자 절편의 절단면이 밑을 향하도록 하고 잘 누른 후 5~6cm 복토한다.

- 감자는 평야지 봄 재배 시 일반적으로 절단 덩이뿌리 심기를 하며 재식밀도는 60×20cm로 한다. [479]
- 씨감자는 바이러스병이 없고, 저장이 잘 되어 세력이 좋고 싱싱해야 한다. [452]
- 씨감자는 한쪽 당 무게가 30~40g 정도가 되도록 2~4쪽으로 잘라서 사용한다. [452]
- 감자를 자를 때에는 눈을 고르게 가지도록 잘라야 하며, 일반적으로 머리 쪽에 눈이 많다. [452]
- 씨감자의 절단 시 감자 눈(맹아)이 상하지 않게 나눈다. [453]
- 씨감자는 절단면의 치유를 위하여 파종 2~3일 전에 절단해 사용하여야 한다. [453]
- 씨감자의 절단은 병의 전염을 막는 데 효과적이지 않다. [453]

- 씨감자의 절단 시 절단용 칼은 1,000~5,000배의 물에 푼 수용액(승홍수)이나 끓는 물에 소독해 사용해야 바이러스병, 둘레썩음병 등을 방제할 수 있다. (453)
- 씨감자를 절단할 때에는 소독한 기구를 사용한다. (452)

4 시비

감자는 평야지 봄 재배 시 표준시비량(성분량, $N-P_2O_5-K_2O$, kg/10a)이 $10-10-12$이므로 칼리의 요구량이 가장 많음을 알 수 있다. 감자의 3요소 흡수비는 N : P : K = 3 : 1 : 4이나 P(인)는 토양에 고정되는 것이 많아 $10(N)-10(P)$의 비료가 필요하다. 덩이줄기를 비대시키려면 인산과 칼리 비료를 넉넉하게 시비해야 한다. 그런데 질소는 칼리보다 흡수량은 적지만 증수 효과가 커서 감자의 수량을 가장 크게 지배하므로, 덩이줄기를 비대시키려면 우선 엽면적 지수가 3~4 정도가 되도록 질소 비료를 적정량 시비하여야 한다.

좀 후에 공부하겠지만 고구마에는 다음의 내용이 있어 참고하시라. 미리 공개하니 적절히 이용하시기 바랍니다. 친절까지? "고구마 덩이뿌리의 발달 및 비대를 촉진하는 무기성분은 칼리이므로 칼리질 비료의 시용 효과가 높고, 흡수량(흡수율)도 제일 높다(흡수율 순서는 칼리 > 질소 > 인산). 그러나 질소질 비료의 과용은 지상부만 번무시키고, 괴근의 형성과 비대에는 불리하다"

5 관리

1) 싹솎기(제얼)

감자 재배에서 제얼이란 한 포기로부터 여러 개의 싹이 나올 경우, 그 중 충실한 것을 몇 개 남기고 나머지는 제거하는 작업이며, 토란이나 옥수수의 재배에도 이용된다.

2) 북주기

괴경은 지표 밑 약 10cm에서 비대가 양호하므로 심파하지 않는 한 북주기를 하여 이 깊이를 확보하여야 한다. 첫 회에 약 3cm, 2회에 5~6cm 깊이로 북을 주되 늦어도 착뢰기까지는 끝내야 한다.

3) 적화

꽃망울을 따주기도 하는데, 별로 실시하지 않는다.

6 병충해 방제

1) 병해

① 바이러스병 : 감자의 바이러스병에는 많은 종류가 있고, 아직 치료법이 없기 때문에 바이러스병이 발생되면 약제 살포보다 이병주를 제거하는 것이 효과적이며, 매개곤충을 구제하여 전염을 방지하여야 한다. 일반 농가에서는 무병종자를 선택하여 감자의 바이러스병을 방제하는 경종적 방제법이 가장 좋은 방법이다.

② 더뎅이병 : 감자 더뎅이병은 세균성(방선균) 병으로 2기작 감자를 연작하는 제주도와 남부지방에서 피해가 더 심하다. 이 병은 중성 이상의 알카리성 토양 및 덥고 메마른 토양에서 많이 발생한다.

③ 역병 : 감자 역병은 곰팡이병으로 잎과 괴경에 피해를 주며 감염 부위가 검게 변하면서 조직이 고사한다. 이 병은 산간지에서 재배하거나 추작 시에 피해가 가장 크다.

④ 갈색심부병 : 감자 갈색심부병은 갈색속썩음병이라고도 하며 토양 내 수분 함량이 낮고 온도가 높을 때 발생한다. 괴경의 육질부가 검은빛속썩음병의 경우와 같이 갈색으로 변하며 썩는다.

⑤ 절편부패병 : 감자 절편부패병은 씨감자의 싹틔우기 시 온도가 높고 건조하거나 직사광선에 노출될 때 발생한다.

⑥ 무름병 : 괴경이 담갈색으로 변하여 즙액이 나오고 썩어 특수한 냄새가 난다. 이 병은 세균(박테리아)에 의한 것으로 저장 중인 감자에서 많이 발생한다.

⑦ 겹둥근무늬병 : 잎에 동심윤문(同心輪紋 무늬 문)의 갈색 또는 흑갈색의 병반이 생기고 심하면 시들어 말라 죽는다. 이 병은 평야지 재배에서 생기고 생육 후기에 비료분이 결핍되고 덥고 습한 날씨가 계속되면 많이 발생한다.

⑧ 검은점박이병 : 괴경에 피목(皮目)을 중심으로 갈색 병반이 생긴다. 특히 산성토양에서 많이 발생한다.

⑨ 둘레썩음병 : 괴경을 절단해 보면 유관속이 담갈색 또는 흑갈색으로 변해 있고, 그 부분이 붕괴되어 수부(髓部)와 분리된다. 이 병은 세균성 병이며, 씨감자 퇴화의 큰 요인이므로 씨감자에서 철저한 방제가 필요하다.

⑩ 풋마름병 : 포기 전체의 줄기가 갑자기 시들고 밑부분의 잎부터 갈색으로 변하면서 고사한다. 강산성 토양에서는 발생이 적다.

2) 충해

선충, 왕됫박벌레붙이, 도둑나망, 진딧물 등이 있다.

- 감자는 평야지 봄 재배 시 표준시비량(성분량, $N-P_2O_5-K_2O$, kg/10a)이 10-10-120이며 작조(作條)에만 시비하는 것이 비료의 초기 흡수를 촉진시키므로 유리하다. 감자의 3요소 흡수비는 N : P : K = 3 : 1 : 4이나 P는 토양에 고정되는 것이 많아 10-10의 비료가 필요하다. **[479]**
- 감자 덩이줄기를 비대시키려면 인산과 칼리 비료를 넉넉하게 시비한다. **[439]**
- 감자 덩이줄기를 비대시키려면 엽면적 지수가 3~4 정도가 되도록 질소 비료를 적정량 시비한다. **[439]**
- 감자재배에서 한 포기로부터 여러 개의 싹이 나올 경우, 그 중 충실한 것을 몇 개 남기고 나머지는 제거하는 작업이며, 토란이나 옥수수의 재배에도 이용되는 것은 : 제얼 **[454]**
- 감자 바이러스병이 발생되면 약제 살포보다 이병주를 제거하는 것이 효과적이다. **[172]**
- 무병종자를 선택하여 감자의 바이러스병을 방제한 것은 경종적 방제법이다. **[449]**
- 감자 더뎅이병은 세균성 병으로 2기작 감자를 연작하는 제주도와 남부지방에서 피해가 더 심하다. **[525]**
- 감자 더뎅이병은 방선균에 의한 병이다. **[455]**
- 감자 역병은 곰팡이병으로 잎과 괴경에 피해를 주며 감염 부위가 검게 변하면서 조직이 고사한다. **[525]**
- 갈색심부병은 갈색속썩음병이라고도 하며 토양 내 수분 함량이 낮고 온도가 높을 때 발생한다. **[525]**
- 감자 절편부패병은 씨감자의 싹틔우기 시 온도가 높고 건조하거나 직사광선에 노출될 때 발생한다. **[525]**
- 우리나라에서 흔히 발생하는 감자병은 감자바이러스병, 역병 등이다. **[424]**
- 감자에 발생하는 병**[454]** : 바이러스병, 역병, 둘레썩음병, 무름병

7 수 확 및 저 장

1) 수확

감자의 수확적기는 경엽이 황변하고, 괴경이 완숙하여 전분축적이 최고에 달하며, 표피가 완전히 코르크화되어 내부에 밀착함으로써 수확 시 힘을 가해도 잘 벗겨지지 않을 때이다.

성숙한 괴경은 토양이 습할 때 호흡기관인 괴경의 피목이 희게 부풀어 커지게 되는데, 이때 부패균이 쉽게 침입하여 수확 전 및 수확 후의 부패를 조장한다. 따라서 감자는 토양이 습할 때 수확하는 것보다 건조할 때 수확하는 것이 좋다. 또한 수확할 때 상처가 나지 않고 표피가 벗겨지지 않아야 부패가 적어진다.

2) 저장

① 예비저장(가저장, 하계저장)

수확 후 겨울 본저장까지의 보관과 관리를 예비저장이라 하는데, 고랭지에서는 이 기간이 극히 짧아 별 문제가 없지만, 평난지에서는 이 기간이 길고 기온도 고온이기 때문에 잘 관리하지 않으면 부패가 많아진다.

저장 중에 감자가 부패하는 기구는 다음과 같다. 세균(무름병, 둘레썩음병 등) 또는 균류(역병, 겹둥근무늬병 등)가 감자의 표면에 묻어 있다가 괴경의 살 속으로 침입하여 부패시키는데, 체내 침입 경로는 상처(복지가 붙었던 부분도 상처)이다. 피목 등으로 건조할 때에는 피목이 작아져서 미생물이 침입하지 못하지만 습할 때는 피목이 커져서 쉽게 침입한다. 수확물의 상처에 유상(癒 병 나을 유, 傷) 조직인 코르크층을 발달시켜 병균의 침입을 방지하는 조치가 큐어링인데, 직사광은 유상조직의 형성을 저해하여 상처가 빨리 아물지 못하게 하므로 부패를 조장한다. 감자의 큐어링 방법은 10~15.6℃의 온도에서, 관계(상대) 습도는 거의 100%에서, 그리고 직사광이 없는 음지에서 2~3주간 보관하는 것이다.

② **본저장(동계저장)**

본저장의 환경은 발아와 부패의 방지를 위한 측면에서, 식용감자 및 씨감자의 경우는 온도 1~4℃(특히 3~4℃), 관계습도 85~90%가 적당하다. 한편 가공용 감자는 저장 적온이 10(7~10)℃이며, 이보다 저온에서는 환원당 함량이 증가하여 품질이 낮아진다. 본저장에서 −1℃의 온도가 계속되면 동해를 입을 우려가 있고, −8℃에서는 5분간이면 동해를 입는다.

③ **저장 중의 억아법**

　㉠ 방사선 처리

　㉡ 약제 처리 : Dormatone, MH-30, Belvitan K 및 Nonanol과 같은 약제 처리로 발아를 억제할 수 있다.

- 감자의 수확 적기는 경엽이 황변하고 괴경이 완숙하며 표피가 완전히 코르크화되어 내부에 밀착한 때이다. **(458)**
- 감자는 토양이 습할 때 수확하는 것보다 건조할 때 수확하는 것이 좋다. **(456)**
- 감자의 예비저장은 평난지에서는 기간이 길고 고랭지에서는 짧기 때문에 평난지에서 잘 관리하지 않으면 부패가 많아진다. **(458)**
- 감자의 저장 중 부패를 적게 하려면 상처 없는 무병감자를 저장해야 하는데, 큐어링을 하면 상처가 빨리 아문다. **(458)**
- 수확물의 상처에 유상 조직인 코르크층을 발달시켜 병균의 침입을 방지하는 조치는 큐어링이다. **(2021 지9)**
- 감자의 큐어링은 음지에서 2~3주간 실시한다. **(456)**
- 식용감자 및 씨감자의 안전저장 조건은 온도 3~4℃, 상대습도 85~90%이다. **(459)**
- 가공용 감자는 저장 적온이 10℃이며, 이보다 저온에서는 환원당 함량이 증가하여 품질이 낮아진다. **(458)**
- 가공용 감자를 장기저장하는 경우에는 저장고의 온도를 10℃ 정도로 유지해 주는 것이 좋다. **(457)**
- 감자칩용 품종은 모양이 원형이어야 하고 저장온도는 7~10℃가 좋다. **(2021 지9)**
- 저장 중 억아법으로 방사선 처리를 하거나 도마톤(Dormatone), 엠에이치-30(MH-30), 벨비탄 K(Belvitan K) 및 노나놀(Nonanol)과 같은 약제처리를 할 수 있다. **(458)**

VIII 특수재배

1 육아재배

1) 육아재배의 이용성

감자를 육아, 정식하고 생육의 전반기를 폴리에틸렌 등으로 멀칭하여 키우면 조기출하를 할 수 있고, 답전작이 가능하여 논의 이용도를 높일 수 있다. 또한 조기에 수확하므로 진딧물의 피해기간이 짧아 씨감자의 생산에도 적당하다.

2) 육아 및 정식

중부 평야지대에서는 3월 중순에 육아를 시작하여 4월 초에 정식하는 것이 가장 알맞다. 육아는 양지바른 곳에 냉상(冷床)을 설치하여 절단한 씨감자를 묻고 복토한 다음 폴리에틸렌으로 보온해 주면 된다. 정식은 다소 밀식하여 폴리에틸렌을 평상식으로 덮거나 터널식으로 덮는다.

3) 관리

폴리에틸렌을 평상식으로 덮은 경우 출아 후까지 그대로 덮어 두었다가 싹이 왕성하게 자라면 싹부분만 뚫어 싹이 밖으로 나오게 하고, 지온이 높아져 배토기가 되면 멀칭을 모두 제거한다. 터널식으로 한 경우는 낮의 기온이 지나치게 높아지지 않도록 주의해야 한다.

2 추작재배

1) 추작재배의 이용성과 재배체계

앞(채종재배 방식)에서 설명한 바와 같이 추작재배는 고랭지 채종을 대신할 수 있다.

2) 추작의 환경과 수량

춘작이나 최아추작의 출아기간은 약 2개월로 같으나 괴경비대기의 환경은 춘작은 고온, 장일이지만 최아추작은 저온, 단일이므로 최아추작이 괴경의 비대생장에 유리하다. 다만 최아추작 시 춘작에 비해 씨감자 조각의 부패에 의한 결주발생이 많다는 것이 가장 큰 단점인데, 이를 완화하려면 배수가 잘 되는 토양을 선택해야 한다.

3) 최아처리

GA 처리, 에스렐 처리 또는 (GA+에스렐) 처리 등이 유효하다.

4) 정식

최아된 씨감자를 배수가 잘 되도록 정식하는 것이 가장 중요하다.

- 추작재배에서 생육 중·후기의 저온·단일 환경은 괴경의 비대생장에 유리하다. [448]
- 최아추작 시 춘작에 비해 씨감자 조각의 부패에 의한 결주발생이 많다. [448]

3 난지최아동작재배

제주도와 남부지방에서는 조기출하를 목적으로 12월 중순에 씨감자를 최아하여, 12월 하순에 본포에 정식하는 동작(冬作)재배를 한다. 동작재배의 경우에는 폴리에틸렌 필름으로 피복하고 터널을 동시에 설치한다.

CHAPTER 02 고구마

Ⅰ 기원 및 전파

1 식물적 기원

학명은 Ipomoea batatas이며, Ipomoea 속에는 500여 종의 식물이 있다. 이들 중 현재의 재배종인 batatas는 BB 게놈만을 갖는 동질6배체(2n=90)이다. 고구마는 메꽃과 작물이다.

2 지리적 기원

멕시코를 중심으로 한 중앙아메리카가 원산지이다.

Ⅱ 생산 및 이용

1 생산

1) 세계의 생산

고구마는 고온, 다조의 기후를 좋아하며, 15~35℃의 온도 범위에서는 온도가 높을수록 생육이 왕성한 고온성 작물이다. 따라서 고구마는 열대로부터 온대의 중남부에 거쳐 주로 재배되고 있지만 여름의 고온기를 이용하여 고위도지대에서도 재배된다.

2) 우리나라의 생산

우리나라는 1964년에 최고의 생산을 보인 이후 계속 감소되어 왔는데, 다른 작물에 비하여 수익이 낮고, 옥수수나 당밀 등의 주정 원료가 수입되었기 때문이다.

그러나 고구마는 재배 상 장점이 많은 작물이다. 즉, 단위면적당 생산열량이 가장 많은 작물이므로 가장 싼 값에 가장 많은 사람을 먹일 수 있는 식량자원이다. 예를 들어 쌀과 비교해 보면, 단위영양에 대한 생산비용은 쌀의 20%인데, 단위면적당 부양 가능 인구는 쌀의 2배가 된다. 당연히 단위수량(收量)은 괴근을 이용하는 고구마가 괴경을 이용하는 감자보다 많다. 또한 고구마는 작기의 이동이 비교적 용이하여 맥후작도 가능하고, 건조, 척박지에도 적응성이 높으며, 기후재해나 병충해도 적고, 사료나 공업원료로도 알맞다.

고구마는 재배, 이용면에서 단점도 많다. 재배적으로는 육묘와 이식을 해야 하므로 노력이 많이 들고, 생력기계화가 어려우며, 관리, 수송, 저장 등이 쉽지 않고, 식용으로 할 때는 물리적, 화학적, 영양학적 특성이 곡류에 미치지 못한다.

2 이용

1) 성분

[고구마 건물괴근의 구성 성분]

성분	전분	당분	단백질	지방	회분	섬유소	기타
%	70	10	5	1	3	10	1

위의 표에서 보듯이 고구마 괴근의 주요 저장물질은 탄수화물로서 그 구성 성분은 전분, 당분 및 섬유소가 대부분이며, 전분은 건물중 기준으로 70% 내외가 포함되어 있다. 단백질과 지질의 함량은 매우 낮다. 고구마에서 수량 표기 중의 하나인 '정곡'은 고구마의 평균 수분 함량을 69%로 간주하여(생저 중량×0.31) 계산한다.

2) 이용

① 식용 : 찌거나 말리거나 구어 먹고, 밥에 넣어 먹기도 한다.
② 가공식품용 : 엿, 과자, 튀김 등을 만든다.
③ 공업용 : 주정으로 이용되기도 하며 포도당 제조 등에 이용된다.
④ 사료용 : 수확물을 바로 먹이거나 사일리지로 만들어 먹이기도 한다. 특히 비타민 A가 많아 사료로 좋다.

- 고구마(2021 국9) : 학명은 Ipomoea batatas이고, 단일 식물이며, 품종에는 황미, 신미 등이 있다.
- 고구마는 메꽃과 작물이고, 감자는 가지과 작물이다. (462)
- 고구마는 고온성 작물이고, 감자는 저온성 작물이다. (462)
- 단위면적당 생산열량이 가장 많은 작물 : 고구마 (461)
- 고구마는 벼보다 단위면적당 건물수량이 높다. (477)

- 단위수량은 고구마가 감자보다 많다. [462]
- 감자는 괴경을, 고구마는 괴근을 식용으로 주로 이용한다. [460]
- 감자와 고구마의 주요 저장물질은 탄수화물이다. [460]
- 고구마 괴근의 구성 성분은 전분, 당분 및 섬유소가 대부분이며, 전분은 건물중 기준으로 70% 내외가 포함되어 있다. [460]
- 고구마에서 수량 표기 중의 하나인 '정곡'은 고구마의 평균 수분 함량을 69%로 간주하여(생저 중량 ×0.31) 계산한다. [460]
- 고구마는 주정으로 이용되기도 하며 포도당 제조 등에 이용된다. [460]
- 고구마는 사료로도 이용되는데 수확물을 바로 먹이거나 사일리지로 만들어 먹이기도 한다. [460]

Ⅲ 형태

1 뿌리

다음 왼쪽 그림에서와 같이 뿌리는 세근, 경근, 괴근으로 구별되는데, 세근은 비대하지 않는 가는 뿌리이고, 경근은 약간 비대하지만 정상적으로 비대하지 못하는 뿌리이다. 종자를 심으면 1개의 직근이 나와 비대해져 괴근을 형성하지만, 묘를 심으면 엽병의 기부 양쪽에서 부정근이 발생하여 대부분 세근이 된다. 세근 중의 일부가 괴근으로 비대하며, 간혹 경근도 형성한다.

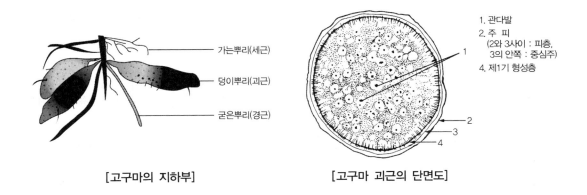

1. 관다발
2. 주 피
   (2와 3사이 : 피층, 3의 안쪽 : 중심주)
4. 제1기 형성층

[고구마의 지하부]   [고구마 괴근의 단면도]

2 괴근

괴근은 뿌리가 변형된 것으로 단면구조는 위의 오른쪽 그림과 같이 주피, 피층, 중심주 등으로 구성되어 있다. 주피는 피층으로부터 분화된 생명이 없는 조직으로서 전분립이 없으며 함유하고 있는 색소에 따라 고구마 색이 결정된다. 고구마색은 홍색, 황색, 자색 등으로 구분되며, 이것은 카로틴 함량과 관계가 깊다. 피층은 약간 두꺼우며 전분립을 함유하고 있다.

　괴근은 줄기에 착생하였던 쪽이 두부이고 그 반대 부위가 미부, 이랑의 안쪽을 향하던 복부와 이랑의 바깥쪽을 향하던 배부로 구분된다. 눈(目)은 두부에 많고 복부보다는 배부에 많다.

3 줄기

　줄기는 생육 습성에 따라 입형과 포복형으로 구분되고, 품종에 따라서 차이는 있지만 지상부의 대부분은 1차 분지로 구성되고 생육 후반에 2차 분지가 다소 발생한다. 대체로 입형인 것이 마디도 짧고 분지도 많은 편이다.

4 잎

　고구마는 쌍자엽식물이므로 종자발아 시에는 2매의 자엽이 나오나, 괴근에서 발아할 때는 자엽이 나오지 않고 본엽만 나온다. 잎은 그물맥으로 되어 있다.

5 꽃

　엽액에서 꽃송이가 나와 긴 꽃자루에 5~10개의 꽃이 착생하는 액생집산화서(腋生集散花序)로서 모양이 메꽃이나 나팔꽃과 비슷하고, 밑부분에 5매로 된 꽃받침이 있으며, 화관은 길이가 5cm 정도이고, 끝이 얕게 5조각으로 갈라진다. 수술은 5본으로 밑부분이 꽃부리에 부착되어 있지만 수술끼리는 분리되어 있고 그 중 1본은 암술보다 길며 암술은 1본이다. 꽃의 내면 기부에는 황색의 밀선이 있어 충매수분을 한다. 반복하지만 감자에는 밀선이 없어 일부는 풍매수분을 하고 대부분 자가수분을 한다.

- 종자를 심으면 1개의 직근이 나와 비대해져 괴근을 형성하지만, 묘를 심으면 엽병의 기부 양쪽에서 부정근이 발생하여 대부분 세근이 된다. (462)
- 괴근은 줄기에 착생하였던 쪽이 두부이고 그 반대 부위가 미부, 이랑의 안쪽을 향하던 복부와 이랑의 바깥쪽을 향하던 배부로 구분된다. (462)
- 줄기는 생육 습성에 따라 입형과 포복형으로 구분되고 품종에 따라서 차이는 있지만 지상부의 대부분은 1차 분지로 구성된다. (462)
- 고구마는 잎이 그물맥으로 되어 있다. (361)
- 수술은 5본으로 밑부분이 꽃부리에 부착되어 있지만 수술끼리는 분리되어 있고 그 중 1본은 암술보다 길며 암술은 1본이다. (462)

6 꼬투리 및 종자

꼬투리 모양은 나팔꽃과 비슷하고, 2~5개의 종자가 들어 있으며, 100립중은 2g 내외이다.

Ⅳ 생리 및 생태

1 생육 과정

고구마의 생육 과정은 다음 그림과 같다.

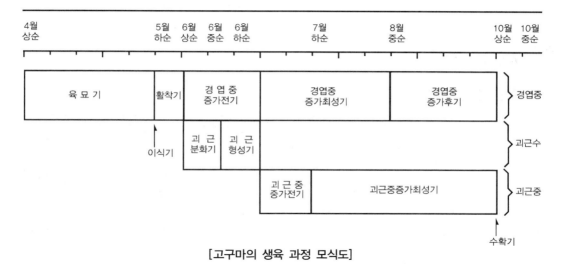

[고구마의 생육 과정 모식도]

1) 육묘기

씨고구마를 묻은 후 채묘까지 40~60일이 소요되는데, 육묘기간은 40~60일을 말한다.

2) 활착기

이식 후 활착하여 재생장이 개시될 때까지의 기간을 말하며, 포장수분이 충분하면 10~15일이 소요된다.

3) 경엽중증가기

경엽중증가기는 전기, 최성기, 후기로 나눈다. 최성기는 7월 상, 중순부터 8월 중, 하순까지

경엽의 생장이 왕성한 시기로, 이 기간은 고온, 장일조건이기 때문에 경엽중이 급진적으로 증가되고, 괴근의 신장도 동시에 이루어진다.

4) 괴근수증가기

① 괴근분화기 : 이식 후 활착이 좋으면 25~30일이 소요된다.
② 괴근형성기 : 괴근분화 후 10~15일이 소요된다. 괴근수는 이 시기에 결정된다.

5) 괴근중증가기

괴근중증가기는 전기, 최성기, 후기로 나눈다. 최성기는 8월 상순부터 9월 하순까지 괴근중이 왕성하게 증가되는 시기로, 이때는 지상부의 생장량이 최고도에 달해 있고, 단일조건에 접어들면서 기온도 낮아지고 일교차도 커서 괴근의 비대에 유리하다.

2 괴근의 형성

1) 괴근의 분화형성

유근에서 괴근으로 분화될 것은 이식 10일 후쯤부터 중심주의 원생목부(原生木部, 원생물관부)에 분화된 제1기 형성층의 활동이 왕성해져서 중심주의 조직이 불어나고 유조직은 목화되지 않으며 이 조직에 전분립이 축적된다. 즉, 오른쪽의 그림에서와 같이 괴근은 제1기 형성층의 활동이 왕성하고 세포의 목화 정도가 낮으면 형성된다. 그런데 제1기 형성층 활동이 왕성하고, 중심주 세

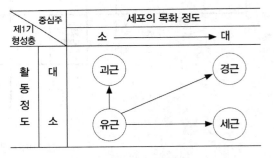

[뿌리의 발달방향]

포의 목화가 빠르면 괴근의 비대가 억제되어 경근이 되고, 제1기 형성층의 활동이 미약하고, 유조직의 목화가 빠르면 처음부터 세근이 된다. 고구마에 알맞은 토양수분은 세근의 경우 최대용수량의 90~95%, 괴근의 경우 70~75%이다.

2) 괴근의 형성부위

이식하기 전의 싹시절에도 엽병기부에 이미 부정근의 원기가 형성되어 있다. 이들 부정근의 원기 중에서 크기가 1mm 정도인 것을 장태부정근원기(長太不定根原基)라 하는데, 이는 괴근형성절위와 잘 일치하므로 장태부정근원기가 잘 형성된 마디가 많은 묘에서 괴근형성이 잘 된다.

3) 괴근형성에 관여하는 조건

① 육묘조건

위에서 말했지만 장태부정근원기가 잘 형성된 마디가 많은 묘에서 괴근형성이 잘 된다. 묘상(苗床)은 일조, 온도, 수분, 비료 등이 알맞아야 하며 수분과 질소가 부족하고 일조가 과다하면 싹이 빨리 목화한다.

② 이식 시의 조건

이식 시에는 온도가 22~24℃ 정도 되어야 유근의 제1형성층의 활동이 왕성하고 중심주의 목화가 진행되지 않으므로 괴근형성이 잘 된다. 또한 이식 시 토양 통기가 양호하고 토양수분, 칼리질 비료 및 일조가 충분하면서, 질소질 비료는 과다하지 않은 조건에서 괴근형성이 잘 된다.

③ 이식 직후의 조건

유근이 세근, 경근, 괴근으로 분화되는 생리적 변화는 이식 후 5일 이내에 이루어지므로 이식 직후의 토양환경은 괴근의 형성에 중요하다. 이식 직후 토양의 저온이 괴근의 형성을 유도하는데, 이는 동화물질이 고온부로부터 저온부로 이동, 축적되기 때문이다. 한편 토양이 너무 건조하거나 굳어서 딱딱한 경우 또는 지나친 고온에서는 경근이 형성된다.

- 씨고구마를 묻은 후 채묘까지 40~60일이 소요된다. **(464)**
- 고온·장일조건에서 경엽중이 급진적으로 증가된다. **(464)**
- 고구마 괴근분화기는 활착이 좋으면 25~30일이 소요된다. **(464)**
- 고구마의 괴근은 제1기 형성층의 활동이 왕성하고 세포의 목화정도가 낮으면 형성된다. **(464)**
- 형성층 활동이 왕성하고, 중심주 세포의 목화가 빠르면 괴근의 비대가 억제된다. **(465)**
- 뿌리 제1기 형성층의 활동이 미약하고, 유조직의 목화가 빠르면 처음부터 세근이 된다. **(463)**
- 고구마에 알맞은 토양수분은 세근의 경우 최대용수량의 90~95%, 괴근의 경우 70~75%이다. **(474)**
- 고구마의 장태부정근원기는 이식 전에도 엽병기부에 이미 형성되어 있다. **(464)**
- 장태부정근원기(長太不定根原基)가 잘 형성된 마디가 많은 묘가 괴근형성이 잘 된다. **(465)**
- 괴근 형성은 이식 시 토양 통기가 양호하고 토양 수분, 칼리질 비료 및 일조가 충분하면서 질소질 비료는 과다하지 않은 조건에서 잘 된다. **(463)**
- 이식 시에 칼리성분은 충분하지만 질소성분은 과다하지 않아야 괴근형성에 좋다. **(530)**
- 이식 직후 토양의 저온이 괴근의 형성을 유도한다. **(530)**
- 토양이 너무 건조하거나 굳어서 딱딱한 경우 또는 지나친 고온에서는 경근이 형성된다. **(463)**

3 괴근의 비대

1) 괴근 비대와 환경조건

괴근 비대에 적당한 토양온도는 20~30℃이며, 변온이 괴근의 비대를 촉진한다. 일장이 짧고(11시간 50분 이하의 단일) 일조가 풍부해야 괴근 비대가 잘된다. 또한 토양수분이 최대용수량의 70~75%일 때 괴근 비대에 가장 적절하고, 토양 pH는 4~8에서 생육에 지장이 없다.

고구마 덩이뿌리의 발달 및 비대를 촉진하는 무기성분은 칼리이므로 칼리질 비료의 시용 효과가 높고, 흡수량(흡수율)도 제일 높다(흡수율 순서는 칼리 > 질소 > 인산). 그러나 질소질 비료의 과용은 지상부만 번무시키고, 괴근의 형성과 비대에는 불리하다.

2) 고구마의 생리, 생태와 증수대책

앞에서 고구마는 벼보다 건물생산량이 많다고 했는데, 일정기간 동안의 최대생산량은 오히려 벼보다 낮다. 이것은 광합성 능력의 차이에서 오는 것이 아니고, 고구마가 최적엽면적을 확보하지 못하기 때문이다. 그럼에도 불구하고 단위면적당 건물수량이 벼보다 고구마가 높은 이유는 건물생산능력의 지속기간이 고구마가 더 길기 때문인데, 이러한 생리, 생태적 특성을 고려할 때 고구마의 증수방안은 다음과 같다.

① 활착이 잘 되도록 하고, 엽면적을 조기에 확보할 수 있도록 생육을 촉진시켜야 한다. 지상부 생육은 30~35℃에서 가장 왕성하다.
② 고구마 잎은 벼와 달리 입체적이 아니고 평면적으로 배열되어 있어 수광태세가 불리한데, 이를 개선하기 위한 육종적, 재배적 조치가 필요하다.
③ 광합성 능력을 오랫동안 높게 유지할 수 있도록 잎 중의 칼리 농도를 높이는 비배관리가 필요하다.

- 괴근 비대에 적당한 토양온도는 20~30℃이며, 변온이 괴근의 비대를 촉진한다. [477]
- 괴근 비대는 토양온도 20~30℃ 범위에서 항온보다 변온이 좋다. [467]
- 괴근 비대에 적절한 토양온도는 20~30℃이고, 이 범위 내에서는 일교차가 클수록 좋다. [530]
- 일장이 짧고 일조가 풍부해야 괴근 비대가 잘된다. [467]
- 고구마의 괴근 비대에는 단일조건이 좋으며 20~30℃의 온도 범위에서 일교차가 크면 유리하다. [296]
- 고구마는 단일·변온 조건에서 덩이뿌리의 비대가 촉진된다. [115]
- 토양수분이 최대용수량의 70~75%일 때 괴근 비대에 가장 적절하다. [530]
- 최대용수량의 70~75% 정도의 수분조건에서 괴근의 비대가 잘 된다. [465]
- 토양수분은 최대용수량의 70~75%가 괴근의 비대에 알맞다. [467]

- 고구마 덩이뿌리의 발달 및 비대를 촉진하는 무기성분은 칼리이다. **(476)**
- 고구마는 비료 3요소 중 칼륨 흡수량이 제일 큰 작물이므로 칼륨질 비료를 충분히 공급해 주어야 높은 수량을 얻을 수 있다. **(477)**
- 고구마의 흡수율이 높은 순서는 칼리 > 질소 > 인산이다. **(477)**
- 질소 비료의 과용은 괴근의 형성과 비대에 불리하다. **(467)**
- 단일조건은 괴근 비대에 유리하나, 질소질 과용은 괴근 비대에 불리하다. **(464)**
- 형성된 괴근의 비대에는 양호한 토양 통기, 풍부한 일조량, 단일 조건, 충분한 칼리질 비료 등이 유리하다. **(463)**
- 괴근이 비대하기에 유리한 조건은 풍부한 일조량, 단일조건, 충분한 칼리질 비료 등이다. **(465)**
- 고구마 괴근 비대의 환경조건**(467)** : 토양온도는 20~30℃가 알맞으며 그 온도 범위에서는 일교차가 클수록 괴근의 비대에 유리하다. 토양수분은 최대용수량의 70~75%가 적당하다. 일장은 11~12시간 정도의 단일조건이 좋다. 칼리질 비료의 효과가 높다.
- 고구마 괴근 비대의 환경조건**(521)** : 변온조건일 때, 단일조건일 때, 일조량이 풍부할 때, 칼리 성분이 많을 때
- 고구마의 괴근 비대를 촉진하는 조건**(2021 지9)** : 칼리질 비료를 시용하면 좋다. 단일조건이 유리하다. 토양수분은 최대용수량의 70~75%가 좋다. 토양온도는 20~30℃가 알맞지만 변온이 비대를 촉진한다.
- 고구마의 수량을 높이려면 엽면적을 조기에 확보할 수 있도록 생육을 촉진시켜야 한다. **(477)**
- 고구마의 지상부 생육은 30~35℃에서 가장 왕성하고 괴근 비대는 20~30℃의 지온에서 가장 좋다. **(474)**

4 전분 함량

고구마 중에 함유되어 있는 전분의 중량비를 전분 함량이라 하고, 실제 전분제조과정에서는 일정량의 원료 고구마에 대한 전분생산량의 중량비를 전분 수율이라 한다. 또한 고구마의 발효(醱酵)성 탄수화물의 총량을 전분으로 환산하고 생고구마에 대한 중량비로 나타낸 것을 전분가라 한다.

1) 전분 함량의 변이와 관련이 있는 요인

① 품종에 따라 전분 함량의 차이가 있다.
② 기상환경에 따른 전분 함량의 변이가 커서 열대지역에서 생산한 고구마는 재배 극지대의 서늘한 지역에서 생산한 고구마보다 전분 함량이 낮고 당분함량이 높다.
③ 이식기 및 수확기의 조만도 전분 함량과 관계가 있는데, 조식재배가 만식재배에 비하여, 만기수확이 조기수확에 비하여 전분가가 높다.
④ 토성별로는 양토 및 사양토가 경식토 및 식질토양에 비하여 전분 함량이 높다.
⑤ 시비량에 따라서도 전분가가 달라지는데, 질소 다비 시 전분 함량이 낮아지고, 인산·칼리 및 퇴비시용은 전분 함량을 높게 한다.
⑥ 저장기간이 길어질수록 전분 함량이 낮아진다.

- 기상환경에 따른 전분 함량의 변이가 커서 열대산은 전분 함량이 낮고 냉지산은 전분 함량이 높다. [470]
- 열대지역에서 생산한 고구마는 재배 극지대의 서늘한 지역에서 생산한 고구마보다 전분 함량이 낮고 당분 함량이 높다. [468]
- 열대지역에서 재배할 경우 전분 함량은 낮아지고 당분 함량은 높아진다. [469]
- 고구마 열대산은 전분 함량이 낮고 당분 함량은 높다. [470]
- 조식재배가 만식재배에 비하여, 만기수확이 조기수확에 비하여 전분가가 높다. [468]
- 조식이 만식에 비하여 그리고 만기수확이 조기수확에 비하여 전분 함량이 높다. [470]
- 토성별로는 양토 및 사양토가 경식토 및 식질토양에 비하여 전분 함량이 높다. [470]
- 양토~사양토에서 재배할 경우 일반적으로 전분 함량이 높아진다. [469]
- 질소 다비 시 전분 함량이 낮아지고, 인산·칼리 및 퇴비시용은 전분 함량을 높게 한다. [468]
- 질소질 비료를 많이 주면 전분 함량이 낮고, 인산과 칼륨을 많이 주면 전분 함량이 높다. [470]
- "질소질 비료를 많이 시용할 경우 전분 함량이 낮아진다. [469]
- 질소질 비료의 과용은 괴근 형성 및 비대에 불리하다. [470]
- "인산, 칼리, 퇴비를 시용할 경우 전분 함량이 높아진다. [469]
- 저장기간이 길어질수록 전분 함량이 낮아진다. [468]

5 개화 및 결실

1) 개화의 유도 및 촉진

고구마의 교잡육종을 위해서는 인위적으로 개화를 유도하여야 하는데, 이때 아래의 방법들이 효과적이다.

① 단일처리 : 8~10시간의 단일처리가 개화유도에 효과적이다.
② 접목 : 나팔꽃 대목에 고구마 순을 접목하면 지상부의 C/N율이 높아지므로 개화가 유도된다.
③ 절상 및 환상박피 : 절상 및 환상박피도 절상한 상부의 C/N율을 높이므로 개화를 유도한다.
④ 포기의 월동(越冬) : 포기를 월동시키면 개화가 유도된다.

2) 실생육성

고구마 종자는 경실이므로 배의 반대쪽에 상처를 내거나 농황산에 1시간 정도 침지한 다음 파종해야 발아가 된다.

발아 후 출현한 직근은 비대하지만 억세어 식용으로는 부적당한 괴근이 된다. 그러나 자엽 위의 순만을 잘라서 삽식하면 정상적인 괴근이 형성된다.

- 단일처리와 접목방법은 개화유도 및 촉진에 효과적이다. (470)
- 고구마에서 단일처리가 개화유도에 효과적이다. (472)
- 고구마에서 지상부 C/N율을 높이는 처리는 개화를 유도한다. (472)
- 고구마에서 절상 및 환상박피는 개화를 유도한다. (472)
- 고구마에서 포기를 월동시키면 개화가 유도된다. (472)
- 고구마의 개화를 유도하고 촉진하는 방법(472) : 8~10시간 단일처리하면 개화가 조장된다. 나팔꽃 대목에 고구마 순을 접목하여 개화를 유도한다. 덩굴 기부에 절상·환상박피하면 개화가 조장된다. 고구마는 C/N율이 증가하면 개화가 촉진된다.

Ⅴ 환경

1 기상

고구마는 생육적온이 높고, 생육기간도 긴 작물이기 때문에 대체로 무상(無霜) 기간이 긴 경우에 수량이 증대한다. 발근은 15℃에서도 이루어지지만 25~30℃에서 가장 좋다. 지상부 생육은 30~35℃에서 가장 왕성하고 괴근 비대는 20~30℃의 지온에서 가장 좋다. 따라서 변온(저온)은 경엽의 생장을 억제하지만 괴근의 비대는 현저히 촉진한다. 고구마는 토양에 과도한 건조를 초래하지 않는 한 일조가 많아야 좋다. 또한 단일조건은 경엽 생장을 억제하고 괴근 비대를 조장하는데, 10시간 50분의 단일에서 최대수량을 얻는다.

이식기 전후에는 상당한 강우가 있어야 활착과 생육이 좋으나, 생육기간 중에는 강우가 많아 토양이 과습하면 좋지 않다.

2 토양

고구마의 토양적응성은 극히 높아 새로 개간한 건조한 산성의 척박지에도 잘 적응하지만, 고구마는 토양통기가 매우 중요하기 때문에 토성은 토양통기와 수분유지 능력이 양호한 사양토나 양토가 재배에 적합하다.

위에서 "토양이 과습하면 좋지 않다."고 했는데, 과습하면 괴근의 비대가 억제되고, 모양이 길어지거나(고구마 모양이 가장 길어지는 토양수분의 함량은 90~95%이다) 경근의 형성이 조장되며, 맛이 나빠지고, 지상절의 발근이 심해져서 불리하다. '고구마에 알맞은 토양수분은 세근의 경우 최대용수량의 90~95%, 괴근의 경우 70~75%이다' 그런데 이 설명은 앞에서도 했고 여기서 또 했다. 앞의 1)항에도 중복된 설명이 있었다. 왜? "배운 것을 복습하는 것은 외우기 위함이 아니다.

몇 번이고 복습하면 새로운 발견이 있기 때문이다." 탈무드의 20가지 명언에 들어 있는 내용인데, 새로운 발견을 했나요? 새로운 발견이 있어야 재미가 있고, 재미가 있어야 몰입합니다. 탈무드 명언 하나 더, "두 개의 화살을 갖지 마라. 두 번째 화살이 있기 때문에 첫 번째 화살에 집중하지 않게 된다." 책도 끝나 가는데 하나 더 "승자는 눈을 밟아 길을 만들지만, 패자는 눈이 녹기를 기다린다."

- 고구마의 지상부 생육은 30~35℃에서 가장 왕성하고 괴근 비대는 20~30℃의 지온에서 가장 좋다. **[474, 왜 중복했을까요?]**
- 변온은 경엽의 생장은 억제하고, 괴근의 비대는 촉진한다. **[473]**
- 토양에 과도한 건조를 초래하지 않는 한 일조가 많아야 좋다. **[473]**
- 단일조건은 경엽 생장을 억제하고 괴근 비대를 조장한다. **[473]**
- 이식기 전후에는 상당한 강우가 있어야 활착과 생육이 좋다. **[486]**
- 이식기 전후에 상당한 강우가 있어야 한다. **[473]**
- 토양통기와 수분유지 능력이 양호한 사양토나 양토가 재배에 적합하다. **[486]**
- 고구마 모양이 가장 길어지는 토양수분의 함량은 90~95%이다. **[474]**
- 고구마에 알맞은 토양수분은 세근의 경우 최대용수량의 90~95%, 괴근의 경우 70~75%이다. **[474, 중복]**

Ⅵ 재배

1 작부 체계

고구마도 당연히 콩 등과 교대로 재배하는 윤작이 좋다.

2 육묘

1) 육묘법 일반

① 육묘 환경

㉠ 온도 : 고구마 싹이 트는 데 적합한 온도는 30~33℃이지만 싹이 자라는 데에는 23~25℃가 적합하다. 더 높으면 도장의 우려가 있다.

㉡ 일조 : 일조가 부족하면 싹이 도장하고, 과다하면 경화된다.

㉢ 비료 : 특히 질소와 칼리가 충분해야 한다.

㉣ 생육밀도 : 너무 밀식하면 싹이 약해진다.

② **묘상(苗床)의 위치**

고구마의 묘상은 바람이 막히고, 햇볕이 잘 들며, 침수의 우려가 없고, 관수 등의 관리가 편한 곳에 설치함이 좋다.

③ **묘상의 구조**

관리 상 나비를 1.2m 정도로 하고, 상면(床面)의 균일한 온도를 위하여 저면은 중앙부를 높게 하여 양열재료가 덜 들어가도록 한다. 묘상은 남북방향으로 길게 만들어야 일사를 고르게 받을 수 있으며, 구덩이의 깊이는 양열온상(釀熱溫床)의 경우 40cm 정도로 한다. 상틀의 높이는 25~30cm가 되어야 싹이 자란 후 필름에 닿지 않는다.

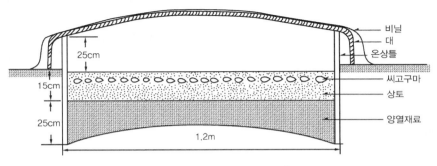

[고구마의 양열온상의 구조]

④ **상토**

흔히 온상의 묵은 양열재료를 파내어 상토의 재료로 쓰는데 병균의 문제가 있으므로 새로운 퇴비를 만들어 쓰는 것이 안전하다. 묘상에는 상토를 12~15cm의 깊이로 넣는다.

⑤ **채묘**

이식 시기가 되고 싹도 25~30cm로 자란 것들이 많아지면 잘라서 심는다. 먼저 자란 것부터 몇 차례에 걸쳐 심는데, 싹을 자를 때는 밑동부분을 5~6cm 남기고 잘라야 새싹이 자라기 쉽고 검은무늬병의 전염도 억제할 수 있다.

2) 육묘법의 종류

① **양열온상육묘법**

양열재료를 밟아 넣고 발열시켜 상온(床溫)을 유지하는 온상을 양열온상이라 하는데, 우리나라에서 고구마의 육묘 시 이것을 가장 많이 사용한다. 양열온상육묘법에서 발열 지속 재료로는 낙엽, 발열 주재료로는 볏짚, 건초 등이 쓰인다.

② **비닐냉상육묘법**

양열재료는 넣지 않고 상토(床土) 밑에 짚 등의 단열재료만 3~5cm로 넣고 비닐을 덮어 보온하는 방식이다.

③ **전열온상육묘법**

전기를 이용하는 방법이다.

- 고구마 싹이 트는 데 적합한 온도는 30~33℃이지만 싹이 자라는 데에는 23~25℃가 적합하다. [475]
- 싹이 트는 데 적합한 온도는 30~33℃이지만 싹이 자라는 데에는 23~25℃가 적합하다. [482]
- 씨고구마로부터 싹이 트는 데 가장 적합한 온도는 30~33℃ 정도이다. [486]
- 고구마의 묘상은 바람이 막히고, 햇볕이 잘 들며, 침수의 우려가 없고, 관수 등의 관리가 편한 곳에 설치함이 좋다. [475]
- 고구마의 묘상은 남북방향으로 길게 만들어야 일사를 고르게 받을 수 있다. [475]
- 고구마의 양열온상육묘법에서 발열 지속 재료로는 낙엽, 발열 주재료로는 볏짚, 건초 등이 쓰인다. [475]

3 이식

① **이식기**

지온이 17~18℃에 달하면 정상적으로 발근할 수 있으며, 이 시기가 되면 빨리 이식할수록 수량이 증대된다. 평야지대에서 전분가가 높은 고구마를 생산하기 위한 삽식 시기는 6월 하순보다 5월 중순이 적합하다.

② **재식밀도**

고구마는 개체 싹심기를 하며, 재식밀도는 단작으로 조식 시 90×20cm, 맥후작으로 만식 시 75×20cm로 하는 것이 수량 등을 고려할 때 적합하다.

③ **삽식법**

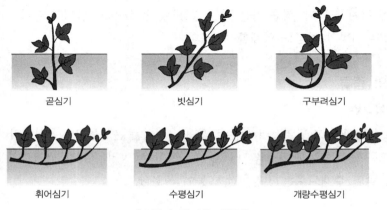

곧심기　　　　빗심기　　　　구부려심기

휘어심기　　　　수평심기　　　　개량수평심기

[고구마 싹 심는 방법]

위의 그림에서 휘어심기, 수평심기, 개량수평심기가 비슷한데, 이들은 싹이 튼튼하고 표준묘(싹의 길이가 25~30cm) 이상일 때 이용할 수 있다. 한편 곧심기, 빗심기, 구부려심기는 작은싹(15cm 정도)을 심거나 밭이 다소 건조할 때 이용할 수 있는 방법이다.

ⓐ 빗심기 : 고구마 싹이 작거나 밭이 건조할 경우에 심는 법이다.

ⓑ 수평심기 : 싹이 크고 토양이 건조하지 않은 경우 전체를 수평으로 심는 법으로 활착이 잘 되는 한 얕게 수평이 되도록 심는 것이 발근에 좋다.

ⓒ 개량 수평심기 : 수평심기와 유사한 경우에 더 많은 부위를 심는 법이다.

ⓓ 휘어심기 : 수평심기와 유사한 경우에 중간을 휘어서 심는 법이다.

- 포장에서 정상적인 발근은 지온이 17~18℃가 되어야 하는데, 이 시기 이후에 가능한 한 빨리 묘를 이식해야 한다. (482)
- 전분가가 높은 고구마를 생산하기 위한 삽식 시기는 6월 하순보다 5월 중순이 적합하다. (471)
- 고구마는 개체 싹심기를 하며, 재식밀도는 단작 시 90×20cm, 이모작 시 75×20cm로 하는 것이 수량 등을 고려할 때 적합하다. (479)
- 빗심기 : 고구마 싹이 작거나 밭이 건조할 경우에 심는 법 (476)
- 수평심기 : 싹이 크고 토양이 건조하지 않은 경우 전체를 수평으로 심는 법 (476)
- 고구마 싹은 활착이 잘 되는 한 얕게 수평이 되도록 심는 것이 발근에 좋다. (471)
- 개량 수평심기 : 수평심기와 유사한 경우에 더 많은 부위를 심는 법 (476)
- 휘어심기 : 수평심기와 유사한 경우에 중간을 휘어서 심는 법 (476)

4 시비

1) 3요소 흡수량

대체로 칼리 4, 질소 3, 인산 1 정도의 비율로 흡수한다.

2) 시비와 건물생산과의 관계

① 수량의 성립

건물생산능력=순동화율(단위 광합성 능력)×엽면적

건물생산능력의 공식은 위와 같으므로 괴근의 수량을 최대로 하려면 순동화율을 최대로 유지하고, 최대한 빨리 최적엽면적을 확보하여야 하며, 최소호흡량을 유지하여야 하는데, 그 방법을 시비의 관점에서 알아본다.

② 순동화율(단위 광합성 능력)의 증대

순동화율을 증대시키려면 엽신 중의 질소 농도를 2.2% 이상, 칼륨 농도를 4.0% 이상 유지해야 한다. 퇴비를 많이 시용하면 생육 중, 후기에 질소와 칼리가 넉넉히 보급되므로 지극히 유리하다.

③ 최적엽면적의 확보

엽면적의 증대에 가장 효과적인 비료 요소는 질소이므로 최적엽면적을 조속히 확보하려면 생육 초기에 질소분이 풍부해야 한다. 그러나 생육 후기에 질소분이 많으면 잎이 과번무한다.

④ 호흡량의 감소

과번무는 불필요한 호흡량을 증가시키므로 질소 비료를 과용하지 말아야 한다. 우리가 앞에서 많이 공부한 "질소 과다는 괴근의 형성과 비대를 저해한다."를 이 관점에서 생각해보는 것도 유익하겠다. 이것이 탈무드에서 말하는 "새로운 발견"이다.

3) 비료 요소의 비효

고구마는 칼리가 결핍되었을 때의 영향이 가장 크고, 다음이 인산이며, 질소 결핍의 영향이 크지 않은 것이 화곡류 등과는 크게 다르다.

① 칼리

고구마 재배에서 칼리는 요구량이 가장 많고 시용 효과도 가장 크다. 칼리가 결핍되면 잎이 우툴두툴해지며, 빛깔이 연해지고 심하면 황변, 고사한다. 반면 칼리가 풍부하면 질소가 많은 경우에도 과번무를 억제하고, 지하부로의 동화물질 전류가 촉진되며, 괴근의 제1기 형성층의 활동을 조장하고 중심주세포가 목화되는 것을 억제하여 괴근의 형성과 비대가 촉진된다.

② 인산

고구마는 인산의 흡수량이 적으므로 비료로서의 요구량도 적다. 인산이 부족하면 잎이 작아지고 농녹색으로 되며 광택이 나빠지고, 풍부하면 괴근의 모양은 길어지고 단맛과 저장력이 증대된다.

③ 질소

질소는 주로 지상부의 생육과 관련이 있다. 질소 과용은 지상부의 과번무를 유발하고, 괴근 중심주세포를 목화시켜 괴근의 형성과 비대를 저해한다.

④ **퇴비**

퇴비는 토양의 통기를 조장하고, 보수력과 보비력을 증대시키며, 생육 중, 후기에 칼리 및 질소를 공급하는 효과가 커서 고구마에서는 탁월한 효과를 나타낸다.

5 관리

1) 김매기

생육 초기에 잡초가 많이 발생하므로 생육 초기에 김매기의 효과가 크고, 제초제를 처리할 경우 경엽처리용 제초제(벤타존 등)를 살포할 수 있다.

2) 순지르기

고구마를 좋은 조건으로 조식하였을 때 만일 소식이 되었다면 순지르기에 의해 분지의 발생이 조장되므로 덩굴이 빨리 퍼져 유리하지만, 재식 밀도가 알맞았을 때 순지르기를 하면 과번무 상태가 되어 좋지 않다.

3) 짚깔기

덩굴이 많이 퍼지기 전에 짚을 깔아 주면 잡초 발생이 억제되고, 토양수분이 보존되며, 과도한 지온 상승을 막고, 지상절의 발근도 줄어들며, 비료분의 공급이 있어 증수된다.

6 생리장해

1) 심부병

심부병은 건조한 토양에서 재배하거나 건조한 저장고에 큐어링하여 저장할 때 많이 발생한다. 심부병에 걸리면 겉은 멀쩡해 보이지만 괴근의 중심부에 갈색반점이 있고, 이런 고구마는 식용이나 씨고구마로 사용할 수 없다.

2) 동해 및 냉해

수확기가 늦어 서리를 맞거나 저장 중에 9℃ 이하로 낮아지면 냉해를 입어 썩기 쉽다.

3) 갈라짐

갈라짐은 너무 크게 자란 고구마나 건조한 밭에서 자란 고구마에서 발생하기 쉽다.

4) 습해 및 질식

7 병충해 방제

1) 병해

① 무름병

저장고의 시설, 용기 또는 공기를 통하여 상처 부위에 감염된다. 병이 진전되면 누런색의 진물이 흐르고 처음에는 흰곰팡이가 피었다가 나중에는 검게 변한다. 진물이 흐르면 알코올 냄새가 나면서 급속도로 병이 확산된다.

② 검은무늬병(黑斑病)

이 병은 균류에 의한 병으로 묘상, 본포, 저장 중에도 발생하는데, 특히 저장 중에 크게 발생한다. 이 병에 걸린 고구마는 병반부에 쓴맛이 있는 독소가 생성되어 인축에 해롭다.

③ 의(擬 모방할 의)흑반병(根腐病)

병징과 전염경로가 검은무늬병과 극히 유사하다.

④ 검은별무늬병(黑星病)

주로 생육 중기부터 지상부에 발생한다.

⑤ 검은점박이병

여름철부터 저장 중에 발생하며, 병반이 표피에 한정되고 내부 조직까지는 침입하지 않는다.

⑥ 자줏빛날개무늬병

균사는 내부 깊게 침입하지는 않지만 표피를 뚫기 때문에 저장 중에 부패를 유발한다.

⑦ 건부병(乾腐病)

고구마가 무름병처럼 무르지 않고 갈색으로 건고(乾固)되면서 썩고, 딱지와 같은 동글동글한 병반이 생긴다. 이 병은 고구마가 몹시 건조하였거나 저장고가 몹시 건조한 경우 발생하기 쉽다.

⑧ 덩굴쪼김병

이 병은 본포에서 주로 발생한다. 기온이 30℃ 내외에서 많이 발생하고 35℃ 이상 및 15℃ 이하에서는 발생하지 않는다.

2) 충해

선충, 굼벵이, 식엽해충 등이 있다.

- 순동화율을 증대시키려면 엽신 중의 질소 농도를 2.2% 이상, 칼륨 농도를 4.0% 이상 유지해야 한다. **[486]**
- 질소 과다는 괴근의 형성과 비대를 저해한다. **[478]**
- 고구마 재배에서 칼리는 요구량이 가장 많고 시용 효과도 가장 크다. **[478]**
- 고구마는 인산의 흡수량이 적으므로 비료로서의 요구량도 적다. **[478]**
- 고구마는 인산이 부족하면 잎이 작아지고 농녹색으로 되며 광택이 나빠진다. **[478]**
- 고구마는 인산 결핍 시 잎이 작아지고 농록색으로 되나 풍부하면 괴근의 모양은 길어지고 단맛과 저장력이 증대된다. **[479]**
- 고구마 재배 시 질소는 주로 지상부의 생육과 관련이 있고, 칼리는 덩이뿌리의 비대에 작용한다. **[429]**
- 고구마의 잡초방제는 생육 초기에 잡초가 많이 발생하므로 생육 초기에 그 효과가 크고 제초제를 처리할 경우 경엽처리용 제초제(벤타존 등)를 살포할 수 있다. **[482]**
- 고구마를 좋은 조건으로 조식하였을 때 소식이 되면 순지르기에 의해 분지의 발생이 조장된다. **[471]**
- 건조한 토양에서 재배하면 심부병이 많이 발생한다. **[470]**
- 고구마 무름병**(544)** : 저장고의 시설, 용기 또는 공기를 통하여 상처 부위에 감염된다. 병이 진전되면 누런색의 진물이 흐르고 처음에는 흰곰팡이가 피었다가 나중에는 검게 변한다. 진물이 흐르면 알코올 냄새가 나면서 급속도로 병이 확산된다.
- 고구마의 저장 중에 발생하는 균류(곰팡이)성 병해는 무름병, 검은무늬병이 있다. **[505]**
- 고구마에 발생하는 병**(479)** : 근부병, 검은무늬병, 무름병, 덩굴쪼김병

8 수확

고구마는 괴근중이 최고에 달하는 시점에 수확하는 것이 가장 알맞다. 수확 시 고구마가 상하지 않게 캐야 하고, 저장할 것을 다듬을 때는 머리와 꼬리를 바싹 자르지 말아야 한다.

9 저장

1) 안전저장의 조건

① 저장고구마

 ㉠ 품종 : 저장력이 강한 품종이 좋은데, 일반적으로 다수성 품종은 저장력이 강하지 못하다.

 ㉡ 상태 : 냉온에 둔 것, 된서리를 맞은 것, 상처를 입은 것, 병에 걸린 것 등은 저장에 적합하지 않다.

 ㉢ 방열(예비저장) : 수확한 고구마는 직사광선이 들지 않고, 통기가 잘 되며, 온도가 낮지 않은 곳에 두껍지 않게 펴 널어 10~15일간 방열시킨 다음 저장하는 것이 좋다. 즉, 고구마를 수확한 직후에 예비저장 또는 방열과정을 10~15일 정도 가짐으로써 고구마 썩음을

예방할 수 있다.

ⓒ **큐어링** : 고구마의 부패 세균은 상처로 침입하므로 침입 전에 유합(癒合) 조직이 형성되도록 하면 부패를 막을 수 있다. 수확한 고구마를 얼마 동안 고온, 다습한 환경에 보관하였다가 방열시켜 저장하면 유합조직의 형성이 촉진되고, 검은무늬병 등의 병반도 치유되며, 당분 함량도 높아져서 냉온저장성 및 저장력이 강해지는데 이와 같은 조치를 큐어링이라 한다.

큐어링의 요령으로서는 수확 후 저장할 고구마를 온도 30~33℃, 관계습도 90% 이상(특히 90~95%)인 환경에 약 4일간 보관하였다가 13℃의 저온상태에서 방열시키고 저장하면 된다. 큐어링을 하면 향후 보관 시 고구마의 수분증발량이 적어지고, 단맛이 증가한다.

② **저장환경**

㉠ **온도**

대체로 고구마의 저장 가능 온도는 10~17℃이고, 저장적온은 12~15℃이다. 9℃ 이하에서는 냉해를 입을 우려가 있고, 18~20℃ 이상에서는 저장 중 발아하기 쉽다. 고구마의 동결온도는 −1.3℃ 정도이다.

㉡ **습도**

고구마의 저장습도는 70~90%, 특히 상대습도 85~90%가 알맞다. 과습하면 부패하고, 건조하면 중량이 심히 감소되며 건부병도 발생하기 쉽다.

2) 저장방법

㉠ 굴 저장법 : 가장 많이 이용된다.

㉡ 옥내움 저장법

㉢ 옥외간이움 저장법

㉣ 온돌 저장법

㉤ 큐어링 저장법 : 전기를 사용하여 온도 및 환기를 조절한다.

- 고구마는 괴근중이 최고에 달하는 시점에 수확하는 것이 가장 알맞다. **(456)**
- 수확 직후의 고구마는 고온 다습한 조건에서 보관했다가 방열한다. **(456)**
- 고구마 큐어링은 수확 후 바로 실시한다. 수확 후 온도가 낮지 않은 곳에 두껍지 않게 펴 널어 10~15일 방열 후 보관한다. **(480)**
- 고구마를 수확한 직후에 예비저장 또는 방열과정을 10~15일 정도 가짐으로써 고구마 썩음을 예방할 수 있다. **(481)**

- 고구마는 수확한 직후 10~15일 정도 열을 발산시키는 예비저장을 한다. [505]
- 고구마 수확 후 방열시켜 저장하면 유합조직의 형성이 촉진되고 당분 함량이 높아져 저장성이 높아진다. [481]
- 감자와 고구마는 본저장 전에 큐어링을 하면 상처가 속히 아문다. [460]
- 고구마를 캘 때 입은 상처를 치유하기 위하여 큐어링 처리한다. [481]
- 장비를 이용하는 경우 고구마의 큐어링은 온도 30~34℃, 상대습도 90~95%에서 4일 정도가 적합하다. [480]
- 고구마의 큐어링은 수확 직후 대략 30~33℃, 90~95%의 상대습도에서 3~6일간 실시한다. [429]
- 고구마의 큐어링은 온도 30~34℃, 상대습도 90% 이상에서 4일이 적당하다. [456]
- 큐어링은 수확 후 온도 30~33℃, 상대습도 90% 이상에서 약 4일간 보관하는 방법이다. [481]
- 고구마 큐어링은 온도 30~34℃, 상대습도 90~95%에서 처리하는 것이 좋다. [505]
- 고구마 큐어링처리는 온도 30~34℃, 습도 90~95%에서 한다. [481]
- 큐어링 온도는 고구마가 감자(10~16℃)보다 더 높다. [462]
- 큐어링이 끝난 고구마는 13℃의 저온상태에서 열을 발산시킨다. 큐어링을 하면 향후 보관 시 고구마의 수분증발량이 적어지고, 단맛이 증가한다. [480]
- 고구마의 저장 가능 온도는 10~17℃이고, 습도는 70~90%가 알맞다. [481]
- 고구마의 저장적온은 12~15℃이며, 9℃ 이하에서는 냉해를 받기 쉽다. [456]
- 고구마의 저장적온은 12~15℃로 9℃ 이하에서는 냉해를 입을 우려가 있다. [457]
- 큐어링한 고구마의 저장은 온도 12~15℃, 상대습도 85~90%가 적당하다. [458]
- 고구마는 저장고의 온도 12~15℃, 상대습도 85~90%로 조절하는 것이 좋다. [505]
- 고구마의 본(안전) 저장온도는 12~15℃이고, 습도는 85~90%에 하는 것이 알맞다. [481]
- 저장 적온은 12~15℃가 가장 적당하며, 상대습도 85~90%로 조절하는 것이 좋다. [481]
- 고구마의 안전 저장 조건은 12~15℃가 가장 적당하며, 상대습도 85~90%로 조절하는 것이 좋다. [459]

Ⅶ 특수재배

1 조굴재배

고구마의 시장가격은 8월이 가장 높으므로 8월에 수확하는 조굴(早掘 팔 굴)재배는 경제성이 있으며, 수확 후 가을채소도 재배할 수 있고, 경엽도 고가에 채소로 팔 수 있다. 조굴재배는 일찍 육묘해야 하므로 남쪽 또는 서남쪽으로 경사진 사양토가 적당하며 다음에 유의해야 한다.

① 건실한 싹을 일찍 심는다.

② 많은 묘를 생산하기 위해 온상의 면적을 50% 정도 늘린다.

③ 초기 생육이 좋도록 유도한다.

④ 보통재배보다 재식밀도는 50% 정도 높인다.

⑤ 보통재배보다 시비량은 줄인다.

2 사료용 고구마재배

괴근만을 목적으로 하면 일반재배와 같이 하면 된다. 그러나 경엽과 괴근을 동시에 사료로 이용할 경우는 다음에 유의하여야 한다.

① 경엽생산의 목적이 더 큰 경우는 질소질 비료를 중심으로 시비하되 칼리도 함께 시용해야 한다.

② 예취횟수가 많을수록 경엽의 수량은 증가하나, 고구마의 수량은 감소한다. 따라서 8월 상, 중순에 1회 예취만 하는 것이 총가소화 양분량으로 유리하다.

3 직파재배

최근 들어 생력재배방식으로 직파재배가 실시되고 있다.

1) 직파재배의 장점과 단점

① **장점**

　㉠ 기계화 생력재배를 하기가 용이하다.

　㉡ 육묘에 소요되는 노력과 경비가 절감된다.

　㉢ 적기에 강우가 없어도 파종할 수 있다.

　㉣ 1포기당 발아본수가 많으므로 초기 생육이 왕성하고 예취 시 재생력도 강하여 청예사료의 생산량이 많아진다.

　㉤ 경엽이 초기에 직립생장하므로 기계제초(除草)가 용이하다.

② **단점**

　㉠ 씨고구마의 양이 많이 소요된다.

　㉡ 육아 이식재배보다 생육이 느려 생육기간이 짧을 경우에는 불리하다.

　㉢ 괴근의 품질이 저하되어 식용으로는 적합하지 않다.

　㉣ 병해가 증가하기 쉽다.

2) 직파재배와 괴근 비대

씨고구마를 직파하면 지하부에 3종류의 괴근이 형성된다. 파종한 씨고구마 자체가 비대한 것을 친저라 하는데, 이것은 섬유질이 많아 억세고 품질이 나빠 사료로만 이용할 수 있다. 씨고구마에서 발생한 뿌리가 비대한 것을 친근저라고 하며, 이것은 품질이 친저보다는 좋지만 재배환경에 따라 품질의 안전성이 떨어진다. 한편 줄기의 마디에서 발생한 뿌리가 비대한 것을 만근저라 하는데, 이것이 이식재배 시에 발생되는 보통의 괴근과 같은 고품질의 것이다.

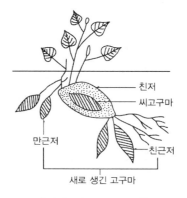

[직파 시 3종 고구마]

3) 직파재배법

① 씨고구마 : 직파재배할 때에는 크기가 50~100g의 작은 씨고구마를 쓰는 것이 좋다. 큰 고구마를 절단해서 심으면 결주가 많아진다.

② 최아 : 직파기로 파종하면 최아하지 않은 것이 편리하지만 손으로 파종할 때, 최아해서 심으면 생육이 빨라 80%까지 증수된다.

4) 직파용 채종재배

직파용 씨고구마로 알맞은 소저(小藷)를 생산하기 위하여 채종재배를 하는 경우 극히 밀식재배를 하여야 한다. 씨고구마는 작더라도 잘 성숙한 것이 유리하며, 미숙한 씨고구마는 파종 후 씨고구마 자체가 비대하기 쉽다.

- 조굴재배의 경우 보통재배보다 재식밀도는 높이고 시비량은 줄인다. **(482)**
- 고구마를 직파재배할 때에는 크기가 50~100g의 작은 씨고구마를 쓰는 것이 좋다. **(471)**

"다 끝났다. 여기서도 여러분의 얼굴에 염화시중의 미소가 가득 했으면 좋겠다. 그 미소는 합격과 연결되어 있겠지. 여러분의 단기합격을 빌고 또 빌어본다. 하늘이시어, 모든 신이시어 우리 학생들 돌보아 주소서! "

참고문헌

1. 쌀생산과학, 채제천, 향문사

2. 최신 도작과학, 이종훈, 선진문화사

3. 4정 전작, 조재영 등, 향문사

4. 식용작물학 II, 유수노 등, 방송대

5. 재배식물육종학, 박순직 등, 방송대

저자의 교육 관련 일

공단기(공무원 전문학원) 농업직 교수
농업기술원 등에서 기능사, 기사 양성과정 진행 등

농학 관련 저서

농업직 공무원 7급, 9급 식용작물학(이론서), 커넥츠 기술단기(공단기) 인강
농업직 공무원 7급, 9급 재배학(이론+기출해설), 커넥츠 기술단기(공단기) 인강
농업직 공무원 7급, 9급 식용작물학(기출해설), 커넥츠 기술단기(공단기) 인강
유기농업 기능사, 종자 기능사
유기농업 기사, 종자 기사

식용작물학 이론서

1판 1쇄 발행   2022년 2월 15일

지은이 김 영 세
펴낸이 김 주 성
펴낸곳 도서출판 엔플북스
주 소 경기도 구리시 체육관로 113번길 45. 114-204(교문동, 두산)
전 화 (031)554-9334
F A X (031)554-9335
등 록 2009. 6. 16   제398-2009-000006호

정가 **27,000**원

ISBN 978 - 89 - 6813 - 371 - 8   13520

상기 저서의 학문적 내용에 대한 문의 및 시험에 대한 정보 등은 네이버 카페
'시험준비소(https://cafe.naver.com/exampreparesite)'를 이용하십시오.